U0171180

沿海基础设施抗风防灾及风能利用前沿进展：

第四届江苏省风工程学术会议论文集

王　浩　柯世堂　宗钟凌　艾未华　**主　编**
周广东　蔡小宁　陶天友　成小飞　**副主编**

东南大学出版社
SOUTHEAST UNIVERSITY PRESS
·南京·

内 容 提 要

本书为“第四届江苏省工程师学会风工程学术会议暨第四届江苏省风工程研究生论坛”论文集，经广泛征集、严格评审，最终共收录41篇论文，主题包括：大气三维风场探测技术及应用；强风数值模拟与特征预测；工程结构风环境监测与分析；桥梁与结构物风作用/效应分析；风致振动控制理论、方法及应用；风工程方法在工业及新能源领域的应用；风电结构性能分析与灾害控制理论与方法；风洞建设、风洞试验技术与方法研究；结构风灾风险分析与损失估计。入选论文集的论文反映了近年来江苏省风工程领域研究的最新理念、进展及未来发展方向。

本书可供从事风工程研究的科研工作人员、高等院校相关专业师生和土木工程设计研究院所工程师参考。

图书在版编目(CIP)数据

沿海基础设施抗风防灾及风能利用前沿进展 ：第四届江苏省风工程学术会议论文集 / 王浩等主编. — 南京：东南大学出版社，2021. 11

ISBN 978 - 7 - 5641 - 9716 - 2

Ⅰ. ①沿… Ⅱ. ①王… Ⅲ. ①抗风结构—学术会议—文集 Ⅳ. ①TU352. 2 — 53

中国版本图书馆 CIP 数据核字(2021)第 200301 号

沿海基础设施抗风防灾及风能利用前沿进展：第四届江苏省风工程学术会议论文集

Yanhai Jichu Sheshi Kangfeng Fangzai Ji Fengneng Liyong Qianyan Jinzhan Di-si Jie Jiangsu Sheng Fenggongcheng Xueshu Huiyi Lunwenji

主　　编　王　浩　柯世堂　宗钟凌　艾未华

出版发行　东南大学出版社
社　　址　南京市四牌楼 2 号　邮编：210096
出 版 人　江建中
责任编辑　丁　丁
编辑邮箱　d. d. 00@163. com
网　　址　http：//www. seupress. com
电子邮箱　press@seupress. com
经　　销　全国各地新华书店
印　　刷　广东虎彩云印刷有限公司
版　　次　2021 年 11 月第 1 版
印　　次　2021 年 11 月第 1 次印刷
开　　本　787 mm×1 092 mm　1/16
印　　张　19. 75
字　　数　470 千
书　　号　ISBN　978-7-5641-9716-2
定　　价　248. 00 元

本社图书若有印装质量问题，请直接与营销部联系。电话(传真)：025—83791830

会议学术委员会

顾问委员会：陈政清　葛耀君　李爱群　王同光　叶继红

主　　席：王　浩

副 主 席：柯世堂　艾未华　陈　鑫

秘 书 长：周广东

副秘书长：陶天友

委　　员（按姓氏拼音排序）：

卞正宁　陈令坤　曹九发　陈　力　陈建稳　操礼林
常鸿飞　蔡新江　董峰辉　姜海梅　蒋金洋　刘福寿
刘　平　马　麟　闵剑勇　明　杰　苏　波　孙　勇
孙　震　孙正华　谈丽华　唐柏鉴　陶天友　王城泉
王　珑　王法武　王立彬　谢以顺　熊　文　徐庆阳
徐一超　许波峰　荀　勇　杨会峰　杨　青　应旭永
殷勇高　张静红　张文明　左晓宝　宗钟凌

会议组织委员会

序　言

江苏省地处我国大陆东部沿海中心、长江下游区域，地势平坦、海岸线漫长，风能资源丰富，同时也是台风、龙卷风等强风袭击的重点地区。风灾防治与风能利用均对江苏省国民经济发展有着重要影响，因此江苏省聚集了一大批风工程专业人才，涵盖了大气物理、风灾安全和风能利用等多个学科领域。为团结江苏省内风工程科技队伍，促进江苏省风工程学科的发展，推动风工程领域的交流合作，加速风工程相关成果的推广应用，保障江苏省经济的高速发展，在江苏省科学技术协会的关心和指导下，依托江苏省工程师学会，于2017年3月11日筹备成立了江苏省工程师学会风工程专业委员会(以下简称"专委会")。在成立的四年时间里，专委会开展了多项学术及社会公益活动，取得了较大的社会反响与正面评价。

为更好地组织风工程领域科技工作者开展交流、研讨活动，加强跨界交流和相互协作，经专委会讨论决定，于2021年6月4日至6日在连云港市召开"第四届江苏省工程师学会风工程学术会议暨沿海基础设施抗风防灾及风能利用前沿论坛"。本次会议由江苏省工程师学会风工程专业委员会、江苏海洋大学主办，江苏海洋大学土木与港海工程学院、江苏省海洋工程基础设施智能建造工程研究中心承办，东南大学、南京航空航天大学、连云港市建筑设计研究院、江苏华新城市规划市政设计研究院有限公司、江苏世博设计研究院有限公司、连云港市土木建筑学会、连云港市综合交通运输学会等协办，是我省风工程界交流学术观点和理念、科研成果及其应用的一次盛会。

本论文集收录了所有录用论文并正式出版，供与会代表交流。"江苏省工程师学会风工程学术会议"和"江苏省风工程研究生论坛"的宗旨是为江苏省风工程领域的工作人员和研究生提供一个能够充分交流各自成熟或非成熟的创新学术观点和理念以及最新研究成果的平台。因此，允许作者根据学术交流后的反馈结果对论文全文进行适当的修改后向相关学术期刊投稿。

本次会议得到了上级学会江苏省工程师学会的大力支持和指导，也得到了许多委员单位和其他相关单位的热情赞助，借此致以衷心的感谢。本会议论文集的出版得到了国家和江苏省自然科学基金、国家重点基础研究发展计划("973"计划)青年科学家专题项目的资助，在此一并感谢。最后，衷心感谢支持本届会议的各位专家、学者以及研究生同学，感谢辛勤付出的会务人员。祝愿大家身体健康、工作顺利！

第四届江苏省工程师学会风工程学术会议学术委员会

第四届江苏省工程师学会风工程学术会议组织委员会

2021年5月

目 录

第一部分 风场特征

第二部分 桥梁风工程

第三部分　其他结构风工程

第一部分　风场特征

龙卷风数值模型特征参数研究

王　浩[1]，张　寒[1]，徐梓栋[1]，郎天翼[1]

（1. 东南大学混凝土及预应力混凝土结构教育部重点实验室 江苏南京 210096）

摘　要：龙卷风的准确模拟是研究其对工程结构作用的重要前提。本文采用计算流体力学方法，基于 Spencer 龙卷风实测风场数据，研究了龙卷风数值模型特征参数对风场模拟结果的影响。首先，以 Ward 型龙卷风发生装置为物理原型，构建了尺寸、外形和原理与之相仿的数值模型。在此基础上，通过改变模拟装置构型和尺寸等物理参数，分别研究了入流速度、对流高度和出流半径等数值模型特征参数对风场模拟结果的影响。最后，探讨了不同涡流比条件下龙卷风场结构的变化规律，分析了涡流比对最大切向风速、涡核半径等的影响。研究结果可为龙卷风数值模拟和试验模拟提供参考。

关键词：龙卷风；计算流体力学；特征参数；涡流比

1　引言

龙卷风是自然界最猛烈的风灾之一，其活动范围几乎遍布全球，所袭处大量基础设施损毁，给人类社会造成惨重的损失。我国是龙卷风多发国家之一，统计表明，1984 年至 2013 年，我国共发生龙卷风灾害 2 201 次，平均每年 73 次，造成大量人员伤亡，经济损失不计其数[1]。2016 年 6 月，江苏省盐城市阜宁县发生 EF4 级龙卷风灾害，导致 99 人死亡、800 多人受伤，倒塌房屋 3 000 多间，道路、电网、工厂等基础设施受损严重。龙卷风灾中，房屋、桥梁、电塔等工程结构的破坏是造成人员伤亡的主要因素，为此，工程结构的龙卷风效应已成为风工程领域的关注点之一。

龙卷风的准确模拟是研究其对结构作用的重要基础。目前，龙卷风研究有现场实测、试验模拟和数值模拟等主要手段。其中，由于龙卷风尺度小、破坏力强、随机性较大等特点，现场实测往往代价较大，且难以获得准确的近地面风场数据，因而试验模拟和数值模拟成为龙卷风研究的主流方法。在试验模拟方面，国内外科研机构已建立了一批专门用于龙卷风模拟的试验装置，并开展了系列研究工作，如美国德州理工大学 VorTECH 龙卷风模拟器[2]、美国爱荷华州立大学 ISU 龙卷风模拟器[3]、同济大学 TVS 龙卷风模拟器[4]等。随着计算机软硬件技术的快速发展，数值模拟以可操作性强、成本较低等优点成为龙卷风研

基金项目：中国铁路总公司科技研究开发计划重大课题（K2018T007）；国家自然科学基金（51722804）；中央高校基本科研业务费专项资金项目（2242020k1G013）

究的重要手段[5-7]。然而,目前龙卷风数值模型大多来源于特定的试验龙卷风模拟器,由于各类龙卷风模拟器尺寸、构型等特征参数不同,其对模拟结果的影响尚不明确,难以为工程结构龙卷风效应研究提供准确通用的数值模拟手段。

本文采用计算流体力学方法,基于美国 Spencer 龙卷风[8]实测风场数据,研究了入流速度、对流高度和出流半径等龙卷风数值模型特征参数对风场模拟结果的影响,并探讨了涡流比对风场结构的影响,研究结果可为龙卷风场数值模拟和试验模拟提供参考。

2 龙卷风数值模拟方法

2.1 数值模型

龙卷风场数值模型主要来源于龙卷风试验模拟装置,本文按照 Ward 型龙卷风模拟器的物理尺寸建立相应的数值模型,以开展龙卷风场模拟。Ward 龙卷风试验装置由 Neil B. Ward[9]于1972 年提出并建成,是世界上第一个龙卷风模拟器。由于绝大多数龙卷风模拟器由 Ward 龙卷风发生装置改进而来,且原理相同,故此类装置统称“Ward 型龙卷风发生装置”。目前,Ward 型龙卷风发生装置的代表为美国德州理工大学(TTU)的 VorTECH[2],如图 1 所示。

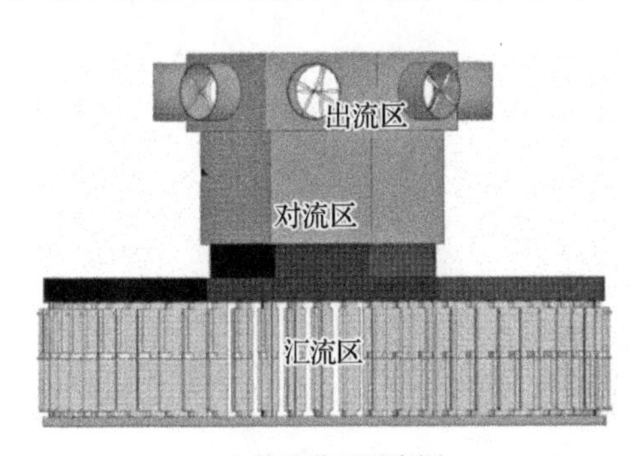

(a) 构造分区示意图

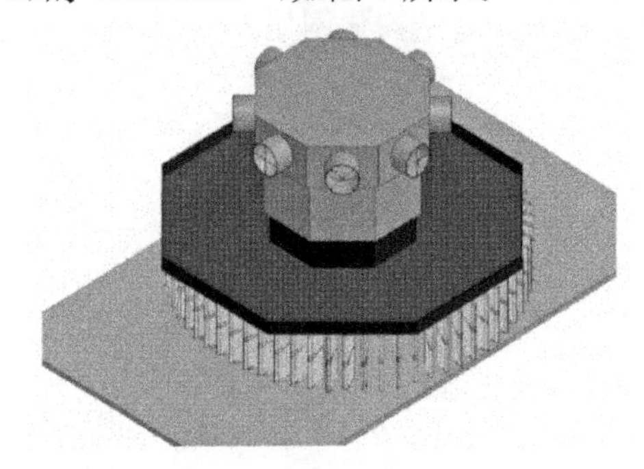

(b) 外部全局图

图 1 VorTECH 龙卷风模拟器[2]

VorTECH 龙卷风模拟器建于 2009 年,可从试验的角度研究龙卷风和传统大气边界层风对结构作用模式的不同、地形对龙卷风的影响,以及龙卷风对人和低矮建筑的效应。由于该装置内部空间充足,可放置较大的结构模型进行龙卷风荷载试验。本文龙卷风数值模型的构建以上述 VorTECH 龙卷风模拟器为物理原型,并按照尺寸一致、原理相仿、等效替代的原则进行简化,图 2(a)为 VorTECH 的原理图,图 2(b)为对应的简化数值模型原理图。

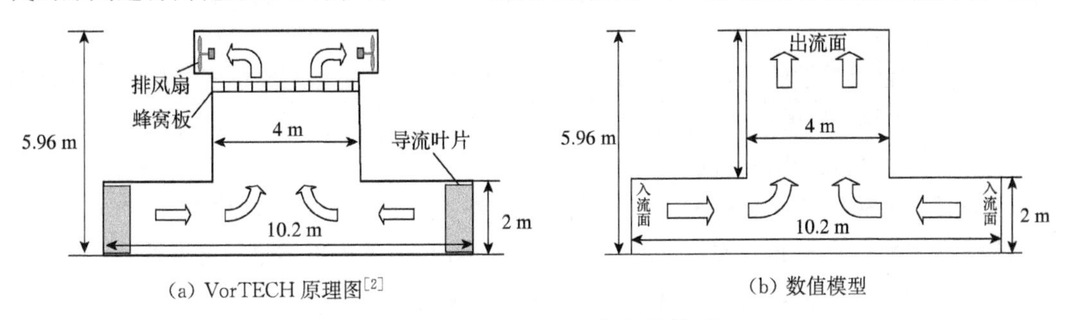

(a) VorTECH 原理图[2]　　(b) 数值模型

图 2 VorTECH 原理图与数值模型

由图 2 可知，数值模型与 VorTECH 物理尺寸一致，构型相似，入流高度为 2 m、入流半径为 5.1 m、对流高度为 3.96 m、对流半径与出流半径均为 2 m。为保证数值模型与 VorTECH 流动原理相仿，龙卷风场数值模拟中，入流面和出流面分别设定为图 2(b)所示气流的入口和出口。在以模型底面圆心为原点的柱坐标系下，给定入流面径向速度和切向速度，使气流旋转，即可模拟导流叶片的作用。由于流体以恒定速度进入流域，导致气压升高，因此，只需将出流面设为自由出口，即可在流域内形成竖向压力梯度，使气流上升，模拟排风扇的作用。此外，图 2(a)中设有一块蜂窝板，其作用是防止排风扇旋转产生的湍流以及外界流场对风场形成干扰，由于数值模拟过程中不存在风扇，没有类似问题，故无需设置蜂窝板。在此基础上，所构建的龙卷风数值模型可实现与试验装置相似的流动方式。

2.2 数值求解

龙卷风的形成是自然界空气流动的结果，必须遵循流体流动的物理学定律。由于龙卷风场风速一般不超过 0.3*Ma*(马赫数)，可视为不可压缩流动，其连续方程和 N-S 方程可进行简化，湍流模型采用 SST k-ω 模型。上述控制方程采用有限体积法进行离散求解，计算域网格为六面体结构化网格方案，如图 3 所示。

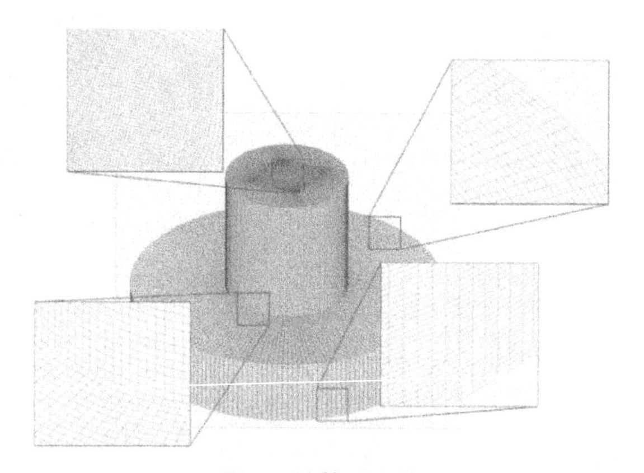

图 3　计算域网格

考虑到龙卷风场结构和形态的充分发展，为全面了解其风场特点和结构，节约计算资源并提高计算效率，采用基于压力的稳态求解方法[10]，压力-速度耦合选取常用的 SIMPLE 算法，离散格式采用计算精度较高的二阶迎风格式，利用 Fluent 作为求解平台。

为进行网格无关性验证，分别选取 76 万、86 万、96 万三种单元数量不同的结构化网格方案，开展了龙卷风场模拟，并与相同试验工况[11]进行了对比，得到不同高度处风场切向速度沿径向分布的结果如图 4 所示。

图 4 中，M-S01、M-S02 和 M-S03 分别代表上述三种不同数量的网格方案，三种网格模拟的切向风场沿径向分布与实验基本吻合，证明了 CFD 数值模拟结果的可靠性。三种网格数量模拟结果差异不大，为提高计算效率，后续模拟采用 M-S01 方案。

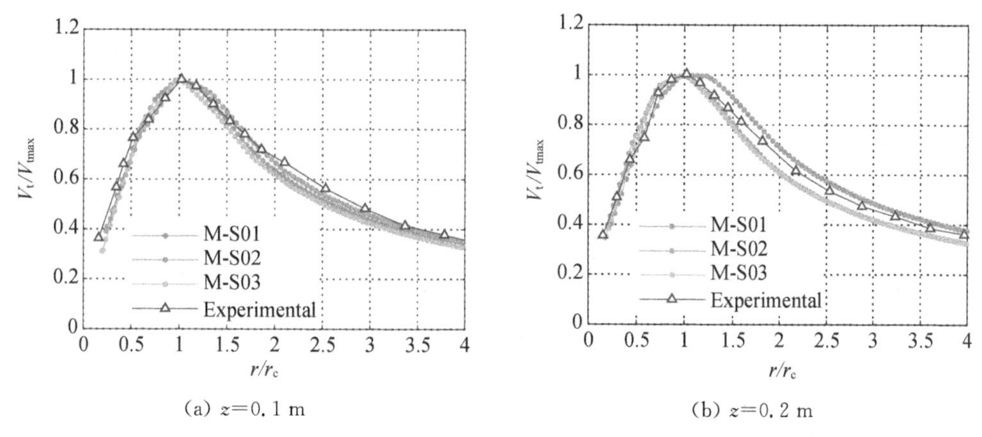

(a) z=0.1 m (b) z=0.2 m

图 4 网格无关性验证

3 龙卷风数值模拟特征参数影响分析

为研究龙卷风数值模型特征参数对风场模拟结果的影响，本文以实测 Spencer 龙卷风为参考，研究数值模型入流区、对流区和出流区特征参数对模拟结果的影响，并分析风场控制参数及其作用规律。Spencer 龙卷风于 1998 年 5 月 30 日在美国南达科塔州发生，其风场数据由移动 Doppler 雷达测得[8]，但由于雷达波束角的限制，缺乏近地面风场数据。该龙卷风切向速度沿径向分布[12]如图 5 所示。

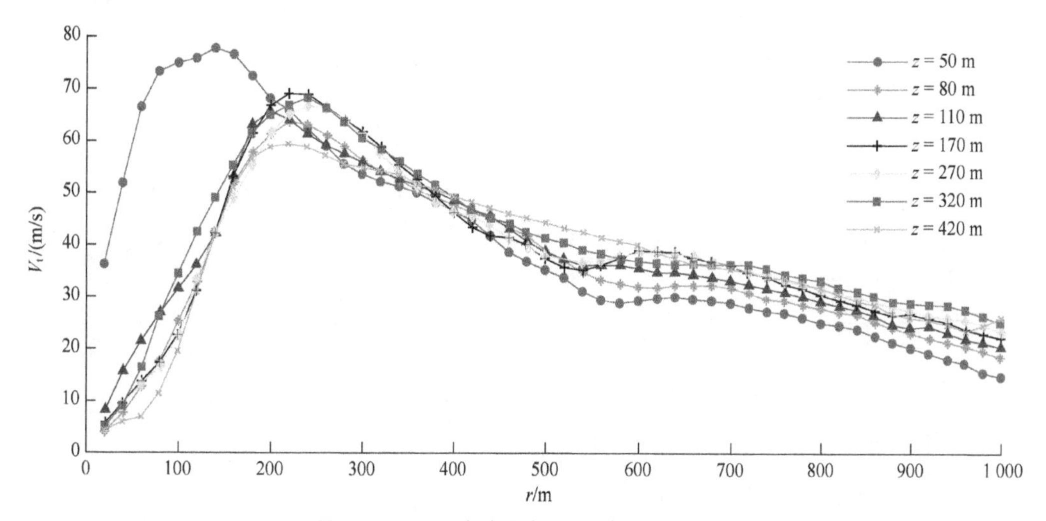

图 5 Spencer 龙卷风切向速度沿径向分布

由图 5 可知，Spencer 最大切向风速为 70 m/s 左右，涡核半径为 200 m 左右，Spencer 龙卷风对应的入流半径 R 为 800 m 左右[13]。为在研究中将实测风场作为参考，将真实入流半径与本文数值模型入流半径比值作为几何相似常数，以此作为数值模拟结果的对比。

3.1 入流区特征参数

入流区特征参数包括入流半径、入流高度以及入流速度等，由于入流半径作为与实际风场几何相似的关键参数，故入流半径保持不变。研究表明[14]，入流高度和入流速度对龙卷风场的影响可归纳为控制参数涡流比的影响，在龙卷风试验模拟中，涡流比 S 定义为：

$$S=\frac{v_t/v_r}{2H/R_0} \tag{1}$$

式(1)中，v_t 和 v_r 分别为入流速度切向分量和径向分量，H 为入流高度，R_0 为对流半径。根据式(1)，通过变换入流速度分别模拟了涡流比为 0.37、0.44 和 0.58 三种风场，不同高度处数值模拟切向风场分布与实测对比如图 6 所示。从图中可以看出，较大涡流比数值模拟风场变化趋势与实测 Spencer 龙卷风场变化趋势基本吻合，除近地处(z=50 m)实测数据受地面粗糙度影响较大与理想数值风场差别较大外，其余高度处的数值风场均能很好地吻合涡核半径周围风场变化趋势，尤其在 170 m 高度以上区域吻合良好。此外，涡流比为 0.58 的数值风场更加贴近实测风场。

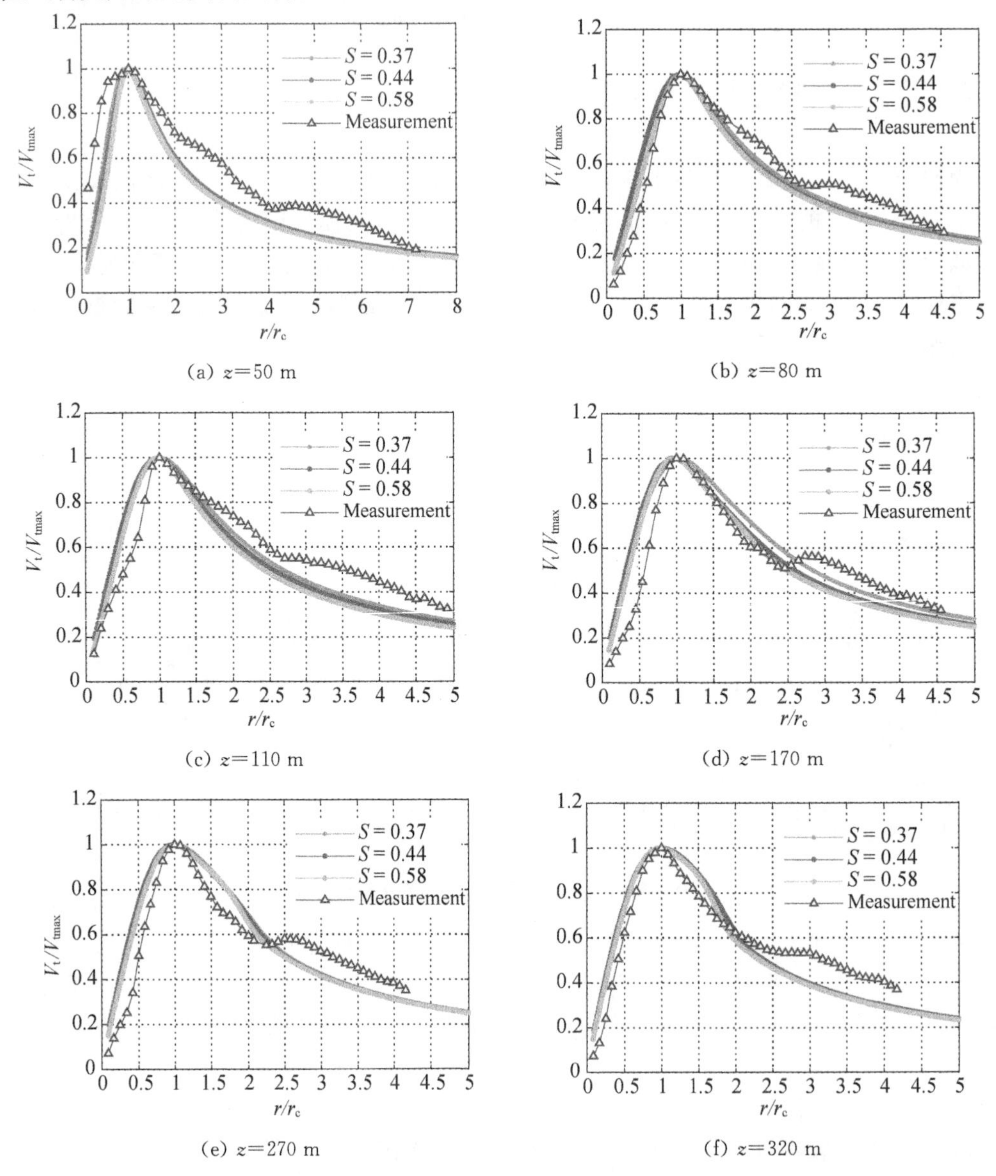

(a) z=50 m　(b) z=80 m

(c) z=110 m　(d) z=170 m

(e) z=270 m　(f) z=320 m

图 6　不同高度处数值模拟切向风场与实测对比

3.2 对流区特征参数

除上述入流区外，数值模型对流区特征参数也有可能影响龙卷风场试验模拟和数值模拟的结果。对流区特征参数主要为对流高度和对流半径，其中对流半径对风场的影响已在涡流比中反映，故此处在保证其他参数不变的情况下，仅探讨对流高度对风场模拟结果的影响。为使结果更具普遍性，定义对流高度与入流高度的比值 k 这一无量纲参数，研究 k 值变化对风场模拟结果的影响。初始 k 值为 1.98，改变 k 值后模拟得到风场切向速度径向分布结果如图 7 所示。

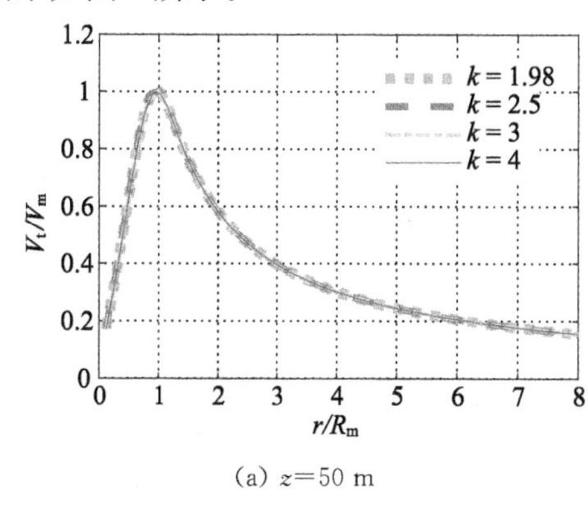

(a) z=50 m

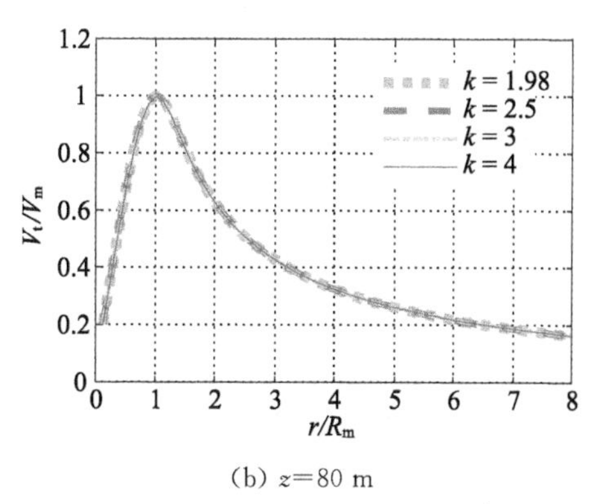

(b) z=80 m

图 7　不同 k 值下切向速度场

由图 7 可知，一定范围内，不同 k 值下的龙卷风数值模拟结果基本一致，对流高度增大不影响低空区域风场特征，图 7 仅列出两个近地面高度的切向速度场，其余高度处切向速度场存在同样的规律，此处不再列出。此外，较大的对流高度可模拟出高空区域风场，此区域雷达实测风场受地面干扰较小，故必要时可增大对流高度以模拟其高空风场特征，便于与实测龙卷风场对比。

3.3 出流区特征参数

出流区是除入流区外另一个控制龙卷风数值风场的关键区域，其主要部分为气流出口。在本文风场数值模拟中，气流出口简化为一个圆面，故其特征参数为该圆面的半径，即出流半径。定义出流半径与对流半径的无量纲比值 m，研究 m 变化对风场模拟结果的影响。在保持其余参数不变的情况下，得到不同 m 值下风场切向速度径向分布结果如图 8 所示。

由图 8 可知，出流半径减小后，涡核半径内数值模拟切向速度场变化较小，基本不受影响，但涡核半径外变化较大，且高空区域风场受影响较大。m=0.5 时，涡核半径外切向速度相比 m=1 时仅有略微升高，此时数值模拟风场受出流半径影响较小，切向速度沿径向分布特征基本不变。m=0.25 时，涡核半径外切向速度明显升高，高空处更接近出流区，受影响较大，切向速度上升幅度也较大。与实测 Spencer 龙卷风对比可知，m=0.25 可较好地模拟龙卷风外围远端风场，但在涡核半径附近，数值模拟风场存在一个切向速度较大的区域，导致数值风场与实测风场差异较大，且表现出差异随高度增加而增大的趋势。

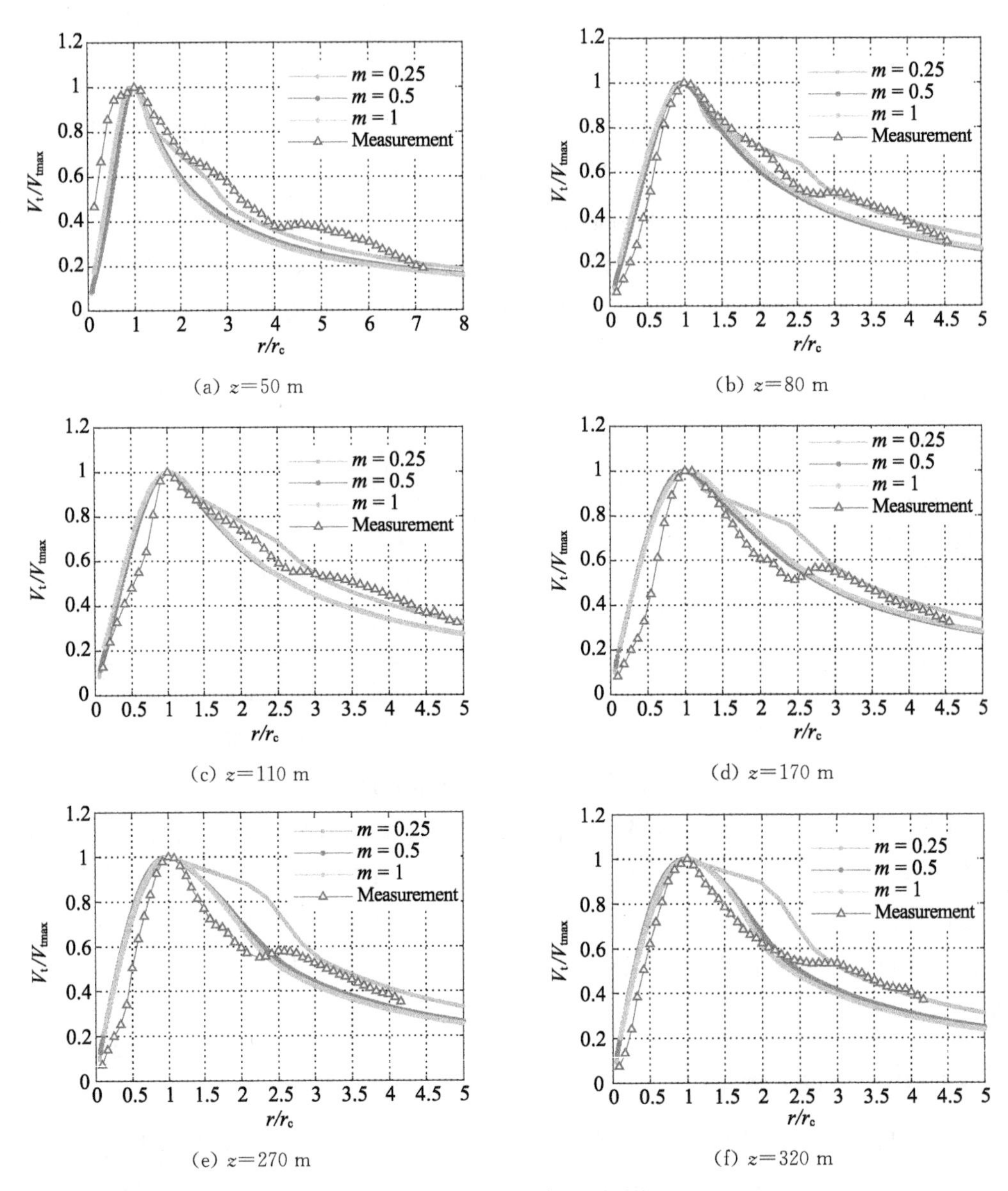

(a) $z=50$ m　(b) $z=80$ m　(c) $z=110$ m　(d) $z=170$ m　(e) $z=270$ m　(f) $z=320$ m

图 8　不同 m 值下切向速度场

4　涡流比对龙卷风场作用研究

由上述龙卷风场数值模拟过程不难看出，除模型几何特征参数外，涡流比这一控制参数决定了风场的主要特征。因此，有必要研究龙卷风涡流场控制参数对风场结构的影响，为开展多种龙卷风的数值模拟提供基础。在上述研究的基础上，开展了不同涡流比下龙卷风场的数值模拟，得到风场切向速度如图 9 所示。

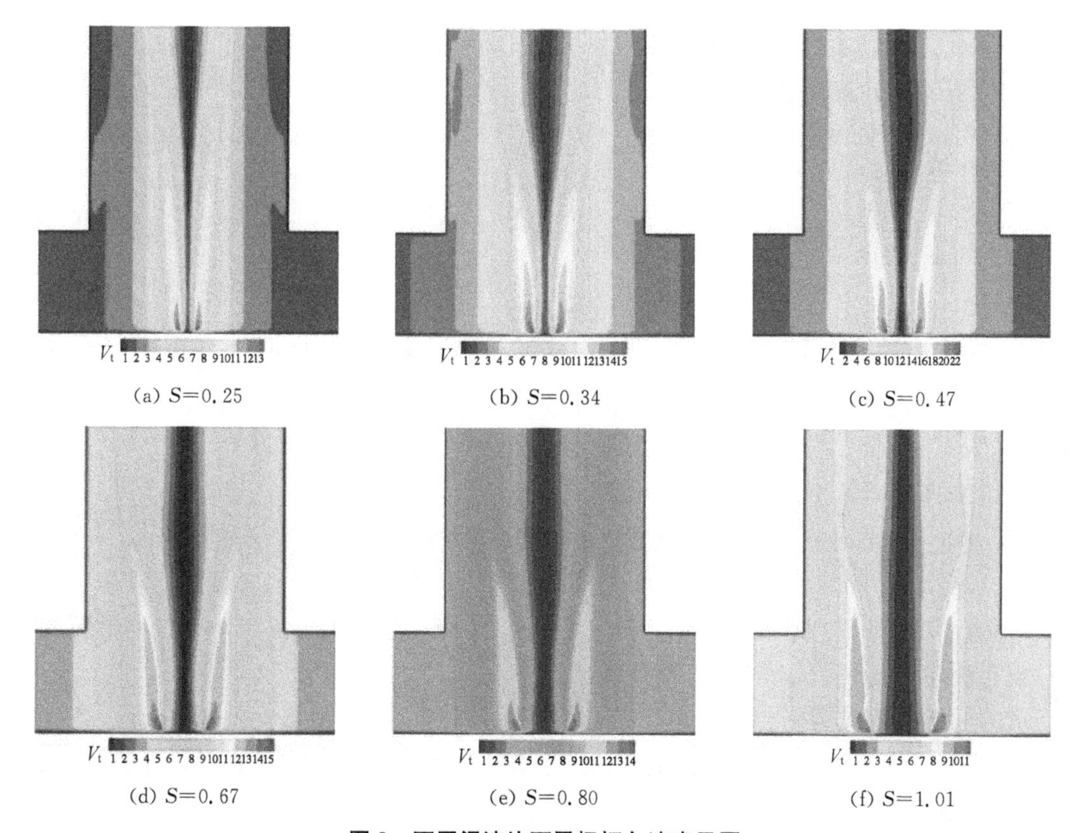

(a) $S=0.25$　(b) $S=0.34$　(c) $S=0.47$

(d) $S=0.67$　(e) $S=0.80$　(f) $S=1.01$

图 9　不同涡流比下风场切向速度云图

由图 9 可知，随着涡流比 S 增大，龙卷风场结构产生明显的变化。$S=0.25$ 时，风场为较规则的漏斗形。S 增大至 0.34 时，风场涡核半径增大，上部涡核半径变化幅度较底部大，导致“漏斗口”变形，但下部风场仍呈漏斗状。$S=0.47$ 时，风场上部变形更加明显，涡核半径内单侧呈鼓状。S 增大至 0.67 和 0.80 时，可观察到风场上下部涡核半径均明显变大，涡核半径内双侧均呈鼓状。$S=1.01$ 时，涡核半径进一步增大，风场整体不再呈漏斗状，且有形成多涡的趋势。为具体描述涡流比对龙卷风场结构的影响，定义最大切向风速与入口切向风速比值、涡核半径与对流半径比值两个无量纲参数，得到最大切向风速与涡核半径随涡流比变化关系如图 10 所示。

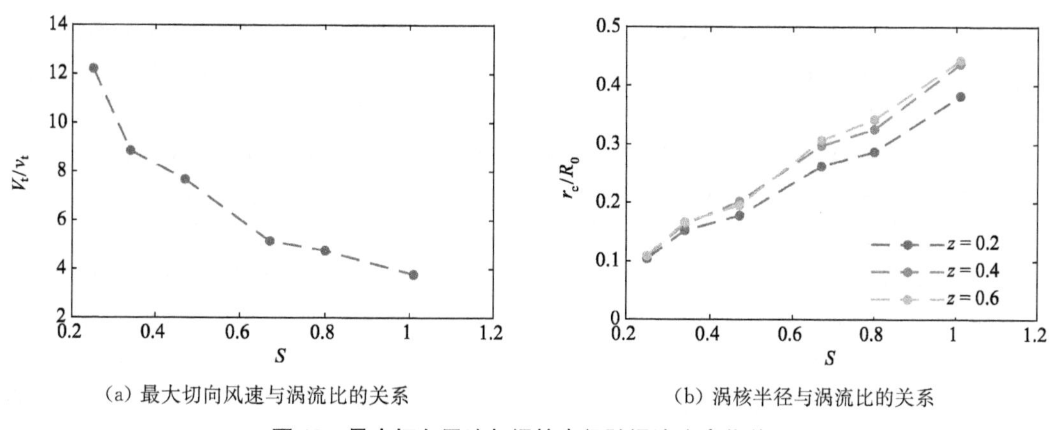

(a) 最大切向风速与涡流比的关系　(b) 涡核半径与涡流比的关系

图 10　最大切向风速与涡核半径随涡流比变化关系

由图 10(a)可知，随着涡流比的增大，龙卷风场中最大切向风速呈现下降趋势，风力出现减弱，但下降趋势逐渐趋于缓和。图 10(b)分别为不同高度 z 处的涡核半径与对流半径的比值，可以看出，涡流比相同的情况下，随着高度的增大，涡核半径逐步增大。涡流比变化时，同一高度处的涡核半径随着涡流比的增大而增大，与上文所述规律一致。

5 结论

本文采用计算流体力学方法，基于实测龙卷风场数据，研究了龙卷风数值模型特征参数对风场模拟结果的影响，并分析了涡流比对风场结构的作用规律，所得主要结论包括：

(1) 基于 Ward 型试验龙卷风模拟器所建立的数值模型可较好地模拟龙卷风场，有效再现了风场涡核结构等基本特征，且数值模拟结果与试验模拟结果吻合较好。

(2) 较大涡流比条件下，数值风场切向速度沿径向的变化趋势与实测龙卷风场基本吻合。对流高度增大对风场模拟结果影响较小；出流半径减小对近地面区域模拟结果影响较小，但会引起较高位置风场切向速度增加。

(3) 龙卷风场结构随着涡流比变化而发生明显改变。随着涡流比的增大，同一高度处的风场涡核半径逐步增大，龙卷风呈现分涡趋势。同时，风场中最大切向风速随涡流比的增大而逐步下降。

参考文献

[1] 黄大鹏，赵珊珊，高歌，等. 近 30 年中国龙卷风灾害特征研究[J]. 暴雨灾害，2016，35(2)：97-101.

[2] Mayer L J. Development of a large-scale simulator[D]. Texas：Texas Tech University，2009.

[3] Razavi A，Sarkar P P. Laboratory investigation of the effects of translation on the near-ground tornado flow field[J]. Wind and Structures，2018，26(3)：179-190.

[4] 王锦，周强，曹曙阳，等. 龙卷风风场的试验模拟[J]. 同济大学学报(自然科学版)，2014，42(11)：1654-1659.

[5] Kashefizadeh M H，Verma S，Selvam R P. Computer modelling of close-to-ground tornado wind-fields for different tornado widths[J]. Journal of Wind Engineering and Industrial Aerodynamics，2019，191：32-40.

[6] Liu Z Q，Cao S Y，Liu H P，et al. Effects of Reynolds number in the range from 1.6×10^3 to 1.6×10^6 on the flow fields in tornado-like vortices by LES：a systematical study[J]. Journal of Wind Engineering and Industrial Aerodynamics，2020，196：104028.

[7] Kawaguchi M，Tamura T，Mashiko W. A numerical investigation of building damage during the 6 May 2012 Tsukuba tornado using hybrid meteorological model/engineering LES method[J]. Journal of Wind Engineering and Industrial Aerodynamics，2020，204：104254.

[8] Alexander C R，Wurman J. The 30 may 1998 spencer，South Dakota，storm. Part Ⅰ：The structural evolution and environment of the tornadoes[J]. Monthly Weather Review，2005，133(1)：72-97.

[9] Ward N B. The exploration of certain features of tornado dynamics using a laboratory model[J]. Journal of the Atmospheric Sciences, 1972, 29(6): 1194-1204.

[10] 张冀喆. 龙卷风风场数值模拟及发生装置研制[D]. 哈尔滨:哈尔滨工业大学, 2015.

[11] Tang Z, Feng C, Wu L, et al. Simulations of tornado-like vortices in a large-scale Ward-type tornado simulator [C]. 8th International Colloquium on Bluff Body Aerodynamics and Applications, Northeastern University, Boston, Massachusetts, USA, 2016.

[12] Sarkar P, Haan F, Jr W G, et al. Velocity measurements in a laboratory tornado simulator and their comparison with numerical and full-scale data[C]. 37th joint meeting panel on wind and seismic effects, 2005.

[13] 潘玉伟. 龙卷风风场与结构风荷载 CFD 数值模拟[D]. 哈尔滨:哈尔滨工业大学, 2013.

[14] Liu Z Q, Liu H P, Cao S Y. Numerical study of the structure and dynamics of a tornado at the sub-critical vortex breakdown stage[J]. Journal of Wind Engineering and Industrial Aerodynamics, 2018, 177: 306-326.

基于 BP 网络的下击暴流风场模拟

石 棚[1]，陶天友[1]，王 浩[1]

(1. 东南大学土木工程学院 江苏南京 210096)

摘 要： 下击暴流是一种强下沉气流，它对山区及沿海大跨度桥梁桥面行车的安全性存在严重威胁。由于目前缺乏实测的下击暴流相关数据及其统计特性，因此建立可靠合理的下击暴流风速模型来分析这些结构在这种极端风荷载作用下的动力响应至关重要。下击暴流不同于普通的季风或台风，其表现出较强的非平稳性。鉴于下击暴流非平稳风速时程可以分解为时变平均风速与具有一定相关性的随机脉动成分，本文基于 Holmes 平均风速模型和 Vicroy 风速竖向分布模型，使用幅值调制非平稳随机场的模拟方法，数值模拟了雷暴天气下击暴流行进路线上某一固定位置处的竖向分布风速场。在随机脉动成分的数值模拟过程中，采用神经网络技术替代 Cholesky 分解过程，进一步提高了数值模拟雷暴天气下击暴流风速的效率。

关键词： 下击暴流；时变平均风速；非平稳随机场；神经网络

1 引言

近年来，随着全球气候变暖，以下击暴流等为代表的强对流天气逐渐增多，给国民经济和人民生命财产带来了巨大损失。下击暴流是由雷暴天气中形成的下沉气流以较高的速度冲击地面后，迅速改变方向，在地面向四周水平加速并扩展的一种气流过程。近地面处所测风速可达 30 m/s 以上[1]，对其发生所在地附近的建筑结构破坏能力极强，特别是对风荷载极其敏感的结构物，如大跨桥梁、高层建筑以及大跨屋盖等，常常导致建筑物主体及围护结构产生严重损伤、破坏，甚至垮塌[2]。因此，对下击暴流的研究已成为目前国际风工程领域的热点问题之一。

国外学者对下击暴流进行了大量的研究：Fujita[3] 指出影响某位置处风剖面形状的主要因素是该位置与冲击风暴中心的水平距离，而不是地面粗糙度；风剖面最大值出现在 50～100 m 高度处。Oseguera[4]、Vicroy[5]、Wood[6] 分别提出了 3 种最大平均风剖面模型。Holmes 等[1] 在下击暴流传播模型中加入了风暴移动速度的因素，并指出了径向平均风速随时间变化的规律，然而其没有考虑风场的随机波动成分，可能会低估了下击暴流风荷载作用下结构的动力响应。Chay[7] 认为下击暴流的脉动风速最大幅值大约为其时变平均风

基金项目： 国家自然科学基金(51908125，51722804)，江苏省自然科学基金(BK20190359)

速的 8%～11%。瞿伟廉等[8]在将下击暴流分解为一个确定的时变平均成分和一个调制非平稳的脉动成分的前提下，考虑距离变化对风速的影响，研究了平均成分的特点和模拟方法。由于目前实测的下击暴流风速曲线记录比较少，因此在现有的数学模型基础上开展下击暴流风场的数值模拟研究显得十分必要。本文基于 Holmes 平均风速模型和 Vicroy 风速竖向分布模型，使用幅值调制非平稳随机场的模拟方法，数值模拟了雷暴天气下击暴流行进路线上某一固定位置处的竖向分布风速场。在随机脉动成分的数值模拟过程中，采用神经网络技术替代 Cholesky 分解过程，进一步提高了数值模拟雷暴天气下击暴流风速的效率。

2　下击暴流风速模型

下击暴流风速场中某一固定位置 z 高度 t 时刻的风速为随时间变化的平均风速与脉动成分两者之和，即：

$$U(z,t)=\overline{U}(z,t)+u(z,t) \tag{1}$$

式中，$\overline{U}(z,t)$为时变平均风速；$u(z,t)$为脉动风速，为零均值的随机过程。由于平均风速 $\overline{U}(z,t)$随时间变化，所以 $\overline{U}(z,t)$是非平稳过程；此外，除去平均风速之后的脉动部分 $u(z,t)$也是非平稳过程。

2.1　时变平均风速

下击暴流风速场中某一固定位置 z 高度的平均风速可表示为竖向分布函数与一个时间函数的乘积，如式(2)所示：

$$\overline{U}(z)=V(z)\times f(t) \tag{2}$$

式中：$V(z)$是最大平均风速的竖向分布函数；$f(t)$为时间函数，其最大值为 1。对于竖向分布函数 $V(z)$，Vicroy 对 Oseguera 和 Bowles 的竖向分布模型进行了修改，提出了一种轴对称的下击暴流风速场竖向分布的经验模型，如式(3)所示：

$$V(z)=1.22\times(\mathrm{e}^{-0.15z/z_{\max}}-\mathrm{e}^{-3.2175z/z_{\max}})\times V_{\max} \tag{3}$$

在本文中，$z_{\max}$取 67 m，$V_{\max}$取 80 m/s，其分布形式如图 1 所示。各高度处的平移速度为 $V_t(z)=V(z)\times f(0)$。平均风速时变函数 $f(t)$用来描述下击暴流平均风速随时间变化的规律。Holmes 等提出径向射流速度和风暴移动速度的概念，并认为某点 P 的下击暴流速度为二者之和，同时在下击暴流剖面中加入了时间和距离的概念。径向平均风速模型如式(4)所示：

$$\begin{cases}V_r(r,t)=V_{r,\max}\times\mathrm{e}^{-t/T}\times r_p/r_{\max} & r_p\leqslant r_{\max}\\ V_r(r,t)=V_{r,\max}\times\mathrm{e}^{-t/T}\times\mathrm{e}^{-[(r_p-r_{\max})/R_r]^2} & r_p>r_{\max}\end{cases} \tag{4}$$

式中，$V_r(r,t)$为径向平均风速；$V_{r,\max}$为径向最大风速；$r_{\max}$为出现 $V_{r,\max}$的位置到下击暴流中心的距离；R_r 为下击暴流的特征距离，本文中，$V_{r,\max}$取 47 m/s，$r_{\max}$取 1 000 m，R_r 取 700 m。每一时刻下击暴流平均风速 V_c 是下击暴流冲击地面后的径向射流速度 V_r 和风暴

移动速度 V_t 的矢量和，故平均风速时变函数 $f(t)$ 计算方法如式(5)所示：

$$f(t)=|V_c(t)|/(\max|V_c(t)|) \tag{5}$$

时间函数 $f(t)$ 如图 2 所示。将式(3)代式(5)带入式(2)，便可得到结构物所在位置处不同高度处的平均风速随时间变化的规律。

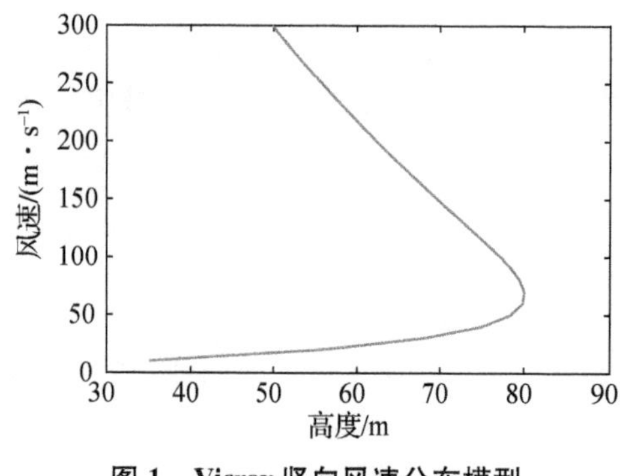

图 1　Vicroy 竖向风速分布模型

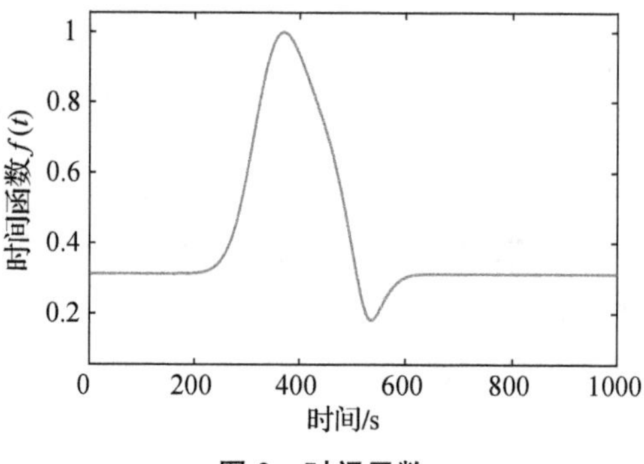

图 2　时间函数

2.2　非平稳脉动风速

下击暴流的脉动风速是一非平稳随机过程，可假定脉动风速频域特性不随时间改变，将脉动风速时程写成如下形式：

$$u(z,t)=a(z,t)\times k(z,t) \tag{6}$$

式中：幅值调制函数 $a(z,\ t)=c\overline{U}(z,\ t)$，Chay 建议 c 取 0.08～0.11。$k(z,\ t)$ 为高斯随机过程，其频谱特性不随时间改变且服从标准正态分布。

由于 $k(z,\ t)$ 服从标准正态分布，可采用单位化的 Kaimal 谱来表示 $k(z,\ t)$ 的功率谱密度函数。这样，脉动风速随机过程 $u(z,t)$ 可转化为均匀调制的非平稳随机过程，$k(z,\ t)$ 的功率谱密度函数可以表示为：

$$S_{jk}(w)=\sqrt{S_j(w)S_k(w)}\,\gamma_{jk}(w) \tag{7}$$

式中：$S_j(w)$ 为功率谱密度，$\gamma_{jk}(w)$ 为 j、k 两点的相干函数，本文采用 Davenport 相干函数。因此，可以将上述互谱密度矩阵写成矩阵形式：

$$\boldsymbol{S}(w,t)=\boldsymbol{D}(w,t)\boldsymbol{\Gamma}(w)\boldsymbol{D}(w,t)^{\mathrm{T}} \tag{8}$$

由于脉动风空间相干函数的特征，互谱密度矩阵表现为对称矩阵，将其进行 Cholesky 分解后可得一下三角矩阵 $\boldsymbol{H}$ 与一上三角矩阵 $\boldsymbol{H}^{\mathrm{T}}$，为提高分解效率，可先对相干函数矩阵 $\boldsymbol{\Gamma}(w,t)$ 进行分解，分解结果如式(8)所示：

$$\boldsymbol{S}(w,t)=\boldsymbol{D}(w,t)\boldsymbol{B}(w)\boldsymbol{B}(w)^{\mathrm{T}}\boldsymbol{D}(w,t)^{\mathrm{T}} \tag{9}$$

式中：$\boldsymbol{\Gamma}(w,t)=\boldsymbol{B}(w)^{\mathrm{T}}\boldsymbol{B}(w,t)$，进一步地可以得到 $\boldsymbol{H}(w,t)=\boldsymbol{D}(w,t)\boldsymbol{B}(w)$，根据 Deodatis 理论[9]，第 j 点的脉动风速时程 $f_j(t)$ 可以用三角级数表示为：

$$f_j(t)=2\sqrt{\Delta\omega}\sum_{m=1}^{j}\sum_{l=1}^{N}|H_{jm}(\omega_{ml})|\cos(\omega_{ml}t-\theta(\omega_{ml})+\varphi_{ml})\quad j=1,2,\cdots,n \tag{10}$$

式中：N 为频率分段数；$\Delta\omega=\omega_{up}/N$ 为频率增量，ω_{up} 为上限截止频率；φ_{ml} 为均匀分布在[0，2π]区间内的独立随机相位角；ω_{ml} 为双索引频率；$H_{jm}(\omega_{ml})$ 是矩阵 $\boldsymbol{H}$ 中第 j 行 m 列对应的元素；$\theta(\omega_{ml})$ 为 $H_{jm}(\omega_{ml})$ 的相位角。

2.3 基于 BP 网络的快速模拟方法

BP(Back Propagation)网络是一种按误差逆传播算法训练的多层前馈网络，如图 3 所示。BP 网络能学习和存贮大量的输入-输出模式映射关系，而无须事前揭示描述这种映射关系的数学方程，其具有自学习、自适应性、联想记忆功能和较强的鲁棒性和容错性，是应用最广泛的神经网络模型。由于 Cholesky 分解次数与模拟点数、样本时长均呈现正相关关系，随着模拟点的增加，其计算效率势必大幅降低。本文采用 BP 神经网络模拟 Cholesky 的分解过程，达到简化计算效果，进而提高谐波合成法的效率。

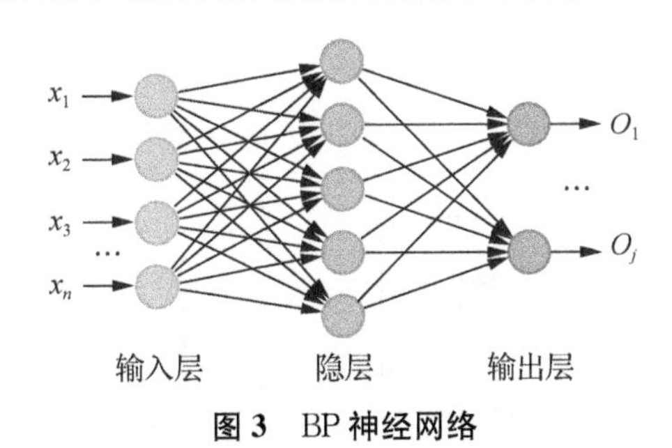

图 3　BP 神经网络

在本文中，网络输入包括相干函数矩阵 $\boldsymbol{\Gamma}$ 中各个元素对应的行列坐标 j 和 k，双索引频率 ω，相干函数值 γ_{jk} 以及模拟点之间的距离 d_{jk}；网络的输出为相干函数矩阵 $\boldsymbol{\Gamma}$ 的 Cholesky 分解矩阵 $\boldsymbol{B}$ 中第 j 行和第 k 列对应的值；网络隐藏层设为 5 层，每层神经元个数统一设置为 10。为提高网络的拟合速度，需对上述变量进行归一化处理，将其映射到[0,1]区间。本文中，采用反余切函数转换 γ_{jk} 和 d_{jk} 进行归一化处理，采用倒数转换对元素行列坐标 j 和 k 进行归一化处理。经过网络训练，即可得到输入到输出的映射关系。图 4 所示为 Cholesky 分解与 BP 网络预测结果的对比。由图可知，BP 网络预测误差最大为 3×10^{-3}，相对于目标值而言，误差完全可以忽略。

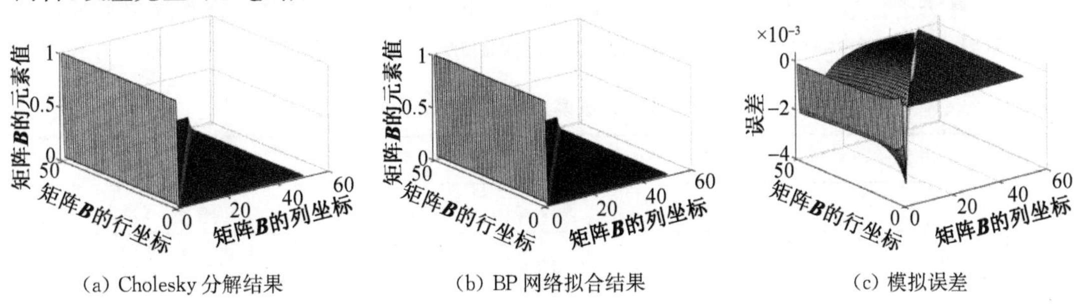

(a) Cholesky 分解结果　(b) BP 网络拟合结果　(c) 模拟误差

图 4　Cholesky 分解结果与 BP 网络模拟结果对比

3　数值模拟

采用 Holmes 平均风速模型、Vicroy 竖向分布模型、Deodatis 提出的均匀调制非平稳随机场模拟方法来模拟下击暴流行进路线上初始距离雷暴中心 5 000 m 处的竖向分布风速场，并使用 BP 网络替代 Cholesky 分解过程以提高算法的计算效率。竖向以 10 m 为间隔，取 10 m 到 200 m 共 20 个点，上限截止频率 ω_{up} 取为 3π，$N=2\ 048$，$M=2N=4\ 096$，$\Delta\omega=\omega_{up}/N=0.004\ 6$。图 5 分别给出了 50 m 处和 100 m 处的下击暴流风速时程模拟结果以及对应平稳成分的功率谱密度对比，由图可知，模拟功率谱密度与目标功率谱密度吻合较好，验证了该方法的有效性。

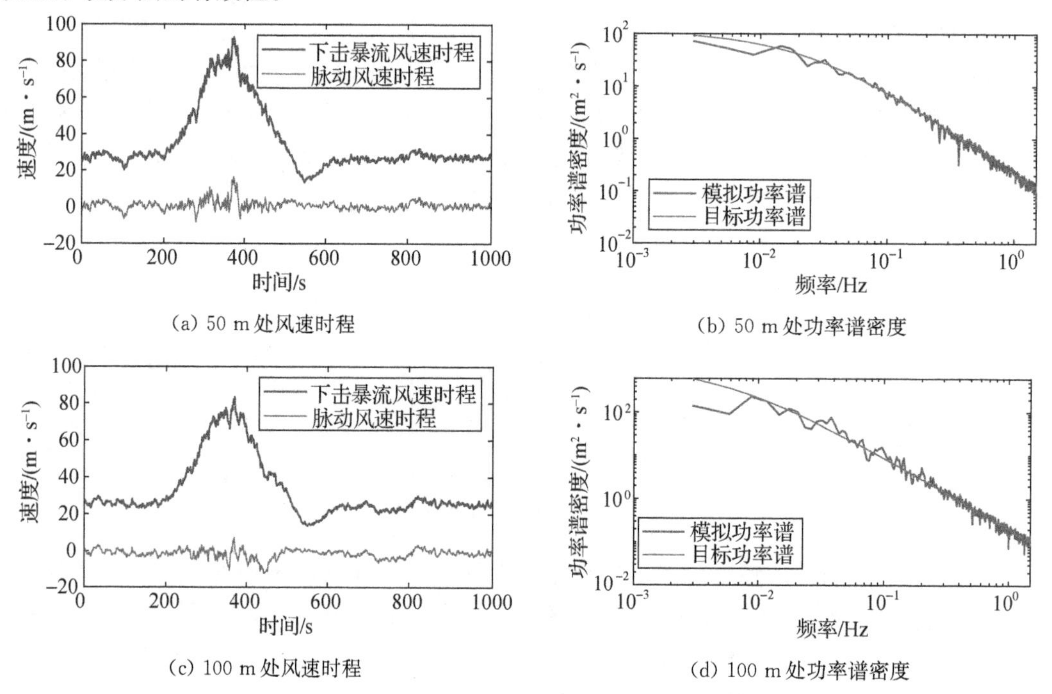

(a) 50 m 处风速时程　(b) 50 m 处功率谱密度

(c) 100 m 处风速时程　(d) 100 m 处功率谱密度

图 5　下击暴流风速模拟结果及功率谱密度

在采用 BP 网络之前，模拟 N_p 个模拟点，需要进行 $N_p\times N$ 次 Cholesky 分解计算，随着模拟点数的增加，所需要的模拟时间快速增加。采用 BP 网络算法代替 Cholesky 分解，在保证模拟精度的前提下，能显著提高模拟效率。表 1 分别给出了采用 Cholesky 分解和采用 BP 网络算法进行数值模拟所花费的时间。从表 1 可以看出，采用 BP 网络算法之后模拟速度大幅提高，且随着模拟点数的增加，效率提升比同步提高。

表 1　风场模拟方法耗时对比

模拟点数	Cholesky 分解/s	BP 网络算法/s	效率提升比
10	2.476 2	0.732 2	70.4%
50	11.076 7	1.527 3	86.2%
100	95.686 0	6.197 1	93.5%

4　结论

本文基于结构抗风基本理论，将下击暴流分解为非平稳时变平均风速及非平稳脉动风速，对于时变平均风速，利用现有碰撞射流理论模型来对其进行数值模拟研究；对于非平稳脉动风速，运用 Deodatis 提出的均匀调制非平稳随机场模拟方法，取用平均风速的 11%作为调制函数来进行数值模拟。在模拟中，为提高数值模拟下击暴流风速的效率，本文采用 BP 网络算法替代 Cholesky 分解。将模拟随机脉动成分和时变平均风速进行叠加即为下击暴流风速时程。结果表明，所提方法在保证精度的前提下，能够大幅度提高模拟效率。下击暴流风速的数值模拟方法和数据为研究大跨结构在下击暴流风荷载作用下的动力响应提供了必要的基础。

参考文献

[1] Holmes J D, Oliver S E. An empirical model of a downburst[J]. Engineering Structures, 2000, 22 (9): 1167-1172.

[2] Abd-Elaal E-S, Mills J E, Ma X. Numerical simulation of downburst wind flow over real topography [J]. Journal of Wind Engineering and Industrial Aerodynamics, 2018, 172: 85-95.

[3] Fujita T T. Downbursts: meteorological features and wind field characteristics[J]. Journal of Wind Engineering and Industrial Aerodynamics, 1990, 36: 75-86.

[4] Oseguera R M, Bowles R L. A simple, analytic 3-dimensional downburst model based on boundary layer stagnation flow[R]. NTRS-NASA Technical Memorandum 100632, 1988.

[5] Vicroy D D. Assessment of microburst models for downdraft estimation[J]. Journal of Aircraft, 1992, 29 (6): 1043-1048.

[6] Wood G, Kwok K. An empirically derived estimate for the mean velocity profile of a thunderstorm downburst [C]. Proceedings of the 7th Australian Wind Engineering Society Workshop, Auckland, 1998.

[7] Chay M T. Physical modeling of thunderstorm downbursts for wind engineering applications[D]. Texas: Texas Tech University, 2001.

[8] 瞿伟廉，吉柏锋，李健群，等. 下击暴流风的数值仿真研究[J]. 地震工程与工程振动, 2008 (5): 133-139.

[9] Deodatis G. Simulation of ergodic multivariate stochastic processes [J]. Journal of Engineering Mechanics, 1996, 122 (8): 778-787.

考虑波浪、海流作用对于台风过境全过程风剖面特性影响分析

员亦雯[1]，柯世堂[1*]，王　硕[1]，赵永发[1]，张　伟[1]

(1. 南京航空航天大学土木与机场工程系 江苏南京 211106)

摘　要： 本文基于 MCT 耦合器，通过中尺度 WRF 大气模型，三维水动力 FVCOM 模型以及第三代浅海海浪 SWAN 模型建立大气-海洋-海浪的实时耦合，并与非耦合 WRF 模式进行对比，分析得到两种耦合模式下的风剖面模拟结果。主要结论为：耦合模型能较好地模拟台风“威马逊”的路径、强度，其风剖面特性与 WRF 模式的模拟结果存在一定差异，由于考虑到大气、波浪、海流的相互作用与能量传递，耦合模拟的台风眼壁区域风剖面指数略低于非耦合 WRF 模式，模拟风速在时程与空间分布上的变化较 WRF 模拟结果偏于平缓。

关键词： 台风“威马逊”；耦合模型；风剖面特性

1　引言

随着能源与环境问题日益突出，开发利用清洁、可持续能源势在必行。风电作为可再生能源的“主力军”，将成为未来增长最快的能源。陆上风能的开发受到环境、风况以及资源分布与消耗的限制，所以海上风能的开发将是未来风电发展的重心。但同时由于我国位于西太平洋并拥有绵长海岸线，是世界上遭受台风灾害最为严重的国家之一。因此，准确掌握台风风参数对海上风电建筑结构设计的经济性和安全性具有重要的指导意义。过去数十年，很多学者开展了大量面向结构设计的实测和数值模拟研究，在台风风参数特征刻画和特征重现这两个方面都有长足的进步。

目前较通用的风速剖面主要有对数律、指数律、D-H 模型和 Gryning 模型等[1]，表征了边界层的风速随高度变化规律。赵林等通过实测数据对台风“山竹”的近地层外围风速剖面演变特性进行研究[2]。数值模拟方面，WRF 模式作为新一代中尺度预报模式，是目前应用最广泛的高分辨率精细化风场预报技术[3]。柯世堂等基于 WRF 模式对台风“鹦鹉”进行模拟，研究了东南沿海某风电场 1 000 m 以下大气边界层的风特性[4]。王叶红等基于 WRF

基金项目： 国家重点研发计划资助(2017YFE0132000；2019YFB1503700)和国家自然科学基金项目(51761165022；U1733129)联合资助

模式研究了不同边界层参数化方案对台风"莫兰蒂"登陆阶段影响的数值模拟[5]。然而台风移动过程实际上涉及海洋和大气耦合相互运动,气旋风应力引起表层水体流动、海表温度下降以及海表粗糙度变化,而上层海洋的变化又会对台风的发展起到反馈作用,影响台风的强度和风剖面参数。

鉴于此,本文采用中尺度气象软件 WRF、第三代海浪模式 SWAN 与有限体积海流模式 FVCOM 构建台风-波浪-海流实时耦合模拟平台,模拟分析了 2014 年入侵我国南海的 1409 号台风"威马逊"过境全过程风剖面特性,同时与非耦合 WRF 模式的模拟结果进行对比,为海洋大气数值模型建立与海上风电建筑结构设计提供参考依据。

2 台风-波浪-海流耦合模拟

2.1 模式简介

WRF 大气模型是美国国家大气研究中心(NCAR)、美国国家海洋和大气管理局(NOAA)的国家环境预报中心(NCEP)和预报系统实验室(FSL)等共同开发的新一代中尺度大气模型。WRF 模式分为 NMM(业务模式)和 ARW(研究模式)两种模式,分别由 NCAR 和 NCEP 管理并维持,本文模拟时采用的计算模式是 WRF-ARW 模式。FVCOM 海洋模型是由美国马萨诸塞大学海洋科技研究院和伍兹霍尔海洋研究所联合开发,主要用于三维水动力数值模拟。模型采用三角形网格,可模拟复杂岸线对流场的影响。SWAN 海浪模型是由荷兰 Delft 大学开发的第三代近岸海浪模型,适用于海洋风浪、涌浪及混合浪的模拟,并具有模拟近岸波浪变形的能力。

耦合模型由主程序调用 WRF、FVCOM 和 SWAN 子模型同时独立计算,在设定的某一计算时间,各子模型调用 MCT(Model Coupling Toolkit)子程序进行数据的发送和接收,实现子模型两两之间的实时数据交换。MCT 耦合器是一款用来建立耦合模型的开源程序工具包,支持并行耦合系统的各子模型间多个分布式变量的数据交换,各子模型调用一系列 FORTRAN 模块实现数据的发送和接收。由于 WRF 采用结构化网格,FVCOM 和 SWAN 采用相同的非结构化三角形网格,WRF 和 FVCOM、SWAN 之间进行变量交换时需要进行插值,而 FVCOM 和 SWAN 之间可以直接传递变量。模型耦合机制如图 1 所示。

2.2 台风"威马逊"模拟试验设计

台风"威马逊"是 2014 年袭击我国南海的超强台风,给我国海南、广东、广西等沿海带来较大危害,直接经济损失达 80.80 亿元。"威马逊"于 2014 年 7 月 11 日发展成热带风暴;14 日增强为强热带风暴;15 日增强为强台风,于菲律宾登陆;16 日进入南海转趋减弱;17 日重新增强,升级为强台风;18 日再度迅速而显著增强,变为超强台风,并于 18 日下午 3 时半在海南省文昌市沿海短暂登陆,不久后进入琼州海峡,晚上 7 时半再于广东省湛江市沿海登陆;19 日继续向西北或西北偏西移动,穿越北部湾,并于早上 7 时 10 分又于中国广西壮

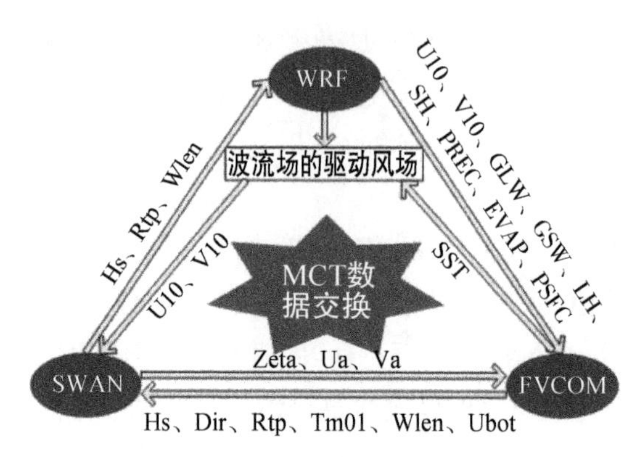

图 1　模型耦合机制

族自治区防城港市沿海再次登陆；7 月 20 日，"威马逊"横越广西及越南北部，进入中国云南，直至 7 月 22 日才彻底消散。

为分析耦合效应对台风过程风剖面特性的影响，本文设计两组工况：非耦合 WRF 模式模拟与 WRF、FVCOM 和 SWAN 耦合模拟（后简称 W-F-S）。本文的模拟台风"威马逊"的计算时间为 2014 年 7 月 16 日 6 时～2014 年 7 月 19 日 6 时共 72 h。WRF 模型水平方向为规则化网格，分辨率取 6 km，大气垂向为 37 层；WRF 的初、边值场采用 NCEP 提供的逐日 4 个时次的 1°×1°的 FNL 再分析资料，模型初始海温采用 NECP 提供的 0.5°×0.5°分辨率的全球日平均数据 RTG_SST；模型积分时间步长取 30 s。海洋模型 FVCOM 和海浪模型 SWAN 的水平网格为非结构化三角形网格，近岸和水深变化剧烈处网格较密，最小网格点间距约 500 m，开边界处网格较疏，最大网格点间距约 15 km。各模型计算范围和海洋、海浪模型网格示意图见图 2。FVCOM 海洋模型垂向采用 σ 坐标分为 14 层，温度初始场的海表温度同样采用 NECP 的全球日平均数据 RTG_SST，温度垂向分布根据 HYCOM1/12(°) 同化数据确定，潮位开边界使用 CHINATIDE 提取，并提前计算 7 天获得耦合模拟时的初始流场；FVCOM 模型积分时间步长取 5 s。SWAN 模型由较大范围的波浪模拟结果提供边界场和初始场，计算时间步长 300 s。耦合交换时间步长取 600 s（表 1）。

表 1　WRF 模式物理方案参数设置

WRF 参数	物理参数方案
微物理过程方案	Lin 方案
长波辐射方案	RRTM 方案
短波辐射方案	Dudhai 方案
近地面层方案	Monin-Obukhov 方案
陆面过程方案	Noah 方案
行星边界层方案	MYJ 方案
积云对流参数化方案	Kain-Fritsch 方案

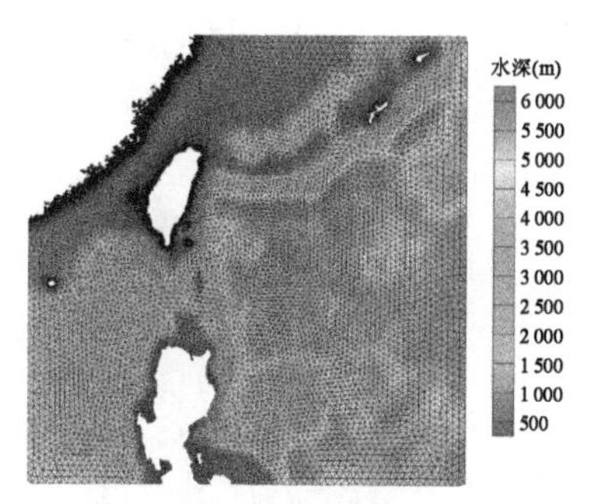

图 2 计算范围和海洋、海浪模型网格示意图

2.3 耦合试验有效性验证

为验证 W-F-S 耦合平台数值模拟的有效性，图 3 给出了 W-F-S 模式与非耦合 WRF 模式模拟的台风路径以及台风中心附近最大稳定风速误差对比结果。由图可知：在整个模拟时间范围内，非耦合 WRF 模式与 W-F-S 模式模拟的台风移动路径相比 JMA 最佳路径均略偏北，W-F-S 耦合模拟的台风路径比 WRF 非耦合模拟更接近 JMA 最佳路径，对于台风路径的模拟精度提高 40%。W-F-S 耦合模拟的台风中心附近最大稳定风速在模拟期间先增大再减小，与 JMA 实测数据变化趋势较为一致，在模拟中后期，W-F-S 模式的模拟效果明显优于非耦合 WRF 模式。

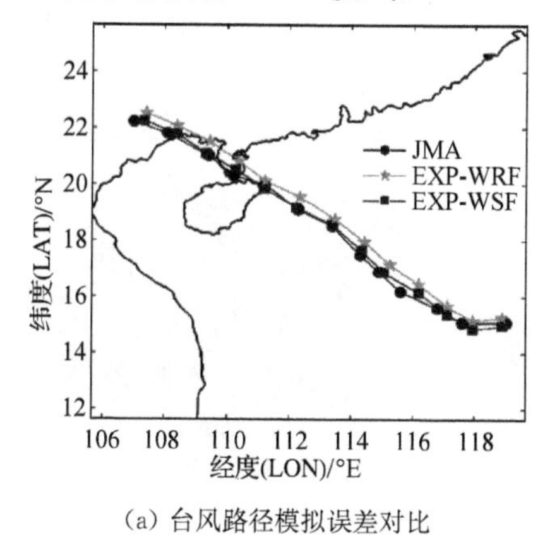

(a) 台风路径模拟误差对比

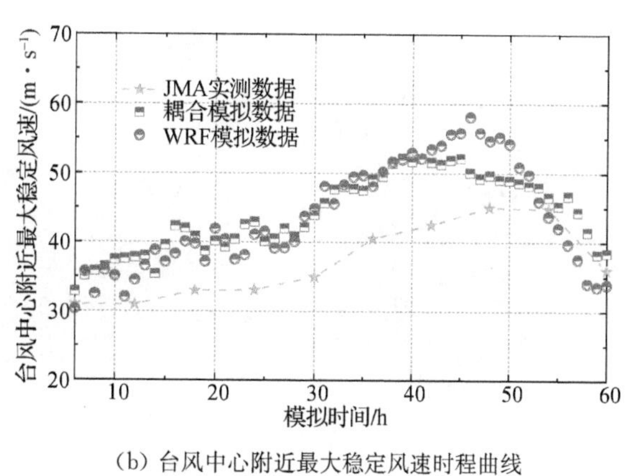

(b) 台风中心附近最大稳定风速时程曲线

图 3 耦合试验有效性验证

2.4 模拟结果分析

图 4、图 5、图 6 分别给出了在台风“威马逊”影响期间，W-F-S 实时耦合模拟得到的 10 m 风速矢量、有效波高以及表层流场的历时变化结果。由图可知：(1) 在台风移动过程中，其风速呈现非对称分布规律，台风中心右侧的风速明显大于左侧的风速，在台风影响下，台风浪以及表层流场在空间上同样呈现出“右偏性”的不对称性分布特征；(2) 台风作用下的海域内形成了明显的旋转波浪场，波浪场的旋转中心位于台风移动路径的左侧小浪区；(3) 波浪场与表层流场对于台风具有一定的滞后性，表层流场的滞后性较为明显；

(4) 在模拟区域内，台风“威马逊”10 m 高度处的风速最高可达 45 m/s 以上，台风中心附近形成有效波高 10 m 以上的狂涛区，表层流速在远海区域也达到了 2 m/s。

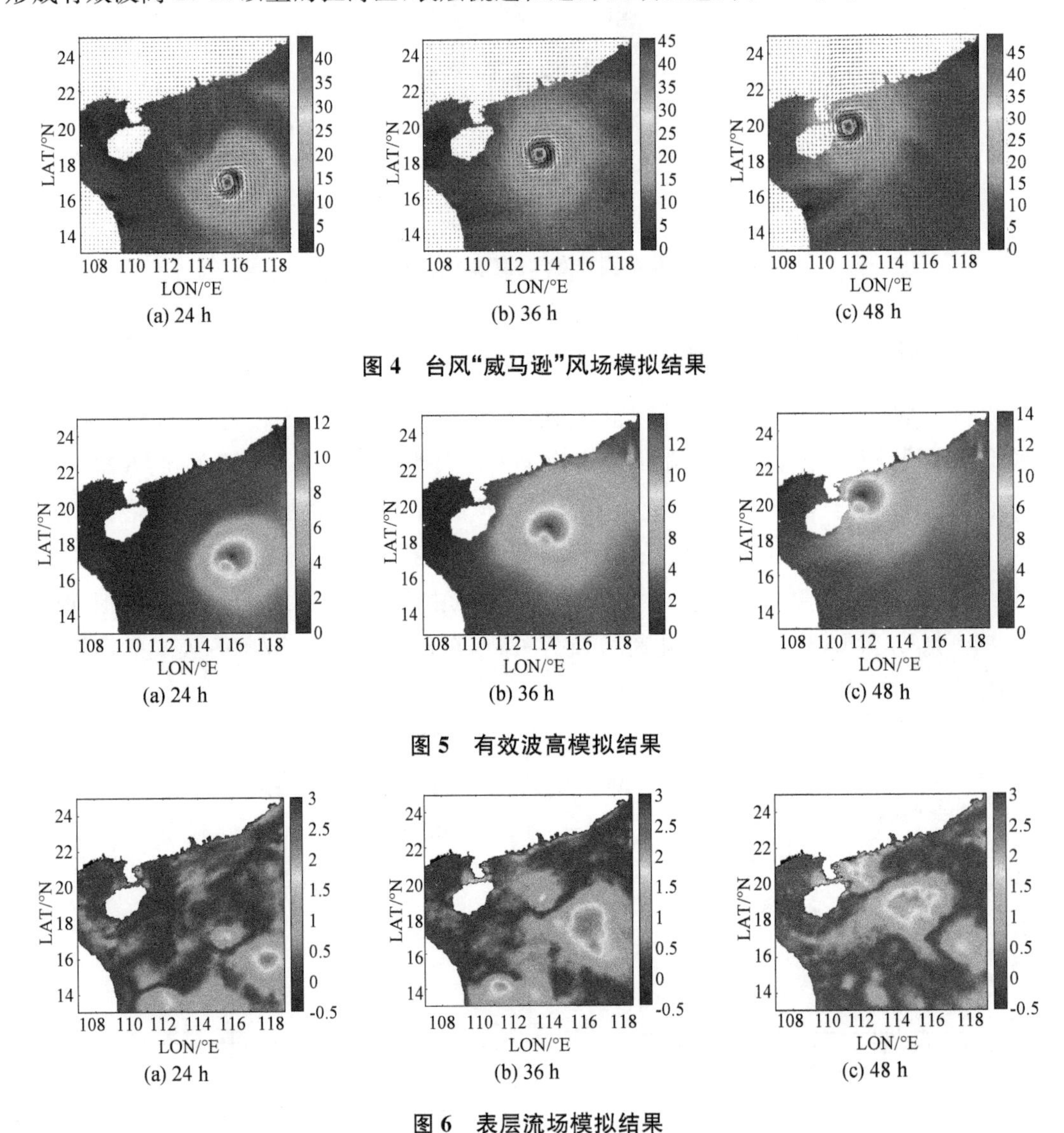

(a) 24 h　(b) 36 h　(c) 48 h

图 4　台风“威马逊”风场模拟结果

(a) 24 h　(b) 36 h　(c) 48 h

图 5　有效波高模拟结果

(a) 24 h　(b) 36 h　(c) 48 h

图 6　表层流场模拟结果

3　风剖面特性分析

3.1　台风典型高度风速时程

图 7 给出了 W-F-S 模式与非耦合 WRF 模式台风典型高度最大风速时程模拟结果对比，由图可知：(1) 在不同高度处，两种工况下的最大风速时程模拟结果皆呈现先增大后减小的趋势，均在模拟时间 40～50 h 时达到最大，其中耦合模式模拟的最大风速时程变化趋势较非耦合 WRF 模式平缓；(2) 在风速上升阶段(0～40 h)，两种工况下的近地面模拟风速差异较小，而在高空处出现耦合模式模拟风速明显大于 WRF 模式的现象；(3) 在强风阶段

(40～50 h)，非耦合 WRF 模拟的近地面风速显著高于 W-F-S 耦合模式，而高空处二者差异较小；(4) 在近海登陆过程中(50～72 h)，二者的模拟差异逐渐显现，模拟结束时 W-F-S 耦合模式的模拟风速远高于 WRF 模式。鉴于此，分析可能产生这种差异结果的原因：耦合模式考虑了复杂的大气、海浪、洋流的相互作用与能量传递，在风速上升阶段，海浪与洋流对于台风强度的负反馈影响占据主要地位，风应力的增加使海洋上层发生湍流混合，温跃层冷水上翻导致海表温度下降，风速上升引起海表面粗糙度增加，均会对台风强度产生一定的削弱。而在风速下降阶段，由于强风对波浪、海流造成的持续影响，波浪飞沫贡献于海汽动量交换，海水的不断蒸发增加了驱动热带环流潜热能量的供给，从而制约了风速的下降。

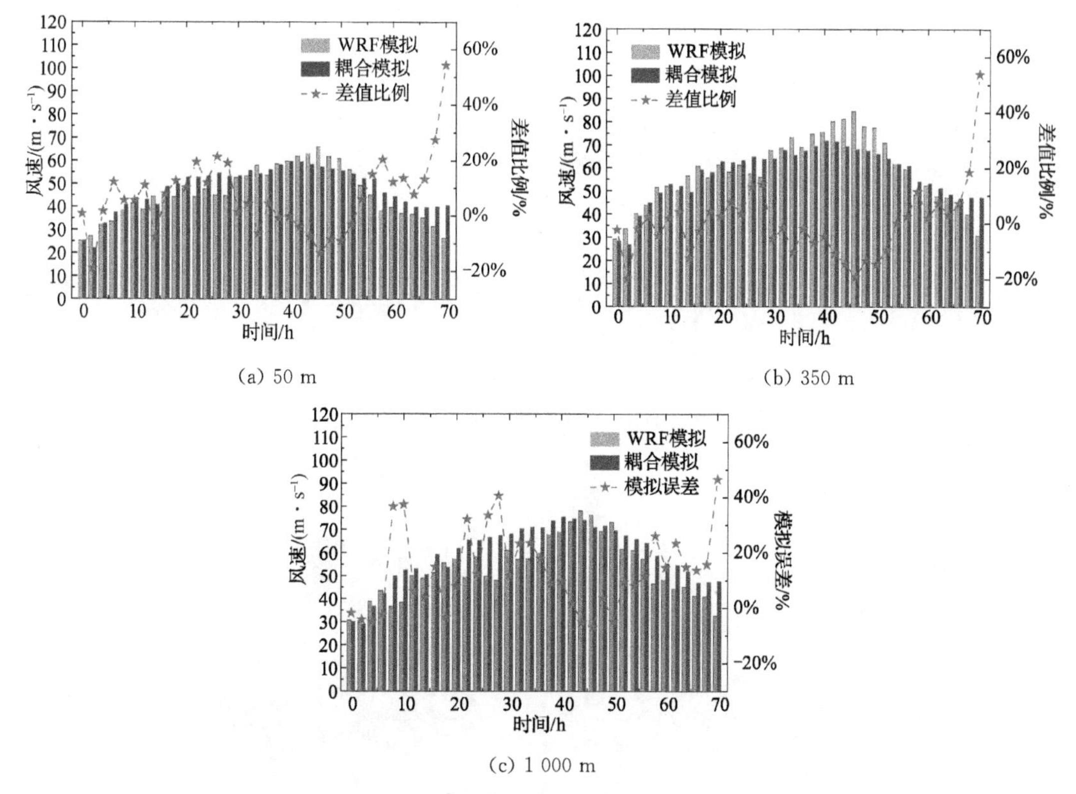

(a) 50 m　　(b) 350 m

(c) 1 000 m

图 7　台风典型高度最大风速时程

3.2　台风三维风速分布

图 8 与图 9 分别给出了台风登陆时刻两种工况模拟下的典型高度截面水平方向风速随经度及维度的三维分布图。从图中可以看出：在不同高度处，两种工况下的三维风速分布情况基本一致，且均具有明显的台风眼结构。非耦合 WRF 模式模拟的整个计算域水平向风速差异较大，台风影响区域范围较耦合模式小，这种现象在 500 m 高度处最为显著。

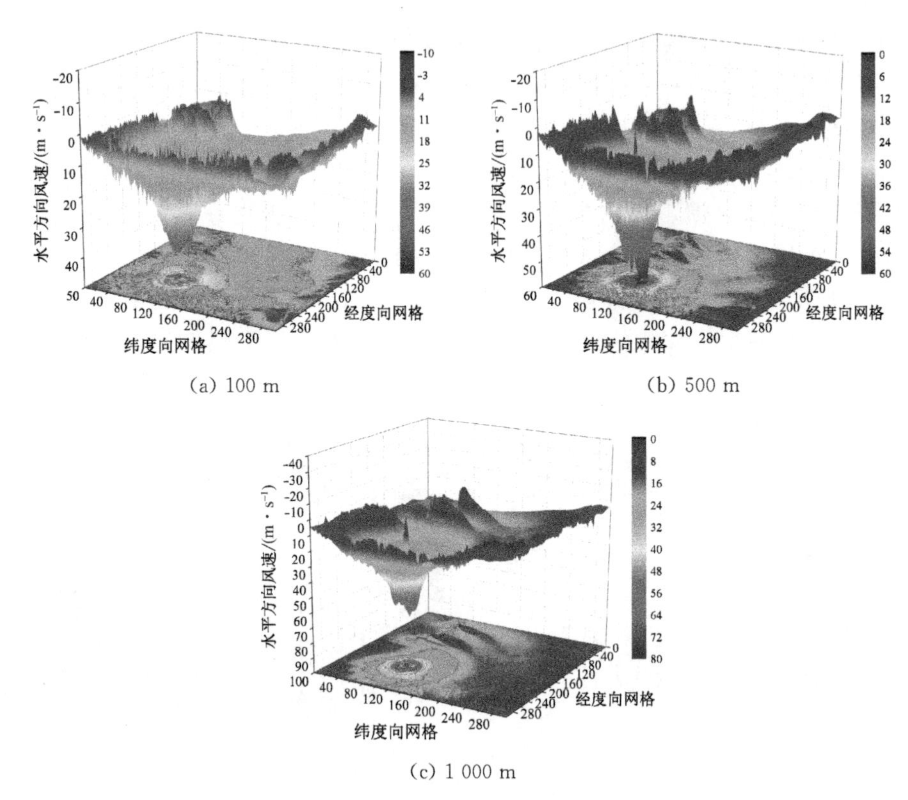

(a) 100 m

(b) 500 m

(c) 1 000 m

图 8　非耦合 WRF 模式台风三维风速分布模拟结果

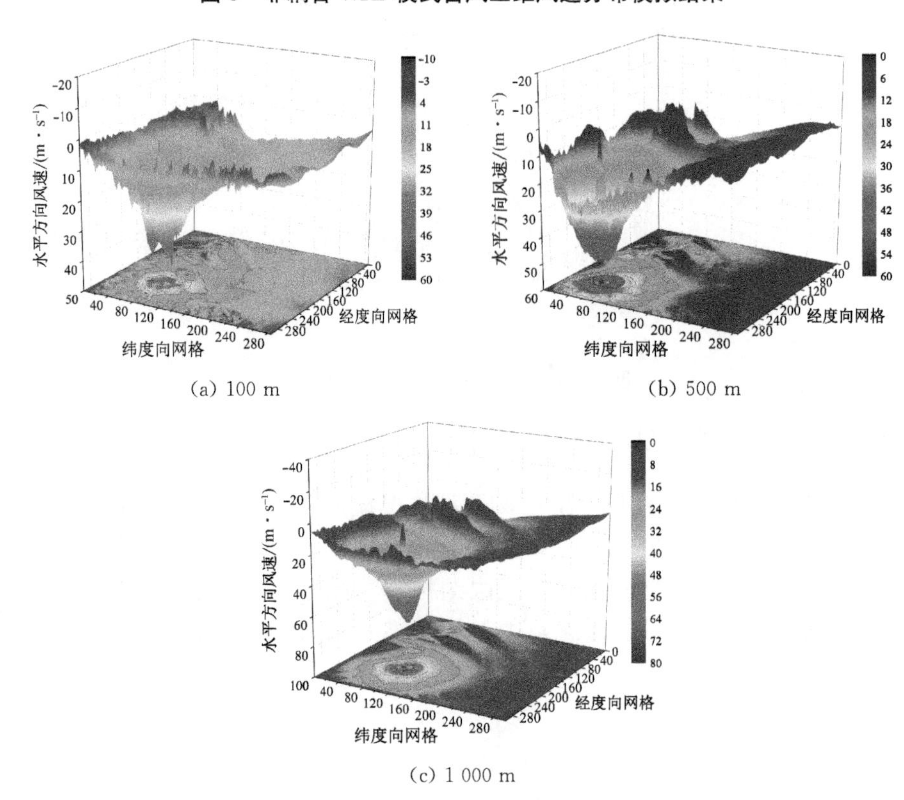

(a) 100 m

(b) 500 m

(c) 1 000 m

图 9　W-F-S 耦合模式台风三维风速分布模拟结果

3.3　风剖面及指数时序规律

根据模拟时间内台风“威马逊”生命周期的发展状况，将台风风速的演变过程划分为3个阶段：稳定上升期(16日6时至17日22时)；强风期(17日23时至18日10时)；登陆期(18日11时至19日6时)。图10给出了台风不同时期两种工况下台风结构不同位置处的风剖面模拟结果对比。其中，风剖面1～风剖面4分别位于台风中心至台风眼壁区域(风剖面1、2)、台风眼壁区域(风剖面3)、台风外围区域(风剖面4)。由图可知：(1) 非耦合WRF模式与W-F-S耦合模式在台风各个生命周期、台风结构同一位置处的风剖面具有明显的差异，不仅表现为基本风速的差异，风剖面拟合指数的差异也较为明显；(2) 在风速稳定上升期，台风眼附近风剖面1与台风眼壁处风剖面3的模拟结果在两种工况下较为相似，而对于靠近台风眼处风剖面2，耦合工况的拟合指数高于非耦合工况，耦合工况在台风外围区域风剖面4的基本风速也较非耦合工况有明显增强；(3) 台风发展至强风期，非耦合工况WRF模拟的台风眼壁处高风速区风速显著高于耦合工况，台风眼至台风眼壁区域耦合工况模拟下的风剖面拟合指数较高；(4) 在台风登陆时期，非耦合工况模拟的台风结构风速较耦合工况集中，在台风眼至台风眼壁区域风剖面拟合指数明显大于耦合工况。

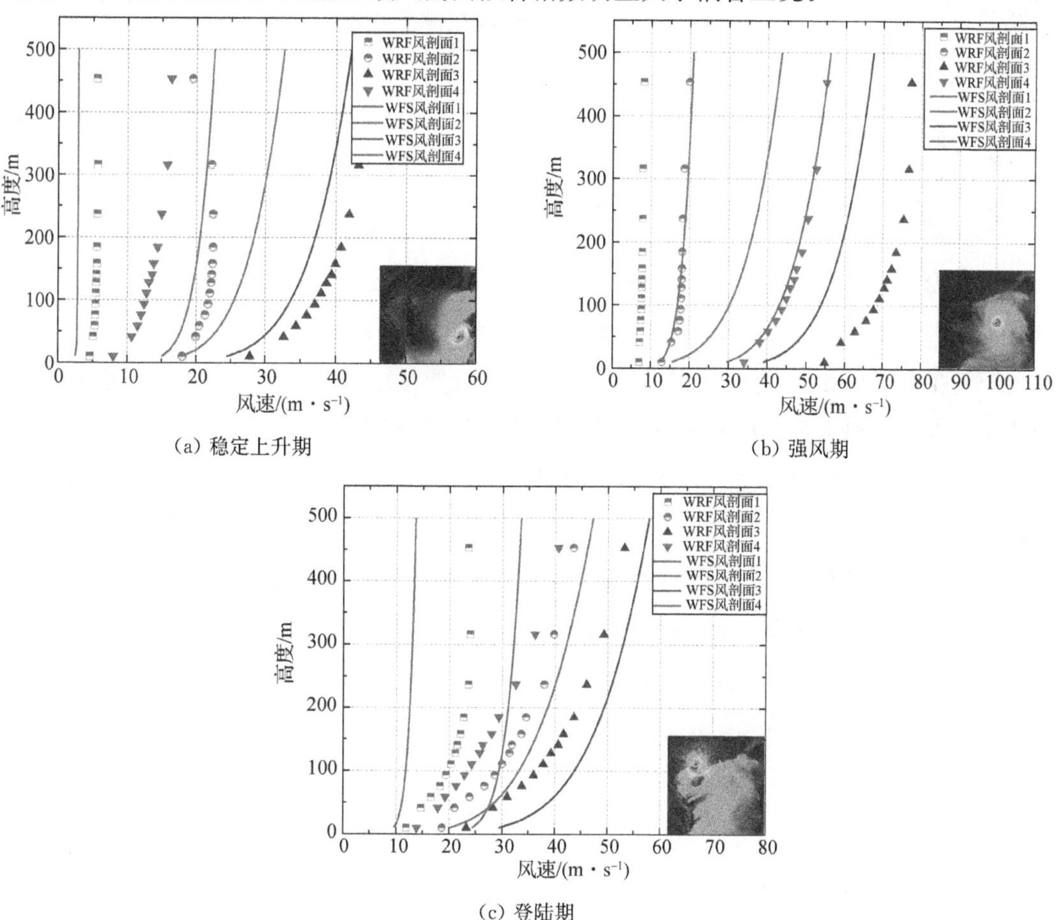

(a) 稳定上升期

(b) 强风期

(c) 登陆期

图10　台风不同时期两种工况下风剖面模拟结果对比

图 11 给出了两种工况下模拟得到的台风眼壁处风剖面幂指数时序规律，由图可知：两种模拟工况下风剖面幂指数 α 随着时间发展呈相似的微弱减小趋势，W-F-S 模式对于台风外围风剖面指数的模拟结果较非耦合 WRF 模式小，且随时间的变化幅度更为平缓，两种工况模拟得到的风剖面幂指数 α 分别随时间于 $y=-10^{-5}x+0.125$ 与 $y=-2\times10^{-5}x+0.092$处上下波动。

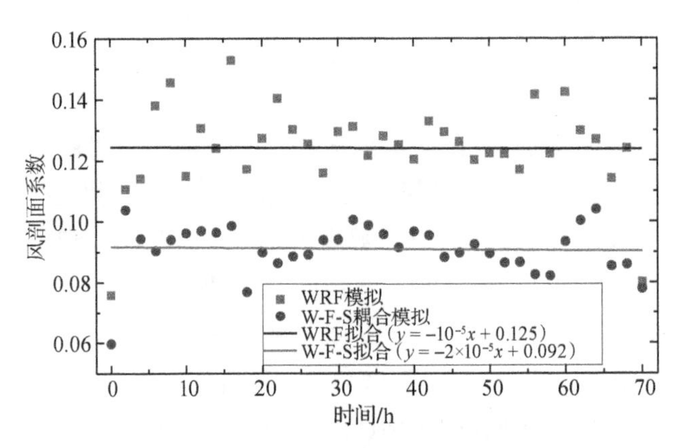

图 11　风剖面指数时序图

4　结论

本文基于 MCT 耦合器，通过中尺度 WRF 大气模型，三维水动力 FVCOM 模型以及第三代浅海海浪 SWAN 模型建立大气-海洋-海浪的实时耦合，并与非耦合 WRF 模式进行对比，分析得到两种模式下的风剖面模拟结果，主要结论如下：

（1）在不同高度处，两种工况下的最大风速时程模拟结果皆呈现先增大后减小的趋势，耦合模式模拟的最大风速时程变化趋势较非耦合 WRF 模式平缓；

（2）在登陆时刻，非耦合 WRF 模式在同一高度截面处的水平向模拟风速差异较大，台风影响区域范围较耦合模式小；

（3）非耦合 WRF 模式与 W-F-S 耦合模式在台风各个生命周期、台风结构同一位置处的风剖面具有明显的差异，台风眼壁处风剖面幂指数 α 分别随时间于 $y=-10^{-5}x+0.125$ 与 $y=-2\times10^{-5}x+0.092$ 处上下波动。

参考文献

[1] Monin A S. The structure of atmospheric turbulence[J]. Theory of Probability & Its Applications, 1958, 3(3):266-296.

[2] 赵林，杨绪南，方根深，等. 超强台风山竹近地层外围风速剖面演变特性现场实测[J]. 空气动力学学报，

2019，37(01)：43-54.

[3] Carvalho D, Rocha A, Gomez-Gesteira M, et al. WRF wind simulation and wind energy production estimates forced by different reanalyses: comparison with observed data for Portugal[J]. Applied Energy, 2014, 117: 116-126.

[4] 柯世堂，徐璐. 考虑中尺度台风效应的大型风力机体系气动性能分析[J]. 东南大学学报(自然科学版)，2019，49(2)：340-347.

[5] 王叶红，赵玉春. 边界层参数化方案对"莫兰蒂"台风(1614)登陆阶段影响的数值模拟研究[J]. 大气科学，2020，44(05)：935-959.

[6] 王扬杰，张庆河，陈同庆，等. 大气-海洋-海浪耦合模型在台风过程模拟中的应用[J]. 水道港口，2016，37(02)：135-141.

中尺度模式下海上风场对低空大气参数的影响

唐泽灵[1]，王　珑[1]，王同光[1]，王卫彬[1]

（1. 南京航空航天大学江苏省风力机设计高技术研究重点实验室 南京 210016）

摘　要：为了研究海上风场对低空大气的影响，基于中尺度模式 WRF，并耦合风场参数化方案，对一个由 60 台 6 MW 风力机组成的海上风场开展了模拟研究。结果表明，风场的存在让风力机尾流的速度产生了明显地减少，尾流在水平方向上的影响距离最远已达到 57 km 附近，风速亏损的范围逐渐变小而其在竖直方向的影响范围逐渐变大，这反映了尾流竖直方向的扩散运动。风场让近地面的温度在近尾流区域显著提升，竖直方向上风力机轮毂高度以下，温度显著提升了，而在轮毂高度以上，温度降低了。风场的存在让风场内部的 QKE 显著增大，QKE 差值的垂直分布在水平方向上具有明显边界性，QKE 在竖直方向上的影响也是比较有限的，其主要的影响范围还是在海拔 300 m 以内。

1　引言

我国幅员辽阔，海岸线绵长，风能资源蕴藏丰富、分布广泛。到目前为止，我国累计装机容量已达到全球总装机容量的 35%，处于遥遥领先的地位。但随着风电产业的飞速发展，风资源丰富，建设条件和运输条件优异的陆地风场已经基本开发完毕，开发的趋势逐渐向海上转移。大型海上风场的运行会从大气中提取大量能量，并在随后的尾流恢复中会从外围大气中汲取能量，这将造成中高空区域内大气被吸向尾流中心，产生大面积的气流沉降，进而诱导出与风场尺度相当的大尺度高空旋涡。由于风力机的旋转与复杂大气环境的耦合作用，在风轮平面会造成压力突降，其下游区域会出现严重的速度和压力损失，风力机尾流范围扩大，具有高度非定常的脉动特性；风轮后方会存在高度螺旋的非定常尾涡，而多台风力机尾流的交互不仅会造成旋涡效应增强、速度亏损加重，也会造成下游区域速度场和压力场的脉动性剧增，进而还会造成大气垂向输运特性增强，促进大范围内海气通量突变，严重影响大气折射率。这种由大面积下沉气流、大尺度高空旋涡、非定常高度螺旋尾涡综合作用所造成的垂向和横向的高度湍流脉动，不仅对下游风轮的安全运行会产生影响，也会对在该区域内的航空器的中低空飞行、船舶运行等活动成重大影响。

近年来，随着中尺度模式的发展，各国学者开展了大量的风场模拟研究[1-4]。然而，传统的中尺度模式的水平分辨率较高，一般至少也有几百米，难以捕捉风电场与大气边界层的相互作用。近年来，通过在中尺度模式引入风力机参数化建模，已经能模拟风力机与大气边界层的交互作用。Wang 和 Prinn[5] 把风力机视为增长的地面粗糙度来研究风力机对大气运动的影响，但该方法无法深入了解对湍流应力有重要影响的最低 200 m 垂直风廓线的细节。Roy[6]把流经风力机的风所具有的动能看作两部分，一部分被风力机吸收转化为电能，这一部分用商用风力机功率系数来量化，剩余部分则转化成湍动能，在该模型中，湍动能视为常数。Blahak 等人[7]使用类似的参数化方法，不过其在被风力机吸收的那一部分能量中引入了损失因子。Fitch 等人[8]在 Blahak 等人研究基础上发展了一种风力机参数化方案，该方案把风力机看作一个动量亏损项，把风力机从大气中获取的总动能用推力系数 C_T来量化，其中转化为电能的部分用功率系数 C_P来量化。他们假设机械和电气损耗忽略不计，并且剩余所有没有转化为电能的能量视作转化为湍动能，即两者的差值 C_T-C_P被定义为产生大气湍动能的部分。

鉴于以上论述所述，本文将基于中尺度模式 WRF 与风场参数化方案耦合的方法，研究大型海上风场对低空大气参数的影响。

2 数学模型

2.1 WRF 模式控制方程

WRF-ARW 是以非静力平衡的欧拉方程为基础建立的动力框架，该控制方程适用于可压状态其具有守恒性质的变量，在垂直方向上采用的是沿地形欧拉质量坐标 η。使用该坐标可以在某些下垫面地形较为复杂的情况下，如大山、高原、盆地，避免底层计算区域与下垫面相交的情形出现。该坐标被定义为：

$$\eta=\frac{(p_{dh}-p_{dht})}{\mu_d},\quad \mu_d=p_{dhs}-p_{dht} \tag{1}$$

式中：p_{dh}为干大气气压；p_{dht}为干大气顶层气压；p_{dhs}为干大气地面气压。

WRF 模式的控制方程为：

$$\partial_t U+(\nabla\cdot Vu)_\eta+\mu_d\alpha\partial_x p+\frac{\alpha}{\alpha_d}\partial_\eta p\partial_x\varphi=F_U \tag{2}$$

$$\partial_t V+(\nabla\cdot Vv)_\eta+\mu_d\alpha\partial_y p+\frac{\alpha}{\alpha_d}\partial_\eta p\partial_y\varphi=F_V \tag{3}$$

$$\partial_t W+(\nabla\cdot Vw)_\eta-g\left(\frac{\alpha}{\alpha_d}\partial_\eta p-\mu_d\right)=F_W \tag{4}$$

$$\partial_t\Theta+(\nabla\cdot V\theta)=F_\Theta \tag{5}$$

$$\partial_t\mu_d+(\nabla\cdot V)=0 \tag{6}$$

$$\partial_t\varphi+\frac{[(V\cdot\nabla\varphi)_n-gW]}{\mu_d}=0 \tag{7}$$

$$\partial_t Q_m+(V\cdot\nabla q_m)_\eta=F_{Qn} \tag{8}$$

空气比热容的诊断方程为：

$$\partial_{\eta}\varphi=-\alpha_{d}\mu_{d} \tag{9}$$

同时考虑干空气压力与水汽压力，此时的压力状态方程为：

$$p=p_{0}\left(\frac{R_{d}\theta_{m}}{p_{0}\alpha_{d}}\right)^{\gamma},\quad \theta_{m}=\theta\left[1+\left(\frac{R_{v}}{R_{d}}\right)q_{v}\right]\approx\theta(1+1.6q_{v}) \tag{10}$$

$$\alpha=\alpha_{d}(1+q_{v}+q_{c}+q_{r}+q_{i}+\cdots)^{-1} \tag{11}$$

式中：u 为单位体积的质量；V 为三维速度场的动量；Ω 为垂直速度场的动量；Θ 为位温场的动量；γ 为比热容，常数为 1.4；θ 为位温；R_d 为比气体常数；p_0 为参考气压；F_U 为由物理过程引起的强迫项；F_V 为由扰动混合引起的强迫项；F_W 为由球面投影引起的强迫项；F_{Θ} 为由地球旋转引起的强迫项；α_d 为干大气通用变量；q_* 为水汽、云、雨、冰等的单位质量混合率。

2.2 风场参数化方案

风场参数化方案是用来刻画风电场与大气相互作用的。通过文献[8]引入动量亏损项以及湍动能来描述风力机的参数化。在该参数化模型中，被风力机吸收的总能量用风力机的推力系数 C_T来度量，转化为电能的部分用 C_P来度量，剩余部分则被认为转化为湍动能(TKE)，表示为 $C_{\mathrm{TKE}}=C_T-C_P$。其中 C_T、C_P均是风速的函数，一般可由风力机的生产商提供。

由于风力机的运行，大气的动能损失速率为：

$$\frac{\partial KE_{\mathrm{drag}}}{\partial t}=-\frac{1}{2}C_{T}(|\mathbf{V}|)\rho\,|\mathbf{V}|^{3}A \tag{12}$$

式中：$\mathbf{V}(u,v)$ 为水平速速矢量；C_T 为风力机推力系数；ρ 为空气密度；A 为风轮面积。假设风力机正交于来流，并且风力机的阻力不会影响速度的竖直分量 w。

而水平风速往往会随着高度变化，因此需要对方程就整个风轮平面进行积分，变为：

$$\frac{\partial KE_{\mathrm{drag}}}{\partial t}=-\frac{1}{2}\int_{A_R}C_{T}(|\mathbf{V}|)\rho\,|\mathbf{V}|^{3}\mathrm{d}A \tag{13}$$

在中尺度模式下，水平网格的跨度可能超过两台风力机之间的距离，因此会出现多台风力机位于同一个网格中的情况。为此，定义了一个风力机密度来表示单位面积的风力机数量，其中 i 和 j 分别代表网格的纬向和经向。从而一个网格内由风力机引起的能量损失对其水平面积分可得：

$$\begin{aligned}\frac{\partial KE_{\mathrm{drag}}^{ij}}{\partial t}&=-\frac{1}{2}\int_{\Delta x}\int_{\Delta y}N_{t}^{ij}\left[\int_{A_R}C_{T}(|\mathbf{V}|)\rho\,|\mathbf{V}|^{3}\mathrm{d}A\right]\mathrm{d}x\mathrm{d}y\\&=-\frac{1}{2}N_{t}^{ij}\Delta x\Delta y\left[\int_{A_R}C_{T}(|\mathbf{V}|)\rho\,|\mathbf{V}|^{3}\mathrm{d}A\right]\end{aligned} \tag{14}$$

式中：Δx 为网格的纬向长度；Δy 为网格的经向长度。方程右端积分项可以用对应于笛卡儿坐标 x,y,z 三个方向的模型网格指数 i,j,k 重写。风力机的诱导阻力只适用于包含叶片的网格。

网格(i,j,k)中动能损失速率表示为：

$$\frac{\partial KE_{\text{drag}}^{ijk}}{\partial t}=-\frac{1}{2}N_t^{ij}\Delta x\Delta yC_T(|\mathbf{V}|_{ijk})\rho_{ijk}|\mathbf{V}|_{ijk}^3A_{ijk} \tag{15}$$

式中：A_{ijk}为在网格(i,j)中夹在第k层与$k+1$层网格间的风力机横截面积。

在网格(i,j,k)中由风力机引起的动能损失势必要从该网格的总动能中提取。而一个网格动能的总变化率表示为：

$$\frac{\partial KE_{\text{cell}}^{ijk}}{\partial t}=\frac{\partial}{\partial t}\int_{\Delta x}\int_{\Delta y}\int_{\Delta z}\frac{\rho_{ijk}}{2}(u_{ijk}^2+v_{ijk}^2+w_{ijk}^2)\mathrm{d}x\mathrm{d}y\mathrm{d}z \tag{16}$$

式中，$\Delta z=z_{k+1}-z_k$—第k层网格的竖直高度。

假设只有水平速度分量受风力机诱导阻力的影响。因此，方程可写为：

$$\begin{aligned}\frac{\partial KE_{\text{cell}}^{ijk}}{\partial t}&=\frac{\partial}{\partial t}\left(\frac{\rho_{ijk}|\mathbf{V}|_{ijk}^2}{2}\right)(z_{k+1}-z_k)\Delta x\Delta y\\&=\rho_{ijk}|\mathbf{V}|_{ijk}\frac{\partial|\mathbf{V}|_{ijk}}{\partial t}(z_{k+1}-z_k)\Delta x\Delta y\end{aligned} \tag{17}$$

网格(i,j,k)中动能的变化率应等于由风力机造成的该网格的动能损失率。因此，联立方程可得动量的损失率为：

$$\frac{\partial|\mathbf{V}|_{ijk}}{\partial t}=-\frac{N_t^{ij}C_T(|\mathbf{V}|_{ijk})|\mathbf{V}|_{ijk}^2A_{ijk}}{2(z_{k+1}-z_k)} \tag{18}$$

风力机提取的能量转化为电能的部分可以表示为：

$$\frac{\partial P_{ijk}}{\partial t}=\frac{N_t^{ij}C_P(|\mathbf{V}|_{ijk})|\mathbf{V}|_{ijk}^3A_{ijk}}{2(z_{k+1}-z_k)} \tag{19}$$

没有转化为电能的剩余能量转化为湍动能，表示为：

$$\frac{\partial \text{TKE}_{ijk}}{\partial t}=\frac{N_t^{ij}C_{\text{TKE}}(|\mathbf{V}|_{ijk})|\mathbf{V}|_{ijk}^3A_{ijk}}{2(z_{k+1}-z_k)} \tag{20}$$

2.3 WRF 模式布置

模拟的时间从 2005 年 3 月 15 日 12:00 至 2005 年 3 月 18 日 00:00，总计 60 h。计算区域的初始大气边界条件选定为美国国家环境预报中心(NCEP)提供的全球最终分析(FNL)数据，其空间分辨率为 1°×1°，其时间间隔为 6 h。WRF 模式模拟区域的垂直方向上划分为 37 层，顶层气压设置为 30 000 Pa。在 150 m 以下有 11 层，1 000 m 以下有 17 层，分割风轮平面的有 6 层。WRF 主要的参数设置见表 1。考虑到 WRF 的模拟精度，本文对 WRF 模式的风场计算采用三层嵌套网格方案。三层嵌套网格的水平分辨率依次为 9 km、3 km、1 km，最外层网格格点为 111×111，第二层网格格点为 112×112，最内层网格格点为 112×112。地图投影方案采用 Lambert 方案，具体的模拟区域见图 1。

表 1 WRF 参数设置

WRF 区域划分	d01	d02	d03
水平分辨率	9 km	3 km	1 km
积分时间步长	30 s	10 s	3.3 s
微物理方案	WSM6		
长波辐射方案	RRTM		
短波辐射方案	Dudhia		
陆面过程方案	Noah Land Surface		
边界层方案	MYNN 2.5、MYJ、QNSE		
积云参数化方案	Kain-Fritsch(最外层)		

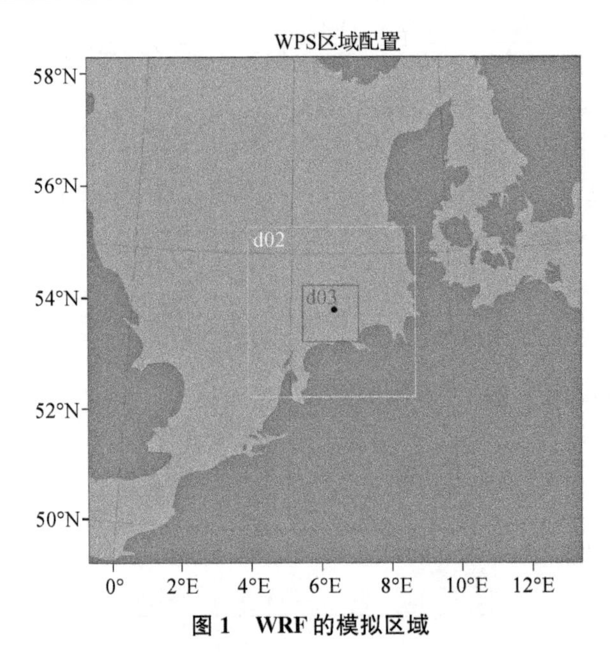

图 1 WRF 的模拟区域

为了获取网格分辨率对计算结果的影响，本文还运用单层与双层嵌套的网格进行了模拟，其中单层网格的水平分辨率为 9 km，双层网格的水平分辨率分别是 9 km 和 3 km。为了方便后文的分析，把运用单层网格、双层嵌套网格以及三层嵌套网格的模拟方案分别记为 dx09、dx03 与 dx01。此外，虽然在 WRF 与风场参数化方案的耦合计算中，边界层参数化方案只能选取 MYNN 方案，但为了获取 MYNN 方案对模拟结果的精度影响，还与 MYJ 方案与 QNSE 方案的结果做了对比分析。

由于缺少现实中海上风力机位置的具体经纬度数据，因此本文自行设计了风力机的排布。在该大型风场中，布置 60 台某商用 6 MW 风力机，一共有 10 排风力机，每排有 6 台风力机。两排风力机之间的间距为 0.556 km，每一排风力机两两之间的距离为 0.654 km，所形成的风场总面积大约为 5.6 km×3.9 km。所选用的 6 MW 海上风力机的功率曲线以及推力系数曲线如图 2，其主要的技术参数列为表 2。

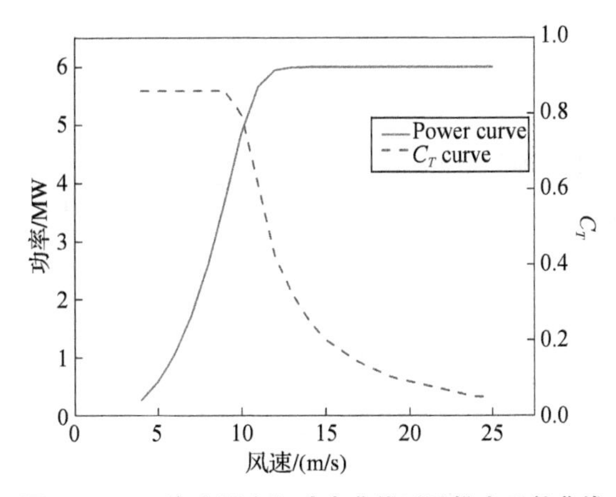

图 2　6 MW 海上风力机功率曲线以及推力系数曲线

表 2　6 MW 海上风力机主要参数

风力机参数	数据
轮毂高度	110 m
风轮直径	154 m
切入风速	4 m/s
切出风速	25 m/s
额定风速	14 m/s
额定功率	6.0 MW

3　案例分析

3.1　WRF 模式的验证

本文考虑了不同的网格分辨率以及边界层方案对模拟风速的影响，并采用相关的统计学变量定量地分析了由网格分辨率与边界层方案引起的差异。

1）网格分辨率的影响

图 3 展示了一天内不同网格分辨率下风速随时间变化的情况，并且为了验证 WRF 的准确性，与海上测量平台 FINO1 的观测数据进行了对比。从图中可以清晰地看到，无论网格分辨率如何变化，WRF 模拟得到的风速相较于实测值，整体变化过程更为平缓。另外，在 3 月 16 日 20 时之后 WRF 模拟的风速与实测的风速存在较大的偏差。之所以会产生上述的差异，可能是由于 WRF 模拟过程中选取的物理参数化方案是一种为了方便计算简化的理想模型，从而造成了计算的风速与实际测量的风速的差异。另外，WRF 输出的结果是平均值，一定程度上抹去了风速的波动，而观测平台的数据本身就具有不确定性，故得到的风速就存在强烈的波动。从不同高度风速的时序图对比可以得知，dx01 与 dx03 分辨率下的全天的风速变化几乎完全重合，而 dx09 的风速在中午 12 时至

18 时这一时间段与 dx01 以及 dx03 的结果出现分离，在 15 时之前 dx09 的风速更接近观测的风速，在 15 时之后 dx01 与 dx03 的风速更接近观测值，其余时间段三种分辨率下的风速几乎没有差别。

为了定量地表示 WRF 模拟的结果与实测值之间的差异，计算了三种网格分辨率下在不同高度下的模拟风速与实测风速间的平均误差(ME)、绝对平均误差(MAE)以及标准差(STD)，现列为表 3。从表中可以获悉，三种网格分辨率模拟的风速在三个高度下相较于实测值都偏高，其中 dx01 模拟的风速在三个高度下的 ME 都是最小的。除此以外，还可以发现 dx01、dx03 以及 dx09 的 ME、MAE 都随着高度的增高而逐渐降低，说明海拔高度越高，WRF 对风速的模拟更接近测量值。从平均值的角度出发，dx01 与 dx03 的统计量是十分接近的，这与图 3 中 dx01 与 dx03 模拟的风速变化在三个高度下几乎都完全重合是契合的。从整体来看 dx09 模拟的风速最接近实测值，这进一步说明网格分辨率的改变对 WRF 该时间段风速模拟的影响不大，甚至最小的网格分辨率模拟的效果是最优的。虽然使用更小的网格花费更多的时间对 WRF 输出的结果改变不大，但考虑到后面 WRF 与风场参数化耦合计算时为了更精确地模拟风场对低空大气参数的影响，本文在后续的计算中使用网格分辨率最大的网格，即 dx01。

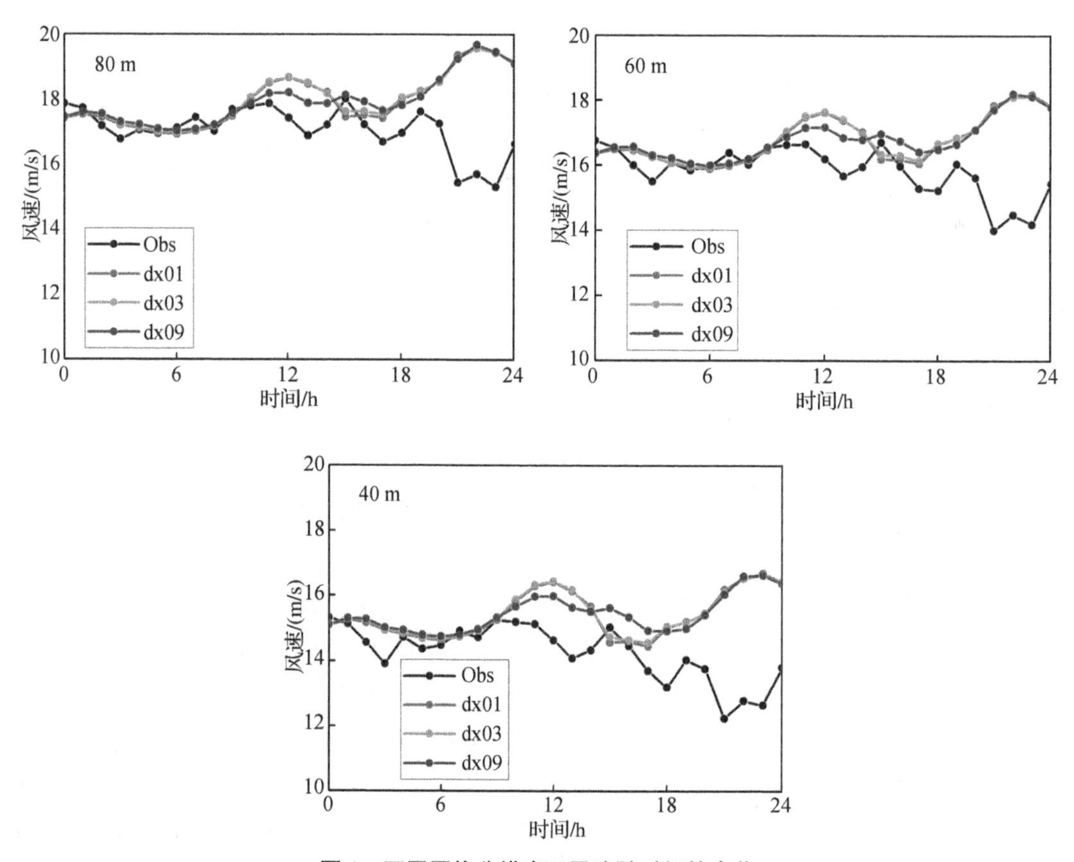

图 3　不同网格分辨率下风速随时间的变化

表 3　不同网格分辨率下三个高度(40 m、60 m 以及 80 m)的风速统计量

		40 m	60 m	80 m	平均值
dx01	ME/(m/s)	1.14	0.95	0.88	0.99
	MAE/(m/s)	1.21	1.08	1.03	1.11
	STD/(m/s)	1.31	1.30	1.36	1.32
dx03	ME/(m/s)	1.17	0.98	0.91	1.02
	MAE/(m/s)	1.22	1.08	1.04	1.11
	STD/(m/s)	1.28	1.27	1.34	1.30
dx09	ME/(m/s)	1.18	0.96	0.88	1.01
	MAE/(m/s)	1.20	1.02	0.96	1.06
	STD/(m/s)	1.20	1.22	1.31	1.24

2）边界层参数化方案的影响

图 4 展示了利用 MYNN、MYJ 以及 QNSE 三种边界层方案模拟的不同高度下风速随时间的变化。从图中可以明确地看出，不管使用何种边界层方案，WRF 模拟的风速相较于实测值整体的变化过程趋于平缓，这与图 3 所得到的结论一致。对比不同高度风速的变化规律可以发现，不同边界层方案对应的风速曲线在不同高度下都保持了各自的形状，即 WRF 模拟风速的时序图对高度的变化具有稳定性，其值可随着高度改变，但整体趋势保持相对稳定。在 80 m、60 m 以及 40 m 的高度下，使用 MYNN 方案模拟的风速与实测值比较而言，整体偏大，特别是在 3 月 16 日 20 时后，模拟风速与观测值偏离达到最大，最大可相差 4 m/s。使用 MYJ 方案模拟的风速与使用 QNSE 方案模拟的风速在这三个高度上的变化相似，大部分时间模拟的风速小于实测风速，但在正午的时候，模拟风速与实测值非常接近。而在 20 时之后，与 MYNN 方案类似，MYJ 方案与 QNSE 方案都高估了风速，但其高估程度没有达到 MYNN 方案的程度。对比 MYJ 方案与 QNSE 方案的模拟结果可以发现，在 12 时以前，MYJ 模拟的风速在对应时刻小于 QNSE 模拟的风速，而在 12 时至 20 时这一时间段，MYJ 模拟的风速在对应时刻则大于 QNSE 方案模拟的风速。

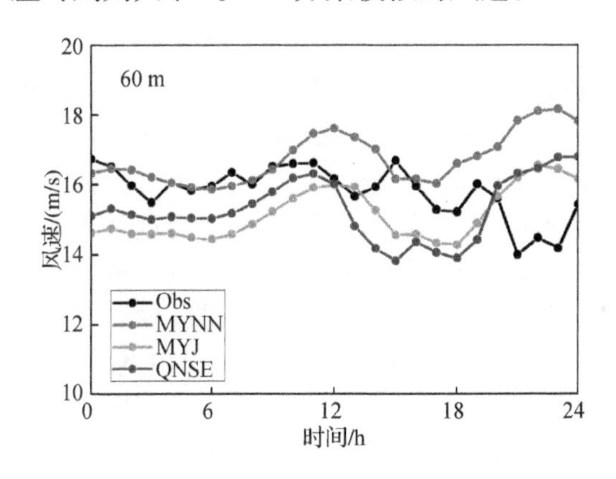

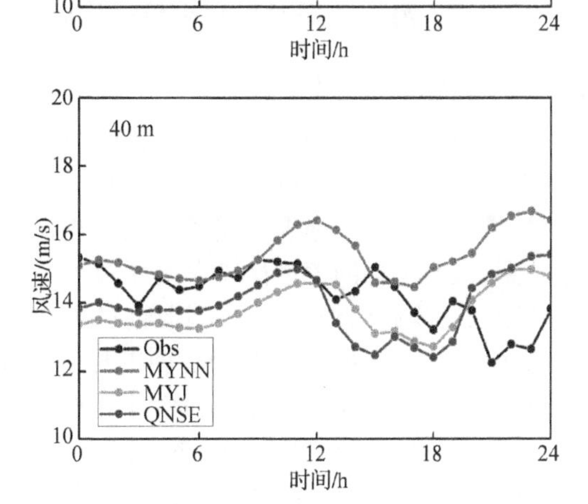

图 4　不同网格分辨率下风速随时间的变化

与表3类似，为了定量表示采用不同边界层方案的WRF模拟结果与实测值之间的差异，计算了40 m、60 m以及80 m高度下使用不同边界层方案计算的风速与FINO1海上测量平台记录的风速之间的ME、MAE以及STD，现列为表4。从表中可以看到，采用MYJ方案和QNSE方案模拟的风速与实测值计算得到三个统计量都存在随着高度增加变得越来越大的趋势。即是说，使用这两种方案模拟的结果在海拔越高的地方越失真。除此之外，使用QNSE方案模拟的风速与实测风速之间的平均误差的绝对值与绝对平均误差在不同高度下都小于MYJ方案模拟的风速与实测风速间的在不同高度下对应的统计量，但使用QNSE方案模拟的风速与实测风速之间误差的标准差大于MYJ方案模拟的风速与实测风速间误差的标准差。然而，考虑到我们更加关心的是模拟量与实测量之间的差距，而不是误差的波动，因此这里的STD比较相对ME与MAE的比较来说没有太多意义，从而可以认为QNSE方案模拟的风速更精准。至于MYNN方案，其模拟的风速与实测风速间的平均误差、绝对平均误差都随着海拔高度的增加而逐渐降低，因此MYNN方案比其余两种方案更适合高空风速的模拟。此外，如前所述，我们更加关注模拟值与测量值间的差距，而MYNN方案模拟的风速与实测风速间计算得到MAE要比QNSE方案模拟的风速与实测风速间计算得到的MAE小，故MYNN方案比QNSE方案模拟的风速更准确。

表4　不同边界层方案下三个高度(40 m、60 m以及80 m)的风速统计量

		40 m	60 m	80 m	平均值
MYNN	ME/(m/s)	1.14	0.95	0.88	0.99
	MAE/(m/s)	1.21	1.08	1.03	1.11
	STD/(m/s)	1.31	1.30	1.36	1.32
MYJ	ME/(m/s)	−0.66	−0.64	−0.46	−0.59
	MAE/(m/s)	1.32	1.26	1.14	1.24
	STD/(m/s)	1.33	1.27	1.24	1.28
QNSE	ME/(m/s)	−0.53	−0.51	−0.32	−0.45
	MAE/(m/s)	1.22	1.20	1.10	1.17
	STD/(m/s)	1.35	1.32	1.32	1.33

3.2　海上风场对低空大气的影响

1）风场对风速的影响

图5展示了大型风场在不同时间点对风力机轮毂高度所处平面风速的影响。所选取的三个时间点与简易风场中所选的相同，即3月16日11时、3月17日14时与3月17日23时，这三个时间点分别对应了西南风向、由西向东的风以及西北风向。从图中可以清晰地看到，大型风场的存在让风力机尾流的速度产生了明显地减少，并且随着流向这种影响逐渐减弱。除此以外，三个不同风向的图中也分别出现了计算误差，即在非尾流区域里存在风速的差值，这可能是由于模型的相对简单，其不能完全替代真实的风力机，也有可能是WRF与风力机参数化方案耦合计算时，耦合模拟方案过于强调了风力机的作用，使得风速亏损在尾流区以外传递。当然，还应当注意到，三个不同时刻的风速差值图中非尾流区出现的速度亏损都存在单侧更为明显的现象，即从面对来流的方向，左侧非尾流区的速度亏损更加显著，风整体的偏转方向或许造成了这种单侧效应。

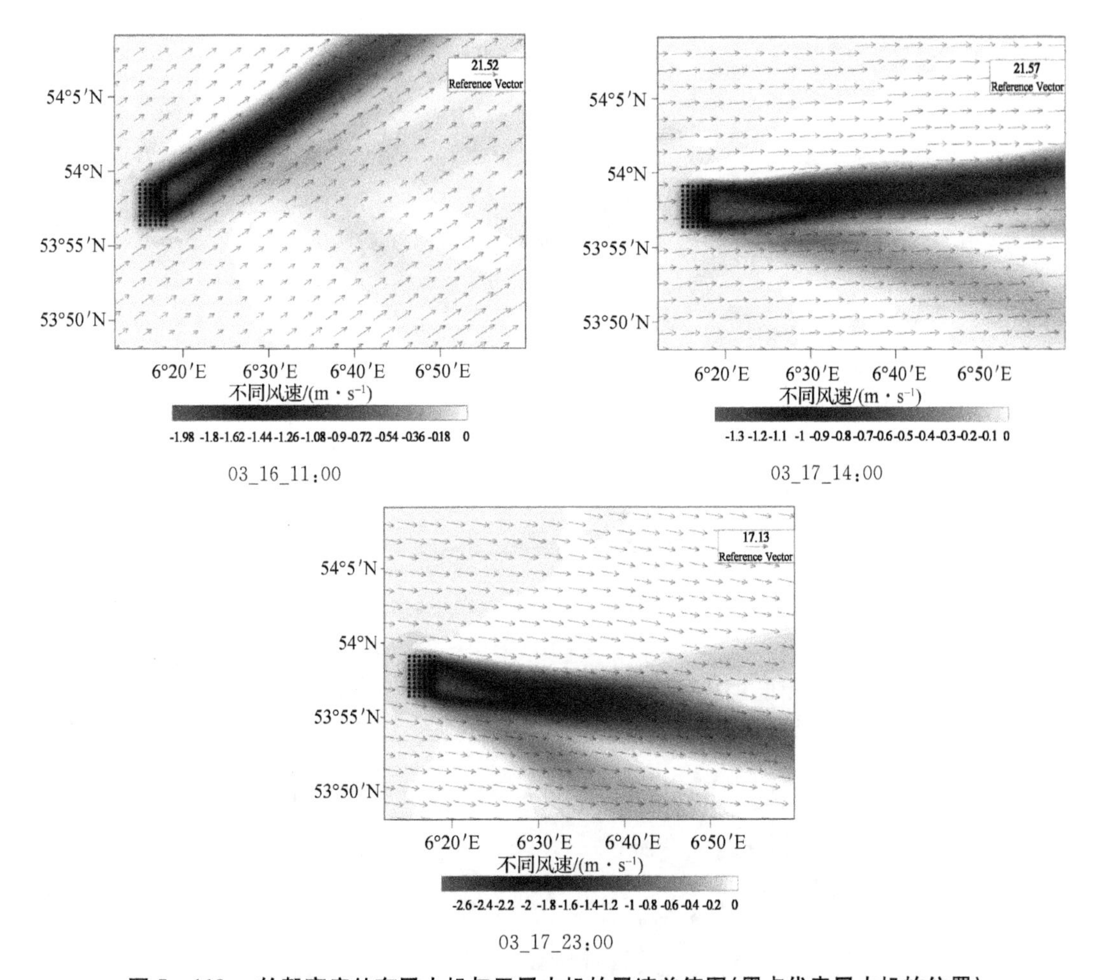

图 5 110 m 轮毂高度处有风力机与无风力机的风速差值图(黑点代表风力机的位置)

以上讨论的都是高风速下尾流在轮毂高度所在平面的变化，根据风速的 Weibull 分布可知，风场在一年中实际面对 20 m/s 及其以上的风速的情况是较少的，因此本文还开展了低风速下大型风场对大气影响的模拟。图 6 展示了低流速下大型风场对风力机轮毂高度所处平面风速的影响。此时的风向为东南风向，在近尾流处风速亏损最大，最大值达到 2.6 m/s，而随着尾流向下游运动的过程中，速度亏损逐渐恢复。

为了获悉风速亏损在竖直方向上的变化，在图 6 中沿着风向在尾流中取点，对所取每一点的风速亏损沿着高度插值。图 7 展示了尾流中沿着风向不同位置的风速亏损在竖直方向的变化。从图中可以清楚地看到，由于所选位置在大型风场的下边界处(相对于风向来说)，因此在 6.25°E 处轮毂高度的风速亏损是最大的，最大值接近 2.6 m/s，而随着尾流向下游的运动，风速亏损逐渐变小，图中所示轮毂处的最小风速亏损约为 0.4 m/s，这正好反映了对图 6 的分析，风速亏损在水平方向上的影响距离已达到 57 km 附近。除此以外，从图中还可以发现风速亏损在轮毂高度以上总体变化趋势为随着高度的增加，风速亏损变得越来越小。但对于下游不同的点来说，风速亏损在竖直方向的影响范围是不同的，随着尾流的运动，风速亏损影响的范围越大，这反映了尾流在竖直方向上的扩散运动。从图中可以获悉，最大的影响高度可以达到 900 m 以上，但在 800 m 高度附近尾流亏损就已经变得很小，因此在 800 m 高度以上的尾流亏损可以忽略不计。

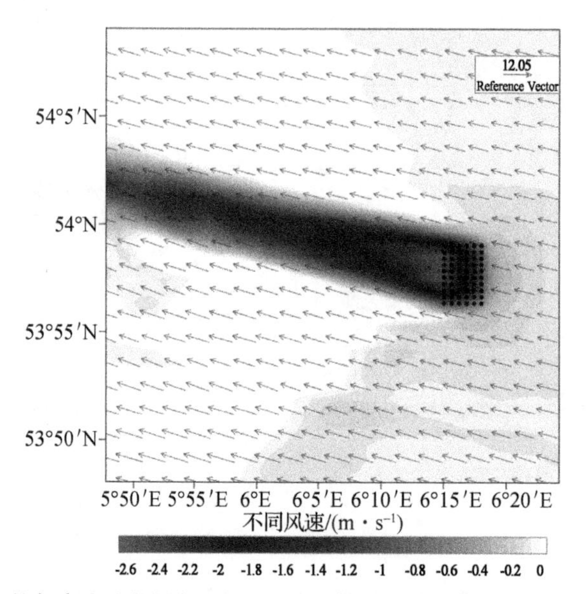

图 6　低风速下轮毂高度处有风力机与无风力机的风速差值图(黑点代表风力机的位置)

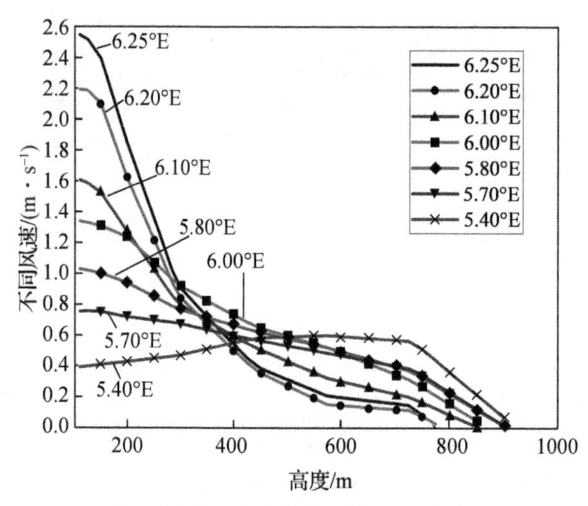

图 7　风速亏损在轮毂高度以上的变化

2）风场对温度的影响

图 8 展示了大型风场对 2 m 高度所处平面的温度影响。从图中可以获悉，大型风场对近地面的温度产生了显著影响，在近尾流区域温度的提升最大，之后随着尾流向下游蔓延，温度的变化逐渐降低。大型风场对温度改变的影响范围大约为 0 K 至 0.4 K，其中在 3 月 17 日 23 时的图中温度增加最大，达到 0.4 K 左右，这恰好对应了图 5 中的风速改变，该时刻下风速亏损最为严重，造成下游的流动掺混最为激烈，使得热量的再分布改变最大，对温度的影响也就最大。若风场布置在陆地，由于其对温度的改变，可能会对下游的作物生长造成影响，本文的风场布置在海上，同理可能会对近海面的生物产生影响，相关的具体研究还需进一步开展。图 8 中三幅近地面温度差值图也存在计算误差的现象，即在非尾流区域出现了温度的改变。除此之外，还可以发现在温度升高向下游蔓延的区域下侧，尽管温度变化不大(最大值为 0.2 K 左右)，但都存在一个温度减小并向下游延伸的区域，这或许与风向的整体偏转方向有关。另外，从图 5 与图 7 还可以看出，风速的尾流区域与温度改变向下游蔓延的区域

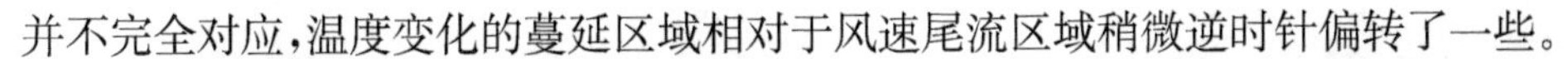
并不完全对应，温度变化的蔓延区域相对于风速尾流区域稍微逆时针偏转了一些。

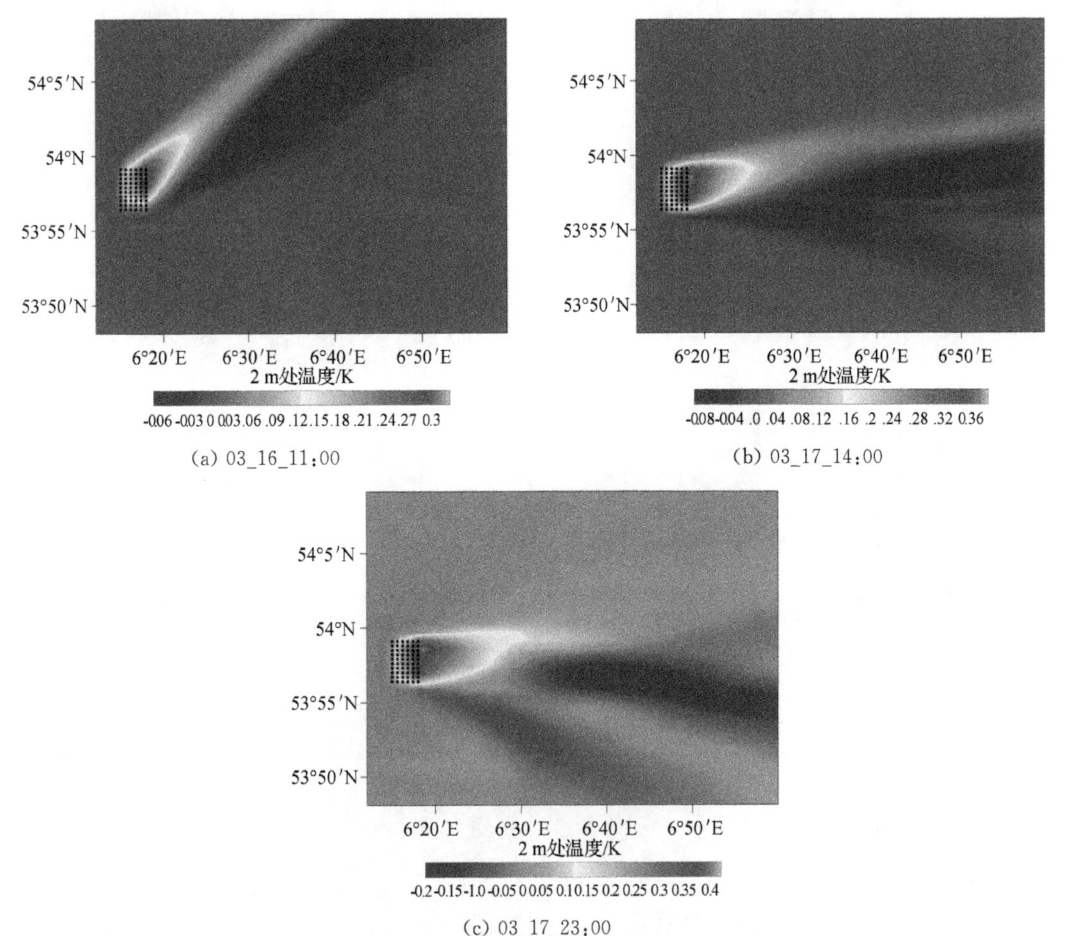

(a) 03_16_11:00

(b) 03_17_14:00

(c) 03_17_23:00

图 8　大型风场近地面有风力机与无风力机的温度差值图(黑点代表风力机的位置)

图 9 展示了大型风场中有无风力机对垂直温度剖面的影响，三张图的垂直分布分别对应图 8 的西南风向、由西向东的风向以及西北风向。从图中可以清楚地看到风力机对温度的垂直分布产生了巨大的影响。以风力机轮毂高度为界，温度差值的变化出现了明显的差异，在轮毂高度以下，温度显著提升了，而在轮毂高度以上，温度存在降低的现象。其中温度的差值变化最为剧烈的是 3 月 17 日 23 时的图，该图对应的风向为西北风向，风力机轮毂高度以下温度升高的最大值已超过 0.5 K，轮毂高度以下温度降低的最大值达到 0.2 K 左右；而温度差值变化最小的是西南风向的图，其轮毂高度以上及轮毂高度以下温度的改变量的最大值分别为 0.28 K 与 0.2 K。这种温度垂直变化的剧烈程度恰好对应了图 8 中水平方向上温度差值的变化，在 3 月 17 日 23 时下尾流区的速度亏损最为明显，导致尾流与外界环境的气流掺混最为剧烈，造成了该风向下温度变化的差异是最显著的这一现象。除此之外，还可以发现，图 8 中对应于三个风向的温度变化的垂直分布向下游蔓延的趋势都具有相似的特点，即风力机轮毂高度以下的升温区域，可以随着流动向下游影响很远的距离；而轮毂高度以上的降温区域，虽然其影响也会向下游传播，但相对于升温区域而言其影响的区域则十分有限，很快就被周围环境抹去。降温区域不会像升温区域一样受到海面的限制，因此其可以在竖直方向上进行传播，但从图中可以获悉，降温区域的影响在竖直方向上

也较有限，最大的影响高度(对应西南风向)为海拔五六百米。

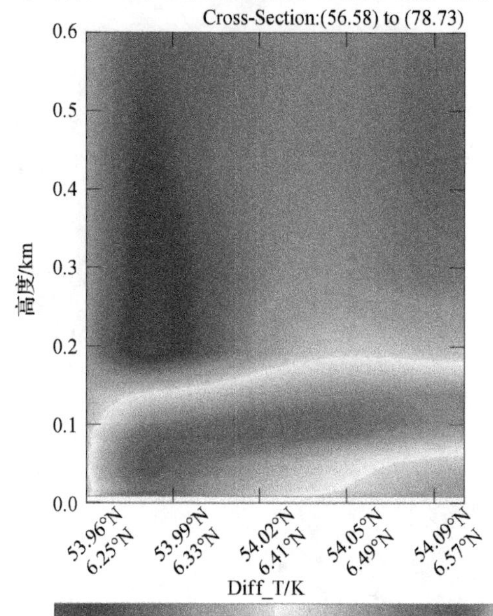

(a) 03_16_11:00

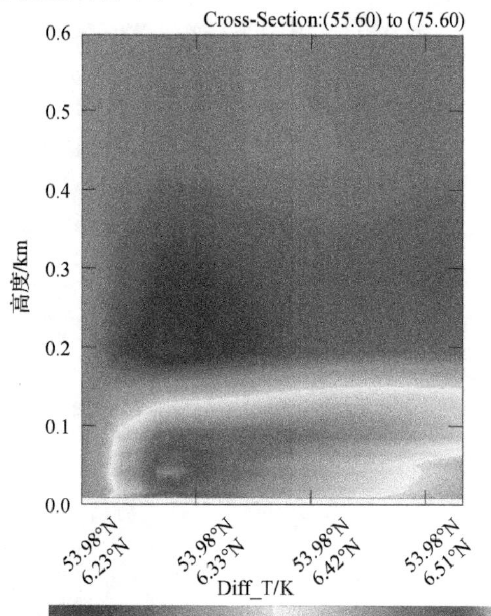

(b) 03_17_14:00

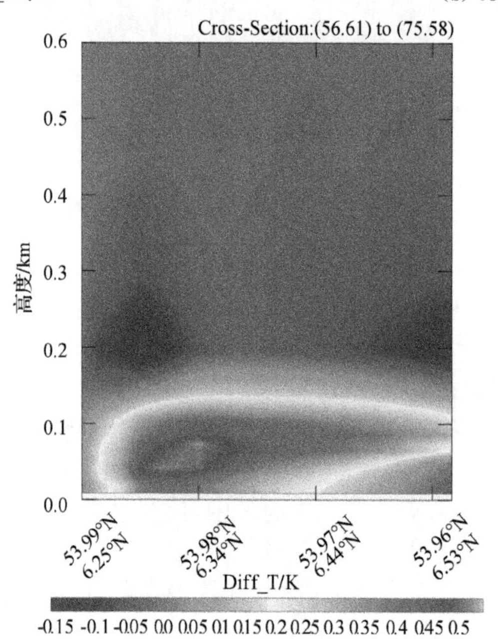

(c) 03_17_23:00

图 9　大型风场有无风力机的温度差值的垂直变化图

3) 风场对湍动能的影响

图 10 展示了大型风场对低空大气所含湍动能的垂直分布的影响，由于 WRF 输出的变量不包含 TKE，这里展示的是 QKE(定义为 2 倍 TKE)差值的变化。图中三个 QKE 差值的垂直分布与图 9 中温度差值的三个剖面一一对应，分别代表了西南风向的剖面、由西向东风向的剖面以及西北方向的剖面。从图中可以清晰地看到，大型风场的存在对低空的 QKE

分布产生了重大的影响，使得风场内部的 QKE 显著增大。三幅图中，QKE 改变的范围从 0 m^2/s^2 至 7 m^2/s^2，其中在 3 月 17 日 14 时的图中 QKE 的改变量达到最大，最大值为 7 m^2/s^2，转换为 TKE 则为 3.5 m^2/s^2。相关文献指出风场参数化方案会高估 TKE 的值，因此实际的 TKE 并没有这么大。另外，从图中还可以发现风场内部的 QKE 变化剧烈，但一旦离开风场，QKE 的改变迅速消散，类似于发生了一个阶跃性的变化。QKE 在竖直方向上的影响也是比较有限的，虽然其在海拔 600 m 高度附近还存在影响，但 QKE 的值已经变得十分微弱，可以忽略，其主要的影响范围还是在海拔 300 m 以内。

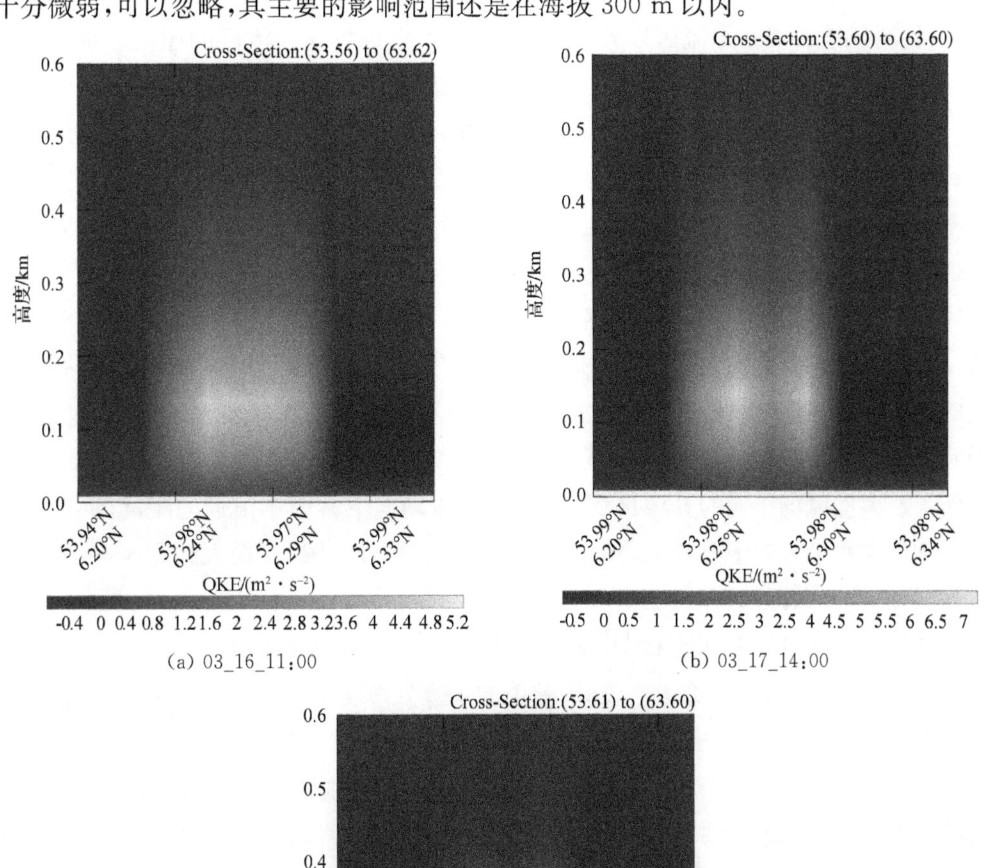

(a) 03_16_11:00 (b) 03_17_14:00

Cross-Section:(53.61) to (63.60)

高度/km

0.6 0.5 0.4 0.3 0.2 0.1 0.0

53.99°N 6.20°N 53.98°N 6.25°N 53.98°N 6.30°N 53.98°N 6.34°N

QKE/(m² · s⁻²)

-0.4 0 0.4 0.8 1.2 1.6 2 2.4 2.8 3.2 3.6 4 4.4 4.8

(c) 03_17_23:00

图 10 大型风场有无风力机的 QKE 差值的垂直变化图

4 结论

风场的存在让风力机尾流的速度产生了明显地减少，并且随着流向这种影响逐渐减弱。非尾流区都存在速度亏损，这可能是由于模型的相对简单，其不能完全替代真实的风力机，也有可能是 WRF 与风力机参数化方案耦合计算时，耦合模拟方案过于强调了风力机的作用，使得风速亏损在尾流区以外传递。另外，大型风场非尾流区的速度亏损具有方向性，即从面对来流的方向，左侧非尾流区的速度亏损更加显著，这或许与风整体的偏转方向有关。从低风速下大型风场对大气影响的模拟中可知，尾流在水平方向上的影响距离最远已达到 57 km 附近，风速亏损在轮毂高度以上的变化规律是随着尾流的运动，风速亏损的范围逐渐变小而其在竖直方向的影响范围逐渐变大，这恰好反映了尾流竖直方向的扩散运动。

风场让近地面的温度在近尾流区域显著提升，随着尾流向下游蔓延，温度的变化逐渐降低。大型风场对风速的影响区域与对近地面温度的影响区域不能完全对应，即是说温度变化的区域相对于风速尾流区域稍微逆时针偏转了一些。此外，风场对温度的垂直分布产生了巨大的影响，在风力机轮毂高度以下，温度显著提升了，而在风力机轮毂高度以上，温度降低了。大型风场影响的升温区域，可以随着流动向下游影响很远的距离，而降温区域的影响不仅在水平方向十分有限，并且在竖直方向上也较有限，其最大的影响高度（对应西南风向）为海拔五六百米。

风场的存在让风场内部的 QKE 显著增大，但由于风场参数化方案会高估 TKE 的值，因此实际的 QKE 并没有这么大。QKE 差值的垂直分布在水平方向上具有明显边界性，即从风流入风场开始，至风流出风场结束，风场内部的 QKE 变化剧烈，但一旦离开风场，QKE 的改变迅速消散。QKE 在竖直方向上的影响也是比较有限的，虽然其在海拔 600 m 高度附近还存在影响，但 QKE 的值已经变得十分微弱，可以忽略，其主要的影响范围还是在海拔 300 m 以内。

参考文献

[1] Ulazia A, Saenz J, Ibarra-Berastegui G. Sensitivity to the use of 3DVAR data assimilation in a mesoscale model for estimating offshore wind energy potential: a case study of the Iberian northern coastline[J]. Applied Energy, 2016, 180: 617-627.

[2] Carvalho D, Rocha A, Gómez-Gesteira M, et al. Offshore winds and wind energy production estimates derived from ASCAT, OSCAT, numerical weather prediction models and buoys - a comparative study for the Iberian Peninsula Atlantic coast[J]. Renewable Energy, 2017,102:433-444.

[3] Giannakopoulou E M, Nhili R. WRF model methodology for offshore wind energy applications[J]. Advances in Meteorology, 2014, 2014:1-14.

[4] 靳双龙. 中尺度 WRF 模式在风电功率预测中的应用研究[D]. 兰州:兰州大学, 2013.

[5] Wang C, Prinn R G. Potential climatic impacts and reliability of very large-scale wind farms[J]. Atmospheric Chemistry and Physics, 2010, 10(4):2053-2061.

[6] Roy S B. Simulating impacts of wind farms on local hydrometeorology[J]. Journal of Wind Engineering & Industrial Aerodynamics, 2011, 99(4):491-498.

[7] Blahak U, Goretzki B, Meis J. A simple parameterization of drag forces induced by large wind farms for numerical weather prediction models[C]. Proc. European Wind Energy Conf. and Exhibition 2010, Poland, EWEC,186-189.

[8] Fitch A C, Olson J B, Lundquist J K, et al. Local and mesoscale impacts of wind farms as parameterized in a mesoscale NWP model[J]. Monthly Weather Review, 2012, 140(9):3017-3038.

含风向的多维数据联合分布建模

王志伟[1]，张文明[1]

（1.东南大学土木工程学院 江苏南京 211189）

摘　要：工程中越来越关注多环境因素的耦合分析，含风向的高维环境数据集的联合分布建模是其中的一个基础性关键问题，仍然没有得到很好地解决。本文提出了一个适用于圆-线-线型（C-L-L）数据三维联合分布的建模框架。基于 vine copulas 的 pair-copula decomposition 理念，将 C-L-L 型相关性结构表达为 C-L 型和 L-L 型相关性结构的组合，解决了三维联合分布建模中圆变量周期性的问题，完整地考虑了 C-L-L 型数据集中成对变量间的 C-L 相关性和 L-L 相关性。算例中利用江阴大桥健康监测系统一年的风向、风速和气温同步观测资料建立了三者的联合分布模型，验证了本文提出的建模框架的有效性。结果表明不同风向条件下的风速和气温单变量分布特征以及联合分布特征均存在显著的区别，风向敏感的工程问题的分析不应忽略风向的影响。

关键词：圆-线-线型数据；联合分布；vine copulas；风向；风速；气温

1　引言

近年来，工程中在环境荷载及其结构响应分析、环境变量观测样本的仿真和预测以及可再生能源（如风能、波浪能）评估与利用等领域越来越关注多环境因素的耦合分析，而不再是将各因素独立对待或是仅仅关注其中一个关键因素。比如，Wang 等人[1]基于风速-气温相关性提出了桥梁风与温度作用联合值的确定方法，Meng 等[2]、Fang 等[3]以及 Li 等[4]在建立风速、波高以及波浪周期之间联合分布的基础上进行了桥梁结构风-浪耦合作用响应分析，Nguyen Sinh 等[5]通过风速、气温和降水量多变量时间序列的联合模拟来评估风和冰的联合灾害等。类似于风速、气温这类定义在实数集 $\mathbb{R}$ 上、有明确零点、有极值特征、无周期性的变量称之为线变量。上述研究的共同点是其都关注多维线变量数据集的联合统计特征。

与此同时，越来越多的文献开始关注包含风向数据的多维环境数据集的相关性结构。比如，通过建立风速-风向的相关性结构，许多文献开展了桥梁、高层建筑及风力发电机等结构的风致疲劳损伤和抗风设计优化研究[6-9]，以及风速风向时间序列模拟的研究[10-11]；Zhang 等[12]在考虑风速-风向-气温相关性的基础上，研究了考虑风向的桥梁风与温度作用联合设计值的确定方法。此外，由于风能开发区域风场特性的准确建模对于风电场选址、风能潜力评估、风电场布局优化以及风速风向预测等具有重要意义[13-14]，风速、风向以及其

基金项目：国家自然科学基金项目（52078134、51678148）、江苏省自然科学基金项目（BK20181277）、国家重点研发项目（2017YFC0806009）

他相关变量(比如气温、气压和空气密度)的联合概率特征在风能研究领域也得到广泛关注[15-17]。区别于线变量,风向这类定义在单位圆$\mathbb{S}^1$上、无绝对零点、无极值特征、周期为2π的变量称之为圆变量,它可以表示为以任意原点(比如,北)为参考的角度。

从上述文献可以看出,研究者时常面临圆-线型(circular-linear, C-L)数据或圆-线-线型(circular-linear-linear, C-L-L)数据的联合分布模型的建立问题。然而,与已经研究较为成熟的多维线变量数据集联合分布建模相比,包含风向的多维数据集建模面临着如何恰当考虑圆-线相关性和圆变量维度上的周期性的挑战。文献中经常忽略圆型数据的周期性将其视为线型数据[18-20]。对C-L/C-L-L型数据使用传统的线性相关性度量往往会产生误导,因此有必要开展包含圆型数据(风向)的多维数据集联合概率分布的合理建模方法研究。

2 圆-线-线型(C-L-L)联合分布模型

2.1 Vine copulas

Vine是一种灵活且直观地将bivariate copulas(pair-copulas)向更高维度拓展的新概念,主要包括D-vine和canonical vine两类结构。如图1所示,D-vine和canonical vine的结构以nested set of trees的形式表达。在三变量情况下,通过适当调整变量代号数字排列组合的顺序,两种vines可以表达成一致的形式。为更好地展示二者的区别,图中也展示了四变量情况。对于一个d维vine,它包含$(d-1)$个树,其中树$T_j,j=1,2,\cdots,d-1$,包含$(d-j+1)$个节点和$(d-j)$条边,节点仅用于确定边的标签。每一条边对应于一个pair-copula,边上的标签代表每个pair-copula的密度函数$c(\cdot,\cdot)$的下标。最终,d维copula的密度函数可以写成所有边对应的pair-copula密度函数的乘积。对于本文关注的三维情况,$c_{123}(u_1,u_2,u_3)$按D-vine和canonical vine结构均可分解为如下形式:

$$c_{123}(u_1,u_2,u_3)=c_{12}(u_1,u_2)c_{13}(u_1,u_3)c_{23|1}(u_{2|1},u_{3|1}) \tag{1}$$

其中,$c_{23|1}$表示变量2和3在给定变量1条件下的条件pair-copula密度;$u_{2|1}=F_{X_2|X_1}$表示变量2在给定变量1条件下的条件分布。

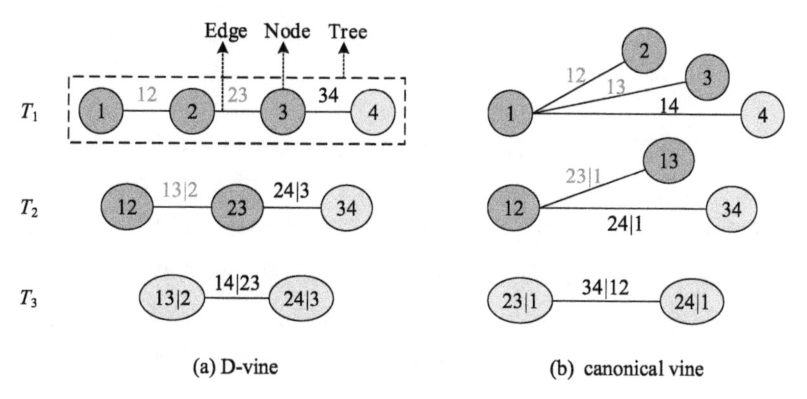

图1 D-vine和Canonical vine示意图(数字代表不同的变量;橙色代表三变量情况)

2.2 本文模型

定义在$\mathbb{S}^1\times\mathbb{R}$上的随机变量$(\Theta,X)$和定义在$\mathbb{S}^1\times\mathbb{R}^2$上的随机变量$(\Theta,X_1,X_2)$,其联合分布分别称为圆-线型(C-L)联合分布和圆-线-线型(C-L-L)联合分布,对应的联合概率密

度函数(JPDF)分别用 $f_{\Theta,X}(\theta, x)$和$f_{\Theta,X_1,X_2}(\theta,x_1,x_2)$表示。二者在圆变量维度上具有周期性,如下式所示:

$$f_{\Theta,X}(\theta,x)=f_{\Theta,X}(\theta+2k\pi,x),\theta\in[0,2\pi),k\in\mathbb{Z},x\in\mathbb{R} \tag{2}$$

$$f_{\Theta,X_1,X_2}(\theta,x_1,x_2)=f_{\Theta,X_1,X_2}(\theta+2k\pi,x_1,x_2),\theta\in[0,2\pi),k\in\mathbb{Z},x_1,x_2\in\mathbb{R} \tag{3}$$

对应的联合分布函数(JCDF)$F_{\Theta,X}(\cdot,\cdot)$和$F_{\Theta,X_1,X_2}(\cdot,\cdot,\cdot)$同样是圆变量维度上的周期函数,但在点$(2k\pi,x)$或$(2k\pi,x_1,x_2)$处不连续。

传统的三变量 copulas 不能同时描述 C-L 型相关性结构和 L-L 型相关性结构,本文采用 vine copulas 建立 C-L-L 联合分布。基于 vine copulas 的 pair-copula decomposition 思想,可通过将 C-L pair-copula 和 L-L pair-copula 进行适当组合来建立 C-L-L copulas。在式(1)中,令下标 1 对应的变量表示圆变量 Θ,下标 2, 3 对应的变量分别表示线变量 X_1,X_2,那么可以得到如下 C-L-L copula 密度函数:

$$c_{\Theta,X_1,X_2}[F_\Theta(\theta),F_{X_1}(x_1),F_{X_2}(x_2)]=c_{\Theta,X_1}[F_\Theta(\theta),F_{X_1}(x_1)]c_{\Theta,X_2}[F_\Theta(\theta),F_{X_2}(x_2)] \\ c_{X_1,X_2|\Theta}[F_{X_1|\Theta}(x_1|\theta),F_{X_2|\Theta}(x_2|\theta)] \tag{4}$$

其中,$c_{\Theta,X_1}(\cdot,\cdot)$,$c_{\Theta,X_2}(\cdot,\cdot)$为 C-L copula,$c_{X_1,X_2|\Theta}(\cdot,\cdot)$为 L-L copula。进而,可以得到随机变量(Θ, X_1, X_2)的 C-L-L JPDF 如下

$$f_{\Theta,X_1,X_2}(\theta,x_1,x_2)=c_{\Theta,X_1,X_2}[F_\Theta(\theta),F_{X_1}(x_1),F_{X_2}(x_2)]f_\Theta(\theta)f_{X_1}(x_1)f_{X_2}(x_2) \tag{5}$$

本文 C-L copula 采用 QS copula、Johnson & Wehrly (JW) copula 以及 C-L Bernstein copula。L-L copula 采用传统的 Frank copula、AMH copula、Plackett copula 以及 FGM copula。

3 算例分析

3.1 数据

本文利用江阴大桥健康监测系统的风向、风速和气温同步观测资料建立桥址处风向-风速-气温联合分布模型,以验证本文提出的 C-L-L 数据三维联合概率分布建模框架的有效性。本文主要利用江阴大桥风速仪和大气温度传感器的监测数据,二者在桥梁上的布置如图 2 所示。2 个超声风速仪(ANE-1/2)分别安装在桥梁北塔西侧塔顶和主梁跨中桥面位置。所记录的风向以北作为风向角起点,以顺时针方向为正,以度为单位,本文将其转换为弧度。2 个大气温度传感器(ATS-1/2)分别安装在北塔下横梁处和桥梁南侧锚室附近。风和气温数据的采样频率均为 1 Hz。

选取江阴大桥 2016 年全年的风向、风速和气温同步观测数据作为研究样本。为减少样本时间序列中不必要的高阶分量以及提高运算效率,将采样间隔为 1 s 的原始样本通过转换为桥梁工程中常采用的 10 min 平均值作为本文的样本,最终获得的样本长度为 52 704。另外,风数据采用向量平均法来计算 10 min 平均值。

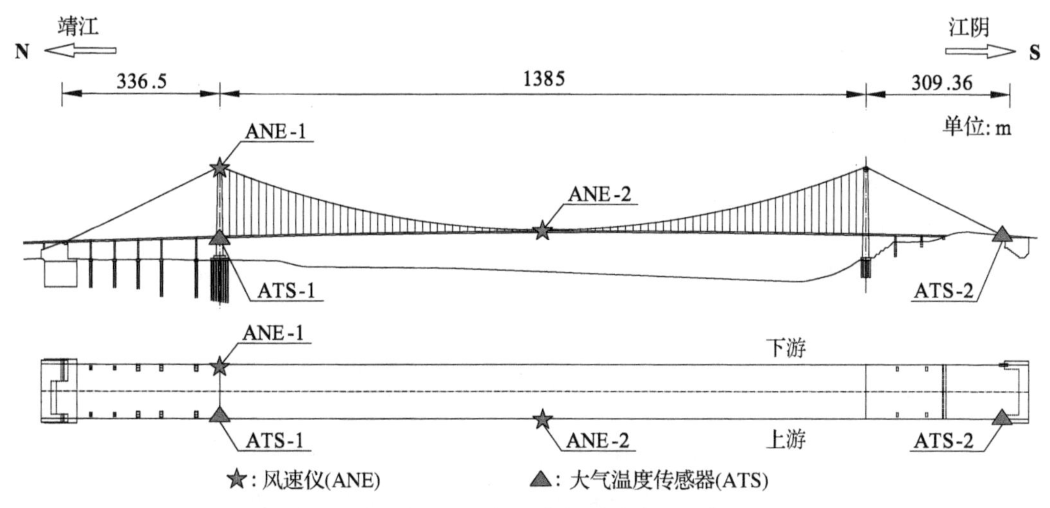

图 2　江阴大桥风速仪与大气温度传感器布置图

3.2　边缘分布模型

基于 copula 建立联合分布模型的第一步是建立各个边缘变量的概率分布模型。风速的分布呈显著的右偏的单峰分布特征，采用广义极值分布(GEV)、广义 logistic 分布(GLO)、皮尔逊Ⅲ型分布(P-Ⅲ)以及三参数 Weibull 分布(WBL)进行拟合。气温的分布呈微弱的多峰分布特征，采用 GEV、GLO、WBL 以及 Gaussian (GAU)分布的 3 项混合模型进行拟合。风向呈显著的多峰分布特征，采用 6 项混合的 von Mises 分布(MvM)和叠加谐波函数分布(SHF)进行拟合。参数估计采用最小二乘法。风速、气温和风向的核密度估计结果以及边缘分布模型拟合结果如图 3 所示。通过拟合优度检验，具有最大的 R^2 以及最小的 RMSE 和 BIC 的统计模型为最优分布模型。

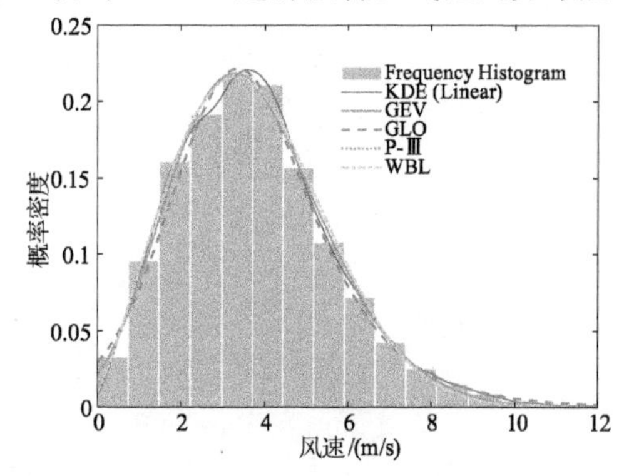

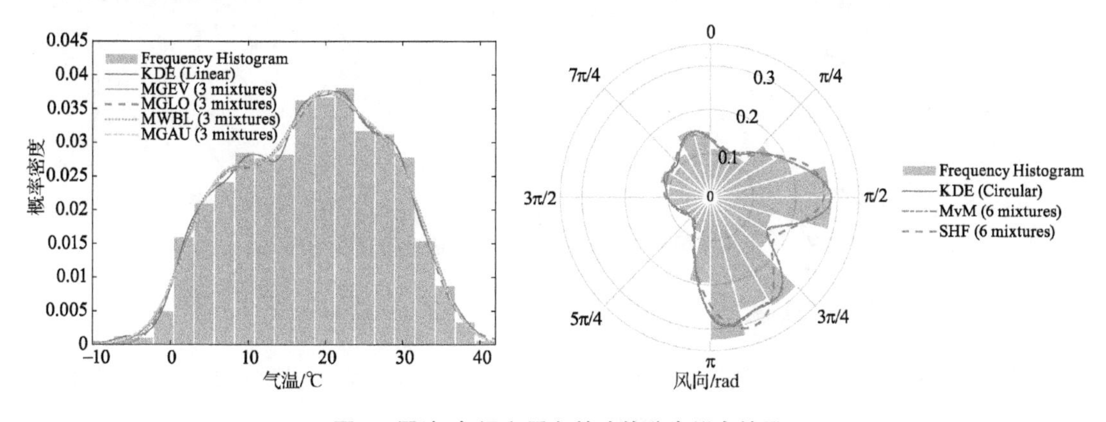

图 3　风速、气温和风向的边缘分布拟合结果

3.3 C-L 联合分布模型

根据提出的基于 vine copulas 建立 C-L-L 联合分布模型的方法，风向-风速-气温的三维联合分布模型可分解为风向-风速、风向-气温 C-L 联合分布模型以及风速-气温关于风向的条件联合分布模型的组合。

本节利用前述三种 C-L copula 模型建立风向-风速联合分布和风向-气温联合分布，并与二者的 C-L 核密度估计(KDE)结果进行对比。利用 C-L KDE 以及三种 C-L copula 模型得到的风向-风速的二维 JPDF 如图 4 所示(风向-气温二维 JPDF 略)。QS copula 模型的参数估计采用 MLE 方法，风向-风速和风向-气温两组 C-L 样本的 QS copula 模型参数 α 分别为 0.041 3 和 0.093 8。JW copula 中圆变量 ζ 的密度函数 $g(\zeta)$ 采用 MvM 模型进行建模。根据样本长度的立方根可以确定两组 C-L 样本的 Bernstein copula 模型的阶数 K 均为 27。在图 4 中，通过将三种 C-L copula 建立的二维 JPDF 与 C-L KDE 结果对比，可以直观地看出 Bernstein copula 具有较好的拟合优度。

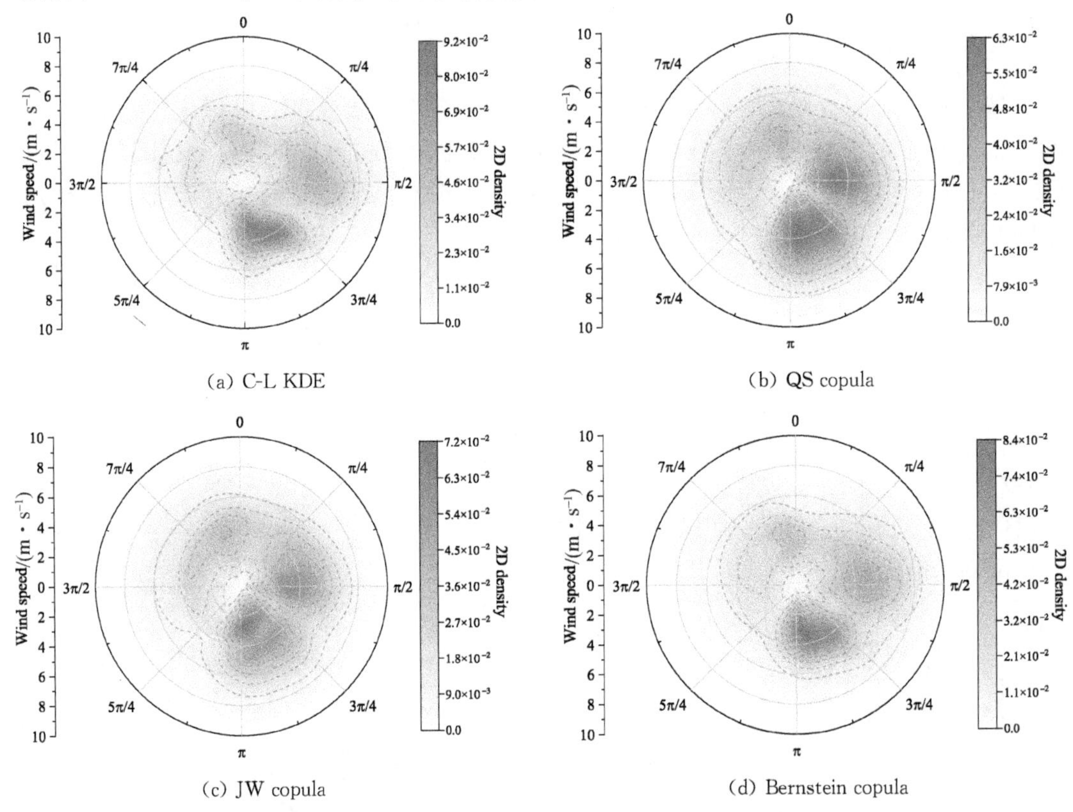

(a) C-L KDE　(b) QS copula

(c) JW copula　(d) Bernstein copula

图 4　采用不同模型得到的风向-风速联合概率密度图

3.4 C-L-L 联合分布模型

风向-风速-气温的三维散点图如图 5 所示。为得到风向-风速-气温的三维 JPDF 的理论模型结果，需建立三者的 C-L-L copula 模型，即 $c_{\Theta,V,T}(F_\Theta,\ F_V,\ F_T)$。前面已经完成了风向-风速和风向-气温的 C-L copula 模型的建立，即 $c_{\Theta,V}(F_\Theta,\ F_V)$ 和 $c_{\Theta,T}(F_\Theta,\ F_T)$，根据本文

提出的基于 *vine copula* 的建模思想，还需建立风速-气温关于风向的条件 L-L *copula* 模型，即 $c_{V,T|\Theta}(F_{V|\Theta},\ F_{T|\Theta})$，采用四种 L-L copulas（即 Frank，AMH，Plackett，and FGM copulas）建模。

$c_{V,T|\Theta}$的参数估计采用 MLE 方法，Frank，AMH，Plackett，and FGM copulas 的参数估计结果分别为−0.427 1、−0.242 9、0.811 2 和−0.220 8，对应的对数似然函数值分别为 120.765 2、129.328 7、118.448 3 和 125.411 2。因此，本文采用 AMH copula 建立 $c_{V,T|\Theta}(F_{V|\Theta},\ F_{T|\Theta})$。结合利用 Bernstein copula 建立的 C-L copula $c_{\Theta,V}$ 和$c_{\Theta,T}$，可以获得 C-L-L copula 密度函数 $c_{\Theta,V,T}$。进而，可以得到风向-风速-气温的三维 JPDF 的理论模型结果，同样利用三维密度等值面的形式展示，如图 6 所示。可以直观地看出，基于 Bernstein-Bernstein-AMH vine copulas 构建的理论模型与 C-L-L KDE 结果吻合较好。

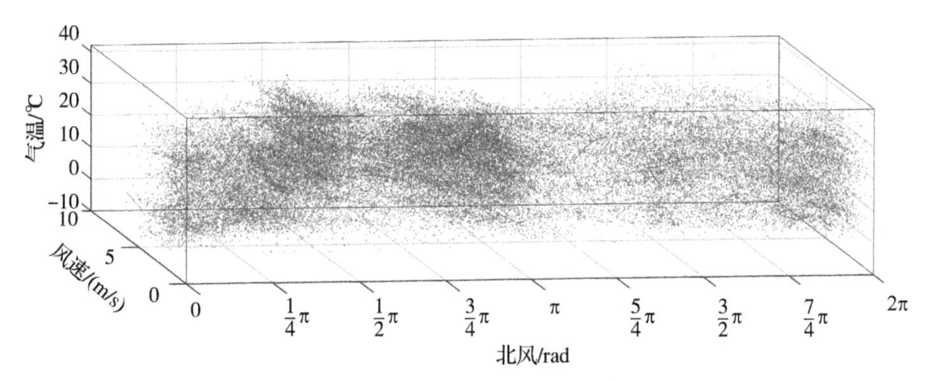

图 5　风向-风速-气温三维散点图

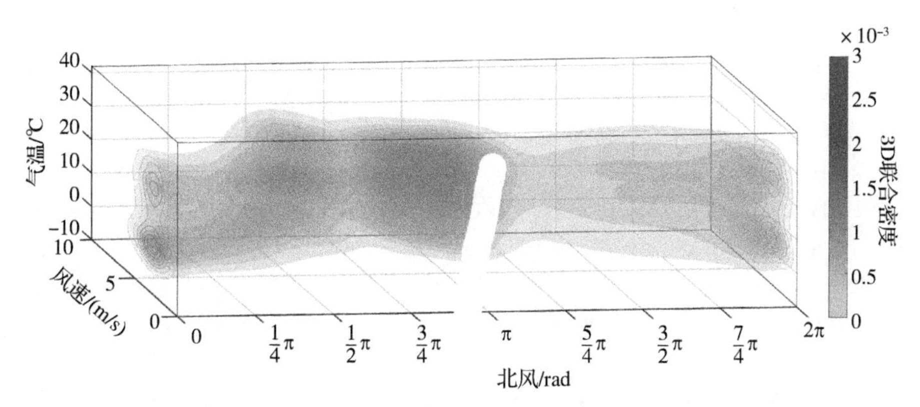

图 6　利用本文模型得到的风向-风速-气温三维理论 JPDF 等值面

4　结论

本文提出了一套适用于 C-L-L 数据三维联合分布的建模框架。利用江阴大桥健康监测系统一年的风向、风速和气温同步观测资料建立了三者的联合分布模型，验证了本文提出的 C-L-L 联合概率分布建模框架的有效性。主要结论总结如下：

(1) 风向数据不同于风速、气温等线性数据，它是一种定义在单位圆上、无绝对零点、无极值特征、周期为 2π 的圆型数据。在建立风向的单变量分布模型时，需要专门的圆概率分布模型来考虑其周期性，比如 MvM 模型。在建立风向与多个线变量的联合分布模型时，需要建立能同时考虑圆变量维度上的周期性以及变量间 C-L 和 L-L 相关性的联合分布模型。

（2）基于 vine copulas 的 pair-copula decomposition 理念，C-L-L 型相关性结构可以表达为两个 C-L pair-copula 和一个 L-L pair-copula 的组合。这种处理既可以使得圆型数据的周期性得到考虑，又可以完整地体现 C-L-L 型数据集中成对变量间的 C-L 和 L-L 相关性。

（3）算例结果表明不同风向条件下的风速和气温单变量分布特征以及联合分布特征均存在显著的区别，风向敏感的工程问题的分析不应忽略风向的影响。本文所提出的针对含风向多维数据集的联合分布建模方法将为多环境因素的耦合分析提供良好的理论基础。

参考文献

[1] Wang Z W, Zhang W M, Tian G M, et al. Joint values determination of wind and temperature actions on long-span bridges: copula-based analysis using long-term meteorological data[J]. Eng. Struct. 2020, 219, 110866.

[2] Meng S B, Ding Y, Zhu H T. Stochastic response of a coastal cable-stayed bridge subjected to correlated wind and waves[J]. J. Bridge Eng. 2018, 23 (12), 04018091.

[3] Fang C, Li Y L, Chen X Y, et al. Extreme response of a sea-crossing bridge tower under correlated wind and waves[J]. J. Aerosp. Eng., 2019, 32 (6), 05019003.

[4] Li Y L, Fang C, Wei K, et al. Frequency domain dynamic analyses of freestanding bridge pylon under wind and waves using a copula model[J]. Ocean Eng. 2019, 183: 359-371.

[5] Nguyen S H, Lombardo F T, Letchford C. Multivariate simulation for assessing the joint wind and ice hazard in the United States[J]. Wind Eng. Ind. Aerodyn., 2019, 184: 436-444.

[6] Alduse B P, Jung S, Vanli O A, et al. Effect of uncertainties in wind speed and direction on the fatigue damage of long-span bridges[J]. Eng. Struct., 2015, 100: 468-478.

[7] Fu J Y, Zheng Q X, Huang Y Q, et al. Design optimization on high-rise buildings considering occupant comfort reliability and joint distribution of wind speed and direction[J]. Eng. Struct., 2018, 156: 460-471.

[8] Huo T, Tong L W. An approach to wind-induced fatigue analysis of wind turbine tubular towers[J]. J. Constr. Steel Res., 2020, 166: 105917.

[9] Sun C, Jahangiri V, Fatigue damage mitigation of offshore wind turbines under real wind and wave conditions[J]. Eng. Struct., 2019, 178: 472-483.

[10] Sarmiento C, Valencia C, Akhavan-Tabatabaei R. Copula autoregressive methodology for the simulation of wind speed and direction time series[J]. J. Wind Eng. Ind. Aerodyn., 2018, 174: 188-199.

[11] Solari S, Losada M A. Simulation of non-stationary wind speed and direction time series[J]. J. Wind Eng. Ind. Aerodyn. 149, 48-58.

[12] Zhang W M, Wang Z W, Liu Z. Joint distribution of wind speed, wind direction, and air temperature actions on long-span bridges derived via trivariate metaelliptical and plackett copulas[J]. J. Bridge Eng., 2020, 25(9): 04020069.

[13] Han Q K, Hao Z L, Hu T, et al. Non-parametric models for joint probabilistic distributions of wind speed and direction data[J]. Renew. Energy, 2018, 126: 1032-1042.

[14] Soukissian T H, Karathanasi F E. On the selection of bivariate parametric models for wind data[J]. Appl. Energy,2017, 188: 280-304.

[15] Ambach D, Schmid W. A new high-dimensional time series approach for wind speed, wind direction and air pressure forecasting[J]. Energy,2017, 135: 833-850.

[16] Chowdhury S, Zhang J, Messac, A, et al. Optimizing the arrangement and the selection of turbines for wind farms subject to varying wind conditions[J]. Renew. Energy, 2013, 52: 273-282.

[17] Feng J, Shen W Z. Modelling wind for wind farm layout optimization using joint distribution of wind speed and wind direction[J]. Energies, 2015, 8 (4), 3075-3092.

[18] Zheng X W, Li H N, Li, C. Damage probability analysis of a high-rise building against wind excitation with recorded field data and direction effect[J]. J. Wind Eng. Ind. Aerodyn. , 2019, 184: 10-22.

[19] Solari S, Losada M A. Simulation of non-stationary wind speed and direction time series[J]. J. Wind Eng. Ind. Aerodyn. , 2016: 149, 48-58.

[20] Leguey I, Larranaga P, Bielza C, et al. A circular-linear dependence measure under Johnson-Wehrly distributions and its application in Bayesian networks[J]. Inform. Sci. , 2019, 486: 240-253.

移动龙卷风作用下接触网风振响应分析

郎天翼[1]，王　浩[1]，贯怀喆[1]，张　寒[1]

（1. 东南大学混凝土与预应力混凝土结构教育部重点实验室 江苏南京 210096）

摘　要： 为探究龙卷风作用下高速铁路接触网的动力响应，本文以简单链形接触网为研究对象，采用有限元计算软件 Ansys 建立了多跨接触网模型，基于 Wen 模型模拟了三维移动龙卷风场，对移动龙卷风作用下的接触网进行了风振响应分析。计算了 F3 级龙卷风对接触网作用的风振响应，结果表明，龙卷风在袭击接触网时，龙卷风核心区域经过处跨间中点的横向位移较大，各跨间横向振动最大幅值均在可接受范围之内。

关键词： 龙卷风；接触网；数值模拟；风振响应

1　引言

龙卷风是一种破坏力极强的小尺度空气涡旋，且难以准确预报，对我国江淮地区等龙卷风多发地带高速铁路系统构成潜在威胁。在高速铁路设施中，接触网属于风敏感结构，具有大跨度、高柔性的特点，是抗风中最薄弱的环节[1-2]。在强风作用下，接触网过大的偏移量可能致使线路混线从而发生短路，造成严重后果。同时接触网作为无备用供电设施，出现故障时须投入大量人力物力维修更换，影响铁路系统的运营。为此，本文开展了移动龙卷风作用下接触网风振响应分析，旨在为高速铁路接触网的抗风研究提供有效参考。

2　接触网模型

接触网是铁路电气系统中复杂的架空线路，主要由承力索、接触线和吊弦组成，其中承力索和接触线上具有较大张力，列车顶部的受电弓通过与带电的接触线搭接从而向列车供电。本文首先对接触网进行静态找形，进而利用空间梁单元建立了六跨接触网的三维有限元模型。接触网线路采用之字形架设，每跨间距为 50 m 并设有 5 根吊弦，在有限元模型中分别给接触线和承力索施加 27 kN 和 21 kN 的张力。图 1 为接触网示意图。

基金项目： 中国铁路总公司科技研究开发计划重大课题（K2018T007）；国家自然科学基金（51722804）；中央高校基本科研业务费专项资金项目（2242020k1G013）

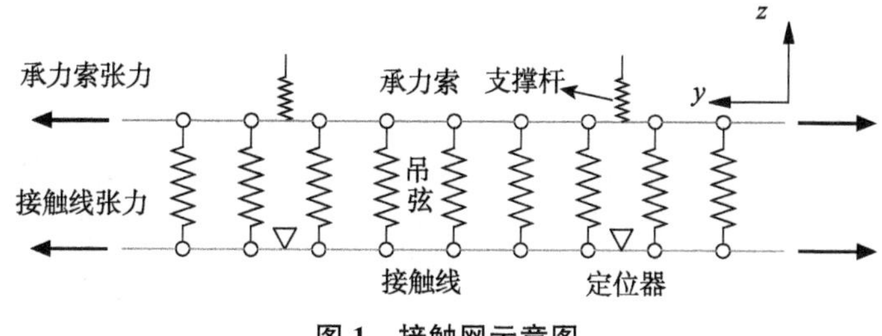

图 1　接触网示意图

3　龙卷风模型

利用 Wen 模型三维龙卷风场，附加水平移动速度，得到三维移动龙卷风场[3-5]。建立了 F3 级龙卷风，其核心半径 R_c 为 50.0 m，最大切向速度 V_c 为 70 m/s，移动速度 V_t 为 18 m/s。图 2 所示，龙卷风沿 x 轴方向袭击接触网，并穿过接触网，节点 A 为第四跨接触线上的其中一点。计算选取以接触网为中心的 600 m 行程范围，该过程反映了龙卷风涡核从接近、完全作用和分离的袭击过程。

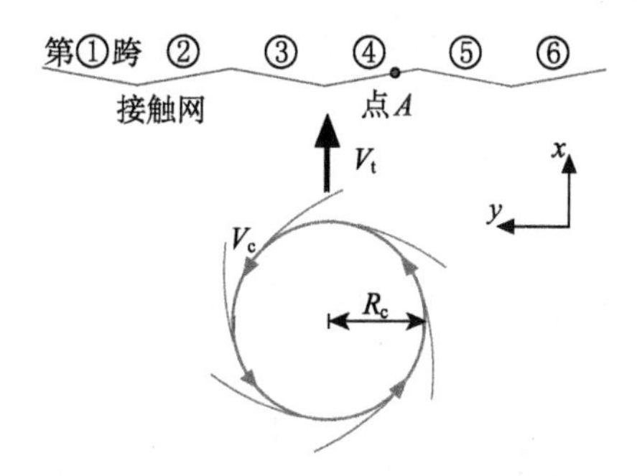

图 2　龙卷风袭击接触网示意图

图 3 为接触线节点 A 的风速时程曲线。由于采用 Wen 模型得到的龙卷风场忽略了龙卷风的脉动性，因此借用 Kaimal 谱模拟了风场中的脉动成分。基于计算流体力学得到的气动力系数和抖振力计算原理得到了接触线和承力索的风荷载，并将线荷载等效为作用在若干节点上的集中荷载。图 4 为接触线节点 A 的风荷载时程曲线。

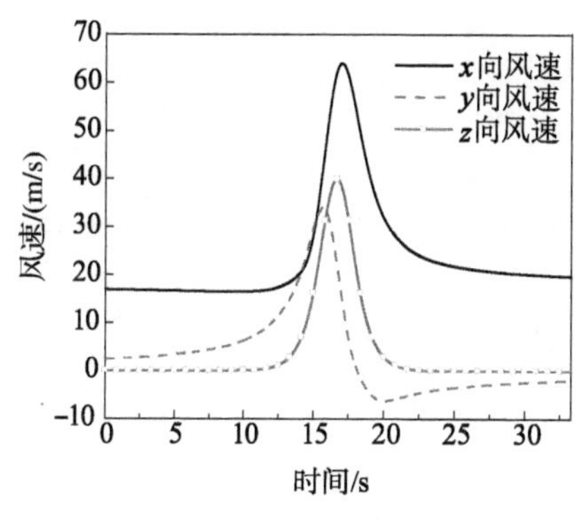

图 3　节点 A 风速时程曲线

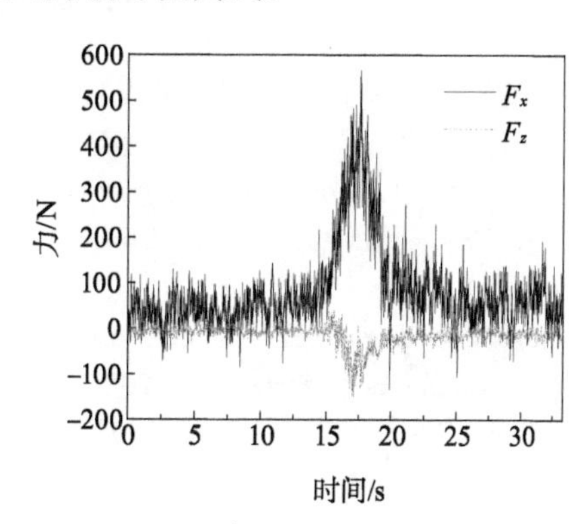

图 4　节点 A 风荷载时程曲线

4 风振响应分析

基于接触网有限元模型及风荷载时程数据，得到了接触网的动力时程响应如图 5 所示。F3 级龙卷风作用下，第四跨及第六跨接触线中点最大横向位移分别为 0.35 m 和 0.27 m，小于铁路工程技术规范中的最大水平偏移值 0.5 m[6]。接触线最大横向位移响应发生在龙卷风场中心到达接触网之前。

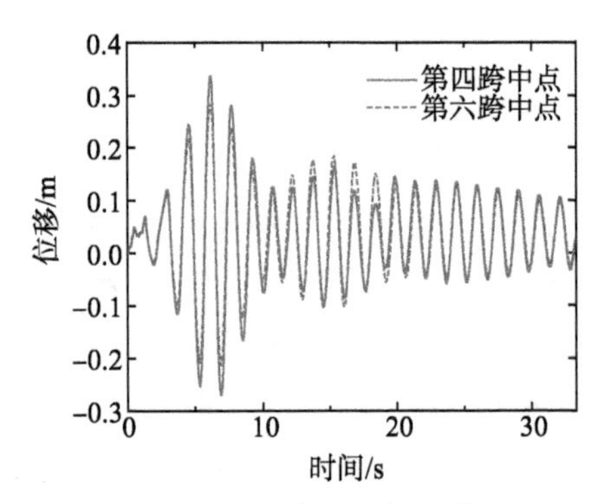

图 5 接触线中点 x 向振动响应图

5 结论

本文计算了 F3 级移动龙卷风对多跨接触网的风荷载作用，结果表明：龙卷风经过多跨接触网时，龙卷风场核心区域作用下的接触线振动响应比较大；接触线最大横向位移发生在龙卷风场中心到达接触网之前；接触线的振动响应情况在可接受范围之内，即接触线本身不会因为强烈的气流作用产生危害，而在龙卷风环境中更需要关心的是其他连接构件可能发生的破坏情况。

参考文献

[1] 宋洋，刘志刚，鲁小兵，等. 计及接触网空气动力的高速弓网动态受流特性研究[J]. 铁道学报，2016，38(3)：48-58.

[2] 王圣昆. 大风区接触网状态分析及在线监测研究[D]. 北京：北京交通大学，2018.

[3] 赖嘉贤. 龙卷风作用下输电铁塔稳定性分析[D]. 广州：广州大学，2018.

[4] Hao J，Wu T. Tornado-induced effects on aerostatic and aeroelastic behaviors of long-span bridge [C]//Proc. of the 2016 World Congress on Advances in Civil Environmental and Materials Research. Jeju，2016.

[5] Hamada A，Damatty A E. Behaviour of guyed transmission line structures under tornado wind loading [J]. Computers & Structures，2011，89(11/12)：986-1003.

[6] 于万聚. 高速电气化铁路接触网[M]. 成都：西南交通大学出版社，2003.

天宫二号三维成像微波高度计海面风速反演方法

刘茂宏[1]，王天柳[1]，艾未华[1]，冯梦延[1]，乔俊淇[1]，谭仲辉[1]

（1. 国防科技大学气象海洋学院 江苏南京 211101）

摘　要：天宫二号三维成像微波高度计是先进的三维干涉成像高度计，随着天宫二号微波高度计的投入使用，对天宫二号微波高度计遥感探测数据的分析和应用成为研究热点。本项目基于天宫二号成像高度计数据，开展了海面风速反演算法研究；利用多层感知机技术构建了海面风速反演模型，对我国南海海域的天宫二号探测数据进行了反演，并将结果与 ECMWF 海面风场数据进行比对分析，风速反演的均方根误差为 0.64 m/s。研究结果表明，天宫二号三维成像微波高度计可有效获取海面风速信息。

关键词：三维成像高度计；海面风速反演；天宫二号；多层感知机

1　引言

天宫二号三维成像微波高度计采用相干成像技术，是一种将小入射角干涉 SAR 和底视高度计技术相结合的新型雷达高度计，其测高原理与传统高度计不同。虽然目前传统高度计的各种数据产品算法和大角度干涉 SAR 的数据产品算法都相对成熟，但是这些算法并不能直接用于干涉成像高度计。到目前为止，尚没有公开的适用于成像高度计的海面风速业务化反演算法。

2017 年，杨劲松等人实现了天宫二号微波高度计对海洋的第一次定量遥感，其研究结果表明利用天宫二号微波高度计能对海面风速以及海浪有效波高（SWH）、海浪波向和海浪波长等海面风场要素和海浪要素进行有效获取[1]，并开展了初步验证。海面风速是影响海洋动力循环和海气相互作用的重要物理参数[2]。本文提出将多层感知机应用于天宫二号三维成像微波高度计探测数据，从而实现高精度海面风速的反演，并利用 ECMWF 资料对反演结果进行了验证。

天宫二号三维成像微波高度计是国际先进的干涉成像高度计，它能够观测到的幅宽是传统海洋微波高度计的 10 倍左右[3]。目前，国际上共有三个星载双天线干涉雷达，分别是美国 NASA 奋进号干涉 SAR（SRTM）、欧空局 Cryosat-2（2010 年）的 SIRAL 和中国的天宫二号所搭载的三维成像微波高度计[3]。天宫二号的三维成像微波高度计从首次开机起至 2019 年 7 月 19 日再入大气层止，先后经历在轨测试和拓展试验两个阶段。研究表明，在未搭载微波辐射计以进行湿大气路径时延矫正的情况下，天宫二号微波高度计对相对海平面高度的测量精度达到了 8.2 cm[4]。

天宫二号微波高度计对海平面的高度值测量原理，是天线以小入射角对海面发射电磁波，再通过一发双收天线以及双通道接收机获得从海面返回的高相干海面回波。利用天宫二号高度计具有对干涉相位测量精度高的特点和波形跟踪技术[5]，从而获取携带有海面高度信息的干涉相位信息。通过对干涉相位信息的处理，得到高度计双天线相位中心和海平面之间的几何关系，实现对海平面高度的测量。对海平面干涉条纹图进行处理，可以获得三维海面图[3]。

天宫二号的三维成像微波高度计突破了高相干雷达系统设计与信号处理、干涉基线精确估计与标定、K_u 波段大功率固态功放等关键技术，在国际上首次实现了星载雷达高度计对三维海面的干涉测量[6]。表 1 给出了三维成像高度计的系统硬件技术指标。

表 1　三维成像高度计指标

参数	数值
工作频率	K_u(13.58 GHz)
信号带宽	40 MHz
干涉基线	2.3 cm
入射角范围	1°～8°
方位向分辨率	30 m
距离向分辨率	30～200 m
干涉相位测量精度	0.02°
重量	65 kg
DC 功耗	<100 W

天宫二号的三维成像微波高度计能够获得海陆观测区域的单视复图像数据、后向散射系数数据、海面高度数据和陆地高度数据，海陆覆盖情况如图 1 所示。

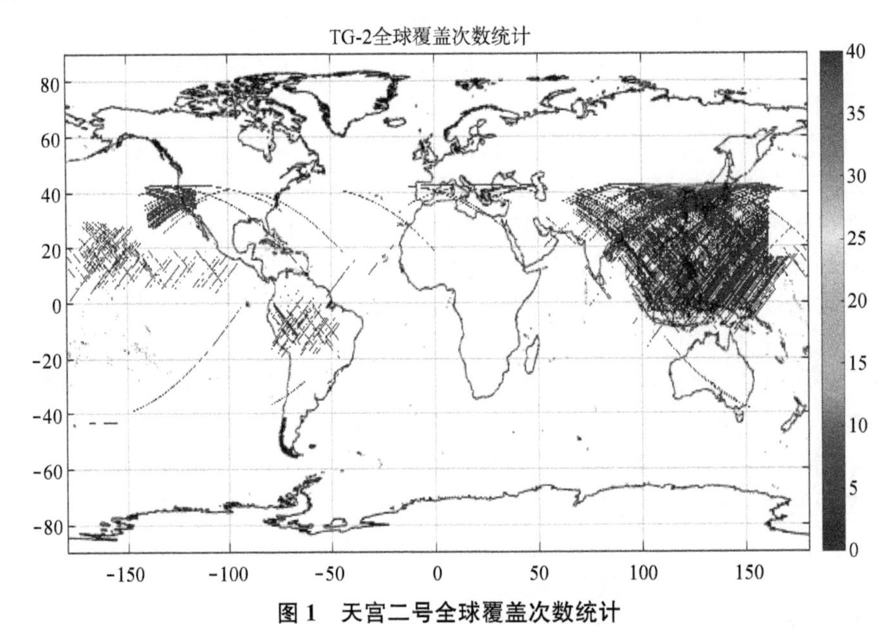

图 1　天宫二号全球覆盖次数统计

2 反演模型与数据

本文利用天宫二号微波高度计探测数据，采用多层感知机(multilayer perceptron，MLP模型)建立海面风速反演模型。流程如图 2 所示，针对三维成像高度计观测数据，提取出斜距高度、后向散射系数与入射角等信息，并输入到风速反演模型，反演得到海面风速。

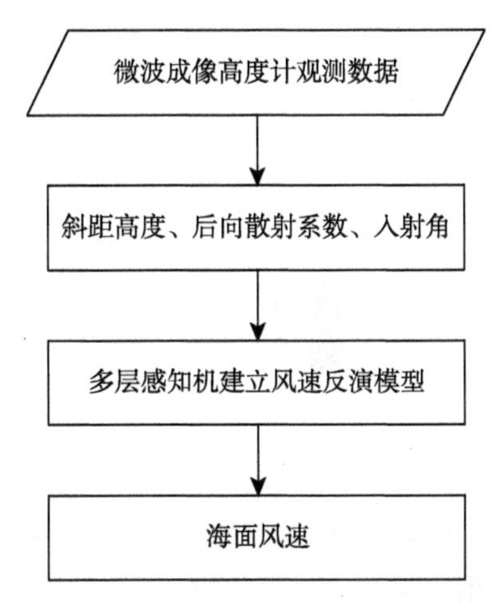

图 2 三维成像雷达高度计风速反演流程

多层感知机通常含有多个隐藏层(hidden layer)，且每个隐藏层的输出通过激活函数进行变换。引入隐藏层的目的，是为了将线性的神经网络复杂化，更加有效地逼近满足条件的函数。激活函数能够使得隐藏层具有非线性特点，以改变隐藏层的输出。常用激活函数有：ReLu(rectified linear unit)函数、Sigmoid 函数、tanh 函数。

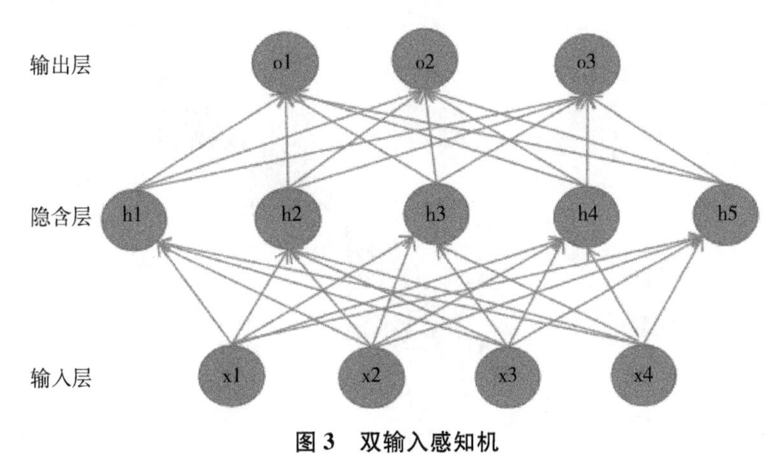

图 3 双输入感知机

3 反演结果与分析

将 ECMWF 再分析数据资料中的海面风速数据作为海面风速反演的检验值，为了与反演数据空间匹配，将再分析数据通过线性插值插值到 3 km×3 km。本文将天宫二号数据分为测试集与训练集，对应比例为 3∶7。训练集用于训练模型，测试集用于验证该反演算法的有效性。图 4 为多层感知机风速反演模型使用 2019 年 6 月 2 日的天宫二号微波高度计探测数据进行风速反演的结果图与对应区域的 ECMWF 风速数据图，此探测数据的中心经纬度分别为 E118°，N24°，在空间上占据的空间面积约为 50 km×50 km。

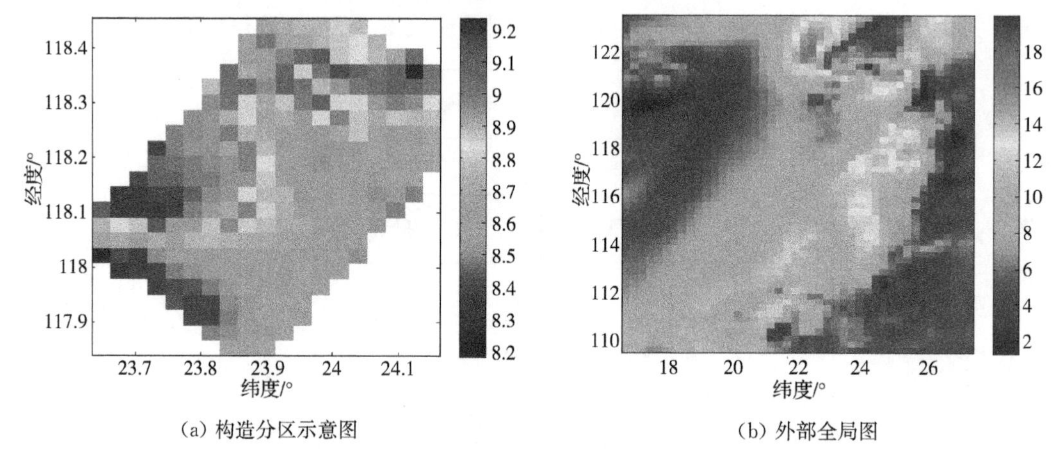

(a) 构造分区示意图　　(b) 外部全局图

图 4　风速反演图(左)与 ECMWF 风速图(右)

其中 y_i 为真值，$\hat{y}_i$ 为反演值。反演风速误差散点图与误差评估指标由图 5 给出。由图 5 可以看出，很大一部分的散点落在 45°角平分线的附近，这说明运用多层感知机反演风速模型来进行风速反演效果较好。但同时可以看到，仍有一定数量的点偏离 45°角平分线较远，这些点的存在，说明运用多层感知机风速反演模型反演的风速与真实的风速在某些情况下存在着较大的误差。反演风速与 ECMWF 海面风场数据进行比对分析，海面风速反演的总体均方根误差为 0.64 m/s。

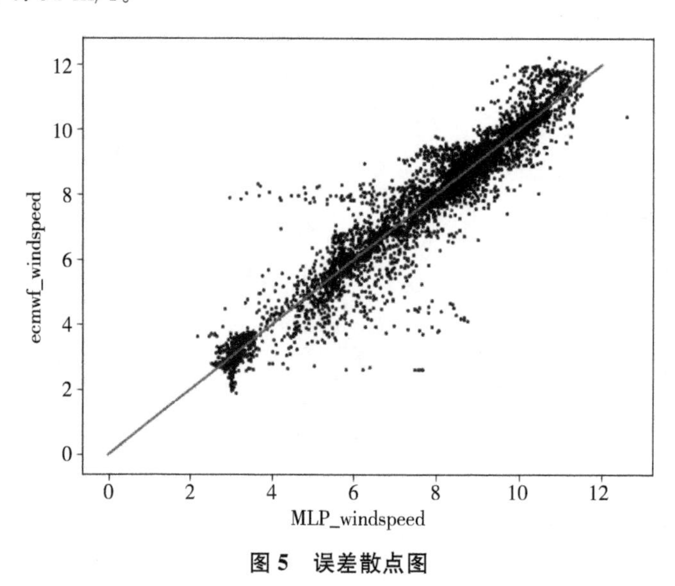

图 5　误差散点图

4 结论

本文利用天宫二号三维成像微波高度计探测数据，采用多层感知机方法，研究了三维成像微波高度计海面风速反演方法，并将反演结果与 ECMWF 海面风场数据进行比对分析。研究结果表明：通过多层感知机构建的海面风速反演模型，其反演结果与 ECMWF 再分析风速相比较具有良好的一致性，海面风速反演结果的均方根误差为 0.64 m/s。

参考文献

[1] 鲍青柳，林明森，张有广，等. 3 维成像微波高度计风速反演[J]. 遥感学报，2017，21(06)：835-841.

[2] Meissner T, Wentz F J. Wind-vector retrievals under rain with passive satellite microwave radiometers[J]. IEEE Transactions on Geoscience and Remote Sensing, 2009, 47(9): 3065-83.

[3] 丁佳. 天宫二号“履职”740 天[N]. 中国科学报. 2018-09-28(3).

[4] 王丽丽，丁振宇，章雷，等. “中法海洋卫星”成功发射，两国载荷并肩探风测浪[J]. 中国航天，2018(12)：22-28.

[5] 孙馨怡，张云华，董晓，等. 天宫二号干涉成像雷达高度计的基线倾角反演[J]. 遥感技术与应用，2019，34(2)：331-336.

[6] 新华网. 天宫二号有效载荷运行正常 部分空间实验“首战告捷”[EB/OL]. (2016-10-17)[2020-11-28]. http://www.xinhuanet.com.

台风-浪-流极端工况下多种漂浮式风力机平台动态特性分析

赵永发[1]，柯世堂[1*]，王　硕[1]，员亦雯[1]，王　浩[2]，张　伟[1]

（1. 南京航空航天大学土木与机场工程系 江苏南京 211106；
2. 南京航空航天大学空气动力学系 江苏南京 210016）

摘　要： 浮式平台的稳定性是海上风力机安全运行的重要指标，为对比几种漂浮式平台在台风-浪-流极端工况下的稳定性，采用中尺度气象软件 WRF、第三代海浪模式 SWAN 与有限体积海流模式 FVCOM 构建台风-波浪-海流实时耦合模拟平台，得到台风过境全过程下海上风电场的流场环境参数。在此基础上，分别建立单柱式(Spar)、驳船式(Barge)、半潜式(Semi)平台的漂浮式风力机模型，并用全耦合软件 FAST 进行多种风力机平台动态响应特性对比分析。结果表明：在台风-浪-流极端工况作用下 Spar 式风力机在艏摇方向上变化较明显，塔基轴向扭矩最高为 6 396 kN・m，Barge 和 Semi 的垂荡运动均较剧烈，主要研究结论可为漂浮式风力机结构设计提供参考依据。

关键词： 漂浮式风力机；台风-浪-流；平台动态响应

1　引言

与陆上风能对比，海上风能具有风速高、风切变小、节约土地资源等优点。我国海上可开发利用的风能是陆上的 3 倍，近海可开发利用的风能储量约为 7.5 亿 kW，远海风能储量则更多。因此未来风电场建设的必然趋势是“由陆向海、由浅向深、由固定基础向漂浮式平台”，但由于技术和成本的限制，海上风力机普遍采用固定式基础，大多数只能布置在水深小于 30 m 的浅海地区，对于水深超过 60 m 的深海，经济性分析表明必须采用漂浮式。但由于我国近海是台风多发地区，漂浮式平台结构的稳定是漂浮式海上风力机安全运行的基础保障，因此，对漂浮式海上风力机在台风-波浪-海流共同作用下的极端海况下的平台动态特性分析是十分有必要的。

近年来，漂浮式平台主要包括单柱式(Spar)平台、驳船式(Barge)平台、半潜式(Semi)平台等。许多学者对漂浮式风力机做了初步研究，丁勤卫等对比分析了极端海况下张力腿

基金项目： 国家重点研发计划资助(2017YFE0132000；2019YFB1503700)和国家自然科学基金项目(51761165022；U1733129)联合资助

(TLP)、Spar、Barge式风力机平台动态响应[1]。张立等研究了风波耦合作用下风载荷对两种漂浮式风力机平台动态响应的影响[2]。总体来说，目前对台风-浪-流耦合作用下漂浮式风力机结构响应特性的研究相对较少。

鉴于此，本文选取Spar、Barge、Semi三种不同漂浮式风力机作为研究对象，基于WRF-SWAN-FVCOM耦合平台[3]对超强台风“威马逊”进行实时模拟，得到台风过境全过程南海某风电场的台风-浪-流环境流场参数，最后分析了台风-浪-流极端工况下多种漂浮式风力机平台动态响应特性。

2 海上漂浮式风力机模型简介

目前，漂浮式风力机Spar平台、漂浮式风力机Barge平台及漂浮式风力机Semi平台均采用悬链线系泊，它们采用的风力机均为NREL 5 MW风力机，风力机主要参数和整机模型见表1，三种漂浮式风力机及系泊参数见表2。

表1 NREL 5 MW风力机参数

参数	数值	3种漂浮式风力机整机模型		
		Spar平台	Barge平台	Semi平台
风轮直径/m	126			
风轮转速/(r·min^{-1})	12.1			
塔架直径/m	3			
塔架高度/m	90			
风轮质量/kg	1.1×10^5			
机舱质量/kg	2.4×10^5			
塔架质量/kg	3.475×10^5			

表2 三种漂浮式风力机平台参数

参数	Spar平台	Barge平台	Semi平台
尺寸/m	锥度上直径:6.5	长:40	主浮筒直径:6.5
	锥度下直径:9.4	宽:40	偏置柱直径:12.0
吃水深度/m	120	4	20
排水体积/m^3	8.029×10^4	0.600×10^4	1.399×10^4
平台总质量/kg	7.466×10^6	5.452×10^6	1.3547×10^7
质心位置/m	−89.920 0	−0.281 8	−13.740 0
横摇转动惯量/(kg·m^2)	4.229×10^9	7.269×10^8	9.139×10^9
纵摇转动惯量/(kg·m^2)	4.229×10^9	7.269×10^8	9.139×10^9
艏摇转动惯量/(kg·m^2)	1.642×10^8	1.454×10^9	1.617×10^{10}

3 台风-波浪-海流耦合模拟场

3.1 WRF-SWAN-FVCOM(W-S-F)耦合机制

本文基于MCT建立的耦合模型包括WRF、FVCOM和SWAN三个子模型，在某一特定时间步，通过MCT耦合器两两子模型之间进行数据交换，实现建立台风-波浪-海流实时耦合模式。WRF和FVCOM、SWAN之间进行变量传递和插值，FVCOM和SWAN可以直接传递变量。

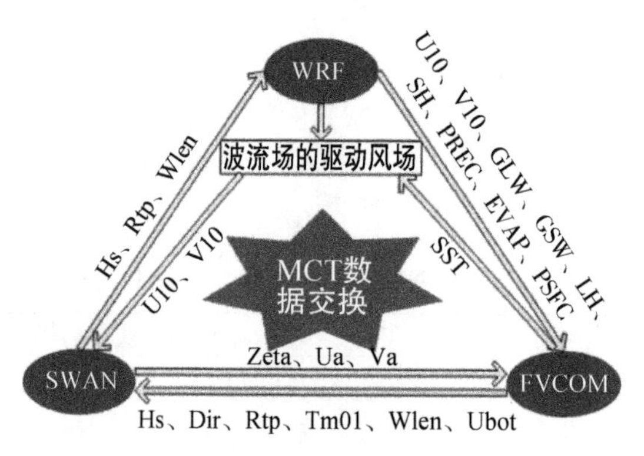

图1 模式耦合机制

图1给出了WRF-SWAN-FVCOM耦合机制。WRF和SWAN之间交换变量为：(1) WRF模型中10 m处风速U10、V10；(2) SWAN波浪模型中的波高、谱峰周期、波长。WRF和FVCOM之间交换变量为：(1) WRF模式中10 m处的风速、长波辐射、短波辐射、感热通量、潜热通量、气压等；(2) FVCOM模型中的海表面温度。FVCOM和SWAN耦合中交换的变量包括：(1) FVCOM模型中的水位、流速；(2) SWAN波浪模型中的波高、波向、谱峰周期、波长等。

3.2 耦合场模拟结果与有效性验证

我国南海风能资源丰富，但同时却又是台风频发地区，为分析漂浮式风力机在台风-浪-流耦合作用的极端工况下平台动态特征，故本文选取中国历史上最强台风“威马逊”(201409号)进行模拟，模拟区域的经度范围为106°E～119°E，纬度范围为13°N～25°N。耦合场模拟时间为2014年7月16日06时至7月19日06时，共72 h，图2给出了台风模拟第48 h台风-波浪-海流耦合场模拟结果。

为验证W-S-F耦合模式数值模拟的有效性，表3给出了W-S-F与非耦合WRF台风路径模拟误差对比结果。由表可知：在整个模拟时间范围内，非耦合WRF模式与W-S-F模式模拟的台风移动路径较为一致，相比JMA最佳路径均略偏北。WRF模拟的平均误差为44.58 km，W-S-F模拟的平均误差为26.45 km，W-S-F耦合模拟的台风路径比WRF非耦合模拟更接近JMA最佳路径，对于台风路径的模拟精度提高40%。

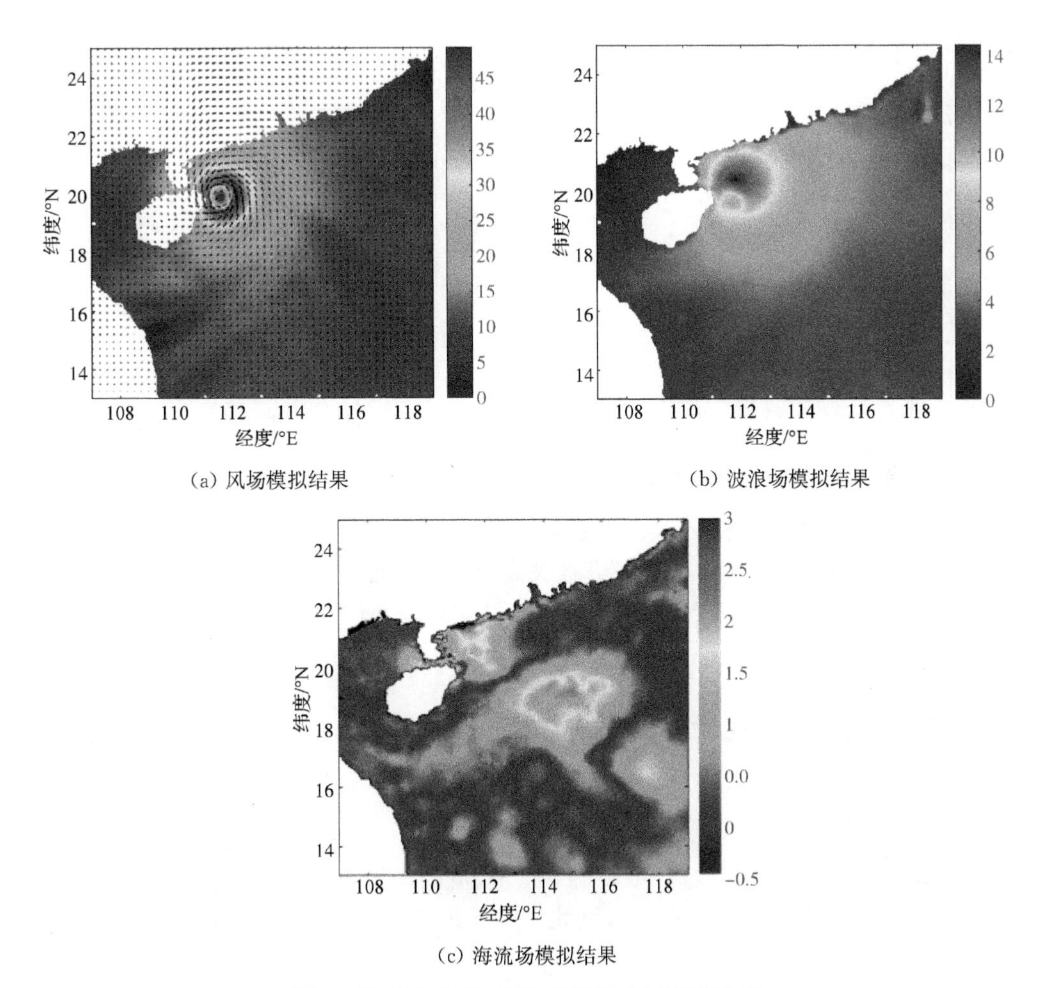

(a) 风场模拟结果

(b) 波浪场模拟结果

(c) 海流场模拟结果

图 2　第 48 h 台风-波浪-海流耦合场模拟结果

表 3　台风路径模拟误差对比结果

模拟时间	JMA/WRF	JMA/W-S-F	WRF/W-S-F	台风移动路径图
12 h	23.68 km	19.68 km	31.71 km	
18 h	37.87 km	44.69 km	32.54 km	
24 h	36.33 km	43.08 km	48.50 km	
30 h	69.86 km	62.72 km	34.45 km	
36 h	47.26 km	15.56 km	31.78 km	
42 h	55.42 km	19.78 km	44.94 km	
48 h	28.88 km	6.00 km	23.74 km	
54 h	51.94 km	10.90 km	35.70 km	
60 h	14.44 km	17.39 km	38.12 km	
平均误差	44.58 km	26.45 km	18.13 km	

图 3 给出了台风过程中心最大稳定风速时程曲线。由图可知：W-S-F 耦合模拟的台风中心附近最大稳定风速在模拟期间先增大再减小，与 JMA 实测数据变化趋势较为一致；而风速

均大于 JMA 风速，略小于非耦合模式 WRF 模拟的风速，耦合模式台风强度模拟效果较好。

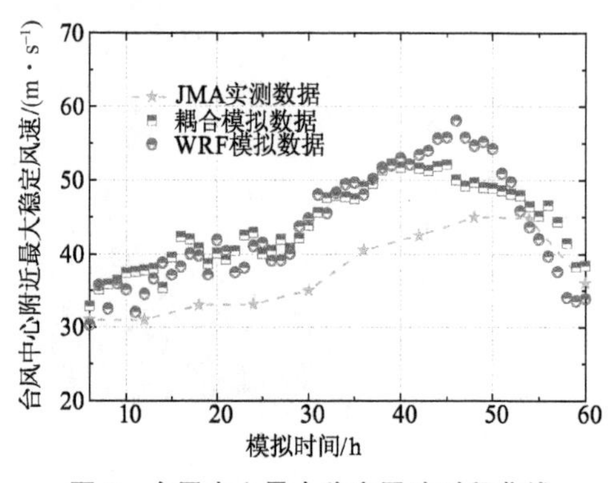

图 3　台风中心最大稳定风速时程曲线

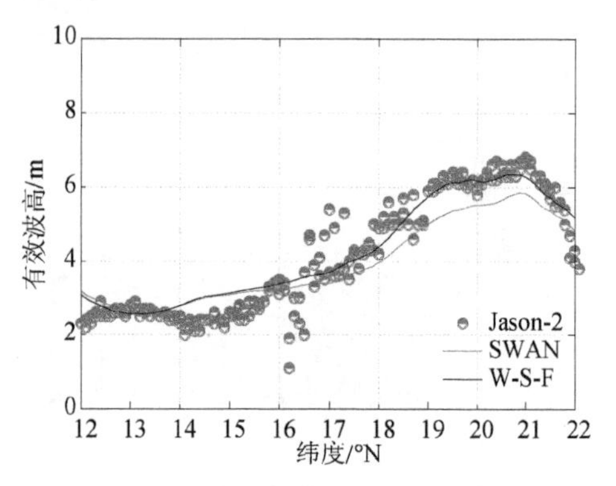

图 4　有效波高模拟值验证示意图

以 AVISO 发布的 Jason-2 卫星波高统计数据（http://www.aviso.altimetry.fr/en/data.html）作为验证资料，图 4 给出了有效波高模拟值验证示意图。由图可知：W-S-F 的有效波高模拟值与 Jason-2 卫星实测数据吻合较好，且 W-S-F 模拟值与 Jason-2 卫星数据的吻合度明显高于非耦合 SWAN 模式。

4　不同漂浮式风力机平台动态特性分析

4.1　工况设置

根据 W-S-F 耦合模式对台风“威马逊”风、浪、流的模拟结果，本文选取了我国南海某风电场作为研究区域，图 5 给出了台风过境此区域风速、有效波高、海洋流速的模拟结果。

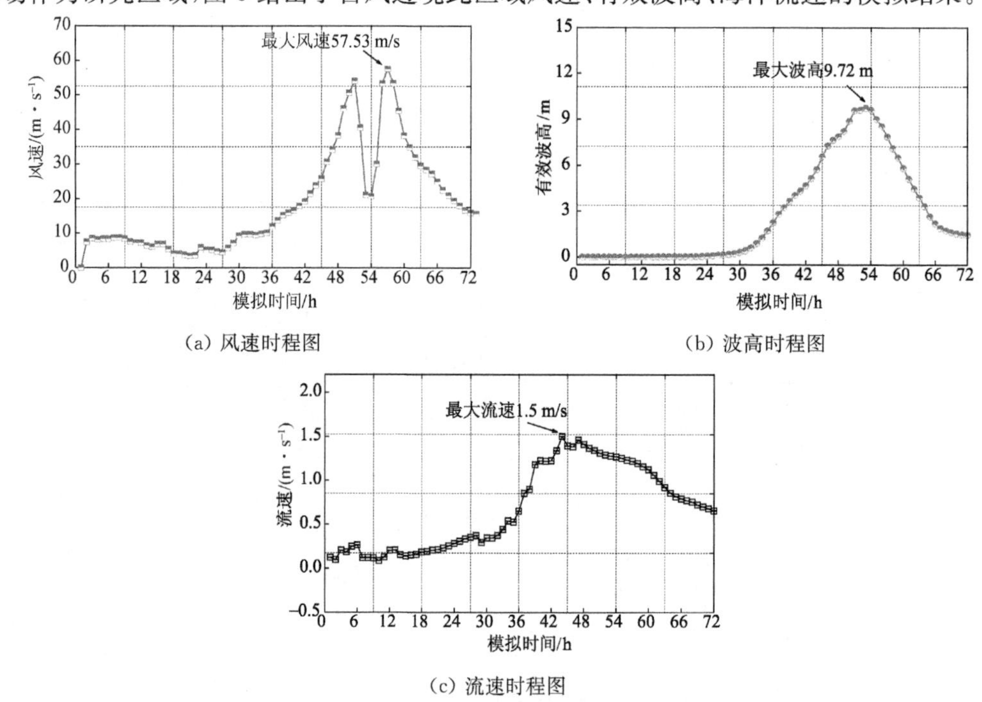

(a) 风速时程图

(b) 波高时程图

(c) 流速时程图

图 5　典型测点模拟数据图

因此，本文选取了风、浪、流模拟结果的最大值作为台风过境下漂浮式风力机的极端工况。其中风况：NTM（正常湍流风模型）57.53 m/s；海况：9.72 m 波高，周期 10 s，波浪谱取 JONSWAP 谱，海流流速为 1.4 m/s。本文分别对 Spar、Barge、Semi 平台漂浮式风力机的位移特性进行分析与仿真，研究在台风-波浪-海流耦合作用下极端工况漂浮式风力机时域动态特性，为保证不规则波和湍流风满足统计特性，仿真时间 500 s，时间步长 0.012 5 s，共 40 000 个工况点参数。

4.2 塔基动力特性分析

图 6 为三种漂浮式风力机塔基载荷动力特性，由计算结果可知，Semi 式风力机的塔基前后、轴向剪力和塔基左右弯矩幅值均远大于其他两种浮式风力机，其中塔基前后剪力最大为 6 800 kN，轴向剪力最大为 8 936 kN，左右弯矩最大为 514 500 kN · m。图 6(f)表明塔基轴向扭矩 Spar 式风力机最高可达到 6 396 kN · m，Barge 和 Semi 变化起伏均远小于 Spar，在结构设计中应引起重视。

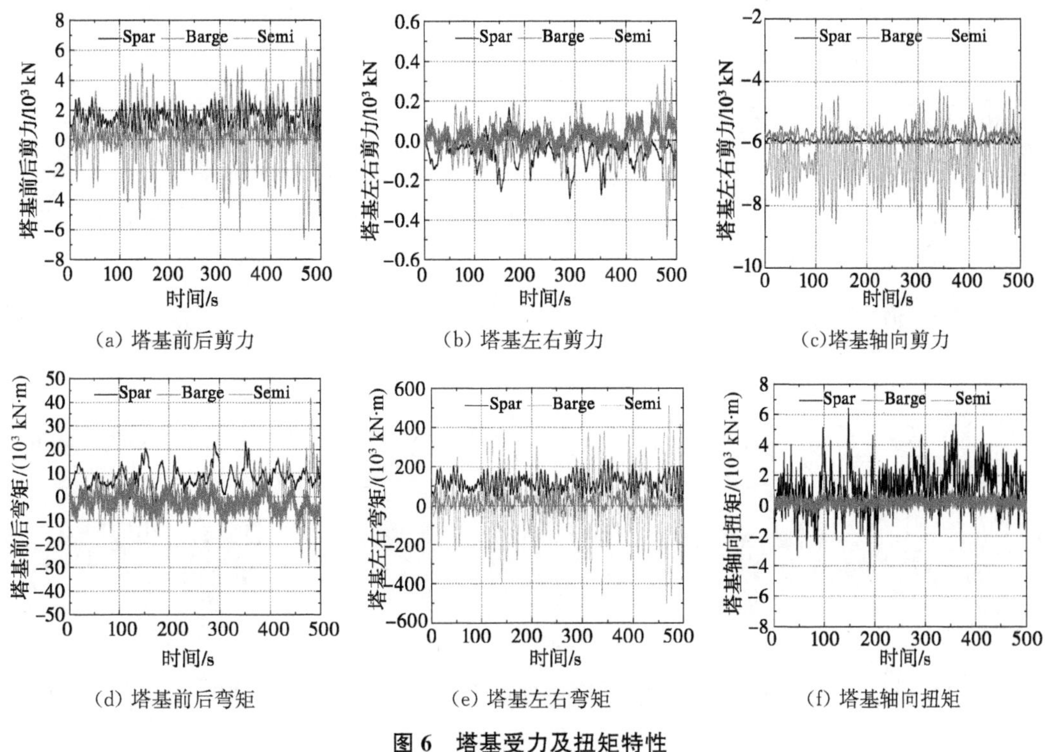

(a) 塔基前后剪力　(b) 塔基左右剪力　(c)塔基轴向剪力

(d) 塔基前后弯矩　(e) 塔基左右弯矩　(f) 塔基轴向扭矩

图 6　塔基受力及扭矩特性

4.3 平台动态特性分析

海上漂浮式风力机平台在环境载荷作用下最直观的动态特性是其位置的变化，即平动位移和转动偏转角，本文对 Spar、Barge 和 Semi 三种平台的动态响应进行分析与仿真。图 7 给出了漂浮式风力机平台 6 个自由度示意图。图 8 为三种漂浮式风力机平台在纵荡、横荡、垂荡和纵摇、横摇、艏摇方向上的时域运动响应。

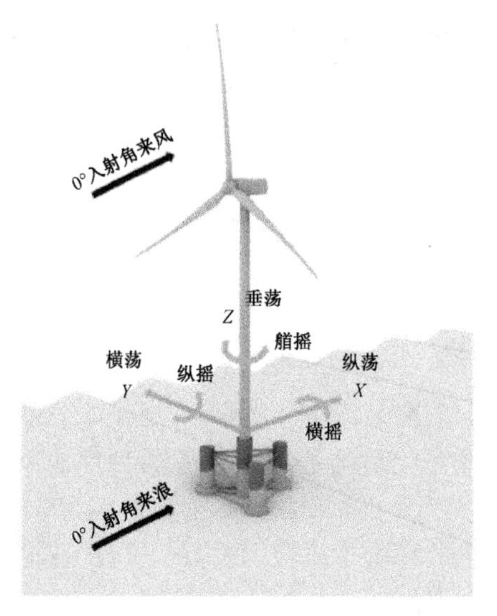

图 7　平台 6 个自由度示意图

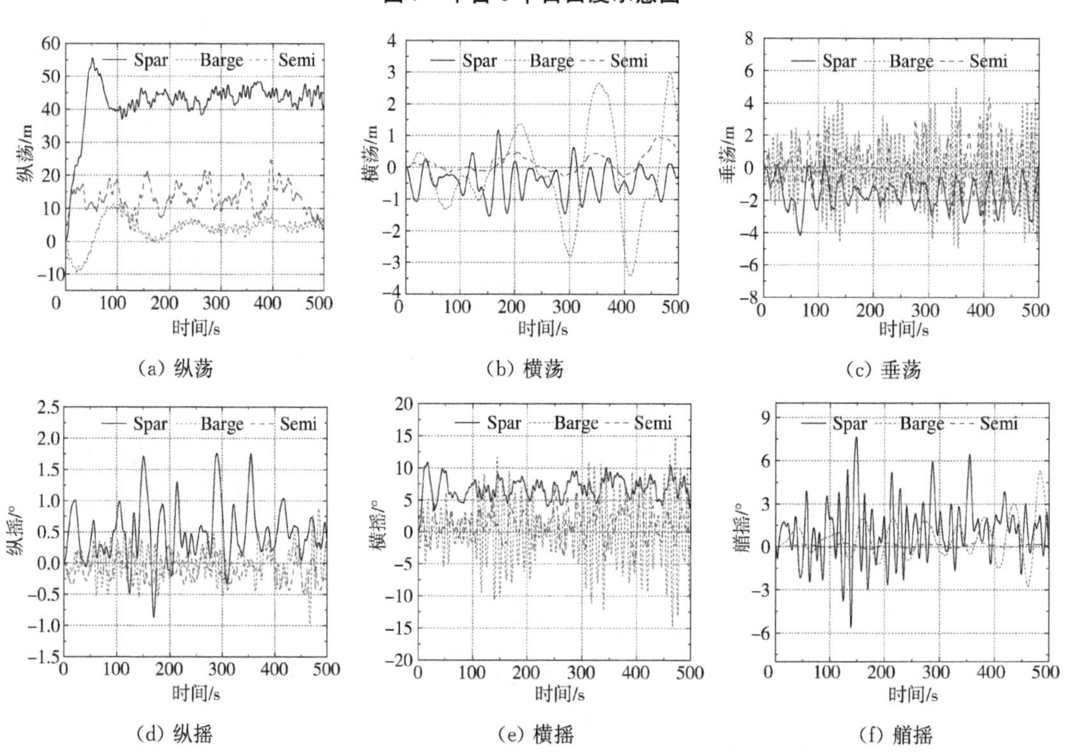

(a) 纵荡　(b) 横荡　(c) 垂荡

(d) 纵摇　(e) 横摇　(f) 艏摇

图 8　平台 6 个自由度运动响应

由图 8 可知，在台风-波浪-海流极端工况共同作用下，三种漂浮式平台在 6 个自由度均做非周期性的往复运动。从纵荡方向上可以看出三种风力机平台在模拟计算前期处于不稳定状态，为较为准确地对比三种风力机平台的动态特性，图 9 给出了三种漂浮式风力机平台在 150 s 即稳定之后 6 个自由度上标准差的统计结果。由图 9 可知，Semi 平台在纵荡方向上的标准差最大，达到了 4.24 m，运动剧烈程度 Semi>Spar>Barge，但是在横荡、纵摇、艏摇方向上较为稳定，表现出明显的优势。在横荡、垂荡和横摇方向上 Barge 平台运动较为剧烈并且峰值最大，分别达到－3.43 m、4.9 m 和－14.69°，这是因为 Barge 平台吃水较浅且与 Spar 和 Semi 相比拥有更大的水线面面积，所以在遭遇较大波浪荷载时在这三个方向运动明显。Spar 平台为筒柱型平台结构，在艏摇方向上变化较明显，峰值达到 7.64°，在横荡、垂荡、纵摇、横摇四个个方向上运动变化程度较小，表现出其结构的稳定性。

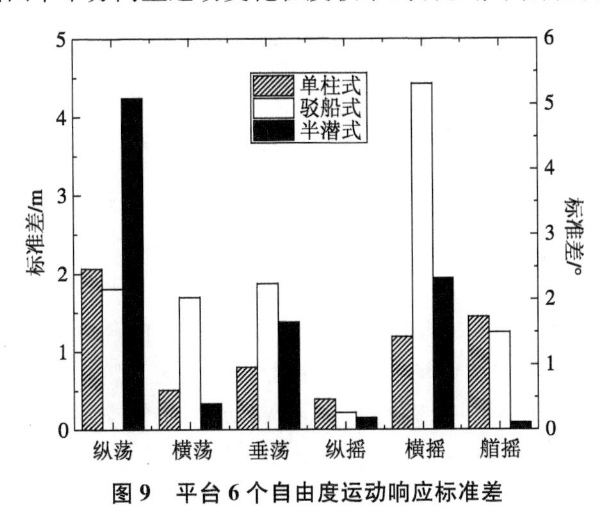

图 9　平台 6 个自由度运动响应标准差

5　结论

本文选取三种不同漂浮式风力机作为研究对象，采用 WRF-SWAN-FVCOM 气象软件模拟台风-波浪-海流耦合场，得到台风过境全过程下的极端工况，并用全耦合软件 FAST 进行风力机整机动力分析，得到结果如下：

(1) Spar 平台为筒柱型平台结构，在艏摇方向上变化较明显，峰值达到 7.64°，在横荡、垂荡、纵摇、横摇四个个方向上运动变化程度较小，表现出其结构的稳定性，但 Spar 式风力机塔基轴向扭矩最高可达到 6 396 kN · m，Barge 和 Semi 变化起伏均远小于 Spar，在结构设计中应引起重视。

(2) Barge 平台吃水较浅且与 Spar 和 Semi 相比拥有更大的水线面面积，在整体结构发生倾斜时能够提供较大的恢复力，其缺点是在台风-浪-流极端工况下垂荡运动明显。

(3) Semi 式风力机的塔基前后、轴向剪力和塔基左右弯矩幅值均远大于其他两种浮式风力机，Semi 平台由于基础下部结构都浸没在水中，其横摇与纵摇幅值都很小，有较大影响的是垂荡运动。

参考文献

[1] 丁勤卫，李春，杨阳，等. 极限海况下三种漂浮式风力机平台的动态响应对比[J]. 水资源与水工程学报，2015，26(1)：159-165.

[2] 张立，丁勤卫，李春，等. 风波耦合作用下风载荷对两种漂浮式风力机平台动态响应影响[J]. 热能动力工程，2020，35(6)：205-215.

[3] 王扬杰，张庆河，陈同庆，等. 大气-海洋-海浪耦合模型在台风过程模拟中的应用[J]. 水道港口，2016，37(2)：135-141.

基于CFD/AL的大型风力机尾流模拟方法研究

王超群[1]，曹九发[1]，宋佺珉[1]，朱卫军[1]

(1. 扬州大学电气与能源动力工程学院 江苏 扬州 225127)

摘　要：在风电场中，上游风力机的尾流效应会导致下游风力机输出功率降低和机组疲劳载荷增大，从而严重影响风电场的经济效益和安全运行，是风电场微观选址和运行中不得不考虑的因素。本文主要先进行风力机致动线模型修正研究；然后，对比分析了RANS和LES分别耦合致动线模型的风力机尾流模拟结果，得出风力机尾流涡系发展变化规律；最后，总结分析了风力机尾流特性以及气动性能特性。

关键词：风力机；致动线；尾流；大涡模拟；RANS模拟

1　研究背景

随着全球的可利用能源越来越短缺，开发新能源迫在眉睫，风能具有蕴藏量巨大、可再生、分布广、无污染的优点，使其不论从增强能源安全，还是保护环境，都已成为各国替代能源的首选[1]。

在风电场中，上游风力机的尾流效应会导致下游风力机输出功率降低和机组疲劳载荷增大，从而严重影响风电场的经济效益和安全运行，是风电场微观选址和运行中不得不考虑的因素。然而，风力机运行工况基本都是处于非定常的复杂工况，风力机尾流特性对空气动力学因素的影响极其敏感，如风轮旋转、复杂的入流、大气边界层以及大气稳定性等，因此，能够更加准确地模拟风力机尾流特性和揭示风力机尾流发展变化规律，是风电场微观选址优化和功率预测的关键科学问题。

Ivanell等人[2]阐述了风力机致动线模型具有不需要模拟叶片边界层，仅用计算源项的方式来代替实体叶片也能够模拟出流动结构动力学特性的优势，如在文中作者借用致动线模型研究了叶尖涡的结构以及产生、发展和湮灭的过程，并得到风力机近尾流长度的理论公式。Shen WenZhong等人[3]采用AL/NS-LES耦合模型对MEXICO实验风力机进行了数值模拟研究，结果表明：(1) 在模型当中采用修正翼型数据比原始2D翼型数据在尾流轴向速度、风力机轴向和切向体积力、叶素升力系数方面与试验数据吻合度更好；(2) 该模型能够较好地预测MEXICO风力机尾流的扩散、涡核半径、环量以及轴向和切向速度分布。朱翀等人[4]以NH1500叶片为研究对象，采用k-ω SST湍流模型，从叶片载荷分布和功率系数两个方面，比较了致动线方法、叶素动量理论、直接模拟以及风洞试验，验证了致动线方法用于风力机气动数值模拟的可行性。Qian Yaoru等人[5]采用ALM-LES方法证明了该模型在风力机尾流模拟中能够提供准确的载荷预测和高精度的湍流流动。

本文将采用致动线模型，并结合大涡模拟，深入研究风力机尾流在不同外界环境和不同运行工况下的尾流特性，为风电场微观选址排布、风力机尾流控制策略等提供理论支持。

2　方法描述

2.1　致动线模型建立

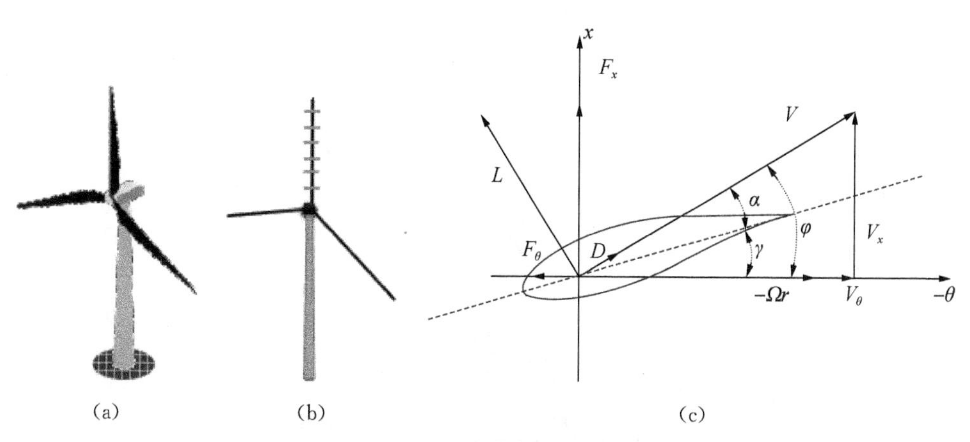

图 1　致动线模型

如图 1 所示，将叶片分成一个个微元段(叶素)，看成一个个二维翼型，根据当地的流场信息与已知的翼型性能数据、叶片外形数据，图 1(c)中就是某个叶素的截面图，x 方向为来流方向。叶片翼型截面的当地速度：

$$V_{\text{rel}}=\sqrt{V_x^2+(\Omega r-V_\theta)^2} \tag{1}$$

其中，Ω 为风轮转动的角速度，r 为截面翼型到叶根的位置，V_x 和 V_θ 分别是翼型的轴向速度和切向速度。

其中轴向速度：

$$V_x=u \tag{2}$$

切向速度：

$$V_\theta=v\frac{\Delta z}{\sqrt{\Delta y^2+\Delta z^2}}-w\frac{\Delta y}{\sqrt{\Delta y^2+\Delta z^2}} \tag{3}$$

本文中涉及的坐标皆为笛卡儿坐标，u,v,w 皆为流场中所对应的 x,y,z 方向的速度，Δy 和 Δz 分别为翼型截面与叶根的距离在 y、z 方向上的投影。

翼型截面的当地速度与风轮平面夹角就是入流角：

$$\varphi=\arctan\left(\frac{V_x}{\Omega r-V_\theta}\right) \tag{4}$$

翼型截面的当地攻角为入流角减去桨距角：

$$\alpha=\varphi-\gamma \tag{5}$$

在确定了叶片翼型的当地速度与攻角后，既可以求出叶片单位展长的升力与阻力：

$$\overline{f}2D(r)=(L,D)=0.5n_b\rho V_{\mathrm{rel}}^2c(C_Le_L,C_De_D) \tag{6}$$

其中，n_b为叶片数，C_L和C_D分别为升力和阻力系数，e_L和e_D为升力和阻力方向的单位向量。

确定了所有计算的力之后，为了防止计算时数值震荡，需要将力光滑地分布到叶素点周围的网格中去。本文采用三维高斯分布方式将体积力光顺过渡到周围的网格上：

$$f_\varepsilon=\overline{f}2D(r)\eta_\varepsilon \tag{7}$$

其中 η_ε 为高斯分布函数。

2.2 致动线模型耦合 CFD 方法

针对风力机致动线模型的两个组成要素[6]，叶素理论计算叶片体积力后作为源项加入到流体控制方程而 CFD 求解控制方程后获得风力机流场。整个数值计算流程如图 2 所示：

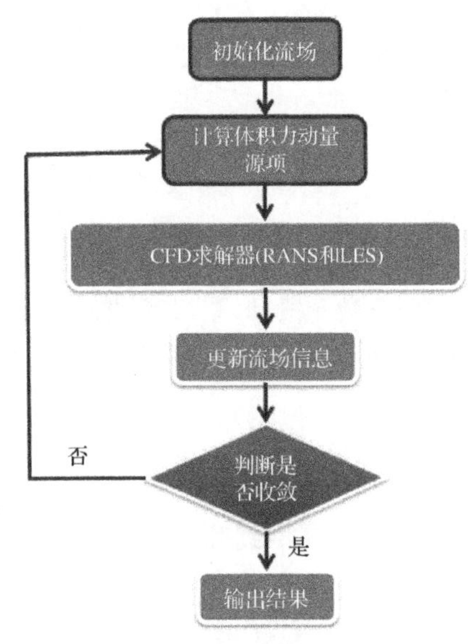

图 2 数值计算流程示意图

3 大型风力机算例计算结果与分析

3.1 NREL 5MW 风力机简介

NREL 5MW 风力机[8]是美国可再生能源实验室设计的概念型风力机，此风力机是为了评估美国近海以及其余国家近海风电技术。如表 1，此风力机的外形、气动参数以及研究的资料齐全，因此本文采用此风力机作为计算对象。

表 1 NREL 5MW 风力机主要参数信息表

风轮直径	叶片半径	轮毂直径	塔筒高度	额定转速	叶片数
126 m	61.5 m	3 m	90 m	12.1 r/min	3

3.2 计算域及边界条件设置

整个计算域如图 3 所示，长宽高分别为 15D、4D、4D，风力机所在位置距离入口 2.5D 位置处，塔架的起点位置(0,0,0)，加密区的长宽高为 0.5D、1.5D、1.5D，在计算时，选用的是 k-ε 模型和大涡模拟两种湍流模型进行计算对比。

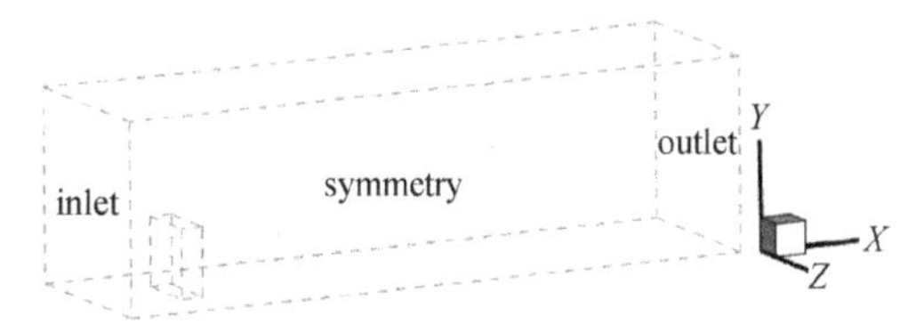

图 3 计算域示意图

3.3 结果分析

对 NREL 5 MW 风力机进行了两种湍流模型 k-ε 及 LES 对比计算，进行了两种工况的数值计算：均匀来流及风切入流下。

均匀来流下采用的是此风力机额定工况下的来流风速及转速，额定风速为 11.4 m/s，额定转速为 12.1 r/min。如图 4 是两种模型下的尾流速度云图。从图 4 中，可以看出 k-ε 模型算出来的结果在远尾流区速度是相对平滑的，没有 LES 算出来的波动大，这种是比较符合实际情况的。

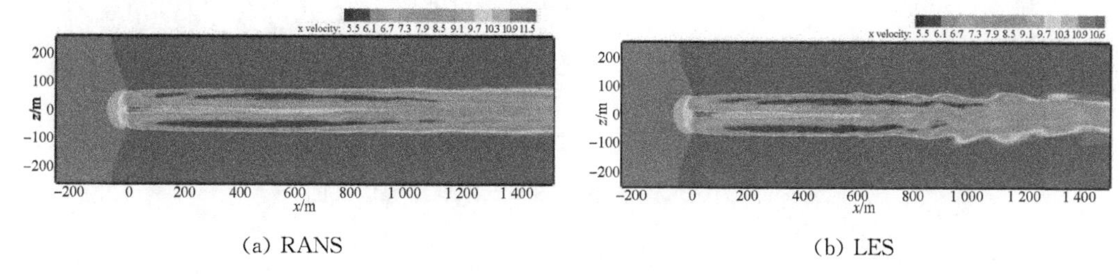

(a) RANS (b) LES

图 4 尾流速度云图

同时提取了尾流不同位置(1D,2D,3D,4D,5D,6D)的速度，如图 5 所示，分别是两种湍流模型计算出来的尾流数据对比结果，整体的趋势都是相似的，呈现对称分布，并且由于轮毂的存在，导致呈现一种“W”的外形，同时随着往下游发展，速度也在逐渐的恢复。

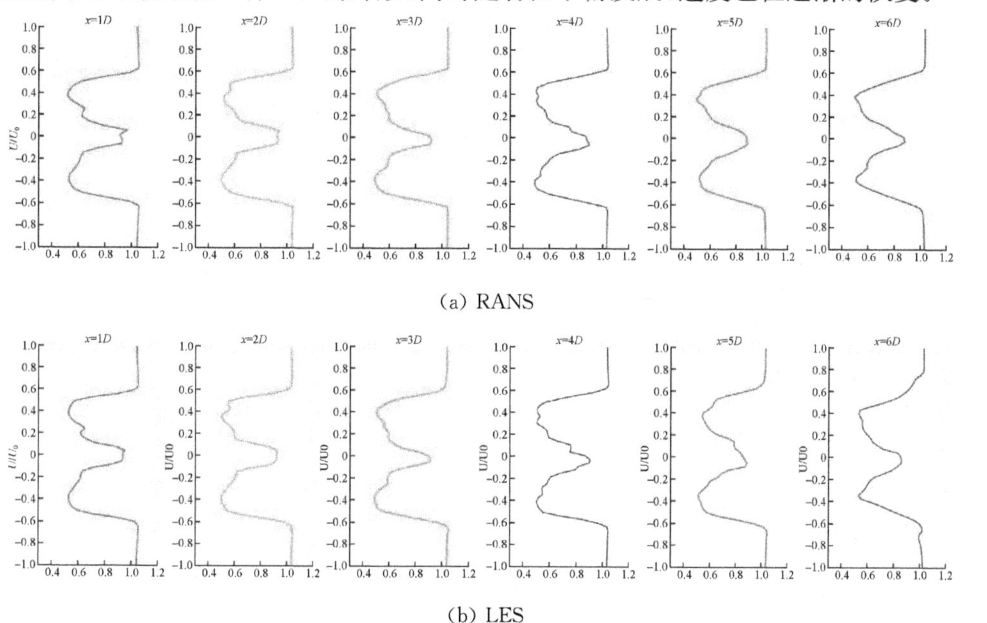

(a) RANS

(b) LES

图 5 尾流不同位置轴向速度变化规律

由涡量云图可知，如图 6 两种湍流模型结算结果的主要差异在于涡量上的变化，k-ε 模型计算出来的涡量云图整体都是块状，发展到下游也是如此，同时涡之间的距离也在变大，但是大涡模拟计算出来的结果就可以明显地看出在远尾流区涡系开始破碎，产生了很多的碎涡，大涡模拟在涡系捕捉上比 k-ε 模型的效果更好，更加精细。

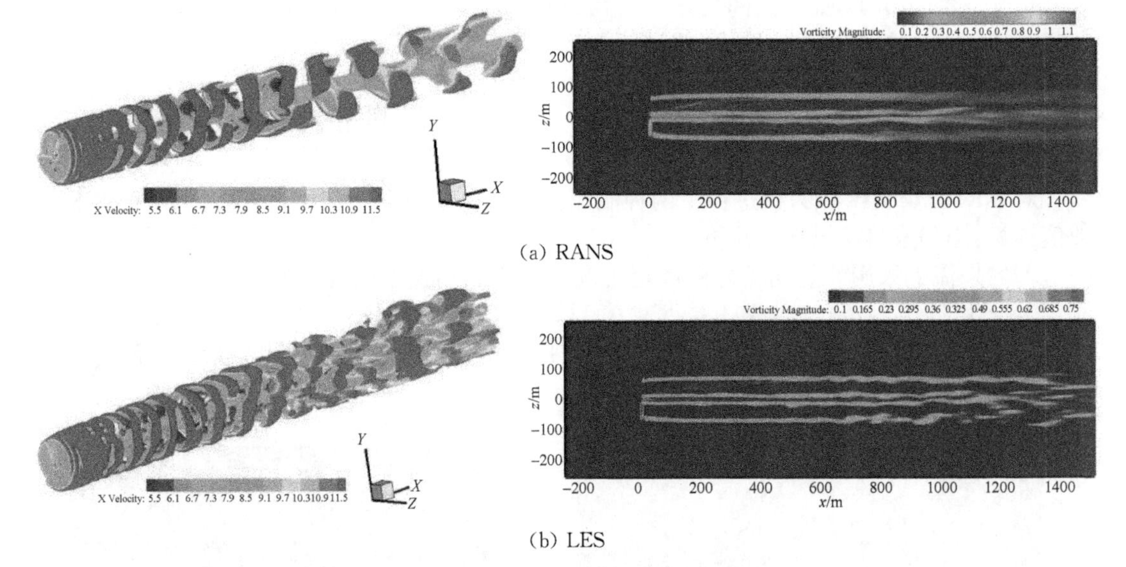

(a) RANS

(b) LES

图 6　风力机二维涡量云图和三维涡量等值面图

4　结论

本文基于 CFD/AL 的风力机尾流数值计算方法，成功实现风力机尾流的模拟以及涡系的捕捉。由于入流风速的影响，风力机尾流向下游发展，尾流区螺旋状叶尖涡的涡间距和涡核半径增大，尾流区速度恢复到来流风速以及尾涡开始破裂、脱落的轴向距离越远；由于风力机塔架的存在使得尾流区出现不对称性；对比 k-ε 模型和 LES 两种湍流模型，在涡系捕捉上，大涡模拟更加细致、精确，但是 k-ε 模型的计算速度更快。

参考文献

[1] 丹丹. 我国风能资源[J]. 中外能源，2019，24(07)：85.

[2] Ivanell S，Sørensen J N，Mikkelsen R，et al. Analysis of numerically generated wake structures[J]. Wind Energy，2009，12(1)：63-80.

[3] Shen W Z，Zhu W J，Sorensen J N. Actuator line/Navier-Stokes computations for the MEXICO rotor：comparison with detailed measurements[J]. Wind Energy，2012，15(5)：811-825.

[4] 朱翀，王同光，钟伟. 风力机尾流流场的数值分析和尾流边界建模[J]. 南京航空航天大学学报，2011，43(05)：688-692.

[5] Qian Y R，Wang T G. Large-eddy simulation of wind turbine wake and aerodynamic performance with actuator line method[J]. Transactions of Nanjing University of Aeronautics and Astronautics，2016，33(01)：26-36.

[6] 王胜军. 基于致动线模型的风力机尾流特性研究[D]. 北京：中国科学院研究生院(工程热物理 研究所)，2014.

[7] 田琳琳，赵宁，钟伟，等. 风力机远尾流的计算研究[J]. 空气动力学学报. 2011，29(6)：805-814.

[8] Jonkman J，Butterfield S，et al. Definition of a 5-MW reference wind turbine for offshore system development[R]. Technical Report of National Renewable Energy Laboratory，2009.

[9] Barthelmie R J，Hansen K，Frandsen S T，et al. Modelling and measuring flow and wind turbine wakes in large wind farms offshore[J]. Wind Energy，2009，12(5)：431-444.

[10] 钟宏民. 综合 Lagrangian 动力大涡模拟与致动线法的风力机尾流数值模拟研究[D]. 成都：电子科技大学，2015.

[11] Troldborg N，Sørensen J N，Mikkelsen R. Actuator line simulation of wake of wind turbine operating in turbulent inflow[J]. Journal of Physics Conference，2007，75：012063.

[12] 朱翀，王同光，钟伟. 基于致动线方法的风力机气动数值模拟[J]. 空气动力学学报，2014，32(1)：85-91

基于双向流固耦合 15 MW 超长柔性叶片气动弹性分析

高沐恩[1]，柯世堂[1*]，吴鸿鑫[2]，陆曼曼[1]

（1. 南京航空航天大学土木与机场工程系 江苏南京 211106；
2. 南京航空航天大学空气动力学系 江苏南京 210016）

摘　要：为研究风电机组超长柔性叶片的非线性气弹特性，以 NREL-15 MW 风电机组超长柔性叶片为研究对象，进行了叶片气弹测振实验与考虑双向流固耦合的叶片气弹风振全过程数值仿真。首先基于变分渐进梁截面法（VABS）建立复合夹层-主梁-腹板一体化的叶片等效风振三维壳模型。接着基于双向流固耦合算法，以气弹风洞实验典型工况为对象，对考虑多重气弹非线性的超长柔性叶片进行气弹风振全过程仿真。综合对比分析了结构系统的三维等效应力（Mises 应力）时程响应与流场系统气动特性分析，提炼超长柔性叶片的风致气弹振动规律与自适应锁幅特性。研究结果表明：在气弹测振实验攻角 77.5°来流风速为 9.0 m/s 时，叶片发生有阻尼简谐振动，叶片风压云图与流场风压云图吻合较好，挥舞方向位移、叶根反力和力矩振动趋势相一致，表明该流固耦合计算方法所得出的数值模拟结果较好。

关键词：双向流固耦合；超长柔性叶片；非线性气弹失稳；变分渐进梁截面法

1　引言

风电机组风致破坏案例屡见不鲜，相关调查[1-2]表明超长柔细叶片的多相耦合非线性风振响应预测失调是其主要原因。近年来风电机组的超大化发展趋势导致了超长柔性叶片更显著的非线性气弹特性，再加上各向异性复合铺层的宏/微观混合协同效应，超长柔细叶片结构的气弹耦合稳定性成为叶片设计的关键问题。寻求包含非线性变形效应的柔性叶片动力特性与气动弹性耦合的数值分析方法成为风力机气弹分析的重要基础[3]。

对于风力机系统的力学建模，目前国内外常用的建模方法主要有多体系统方法（Multibody Systems，MBS）、有限元方法（Finite Element Systems，FES）和连续系统（Continuous Systems，COS）方法等[4-6]。MBS 方法是将实际的机械构件视为刚体，用有限的自由度导出系统动力学微分方程（组），但当系统中柔性构件的变形对系统动力学行为产生较大影响时，该方法模拟的精度有限；而 FES 方法具有较多的自由度，计算和分析成本较

基金项目：国家重点研发计划资助（2019YFB1503701；2017YFE0132000）和国家自然科学基金项目（51761165022）联合资助

高，仅适合于静态载荷分析和微动力学分析；COS 方法所建立的偏微分方程组仅在特殊的、简单的几何结构和载荷下才可能求解，不太适合复杂系统的时域仿真。此外风力机大型化发展，叶片整体向着超长、柔性、轻质发展，这使得超长叶片对风荷载的敏感性大大增强，在气动力作用下会产生较大的几何变形，叶片必然会产生明显的几何非线性[7]效应，基于非线性有限元和 CFD 方法的耦合分析是研究上述问题的重要手段。

针对以上问题本文以 NREL-15 MW 超长柔性叶片为研究对象。首先基于变分渐进梁截面法(VABS)建立复合夹层-主梁-腹板一体化的叶片等效风振三维壳模型。接着基于双向流固耦合算法，对考虑多重气弹非线性的超长柔性叶片进行气弹风振全过程仿真。研究结果表明：在气弹测振实验来流风速为 9.0 m/s 时叶片发生有阻尼简谐振动，叶片风压云图与流场风压云图吻合较好，挥舞方向位移、叶根反力和力矩振动趋势相一致，表明该流固耦合计算方法所得出的数值模拟结果较好。

2　15 MW 超长柔性叶片

试验原型选用 NREL 提供的 15 MW 级风力机叶片，叶片采用的翼型系列为 FFA-W3，风轮直径 240 m，轮毂高度 150 m，叶片全长 117 m，叶根直径为 5.2 m，在 27.2 m 跨距(23.3%)处最大弦长为 5.77 m，叶片预弯 4 m，叶片质量 65.252 t，其设计功率系数 C_P 为 0.489，第一扇向固有频率 0.555 Hz，第一沿边固有频率 0.642 Hz，叶片几何参数如表 1 所示。

表 1 15 MW 级风电叶片几何参数列表

展长位置/(r/R)	弦长/m	扭角/rad	桨距轴/(x/c)	展长/m	预弯/m	叶片/翼型号	结构示意图
0.00	5.20	0.27	0.50	0.00	0.00	circular	117 m
0.02	5.21	0.27	0.49	2.34	−0.02	circular	
0.15	5.65	0.19	0.38	17.55	−0.21	SNL-FFA-W3-500	
0.25	5.68	0.12	0.32	29.30	−0.25	FFA-W3-360	
0.33	5.15	0.08	0.31	38.47	−0.24	FFA-W3-330blend	
0.44	4.48	0.04	0.30	51.38	−0.12	FFA-W3-301	
0.54	3.96	0.02	0.29	62.91	−0.18	FFA-W3-270blend	
0.64	3.50	0.00	0.29	74.67	0.73	FFA-W3-241	
0.77	2.90	−0.3	0.31	90.29	1.71	FFA-W3-211	
0.95	1.99	−0.03	0.35	111.15	3.43	FFA-W3-211	
1.00	0.50	−0.02	0.37	117.00	4.00	FFA-W3-211	

3　气弹风洞试验

3.1　风洞实验模型

叶片气弹模型风动试验在石家庄铁道大学风洞实验室中进行，试验风洞为闭口回流式矩形截面风洞，整个回流系统水平布置，包含两个试验段。试验在低速试验段进行，试验段尺寸为 4.0 m×3.0 m，风速在 1.0 m/s 到 30 m/s 连续可调。叶片底部布置六分量天平，测量叶片根部的三分力与三分弯矩；分别在叶片 80%、50%的挥舞方向和 50%的摆动方向布置激光位移计测量叶片变形，其中在叶片 50%后缘上粘接小激光反光平片，保证叶片变形过程激光所测位移结果为叶片真实摆动位移；在风洞侧壁正向布置民用摄像机，作为变形状态图像验证，如图 1 所示。

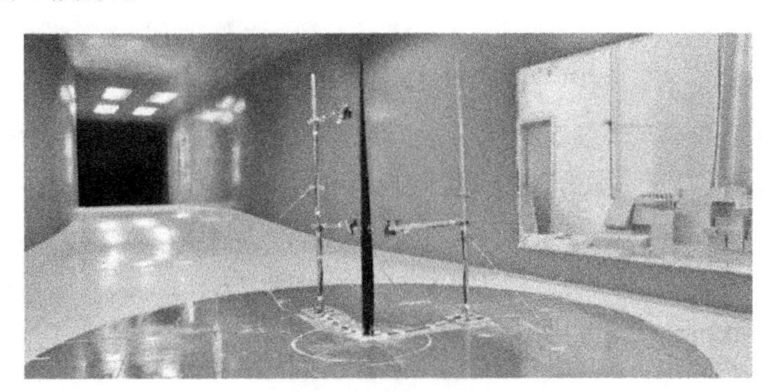

图 1　风洞试验测量仪器布置

叶片竖直放置，面向叶片预弯方向为 0°，面向叶片前缘为 90°方向，从 0°(起始位)到 90°(停机位)每 5 度一个，总共 18 个工况。每个工况测量 7 个风速工况，逐级加载。在此基础上，基于夹挤准则和工况外推法确定简谐振动攻角区间与简谐振动风速区间。

3.2　风洞试验结果分析

气弹试验在均匀流场中进行，试验工况对比发现，风电叶片在一定的工况角度区间，当达到临界风速时，会由抖振转变为简谐振动，模型的振幅先随着时间 t 渐增，随后气弹模型以一个平稳的振幅持续振动。图 2 给出风洞风速 9.0 m/s 时，方位角由 76°到 77.5°转动过程中气弹模型挥舞位移曲线随着时间 t 的变化示意图。试验表明方位角由 76°到 77.5°转动过程中气弹模型挥舞方向振动由抖振转为简谐振动，随后为平稳振幅的简谐振动。

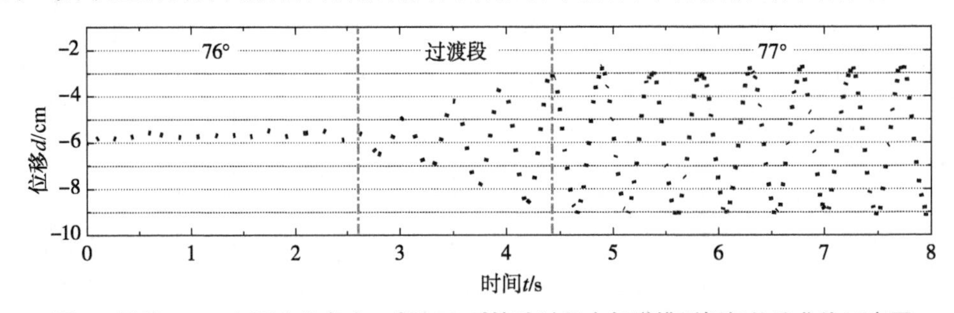

图 2　风速 9.0 m/s 下方位角由 76°到 77.5°转动过程中气弹模型挥舞位移曲线示意图

4　双向流固耦合参数设置

4.1　流场域气动参数与网格划分

1）计算域与网格划分

风力机叶片采用缩尺比为 1∶80 的缩尺模型，数值模拟计算域大小设置为 3 m×

2 m×2 m(流向 X×展向 Y×竖向 Z)，风力机叶片中心置于坐标系原点且距离计算域入口 1 m 处，X 轴与顺风向一致。计算域网格划分时采用混合网格离散化形式，将模拟计算域分为局部加密区和外围区域，局部加密区域内含风力机叶片模型，采用具有良好适应性的非结构化网格划分，外围区域形状十分规整，因此采用具有规则拓扑的高质量结构网格划分，进而显著减少了计算域网格总数并提高了整体计算效率。同时，在整体计算域网格导入 Fluent 后进行结构化网格与非结构交接处的配对设置，计算域中网格数量超过四百万，模拟计算域的网格数目和质量均满足模拟要求，划分后的流体计算域网格如图 3 所示。

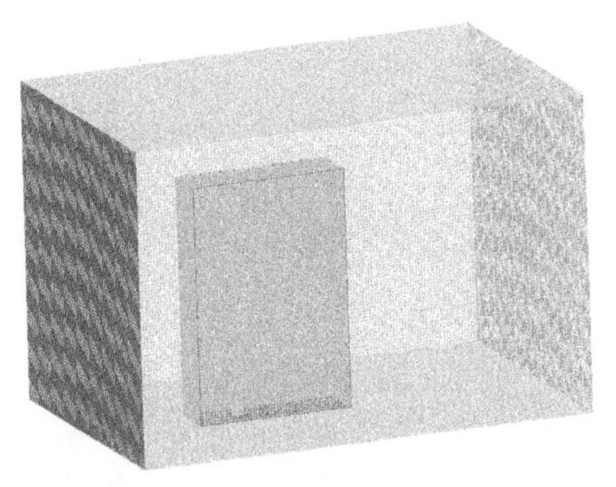

(a) 整体网格

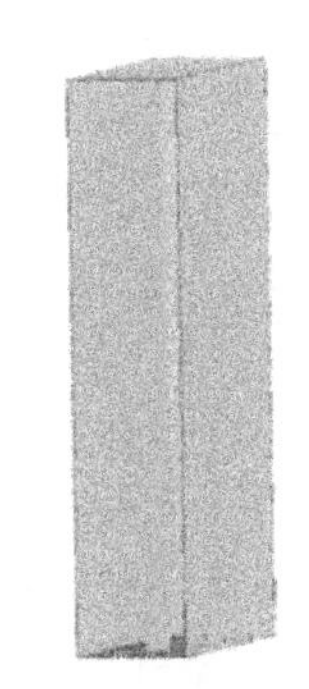

(b) 局部加密网格

图 3　计算域及网格划分示意图

2) 计算域边界条件设定

计算域边界条件设置时入口边界选用速度入口，出口边界选用压力出口，且相对压力为 0；顶面、底面和两侧面选用无滑移壁面边界。数值模拟中边界条件参数设置见图 4。空气风场属性设为不可压缩理想流场，湍流模型选用标准 k-ε 模型，基于 Coupled 算法进行迭代计算，该算法同时求解动量和质量方程；流固耦合面定义为 f_{si}，位置为流场内表面和叶片表面；动网格模型可以用来模拟流场形状由于边界运动而随时间改变的问题，网格更新过程由流体软件根据每一个迭代步中边界的变化情况自动完成，动网格设置在流场与叶片的交界面处。详细参数设定见表 2 所示。

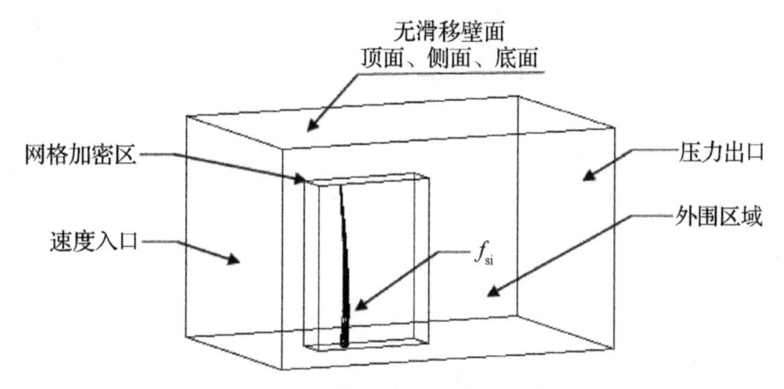

图 4　流体数值模拟计算域参数设置示意图

表 2　计算参数及边界条件设定

计算参数	参数设定
计算域尺寸	3 m×2 m×2 m
加密区尺寸	1 m×0.3 m×1.5 m
入口边界条件	9.0 m/s
出口边界条件	压力出口
壁面边界条件	无滑移壁面
动网格的网格方法	平滑、网格重新划分
流场求解方法	Coupled
时间步长	0.01 s
最大迭代数	50

4.2　结构单元划分与动力特性分析

1) 叶片三维建模与有效性验证

数值模拟模型采用几何缩尺比 1∶80 叶片模型，几何缩尺比后，气弹叶片模型全长 1 462.5 mm，而尺寸最小处出现在叶尖的厚度方向(1.3 mm)，是一种典型的细长柔性模型，有限元建模采用变分渐进梁截面法 VABS 法，VABS 法能够考虑材料的各向异性、复合材料的铺层方向、叶片的预弯等，对大型风力机叶片的截面特性进行精确的求解[9]。

根据前文风洞试验可知，叶片简谐振动发生在挥舞方向，故对数值模型进行结构模态分析，通过调整叶片三向异性弹性模量改变挥舞一阶固有频率，分析结果与试验结果吻合度较高。表 3 列出了叶片挥舞一阶固有频率的试验分析结果，固有频率的计算值与试验值均为 1.818 1，表明本研究 CSD 模型的动力学特性与风力机模型叶片匹配较好，同时也保证了 CSD 模型的颤振特性与叶片的相似精度。

表 3　挥舞第一阶固有频率对比

试验值/Hz	计算值/Hz
1.818 1	1.818 1
(a) 挥舞第一阶振型	(b) 挥舞第一阶振型

2）结构网格划分

基于Meshing创建风力机结构网格单元，网格尺寸分布采用“标准曲率”网格分布策略，曲率角度为60°，为了保证流固耦合信息交互流畅，需保证流固耦合交接面流场网格单元和结构网格单元尺寸相近，因此结构网格尺寸最大0.1 m，最小0.001 m。网格创建结果显示单元网格质量最好为0.97，最差为0.2，符合计算要求。图5给出了叶片结构网格图，可见网格单元细密，显然各个衔接部位网格过渡良好，网格质量良好。

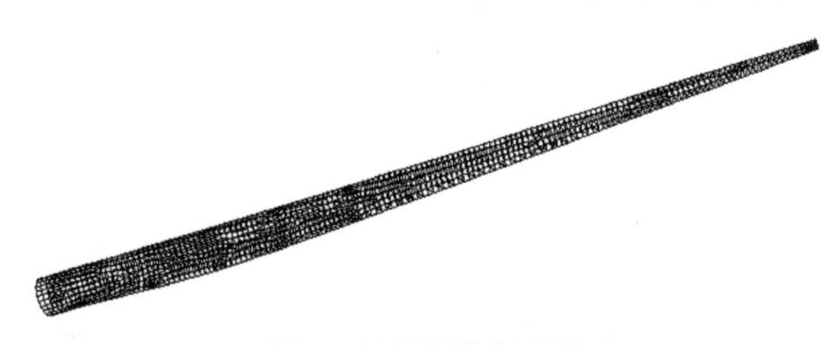

图5　结构网格划分图

5　数值模拟结果及分析

5.1　结构响应分析

图6给出了攻角77.5°下风力机叶片的风致振动顺风向位移x与顺风向力F_x和力矩M_y的时程曲线，并标出来0.30～0.55 s的五个时刻点。顺风向位移时程曲线在来流风速为9.0 m/s时，第一周期振动幅值很大，随后振动幅值呈现衰减趋势，最终上下波动较为平稳，运动趋于稳定。通过位移时程曲线和叶根反力的时程曲线计算可得，位移时程曲线频率为1.851 8 Hz和叶根反力时程曲线频率为1.818 1 Hz，对比分析可知，位移与力和力矩频率吻合较好。以往判定颤振指标是根据位移时程曲线是否发散，本文通过位移和叶根反力的走向趋势和频率比较，发现振动方向位移振动幅值逐渐衰减直至稳定时，相应力与力矩出现同样现象，因此，可以通过振动方向的力与力矩作为颤振的判定指标。

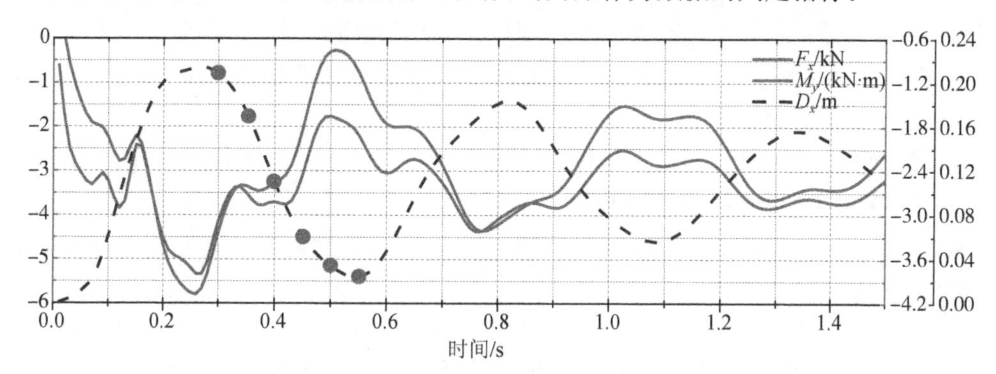

图6　攻角77.5°下风力机叶片的风致振动时程位移随来流风速的变化曲线示意图

图7给出了顺风向位移时程曲线首次出现幅值时(即0.27 s)的等效应力图和等效弹性应变图，由图分析可知：叶尖部位应力应变值很小，在振动时不会发生破坏；等效应力应变最大值均出现在距叶根长度40%位置处，此处易发生叶片的疲劳破坏。

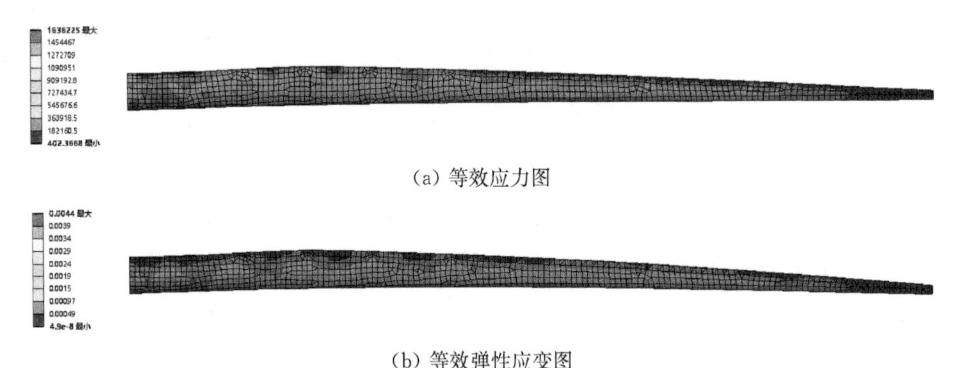

(a) 等效应力图

(b) 等效弹性应变图

图 7　叶片等效应力应变图

5.2　流体域气动特性

图 8 给出了 0.30～0.55 s 下降段叶片展长比与总风荷载分布图，由图可知：(1) 叶片根部位置风荷载数值在挥舞振动过程中变化很小；(2) 靠近叶尖位置风荷载数值随挥舞振动变化范围较大；(3) 叶片挥舞变形越大，总风荷载越小，在风压中心风荷载达到最大值。

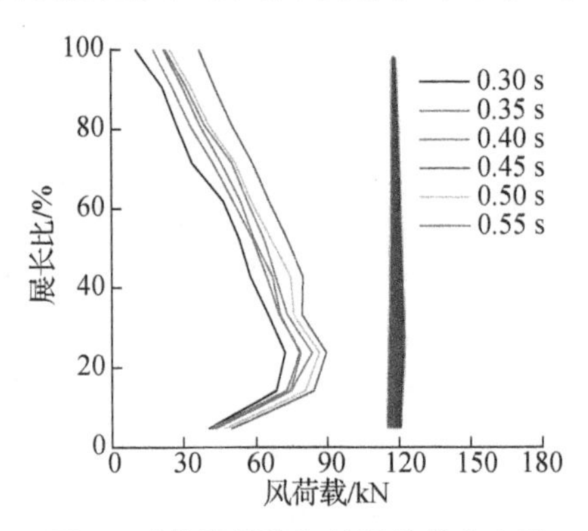

图 8　叶片展长比与总风荷载分布图

图 9 给出了 0.30～0.55 s 位移下降段叶片迎风面风压示意图，从图中可以看出：(1) 迎风面风压值从 0.3 s 逐渐增大到 0.45 s 达到最值，说明此段时间叶片挥舞方向与来流风向相反，位移从波峰达到平衡位置；(2) 叶片挥舞变形越大，迎风面风压值越小，在风压中心迎风面风压值达到最大值。

考虑流固耦合效应下的风场不同时刻处的风压和速度，由风洞数据可知，叶片中部以下，振动幅值较小，风压速度规律表现不明显，又因数值模型为缩尺模型，叶片中上部叶片截面较小，风压变化规律及漩涡脱落不易体现，故取叶片高度大约 2/3 处即 1 m 处进行流场分析。

基于 15 MW 级风力机数值模拟结果，图 10 给出了 77.5°方位角、9.0 m/s 风速下叶片 1 m 高度处截面逆风向摆动风压速度分布图。从风速度流线图可以明显看出：(1) 不同时刻的漩涡脱落位置均不一样，漩涡表现得非常激烈，同时夹杂了许多小涡。从这里也侧面反映出风力机叶片在高风速下，发生了大幅度振动；(2) 叶片背风面的风速指向叶片，说明叶片正在发生逆风向挥舞运动；(3) 0.5 s 时刻叶片背风面风速矢量不再指向叶片，说明叶片达到波谷位置不再发生逆风向挥舞运动；(4) 0.3 s 时刻叶片的尾缘负压值最大，从风速流线分析可知，在叶片背风面发生漩涡，并于来流风重合，此时叶片尾缘处风速最大，即负压值在叶片尾缘背风面处为最大值。

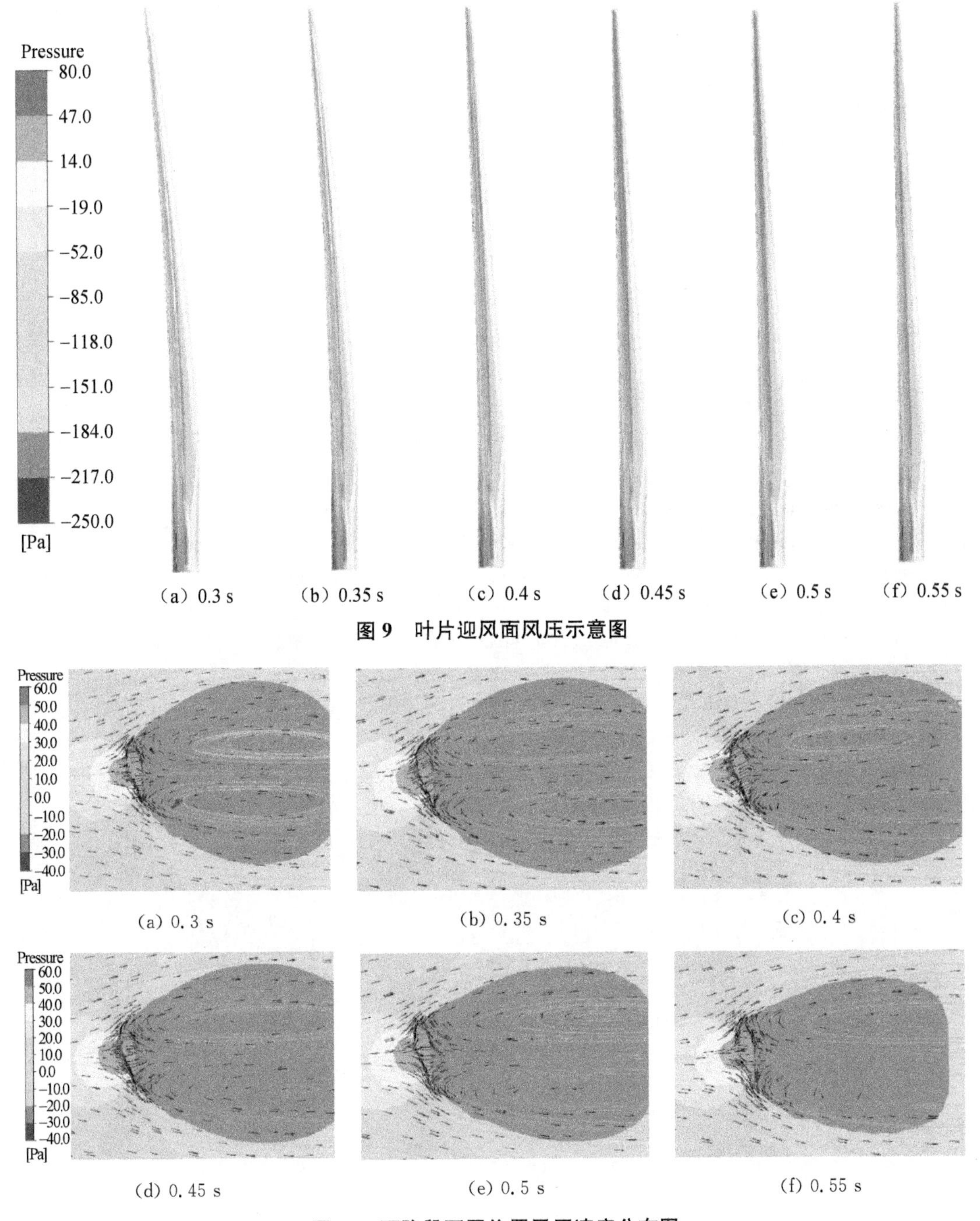

图 9　叶片迎风面风压示意图

图 10　下降段不同位置风压速度分布图

6　结论

本文考虑针对 15 MW 超长柔性叶片结构几何非线性与流固耦合效应的影响，采用“模态一致"思想建立模型进行动气动弹性与颤振分析，最后通过研究叶片挥舞振动时流场风压流速，结构风压和模态频率，得出如下结论：

(1) 以 15 MW 级风力机叶片作为本文的研究对象，基于双向流固耦合方向进行数值模拟试验，采用动网格进行流场与结构之间的信息传递，流固耦合结果模拟较好；

(2) 叶片发生挥舞振动时，等效应力和等效应变最大值发生在距叶根长度 40%处；叶片总风荷载、迎风面风压值均在风压中心达到最大值；

(3) 位移和叶根反力的变化趋势和频率吻合较好，可通过振动方向的力与力矩作为颤振的判定指标。

参考文献

[1] 王景全，陈政清. 试析海上风机在强台风下叶片受损风险与对策：考察红海湾风电场的启示[J]. 中国工程科学，2010，12(11)：32-34.

[2] 宋兆泓，孔瑞莲，魏星禄，等. 风机叶片的防颤设计与试验分析[J]. 航空动力学报，1987(04)：328-331，370.

[3] Hansen M O L, Sørensen J N, Voutsinas S, et al. State of the art in wind turbine aerodynamics and aeroelasticity[J]. Progress in Aerospace Sciences，2006，42(4)：285-330.

[4] Molenaar D P. Modeling and control of the NedF lex turbine-NedF lex：a flexible，variable rotational speed wind turbine[R]. Mechanical Engineering，Systems and Control Group，Delft University of Technology，The Netherlands，Technical Report TUD-WBMR-A-746，August，1996.

[5] Molenaar D P，Dijkstra S. Modeling the structural dynamics of the Lagerwey LW-50/750 wind turbine[J]. Wind Engineering，1998，22(6)：253-264.

[6] Molenaar D P. Cost-effective design and operation of variable speed wind turbines[D]. Delft：Delft University of Technology，2003.

[7] 崔鹏，韩景龙. 基于 CFD/CSD 的非线性气动弹性分析方法[J]. 航空学报，2010，31(3)：480-486.

[8] 杨浩南，不同来流条件下大型水平轴风力机的气动弹性分析[D]. 兰州：兰州理工大学，2020.

[9] 李义金. 基于多体动力学方法的风力机动态响应研究[D]. 南京：南京航空航天大学，2018.

15 MW 超长柔性叶片气弹风洞试验

陆曼曼[1]，柯世堂[1*]，吴鸿鑫[2]，高沐恩[1]

（1. 南京航空航天大学土木与机场工程系 江苏南京 211106；
2. 南京航空航天大学空气动力学系 江苏南京 210016）

摘　要：为研究风电超长柔性叶片的非线性气弹特性，以 NREL-15 MW 超长柔性叶片为研究对象进行了叶片全工况气弹风洞试验。首先基于缩尺相似理论构建了 15 MW 级超长柔性叶片的气动—刚度映射一体化气弹模型，并基于锤击法与动力特性理论分析验证了叶片缩尺模型的动气弹失稳一致性。接着针对风电叶片生命周期全方位角进行动压逐增的叶片气弹测振试验，通过对比分析各方位角、各动压下的叶片振动统计量，提炼超长柔性叶片的风致气弹振动规律。研究表明，风电叶片在一定方位角区间范围内发生简谐振动的风速具有一定区间边界，简谐振动下界风速随工况角增大呈现先减小后平缓再减小趋势，简谐振动上界风速随工况角增大先略微增大再减小，区间边界范围外为抖振。

关键词：15 MW 超长柔性叶片；气弹风洞实验；动气弹失稳

1　引言

风电机组的超大化发展趋势导致了叶片的超长柔性与风致气弹损伤敏感性[1,2]。国内外现有风电场的风致损伤破坏事故常缘于风电叶片的无征兆气弹失稳，进而导致风电机组的连续破坏，表明对超长柔性叶片的气弹稳定性分析具有切实的工程意义。现有相关风电叶片原型振动试验，受限于长历时、高费用、简化气动力等因素，并未得以推广应用。

目前国内外开展了一定的风电叶片气动弹性稳定性理论研究，主要集中在叶片气动特性理论分析、数值模拟、风动试验及实体监测等，主要包括等效气动刚度/阻尼矩阵、构造减震、叶素动量理论[3]、风洞实验[4]及 CFD 数值模拟[5]等。由于涉及复杂的非稳态动力失速流动特性，国内外早期研究主要采用二维翼型动态失稳风洞实验方法，后期主要采用数值模拟方法研究，根据可查的已有文献中少有对整机叶片进行气弹风洞试验分析。风洞试验作为研究风力机叶片气动性能的一种有效方法，能综合考虑影响气体流动的各种因素，是理论与数值分析结果正确与否的可靠检验手段。因此风洞试验可作为机电叶片气弹稳定

基金项目：国家重点研发计划资助（2019YFB1503701；2017YFE0132000）和国家自然科学基金项目（51761165022）联合资助

性研究的一种有效方法。

本文着重于机电叶片气弹模型风洞试验分析方法，以 NREL-15 MW 超长柔性叶片为研究对象进行了叶片全工况气弹风洞试验。基于缩尺相似准则构建了 15 MW 级超长柔性叶片的气弹模型，并基于锤击法与动力特性理论分析验证了叶片缩尺模型的动气弹失稳一致性。针对风电叶片生命周期全方位角进行动压逐增的叶片气弹测振试验，通过对比分析各方位角、各动压下的叶片振动统计量，提炼超长柔性叶片的风致气弹振动规律。

2　工程背景及风力机叶片参数

本次设计的方案主要是通过机电叶片气弹模型风洞试验提炼风致气弹振动规律。本次气弹风洞试验的试验原型选用 NREL 提供的 15 MW 级风力机叶片，风轮直径 240 m，轮毂高度 150 m，叶片全长 117 m，叶片预弯 4 m，叶片质量 65.252 t，叶片采用的翼型系列为 FFA-W3。叶片几何参数如表 1 所示。

表 1　15 MW 级风电叶片几何参数列表

展长位置/(r/R)	弦长/m	扭角/rad	桨距轴/(x/c)	展长/m	预弯/m	叶片翼型号	结构示意图
0.00	5.20	0.27	0.50	0.00	0.00	circular	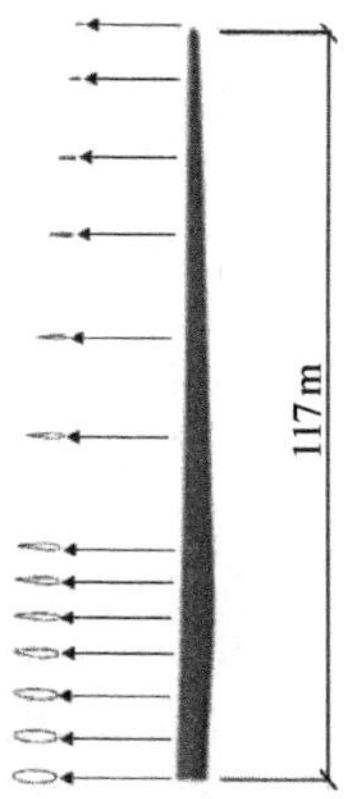
0.02	5.21	0.27	0.49	2.34	−0.02	circular	
0.15	5.65	0.19	0.38	17.55	−0.21	SNL-FFA-W3-500	
0.25	5.68	0.12	0.32	29.30	−0.25	FFA-W3-360	
0.33	5.15	0.08	0.31	38.47	−0.24	FFA-W3-330blend	
0.44	4.48	0.04	0.30	51.38	−0.12	FFA-W3-301	117m
0.54	3.96	0.02	0.29	62.91	−0.18	FFA-W3-270blend	
0.64	3.50	0.00	0.29	74.67	0.73	FFA-W3-241	
0.77	2.90	−0.3	0.31	90.29	1.71	FFA-W3-211	
0.95	1.99	−0.03	0.35	111.15	3.43	FFA-W3-211	
1.00	0.50	−0.02	0.37	117.00	4.00	FFA-W3-211	

3　15 MW 超长柔性叶片气弹模型

3.1　气弹模型相似

风洞气弹试验模型设计的基本原则为结构动力学相似和气动外形相似。由于风洞尺寸、结构、材料、模型、实验气体等方面的限制，风洞试验要做到与真实条件完全相似是不可能的，故风洞模拟通常采用缩尺模型。气弹模型风洞试验需要模拟结构的几何外形、质量、刚度和阻尼等特性，风洞试验所采取的风速也需要通过模型的相似比来确定。根据动力学相似原理，由基础比例尺可以得到模型的其他参数比例尺，关系式见表 2。

表 2　相似准则公式

相似准则	刚度比	质量比	惯矩比	速度比	频率比
公式	$\frac{(E_{eff})_m}{(E_{eff})_p}=\frac{\rho_m L_m}{\rho_p L_p}$	$\frac{M_m}{M_p}=\frac{\rho_m}{\rho_p}\cdot\frac{L_m^3}{L_p^3}$	$\frac{I_m}{I_p}=\frac{\rho_m}{\rho_p}\cdot\frac{L_m^5}{L_p^5}$	$Fr=\left(\frac{v^2}{gL}\right)_m=\left(\frac{v^2}{gL}\right)_p$	$Sr=\left(\frac{f_0 L}{v}\right)_m=\left(\frac{f_0 L}{v}\right)_p$

表格各式中，E 是杨氏模量，ρ 是空气密度，v 是参考风速，I 为惯性矩，L 为模型总体长度。

相对于真实风力机，叶片气弹模型具有四个基础模拟比例尺：长度比 KL、质量比 KM、刚度比 KE、速度比 Kv。本文气弹模型的基础比例尺分别为：$KL=1/80$、$KM=1/80^3$、$KE=1/80^5$、$Kv=1/80^{0.5}$。

叶片气弹模型几何缩尺比 1∶80，几何缩尺比后，气弹模型的主要几何参数见表 3。气弹叶片模型全长 1 462.5 mm，而尺寸最小处出现在叶尖的厚度方向(1.3 mm)，是一种典型的细长柔性模型。

表 3　气弹模型尺寸参数

参数	叶片总长/mm	叶根弦长/mm	叶尖弦长/mm	弦长最大位置	叶尖厚度/mm	质量/g
数值	1 462.5	65	6.25	20%跨度	1.3	369.27

3.2　模型详细设计

1）中心主梁

连续叶片的各向异性铺层材料制作工艺带来的叶片展长刚度分布不规则问题使缩尺模型各截面几何形状需单独设计。其沿展长是渐变收缩的不规则复杂空心截面，再加上预弯和扭角给制作一个反映真实气动外形的缩尺模型带来一定难度。由于模型柔性大，弹性范围要求高，主梁材料弃用传统机翼气弹模型常用的金属主梁[6]，采用弹性区间较大的聚酰胺纤维(未来 7 500 尼龙)。为了准确模拟真实叶片的刚度沿展长变化规律，同时实现缩尺模型水平弯曲刚度、垂直弯曲刚度和扭转刚度的分别对应，主梁截面形状采用异形变截面十字形。根据模型截面目标刚度设计控制截面具体尺寸，在刚度变化明显的地方增加控制截面数量，在刚度区别不大的地方减少控制截面数量，共计 10 个主梁控制截面。控制截面二次平滑过渡，梁段尺寸由翼根到翼尖逐渐减小。模型结构理论刚度与实际刚度对比如图 1，梁截面形状见图 2。

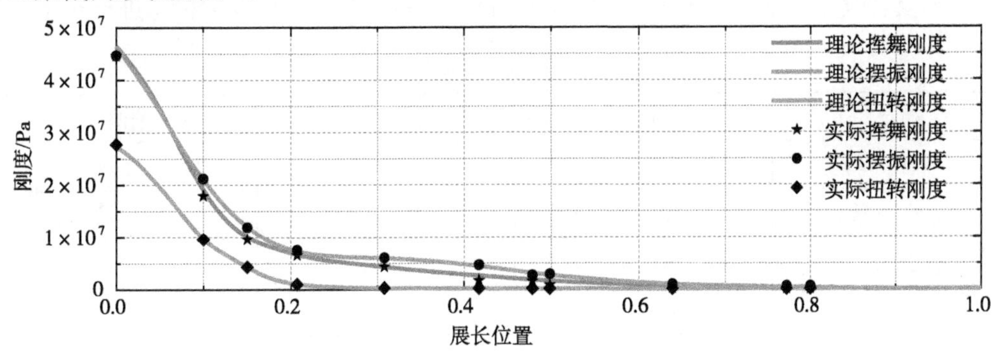

图 1　模型结构理论刚度与实际刚度对比图

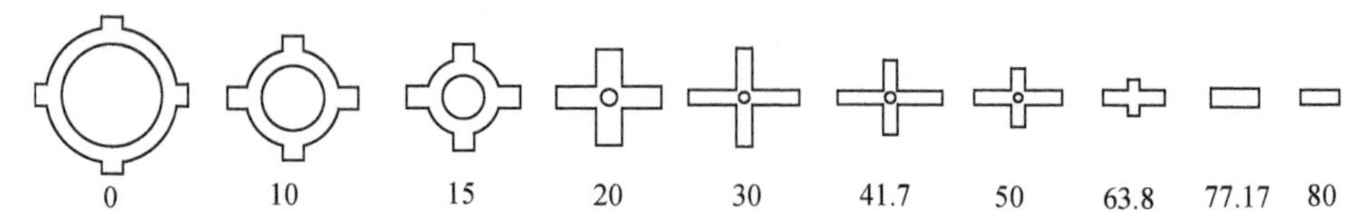

图 2　梁截面形状(图中数字代表叶片跨度百分比)

2) 气动外形

总体结构形式采用“单梁＋维形框段”的结构形式,为了保证模型的气动外形,同时又保证维形框段不提供附加刚度,框段采用和主梁单点连接整体打印的框架。聚酰胺纤维单梁(变截面异形梁)提供全部刚度,维形框段采用聚酰胺纤维 3D 打印,相邻框段间有 3 mm 间隙,防止叶片变形时框段接触而产生附加刚度,外部采用轻质木片填充分段前缘、后缘与檩条,保证气动外形。通过檩条位置调整配重使模拟模型的重心和转动惯量满足设计要求。模型结构细节见图 3。

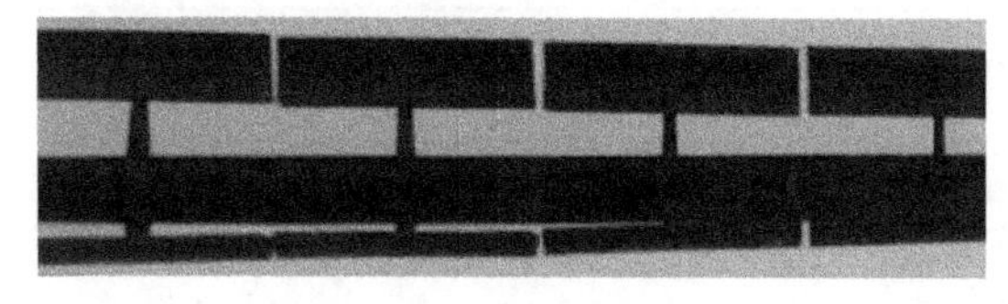

(a) 叶片模型结构框架

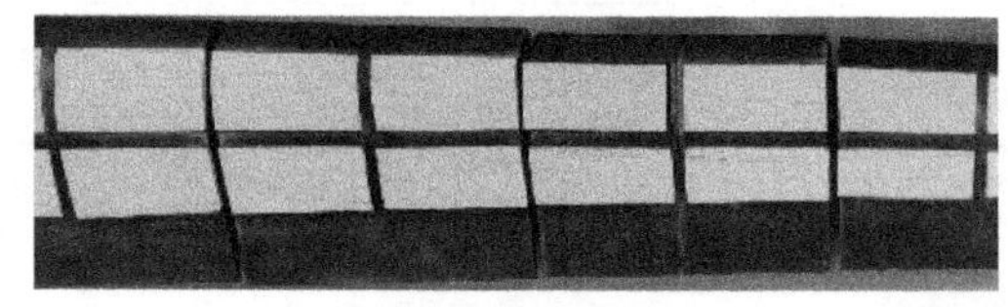

(b) 叶片模型气动外形

图 3　叶片模型的结构细节

3.3　动力特性分析

叶片框段结构稳定、外形精确、加工制作简便,但框段难免会对模型的刚度有一定影响,且由于加工精度的原因,试验模型与设计模型必然会存在一定差异。为保证计算模型与试验模型的一致性,需通过测量试验模型的固有振动特性来修正计算模型。采用锤击法测出真实模型的固有频率,然后对有限元模型进行修正。表 4 为模型模态频率的设计理论值和模型加工完成后所做共振试验的试验值,可以看到计算模型和真实模型的各阶模态固有频率基本吻合,误差均在 5%以内,表明模型的动力学特性与风力机叶片匹配较好,同时也保证了模型的颤振特性与叶片的相似精度。其中挥舞方向前两阶振型出现在一阶模态和三阶模态,摆阵方向前两阶振型出现在二阶模态和四阶模态,一阶扭转振型出现在八阶模态。而真实模型测量的模态频率只能测出较低模态频率,故采用低频模态进行对比。

表 4　模型的模态频率

模态	理论/Hz	试验/Hz	偏差/%
垂直一弯	1.892 6	1.818 1	3.9
水平一弯	2.900 2	2.777 8	4.2
垂直二弯	4.921 7	/	/
水平二弯	8.654 2	/	/
一阶扭转	30.374 0	/	/

4 气弹风洞试验

4.1 实验工况与采集系统

叶片气弹模型风动试验在石家庄铁道大学风洞实验室中进行，试验风洞为闭口回流式矩形截面风洞，整个回流系统水平布置，包含两个试验段。试验在低速试验段进行，试验段尺寸为 4.0 m×3.0 m，风速在 1.0 m/s 到 30 m/s 连续可调。

气弹试验在均匀流场中进行，将叶片竖直放置，从 0°(起始位)到 90°(停机位)每 5 度一个工况，总共 18 个工况，如图 4 所示。每个工况测量 7 个风速工况，逐级加载。在此基础上，基于夹逼准则和工况外推法确定简谐振动攻角区间与简谐振动风速区间。

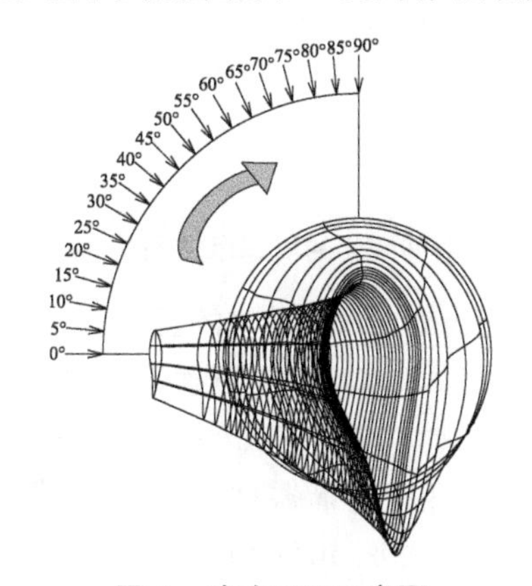

图 4 试验工况示意图

图 5 风洞试验测量仪器布置

将拼接好的风电叶片气弹模型固接在六分量天平上，六分量天平再与风洞装盘固接，在风洞中的转盘木板上固定拉结激光位移计测量架并完成激光位移计布置。分别在叶片 80%、50%的挥舞方向和 50%的摆动方向布置激光位移计测量叶片变形，其中在叶片 50%后缘上粘接小的激光反光叶片，保证叶片变形过程激光所测位移结果为叶片真实摆动位移；在风洞侧壁正向布置民用摄像机，作为变形状态图像验证，如图 5 所示。

4.2 叶片位移实验结果

采用激光位移计测量叶片振动时，在叶片 50%处的两个激光位移计测量所得的数据十分微小，表明在 50%处的叶片变形很小，故采用叶片 80%处的挥舞方向变形数据进行处理。通过试验工况对比发现，风电叶片在一定的工况角度区间，当达到临界风速时，会由抖振转变为简谐振动，模型的振幅先随着时间 t 渐增，随后气弹模型以一个平稳的振幅持续振动。图 6 给出风洞风速 9.0 m/s 时，方位角由 76°到 77.5°转动过程中气弹模型挥舞位移曲线随着时间 t 的变化示意图。

实验采用在同一风速下对不同方位角进行对比。图 7 给出风洞风速 9.55 m/s(换算实际风速 85.42 m/s)不同方位角下模型的挥舞位移随着时间 t 变化的局部示意图。图 7 表明，方位角为 76°时，叶片发生抖振；方位角从 77°到 78.4°时均发生简谐振动；方位角为 79°和 80°时，叶片发生抖振。从图中可以发现，一定风速下，方位角从 76°到 80°过程中，叶片振动为先抖振、再简谐振动、再抖振的现象，且在发生简谐振动时，叶片振动的振幅中心均在−3 cm 附近，振幅呈现先增大后减小的趋势，在 77.5°时取得振幅最大值。

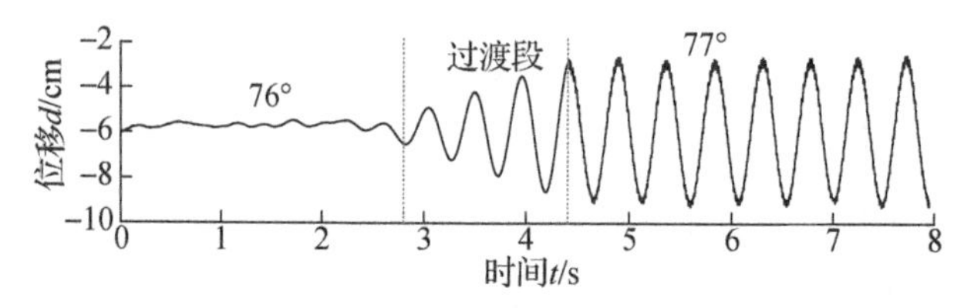

图 6　风速 9.0 m/s 下方位角由 76°到 77.5°转动过程中气弹模型挥舞位移曲线示意图

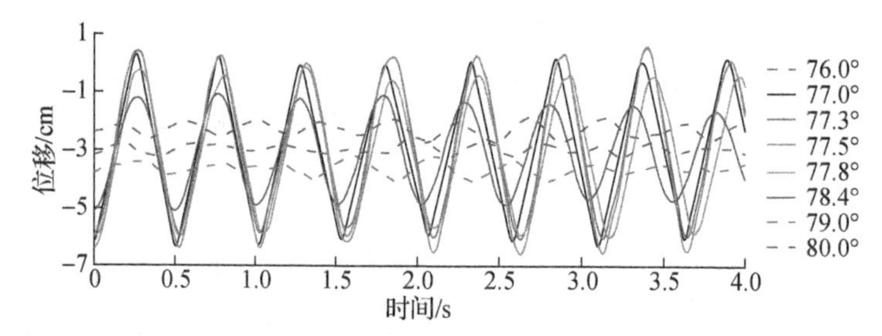

图 7　风洞风速 9.55 m/s 不同工况下模型的挥舞位移随着时间变化的局部示意图

通过图 7 可知，在风洞风速 9.55 m/s 下，最不利工况方位角为 77.5°时的振动，故对方位角为 77.5°时的叶片振动进行分析。图 8 给出在方位角为 77.5°时，不同风速下气弹模型振动挥舞位移曲线局部示意图。由图 8 可知，方位角为 77.5°时，在 5.37 m/s 和 6.14 m/s 风速下，叶片发生抖振；在 7.00 m/s 风速下，叶片发生振幅改变的简谐振动，由此现象判定此时的风速为临界简谐运动速度；在风速 7.54 m/s、8.11 m/s、9.84 m/s 和 10.5 m/s 时发生简谐振动。从图 8 可以发现，当方位角一定时，随着风速的增加，叶片振动变化为先抖振，再简谐振动，再抖振的现象，叶片振动的振幅中心逐渐下移增大，且在发生简谐振动时，振幅呈现先增大再减小的趋势。

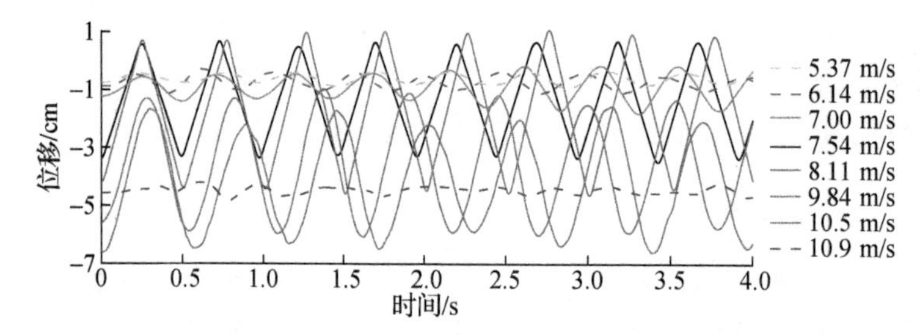

图 8　77.5°不同风速下气弹模型振动挥舞位移曲线局部示意图

叶片的挥舞位移均方根值随风速变化曲线如图 9 所示。由图 9 可知，叶片在 77.3°、77.5°及 77.8°攻角下发生了没有明显发散点的"软颤振"(随着振动增强，振幅不会发生持续发散，而是趋于平稳的振动)。相比于经典硬颤振，软颤振没有明显的临界发散点，颤振振幅随着平均风速的增加而逐渐变大，不会像硬颤振那样直接发散。图 9 给出了叶片挥舞位移均方根、方差及均值随风速变化的曲线，由图 9(a)(b)看出均方根和方差相对应，可以发现叶片气弹模型发生简谐振动时的振幅随着风速增加开始逐渐变大，到达一定值后开始减小，最后气弹模型会以抖振的振动形式持续振动。文献[7]规定，对于无明显发散点的桥梁颤振，可以取扭转位移均方根值为 0.5°时对应的风速作为颤振临界风速。对于风力机叶片而言，可定挥舞位移均方根值为 0.5 cm、挥舞位移方差值为 0.2 cm 时对应的风速作为简谐振动临界值。图 9(c)中可以看出随着风速的增加，叶片气弹模型振动位移随之逐渐变大，与上述分析一致。

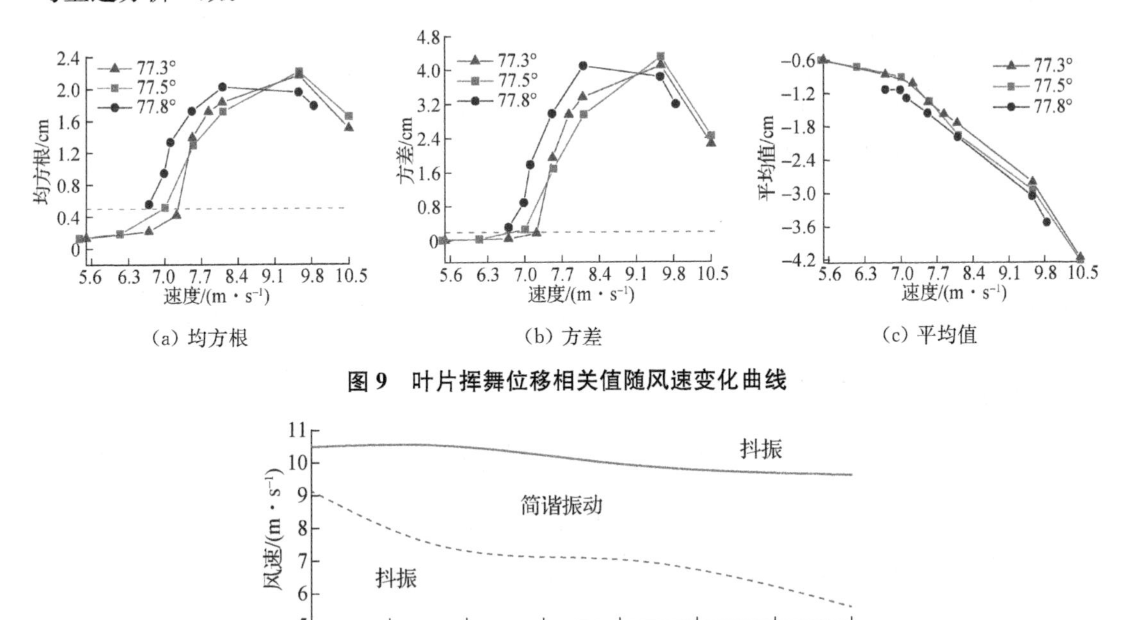

图 9　叶片挥舞位移相关值随风速变化曲线

图 10　叶片 80%的挥舞方向位移进入简谐振动的风速区间与工况角区间示意图

叶片 80%的挥舞方向位移进入简谐振动的风速区间与工况角区间如图 10 所示。由图 10 可知，风电叶片在 77°和 78.4°工况角下可能发生没有明显发散点的"软颤振"，且颤振形态表现为单自由度挥舞振动。如图虚线所示，简谐振动下界风速随工况角增大呈现先减小后平缓再减小趋势；如图实线所示，简谐振动上界风速随工况角增大先略微增大再减小；区间边界范围外为抖振。相关研究[8]提出极限环颤振(软颤振)是由于自激力的非线性特性引起的，软颤振可以采取类似于涡激共振的设计方法，不需要完全杜绝其发生，只要将稳定的振幅限制在一定范围内即可。对本实验气弹模型而言，77.5°方位角下叶片在来流风速为 7.0 m/s 左右便开始持续简谐振动，并随着风速的提高，振幅逐渐增大。虽然这种振动不会像经典颤振那样直接导致结构破坏，但是叶片发生软颤振的起振风速较低，发生破坏的可能性较大。

5　结论

本文采用单叶片模型风洞试验对叶片的气动弹性进行分析研究，通过控制变量法、夹逼准则和工况外推法对试验数据进行处理，得到以下结论：

(1) 一定风速下，方位角从 76°到 80°变化过程中，叶片振动表现为先抖振，再简谐振动，再抖振的现象，且在发生简谐振动时，叶片振动的振幅中心均在−3 cm 附近，振幅呈现先增大后减小的趋势，在77.5°时取得振幅最大值。

(2) 方位角为77.5°时，风速从5.37 m/s增加到10.9 m/s过程中，叶片振动表现为先抖振，再简谐振动，再抖振的现象，叶片振动的振幅中心逐渐下移增大，且在发生简谐振动时，振幅呈现先增大再减小的趋势。

(3) 风电叶片在77°到78.4°的工况角区间内可能发生没有明显发散点的“软颤振”，且颤振形态表现为单自由度挥舞振动。简谐振动时的风速具有一定区间边界，其简谐振动下界风速随工况角增大呈现先减小后平缓再减小趋势，简谐振动上界风速随工况角增大先略微增大再减小；区间边界范围外为抖振。

参考文献

[1] Fu C, Wang Y R. Damage evolution prediction of wind turbine blades[J]. Acta Energiae Solaris Sinica, 2011, 32(1): 143-148.

[2] 杨树莲，侯志强，任勇生，等. 风力机叶片气动弹性和颤振主动控制研究进展[J]. 机械设计，2009, 26(9): 1-3.

[3] 张仲柱，王会社，赵晓路. 水平轴风力机叶片气动性能研究[J]. 工程热物理学报，2007, 28(5): 781-783.

[4] 宋兆泓，孔瑞莲，魏星禄. 风机叶片的防颤设计与试验分析[J]. 航空动力学报，1987, 2(4): 328-331.

[5] Suatean B, Gletuse S, Colidiuc A. Aeroelastic problems of wind turbine blades[J]. AIP Conference Proceedings, 2010, 1281(1): 1867-1870.

[6] 谢长川，胡锐，王斐，等. 大展弦比柔性机翼气动弹性风洞模型设计与试验验证[J]. 工程力学，2016, 33(11): 249-256.

[7] 中华人民共和国交通运输部. 公路桥梁抗风设计规范：JTG/T 3360-01-2018[S]. 北京：人民交通出版社，2018.

[8] 朱乐东，高广中. 典型桥梁断面软颤振现象及影响因素[J]. 同济大学学报(自然科学)，2015, 43(9): 1289-1294.

基于热点应力法的风电塔架风致疲劳损伤评估方法研究

陈　鑫[1]，唐柏鉴[1]，陆　越[1]，夏志远[1]，张　瑞[1]

(1. 苏州科技大学 江苏省结构工程重点实验室 江苏苏州 215011)

摘　要： 风电塔架是风力发电机组的重要结构支撑，是风电安全运营的重要保障之一。本文围绕风电塔架疲劳寿命评估方法开展研究，首先，建立了风力发电机塔架多尺度有限元模型，并与文献结果进行了对比；随后，引入国际焊缝学会(IW)所推荐的FAT100曲线和《钢结构设计规范》(GB 50017—2017)中的S-N曲线，基于雨流计数法和P-Miner线性累积损伤法则，建立了基于热点应力法的风电塔架疲劳损伤评估方法；最后，对比分析了名义应力法预测的疲劳寿命和热点应力法预测的疲劳寿命，探讨了风速、风向分布对风电塔架疲劳寿命影响。结果表明：基于热点应力法得到的疲劳寿命仅为17.6年，远小于名义应力法预测的91.3年，在进行风电塔架设计时，需用多种方法对塔架疲劳寿命进行分析，保障风电机组的结构安全。

关键词： 风力发电塔；风荷载；疲劳寿命；热点应力法；多尺度模型

1　引言

进入21世纪以来，能源问题受到世界各国的重视，风能作为一种清洁无污染的可再生能源被广泛利用。全球的风能储量巨大，其中可利用的风能为200万MW，远远多于可开发利用的水能总量。风电塔架作为主要支撑结构，其安全性对风机运营至关重要。对737个风机事故的案例分析(图1)表明，结构破坏引起的风机事故占12.60%，同时，对其中结构破坏的具体因素统计发现，强风破坏和疲劳损伤分别占15.10%和13.21%。结构因素而言，风荷载和结构自身疲劳损伤是制约风力发电机安全使用的重要因素。

上述分析可见，就结构因素而言，风荷载和结构疲劳损伤是制约风力发电机安全使用的重要因素。为此，国内外众多学者围绕风电塔架的风振响应和疲劳寿命评估开展了研究工作。柯世堂等[1]采用谐波叠加法模拟塔架和风轮的来流风速时程，进而基于改进的叶素-动量理论(MBEM)模拟考虑风轮和塔架相干效应、风轮旋转效应的风轮脉动风速时程，结合已提出的柔性结构风振精细化频域计算方法——一致耦合法，研究了海上风力发电机的风振响应和风振系数计算方法。Dong等[2]对位于塔架中某些部位因使用焊接而导致的疲

基金项目： 江苏省自然科学基金(BK20181078)，江苏省高等学校自然科学研究重大项目(19KJA430019)，江苏省“333”工程科研项目(BRA2018372)，江苏省六大人才高峰(JZ004,JZ005)。

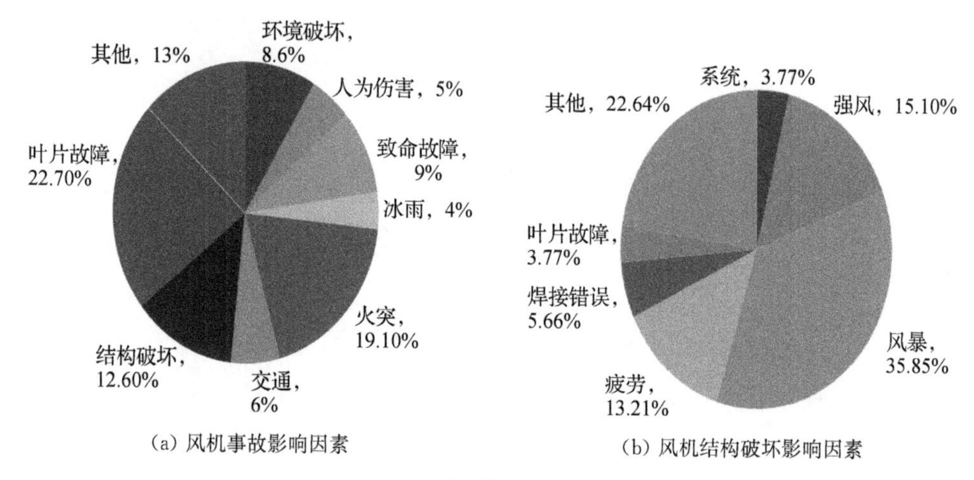

(a) 风机事故影响因素　　(b) 风机结构破坏影响因素

图 1　风机事故成因分析

劳损伤予以探究，且将三大影响要素予以充分考虑，一是加载形式；二是结构动态状况；三是所处环境，基于此分析其疲劳可靠度。Yeter 等[3]分别使用不同的分析方法对海上风力发电塔开展了疲劳分析，并研究了海水腐蚀对风力发电机塔架结构疲劳寿命的影响。Schaumann 等[4]对风机塔架的对接螺栓进行了疲劳探究，重点对热浸镀对螺栓疲劳强度的影响进行解析，由得到的结果可知，若在螺栓的外侧涂有锌时，能够削减因重复荷载作用而出现的疲劳损伤。Wang 等[5]采用疲劳损伤叠加和应力叠加这两种疲劳损伤计算法，对海上风力发电机基础位置的疲劳损伤进行了解析，由结果可知，总疲劳损伤出现较大影响的原因在于风荷载与波浪荷载的耦合作用。刘胜祥等[6]借助雨流计数法统计出应力重复的总次数，同时，把它们变换成对称的重复荷载应力谱，以此得到处于变幅荷载下，风力发电机塔架的疲劳损伤寿命。余智[7]借助累积损伤法则，预估得到框架预应力混凝土结构的疲劳寿命，通过软件分析，条件设定为不同风速，进而得到风荷载时程曲线，借助雨流计数法及损伤等效原则、风速分布，依照结构材料，择取 S-N 曲线，最终获取到疲劳寿命。

研究表明，钢结构焊缝处是应力集中和疲劳裂纹极易出现的位置，常规的应力分析结果无法合理评估焊缝处的真实应力，从而给疲劳损伤评估带来了不利。为此，本文针对风电塔架风致疲劳损伤评估，考虑塔底开洞，建立了风电塔架多尺度有限元模型，开展了风荷载作用下塔架动力响应分析，并基于热点应力法评估了风荷载作用下塔架疲劳寿命。

2　风电塔架多尺度有限元模型

2.1　风机基本信息

本文以 NREL 5MW 基准风机为背景展开研究，该风机塔高 90 m，塔筒底部直径 6 m，顶端直径 3.87 m，塔体采用变截面结构，塔底壁厚 35.1 mm，塔顶壁厚 24.7 mm，厚度由底部至顶部整体呈线性减小。各桨叶间呈 120°夹角，沿轴向平均分布，风轮直径 123 m，采用矩形变截面，初始段长 3 m，宽 0.8 m，厚度为 10 mm，风轮和塔体材料为 Q345 钢。机舱质量为 24 000 kg，轮毂质量为 56 780 kg，每一个叶片的质量为 17 740 kg，共三个，具体参数见表 1。

表 1　NREL 5MW 风力发电机参数

类型	参数	类型	参数
额定功率	5 MW	转子半径	63 m
叶片数量	3 叶片	塔筒高度	87.6 m
轮毂高度	90 m	转轮质量	11 100 kg
切入风速	3 m/s	机舱质量	24 000 kg
额定风速	11.4 m/s	塔筒质量	647 460 kg
切出风速	25 m/s	叶片质量	17 740 kg
转子转速	12.1 r/min		

2.2　多尺度有限元模型

风力发电机塔架是细长的薄壁钢管结构，为简化模型，建模时忽略各段之间法兰盘的连接部分，认为塔体为统一整体。为校核模型，分别采用 SAP2000 和 ANSYS 软件建立有限元模型。SAP2000 建立杆系模型（图 2(a)）时，塔架采用环形截面，叶片采用矩形截面；ANSYS 建立梁单元模型（图 2(b)）时，塔架与叶片均采用 beam188 单元；ANSYS 建立梁单元与实体模型相结合的多尺度有限元模型（图 2(c)）时，上部塔架与叶片采用 beam188 单元塔架，根部采用 solid186 实体单元。

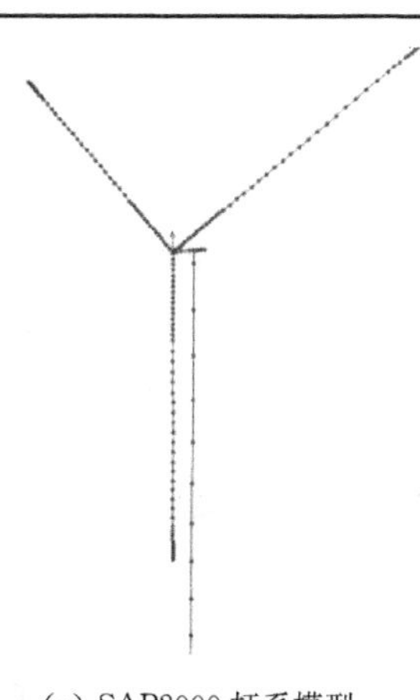

(a) SAP2000 杆系模型

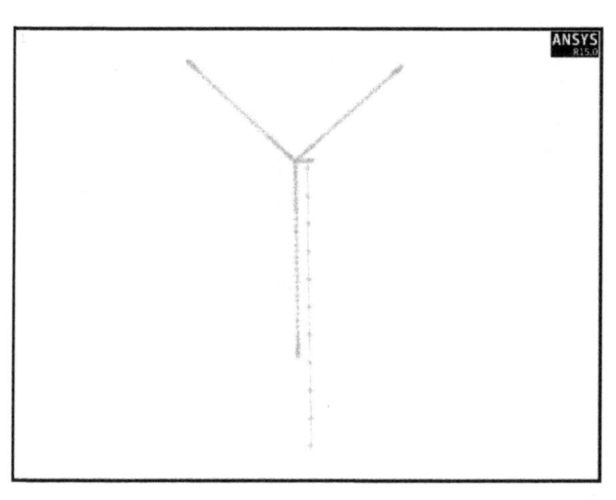

(b) ANSYS 梁单元模型

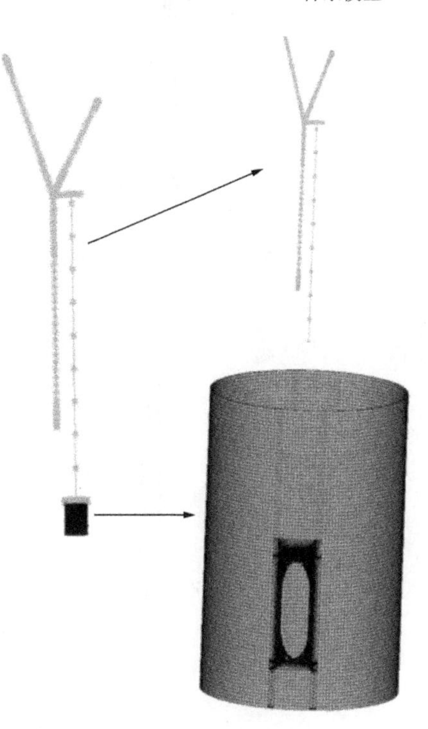

(c) 多尺度有限元模型

图 2　结构有限元模型

在确定焊缝处的单元尺寸时,对不同单元尺寸下的焊脚应力进行了对比分析。首先在根部圆筒的顶面加单位 1 的横向荷载,然后在此加载方式下计算不同尺寸单元时的最大 Mises 应力。由表 2 可见,小于 20 mm 尺寸时的焊脚处的应力基本相同,为减少单元数量,提高模型分析效率,最终选取焊缝尺寸 20 mm 作为多尺度有限元模型焊缝处的单元尺寸。

表 2　塔体实体单元尺寸与应力对比表

材料类型与应力	单元尺寸				
	20 mm	15 mm	10 mm	8 mm	6 mm
solid186(MPa)	0.035 341	0.034 318	0.036 213	0.035 804	0.035 553

2.3　结构动力特性分析

利用上述模型对风力发电机塔架进行动力特性分析,得到结构前八阶频率对比,如表 3 所示,前六阶振型如图 3 所示。对比可见,各模型的前八阶频率与实测频率基本相近,最大误差出现在第三阶振型,为 4.29%,各模型的每一阶振型形状也相同。因此本文建立的多尺度有限元模型具有一定的可靠性,可用于结构响应分析。

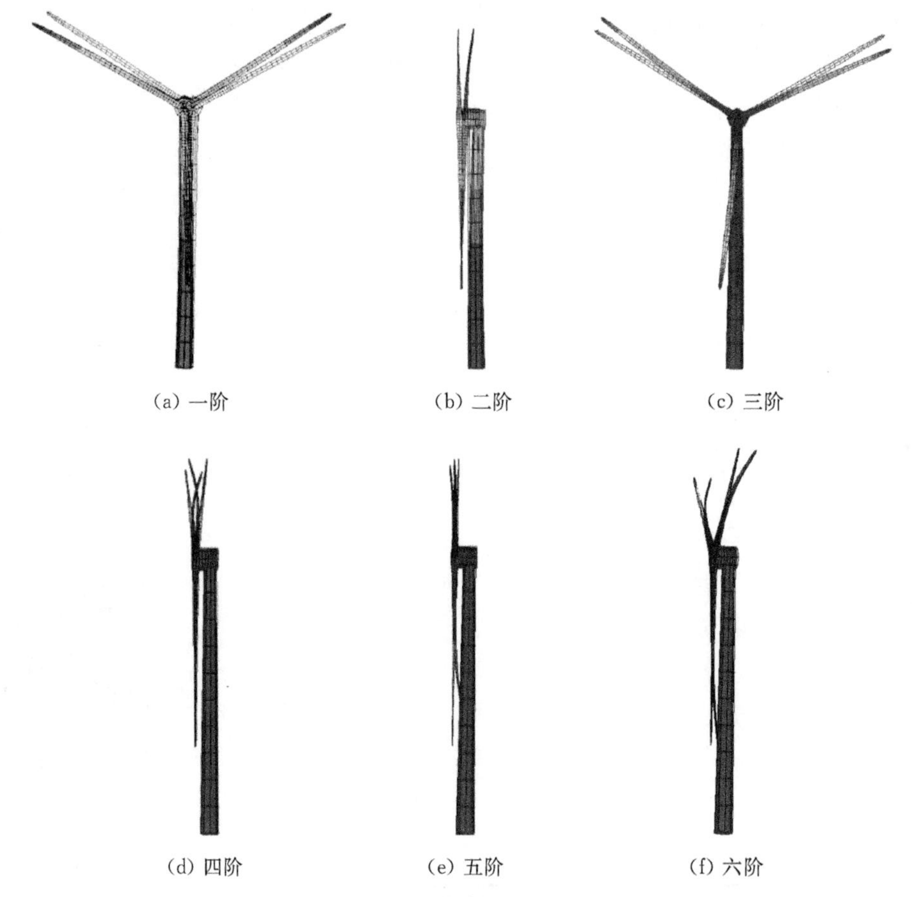

(a) 一阶　(b) 二阶　(c) 三阶

(d) 四阶　(e) 五阶　(f) 六阶

图 3　风力发电塔架前六阶振型

表3 某5 MW风力发电机各模型前八阶自振频率与实测频率对比及振型描述

阶数	ANSYS 多尺度模型	SAP2000 杆系模型	ANSYS 杆系模型	模型基准	振型描述
1	0.322 19	0.321 33	0.322 36	0.324 0	一阶塔架左右摆动
2	0.324 03	0.323 54	0.324 05	0.321 0	一阶塔架前后摆动
3	0.648 15	0.627 60	0.648 16	0.620 3	三叶片成中心左右扭转振动
4	0.651 48	0.656 08	0.651 53	0.666 4	叶片挥舞方向一阶，两片上叶片一起做前后反对称摆动运动，塔架无明显振动
5	0.677 60	0.655 21	0.677 60	0.667 5	叶片挥舞方向一阶，上部叶片与下部叶片反向摆动，上部双叶片无明显振动
6	0.704 52	0.691 19	0.704 52	0.699 3	叶片挥舞方向一阶，三叶片挥舞同向振动
7	1.094 3	1.083 27	1.094 3	1.079 3	叶片摆阵方向一阶，下叶片不动，两片上叶片摆动异向振动
8	1.107 3	1.097 89	1.107 3	1.089 8	叶片摆阵方向一阶，三叶片同向振动

3 基于热点应力法的风电塔架疲劳寿命预测

3.1 基于热点应力的疲劳损伤评估方法

根据疲劳评估的热点应力法和时域评估的基本原理，考虑风速、风向分布规律，建立了基于热点应力法的风致疲劳损伤多尺度评估方法，具体流程如图4所示。

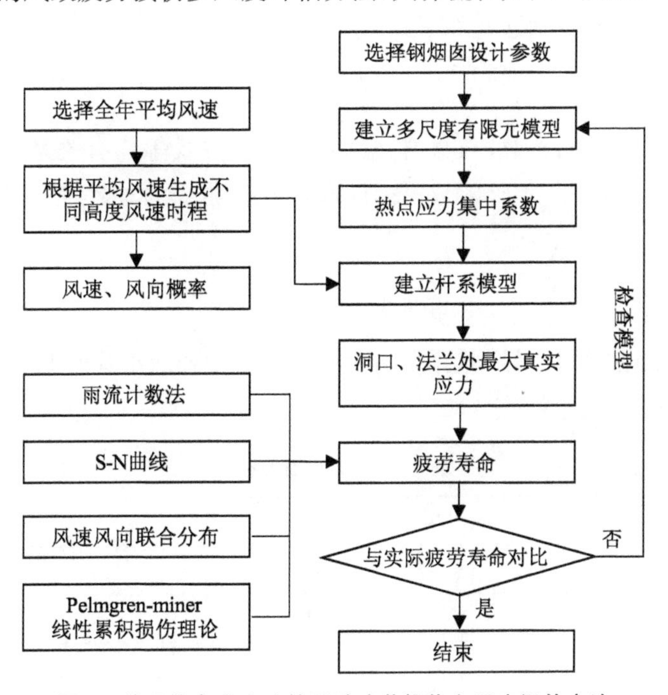

图4 基于热点应力法的风致疲劳损伤多尺度评估方法

(1) 热点应力法

在分析塔架的疲劳损伤时，对于两个不同位置的应力点分别采用了热点应力法和名义应力法。热点应力是指焊趾前沿未考虑缺口效应以外的应力集中而计算出的局部应力。采用热点应力法时，本节采用两点线性外推法，即插值法。根据距离热点 0.4t 和 1.0t 处(图 5)的应力 σ_1 和 σ_2 求得热点应力 σ_3，公式如下：

$$\sigma_3 = 1.67\sigma_1 - 0.67\sigma_2 \tag{1}$$

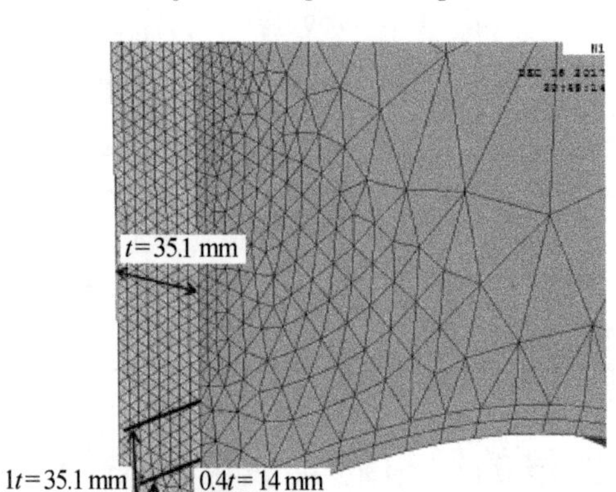

图 5　热点应力法图

(2) S-N 曲线

材料的 S-N 曲线表现的是在对应应力幅的循环作用下表面光滑的材料出现裂纹的疲劳寿命，常用名义应力法的表达式如下：

$$NS^{\alpha} = C \tag{2}$$

式中：α 和 C 是疲劳试验的参数，与材料、应力比、加载方式等均有关系。采用名义应力法时，根据《钢结构设计规范》(GB50017—2017)，取 S-N 曲线的对数表达式如式(3)，曲线如图 6 所示。

$$\lg N = 14.935 - 4\lg S \tag{3}$$

根据所研究焊缝的类型，本节选用了国际焊缝学会(IW)所推荐的 FAT100 曲线(图 7)作为热点应力对应的 S-N 曲线(表 4)。

表 4　FAT100 相关参数

拐点应力幅 S/MPa	$N \leqslant 10^7$		$N > 10^7$	
	m	C	m	C
58.5	3	2×10^{12}	5	6.851×10^{5}

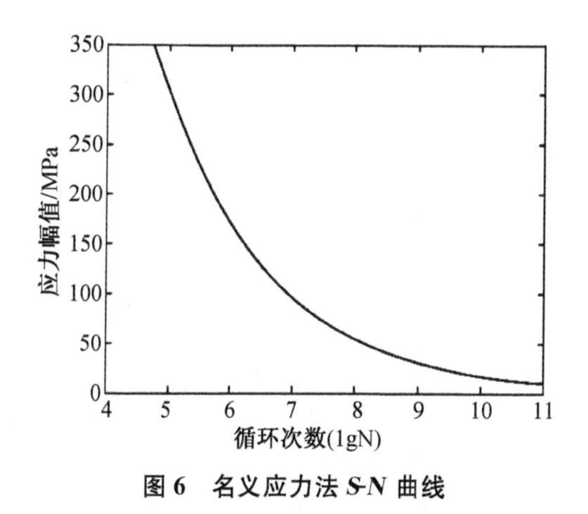

图 6　名义应力法 S-N 曲线

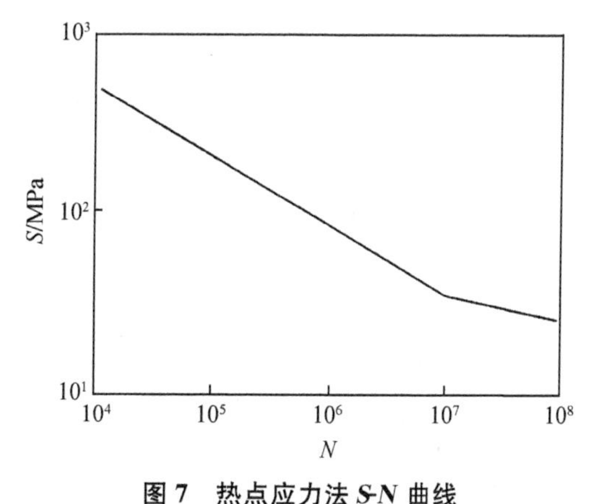

图 7　热点应力法 S-N 曲线

3.2　风电塔架疲劳寿命预测

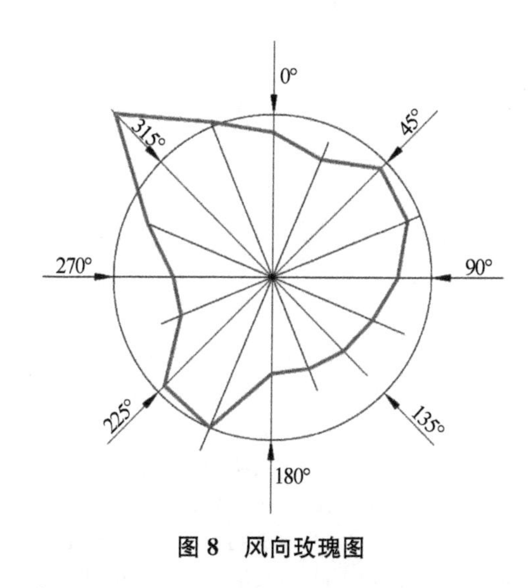

图 8　风向玫瑰图

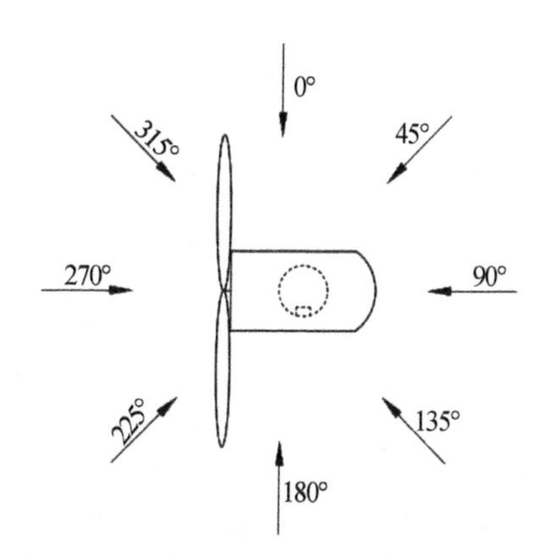

图 9　洞口与风向相对位置示意

根据上述流程，考虑风速、风向分布(图 8)，洞口与 180°风向角对应(图 9)。分别采用名义应力法和热点应力法对塔架疲劳寿命进行评估：

(1) 名义应力法(筒体底部)

$$T_1=20\div 0.219=91.3\text{ 年}$$

(2) 热点应力法(门洞焊脚)

$$T_2=20\div 1.136=17.6\text{ 年}$$

对比分析结果可知，基于名义应力法的结构损伤从塔筒底部开始，其疲劳寿命达 91.3 年，远超设计使用寿命的 20 年。基于热点应力法的结构损伤最早出现在门洞焊脚处，其疲劳寿命仅为 17.6 年，不能满足 20 年设计使用年限要求。另一方面，对比损伤量的风速分布，在风速 8 m/s 和 10 m/s 时的疲劳累积损伤较大，最大值出现在 8 m/s 时。对比损伤量的风向角分布，45°风向角下的疲劳损伤量最大，其次是 225°风向角，最小值出现在 0°和 180°风向角。风电塔架的疲劳损伤与风荷载的风速和风向分布密切相关。

4 结论

本文建立了基于热点应力法和多尺度有限元模型的风电塔架疲劳损伤评估方法，开展了风电塔架疲劳寿命的名义应力预测和热点应力法预测的对比分析。结果表明：

(1) 风电塔架的动力特性分析表明，多尺度模型与杆系模型、基准频率的振型相同，自振频率相差较小，误差最大仅为 4.29%，所提出的多尺度有限元建模方法较为合理。

(2) 风电塔架疲劳损伤的热点在塔筒底部和门洞焊缝处，其中门洞焊缝处的损伤量更大。基于名义应力法预测的疲劳寿命远大于基于热点应力法的疲劳寿命，进行风电塔架疲劳寿命评估时需考虑多种方法进行校核，以提高预测的准确性，保障塔架安全。

(3) 由于洞口位置相对固定，风荷载的风速和风向分布对塔架疲劳损伤影响较大。风速 8 m/s 和 10 m/s 时的疲劳累积损伤较大，最大值出现在 8 m/s 时。45°风向角下的疲劳损伤量最大，其次是 225°风向角，最小值出现在 0°和 180°风向角。

参考文献

[1] 柯世堂，王同光，曹九发，等. 海上风力机随机风场模拟及风振响应分析[J]. 中南大学学报(自然科学版)，2016，47(4)：1245-1252.

[2] Dong W B, Moan T, Gao Z. Fatigue reliability analysis of the jacket support structure for offshore wind turbine considering the effect of corrosion and inspection[J]. Reliability Engineering & System Safety, 2012,106: 11-27.

[3] Yeter B, Garbatov Y. Fatigue damage analysis of a fixed offshore wind turbine supporting structure [M]// Developments in Maritime Transportation and Exploitation of Sea Resources. London: Froncis & Taylor Group, 2014: 415-424.

[4] Schaumann P, Eichstädt R, Oechsner M, et al. Ermüdungsfestigkeit feuerverzinkter HV-Schrauben in ringflanschverbindungen von windenergieanlagen[J]. Stahlbau, 2015, 84(12): 1010-1015.

[5] Wang K P, Ji C Y, Xue H X, et al. Fatigue damage characteristics of a semisubmersible-type floating offshore wind turbine at tower base[J]. Journal of Renewable and Sustainable Energy, 2016,30(10): 053307.

[6] 刘胜祥，李德源，黄小华. 风波联合作用下的风力机塔架疲劳特性分析[J]. 太阳能学报，2009,8(5)：1250-1256.

[7] 余智，张凤亮，熊敏. 基于线性累计损伤理论的预应力混凝土风电塔架疲劳可靠性及剩余寿命研究[J]. 武汉大学学报(工学版)，2016，49(5)：756-762.

第二部分　桥梁风工程

强/台风作用下大跨桥梁风振响应概率预测

茅建校[1]，张一鸣[1]，王　浩[1]

(1.东南大学土木工程学院 江苏南京 211189)

摘　要：准确预测强/台风期间大跨度桥梁振动响应，可为桥梁的安全性、可靠性以及适用性评估提供有效参考。针对传统有限元分析方法计算效率低、难以考虑桥梁真实运营状况的问题，本文从数据驱动的角度出发提出了一种基于分位数随机森林和贝叶斯优化的大跨度桥梁风振响应概率预测方法。该方法将风特性特征参数作为输入变量，引入贝叶斯优化算法获取超参数；结合优化后的预测模型比较各输入特征的重要性程度，从而确定最终输入变量；利用分位数随机森林进行风振响应预测并量化其不确定性。利用苏通大桥结构健康监测系统记录的五年台风数据验证了该方法的可靠性。

关键词：大跨桥梁；风振响应；分位数随机森林；贝叶斯优化

1　引言

随着跨度的延长，桥梁的轻柔性日益增加，因而易受强/台风等极端风环境的影响[1]。大跨度桥梁在台风期间往往经历显著的振动，可能影响其正常运营并增加交通事故风险。为减轻此类风险，强风条件下通常采取封锁桥梁和降低车速等措施，但上述措施很大程度上依赖于桥梁养护人员的主观经验[2]。准确地预报强/台风作用下大跨度桥梁的风振响应有助于采取合理措施，保障桥梁的安全性及运营性能。大跨度桥梁的风振响应计算可通过有限元模型实现，但该方法存在多种局限性，如气动弹性模型中涉及的假设以及模拟风场的区域性等[3]。此外，由于大跨度桥梁服役环境的复杂性，建立可真实反映在役桥梁力学行为的有限元模型具有一定难度。数据驱动方法因其不依赖于有限元模型，直接作用于实测数据日趋受到关注。

机器学习技术如支持向量机、随机森林和神经网络等，在处理非线性时间序列方面展现出了突出性的优势，已成功应用于多个领域[4-5]。借助于机器学习方法，有望实现强/台风作用下桥梁振动响应的动态预测。在实际应用中，随机森林为确定性模型，无法描述预测中的不确定性。分位数随机森林克服了这一局限性，它结合了随机森林及分位数回归，不仅保留了随机森林的优点且可衡量预测不确定性。超参数对于分位数随机森林的建模灵活性和预测性能至关重要，因而通常需要对其进行优化。网格搜索和随机搜索是超参数

基金项目：国家自然科学基金(51978155,51722804)

优化的两种常用技术。具体而言,网格搜索方法尝试所有可能的超参数,以确定最佳配置。这种优化方法虽然较为简单,但由于超参数的高维性耗时较长。随机搜索比网格搜索效率更高,但存在丢失最优超参数的风险且未考虑历史信息。贝叶斯优化已经成为解决上述问题的有效解决方案,随着模型不确定性的特征化,贝叶斯优化可以采用相对较少的评估次数确定最优超参数。鉴于贝叶斯优化的高效性,将其与分位数随机森林结合预测强/台风作用下长大桥梁的风振响应。

2 基于贝叶斯优化的分位数随机森林回归

2.1 分位数随机森林理论

随机森林的基本单元为决策树,通过集成多棵不相关的决策树减少单棵树的不稳定性,从而使得模型结果具有较高的准确性及泛化性能。随机森林的预测结果(状态均值)为不同决策树的平均值,如下式所示:

$$\hat{\mu}(x)=\sum_{i=1}^{n} w_i(x)Y_i \tag{1}$$

式中,Y 表示监测值,x 为预测变量,w 表示权重。

虽然随机森林可以获得准确的估计值,但无法得到预测值的状态分布,由此衍生出了分位数随机森林,即通过分位数给出关于 Y 更为完整的信息。Y 的状态分布可以表示为

$$\hat{F}(y|X=x)=\sum_{i=1}^{n} w_i(x)1_{\{Y_i\leqslant y\}} \tag{2}$$

式中,$1_{\{Y_i\leqslant y\}}$ 为指示函数,当 $Y_i\leqslant y$ 时其值为 1,当 $Y_i>y$ 时其值为 0。

对于给定的概率 α,分位数 Q_α 定义为

$$Q_\alpha(x)=\inf\{y:F(y|X=x)\geqslant\alpha\} \tag{3}$$

概率预测可表示为

$$[Q_{\alpha l}(X),Q_{\alpha h}(X)]=[\inf\{y:\hat{F}(y|X=x)\geqslant\alpha_l\},\inf\{y:\hat{F}(y|X=x)\geqslant\alpha_h\}] \tag{4}$$

其中,$\alpha_l<\alpha_h$, $\alpha_h-\alpha_l=\tau$,τ 表示预测值落在$[Q_{\alpha l}(X),Q_{\alpha h}(X)]$的概率。95%的预测区间为

$$I(x)=[Q_{0.025}(x),Q_{0.975}(x)] \tag{5}$$

值得注意的是,随机森林模型为点预测方法,其预测结果为该区间的均值。

2.2 贝叶斯优化

分位数随机森林的主要超参数包括决策树的数量(n_{tree})、每片叶子上的最少样例数(n_{ob})以及每个节点上需要采样的预测变量(n_{p})。贝叶斯优化是搜索目标函数的全局最小值,即

$$\boldsymbol{\theta}^*=\operatorname{argmin} f(\boldsymbol{\theta}),\quad \boldsymbol{\theta}\in\chi \tag{6}$$

其中,f 表示目标函数,χ 表示决策空间,$\boldsymbol{\theta}=\{n_{\mathrm{tree}}, n_{\mathrm{ob}}, n_{\mathrm{p}}\}$表示分位数随机森林的超参数。

采集函数 α 根据后验概率分布构造，其决定了下一个待评估点的位置。结合高斯过程先验，采集函数主要依赖于模型的预测均值与方差。

2.3　预测变量选择

不相关或相关性较低的预测变量将影响模型的精度和计算效率。因此，为了得到有效的分位数随机森林，应删除不必要的输入特征。值得一提的是，分位数随机森林除了具有概率预测能力外，还可以用来评估单个输入变量的重要性程度。具体实现方式为，首先计算袋外(out-of-bag，OOB)数据集的精度，然后对输入变量进行随机排列。在此基础上，重新计算决策树的 OOB 精度，得到两个置换序列之间的差值，重要性得分即为所有树的总体平均差异。重要性得分越高，输入变量与响应之间的关系越强。特征重要性可以表示为

$$VI(X)=\frac{1}{n_{\text{tree}}}\sum_{k}(errOOB_k^l-errOOB) \tag{7}$$

式中，$errOOB_k^l$ 表示置换样本的误差，$errOOB$ 表示袋外数据的误差。

2.4　评价指标

利用均方根误差($RMSE$)和 R^2 评价预测性能。R^2 是表示预测值与实测值之间变化的统计度量。具体而言，$RMSE$ 值越小，R^2 值越大，模型越精确。上述评价指标表达式如下

$$RMSE=\sqrt{\frac{\sum_{i=1}^{N}(\hat{y}_i-y_i)^2}{N}} \tag{8}$$

$$R^2=1-\frac{\sum_{i=1}^{N}(y_i-\hat{y}_i)^2}{\sum_{i=1}^{N}(y_i-\bar{y}_i)^2} \tag{9}$$

其中，N 表示样本大小，y_i，$\hat{y}_i$ 及 $\bar{y}_i$ 表示实测值、预测值及平均值。

3　算例验证

传统的风振响应分析主要基于 Davenport 框架，然而它无法有效描述现场实测的风特性变化。从数据驱动的角度对风场和动态响应之间的关系进行建模并预测风振响应，有望为评估物理模型提供额外参考。

3.1　输入特征选择

选取风特性相关参数作为输入特征预测风振响应，例如平均风速(U)、偏向角(α)、紊流强度(I_u、I_v)、紊流强度的标准差(σ_u、σ_v)、紊流积分尺度(L_u、L_v)、阵风因子(G_u、G_v)等。由于相关性较低的预测变量会影响计算时间和精度，因此首先采用分位数随机森林确定最终的输入特征。

为验证分位数随机森林的可行性，利用不同的台风对某一台风引起的结构响应进行了预测。选取台风“凤凰”的振动响应作为测试数据集。采用贝叶斯优化确定分位数随机森林的超参数，迭代次数设置为 30 次。其最优超参数如表 1 所示。

表 1　分位数随机森林超参数

台风测试集	加速度方向	n_{tree}	n_{ob}	n_{p}
台风“凤凰”	竖向	96	2	6
	扭转	490	2	10

图 1 表示了不同特征的相关性，当预测竖向振动响应时，相关性的值从 0 到 0.4 变化；当预测扭转加速度时，相关性值的变化区间为 0 至 0.7。另外还可看出，I_u 与 σ_u、I_v 与 σ_v 相比于其他变量具有更高的相关性。

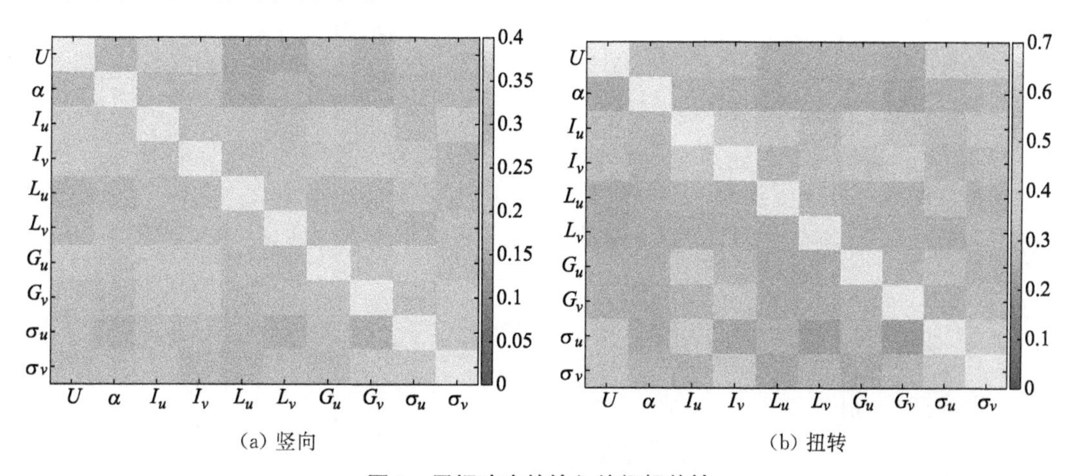

(a) 竖向　　(b) 扭转

图 1　风振响应的输入特征相关性

为提高分位数随机森林的计算效率及准确性，需对输入特征的重要性进行评估。两个台风测试集的特征重要性水平如图 2 所示。预测竖向响应时，平均风速和偏向角的重要性分值为 3.58 和 2.03，均明显高于其他预测指标，说明对于竖向风振响应的预测，平均风速为最重要的输入特征，其次是偏向角，其余输入特征的重要性分值均较为接近。因此，保留所有选定的输入特征预测竖向的振动响应。由图 2(b)可知，平均风速、偏向角和纵向湍流强度的重要度得分分别为 5.2、6.85 和 3.91，显著大于其余特征的分值。因此，偏向角是最重要的输入特征，其次是平均风速和纵向湍流强度。考虑到其余输入特征(除偏向角、平均风速和纵向紊流强度外)的重要性水平相当，所有输入特征均被考虑用于预测扭转加速度。

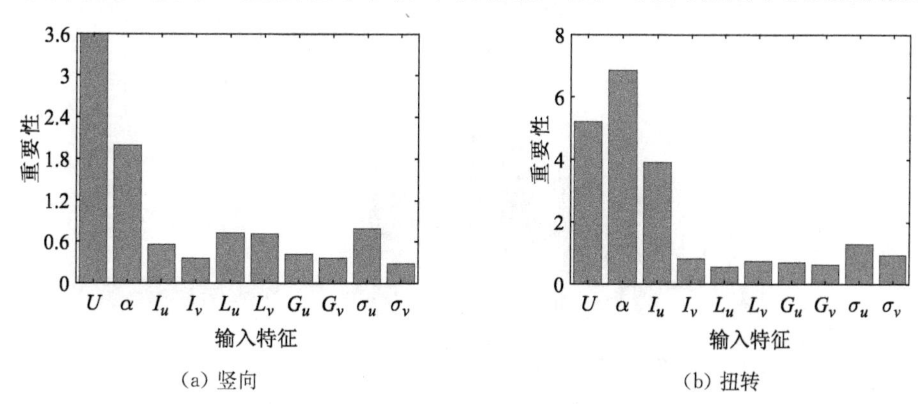

(a) 竖向　　(b) 扭转

图 2　竖向风振响应特征重要性比较

3.2 风振响应的预测结果

分位数的显著优点之一是其在进行概率预测时无须假定分布函数的形式。基于优化后的分位数随机森林预测结果如图 3 与图 4 所示，两图中均显示了 95％的分位数与高斯置信区间。95％的分位数置信区间可通过式(4)获得，95％的高斯预测区间通过下式得到

$$\begin{aligned} Y_{\text{upper}} &= \mu + 1.96\sigma \\ Y_{\text{lower}} &= \mu - 1.96\sigma \end{aligned} \tag{10}$$

其中 Y_{upper} 和 Y_{lower} 表示置信区间的上下限，μ 与 σ 表示预测均值与方差。如图 3、图 4，预测结果与实测值有相似的趋势且大小较为接近，表明分位数随机森林具有较好的预测性能。然而，在低平均风速时，分位数随机森林在扭转风振响应预测时性能欠佳。预测结果均位于 95％置信区间内，说明分位数随机森林可以考虑振动响应预测的不确定性。还可看出，高斯预测区间低于分数位预测区间，特别是对于幅值较大的振动响应。实际上，由于分位数随机森林不假设分布类型，因此分位数预测区间可以更准确地描述预测结果的不确定性。

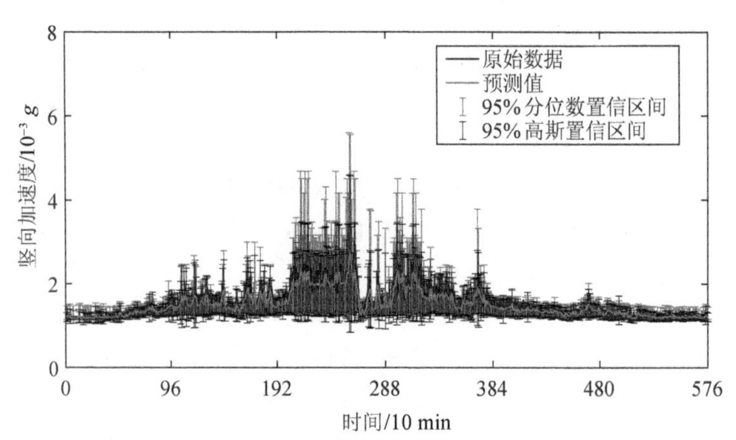

图 3 基于分位数随机森林的竖向风振响应预测结果

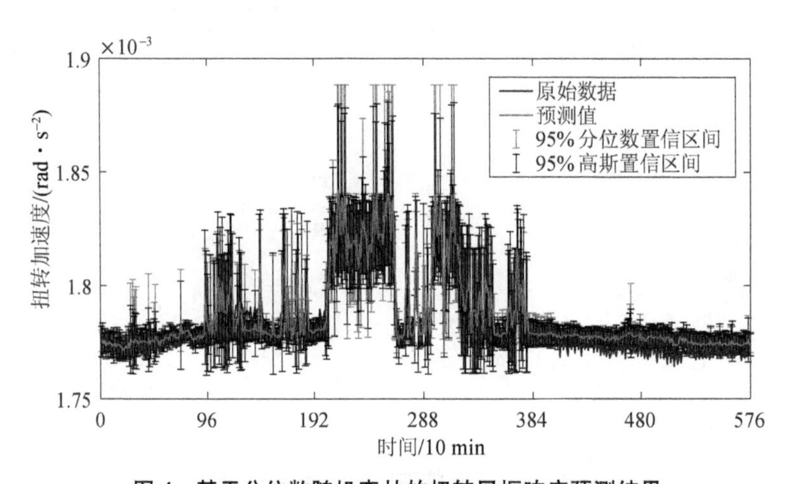

图 4 基于分位数随机森林的扭转风振响应预测结果

3.3 不同优化算法的对比结果

为评价贝叶斯优化算法的性能，将其与网格搜索和随机搜索进行了比较，主要侧重于预测精度和计算效率，通过 Intel i7 - 9700 处理器和 32 GB 内存的 Dell 台式计算机执行。与贝叶斯优化相同，随机搜索执行 30 次。由于决策树数较少时，基于随机森林的模型稳定性较差。因此，对于网格搜索和随机搜索，n_{tree} 的范围在 300 到 500 之间，n_{ob} 在 2 到 30 之间，n_{p} 的范围在 1 和 10 之间。

图 5 给出了三种优化方法的 *RMSE* 和所消耗 CPU 时间的对比结果。基于贝叶斯优化、网格搜索和随机搜索的分位数随机森林 *RMSE* 结果分别为 0.126、0.130 和 0.134，计算时间分别为 685 s(0.19 h)、19 799 s(5.5 h)和 607 s(0.17 h)。显然，使用网格搜索的分位数随机森林在预测风振响应时消耗了极多的 CPU 时间。尽管贝叶斯优化和随机搜索在优化超参数时花费时间接近，但贝叶斯优化的分位数随机森林仍然保持了较高的精度。由图 5 还可看出，对于台风凤凰的竖向、扭转加速度，基于网格搜索法的分位数随机森林预测精度高于随机搜索。值得注意的是，贝叶斯优化在所有情况下均具有最高的精度，表明其具有很强的优化能力。从以上分析结果来看，贝叶斯优化在计算时间和精度上均优于网格搜索和随机搜索。

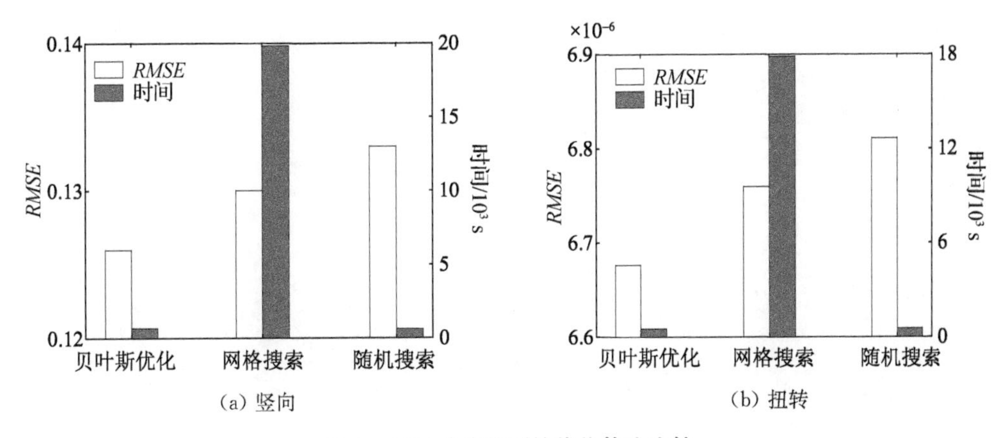

图 5　风振响应预测的优化算法比较

4　结论

(1) 所有风场特征参数均保留用于预测桥梁风振响应。其中，平均风速和风向是预测竖向振动响应最重要的输入特征，偏向角在预测扭转振动响应中占有最高的重要性。

(2) 与网格搜索和随机搜索相比，基于贝叶斯优化的分位数随机森林在预测振动响应时具有计算效率高的优点。

参考文献

[1] Wang H, Mao J X, Spencer B F Jr. A monitoring-based approach for evaluating dynamic responses of riding vehicle on long-span bridge under strong winds[J]. Engineering Structures, 2019, 189: 35-47.

[2] Wang H, Hu R, Xie, J, et al. Comparative study on buffeting performance of Sutong bridge based on design and measured spectrum[J]. Journal of Bridge Engineering, 2013, 18(7): 587-600.

[3] Wang H, Tao, T Y, Gao Y Q, et al. Measurement of wind effects on a kilometer-level cable-stayed bridge during typhoon Haikui[J]. Journal of Structural Engineering, 2018, 144(9): 04018142.

[4] Zhang J F, Ma G W, Huang Y M, et al. Modelling uniaxial compressive strength of lightweight self-compacting concrete using random forest regression[J]. Construction and Building Materials, 2019, 210: 713-719.

[5] Haque A U, Nehrir M H, Mandal P. A hybrid intelligent model for deterministic and quantile regression approach for probabilistic wind power forecasting[J]. IEEE Transactions on Power Systems, 2014, 29(4): 1663-1672.

贝叶斯方法在大跨度斜拉桥模态参数识别的应用

杨朝勇[1]，茅建校[1]，王　浩[1]，张一鸣[1]

（1. 东南大学土木工程学院 江苏南京 211189）

摘　要：为研究大跨度斜拉桥模态参数的不确定性，将遗传算法引入传统快速贝叶斯FFT(FBFFT)法中，并采用高信噪比渐进估计值约束遗传算法的参数搜索空间，从而发展了一种基于贝叶斯-遗传算法的模态参数识别方法。基于该方法，利用苏通大桥实测加速度响应开展了该桥的运营模态分析，并探讨了频带宽度系数对模态参数识别精度和不确定性的影响。结果表明，贝叶斯-遗传算法可有效地识别大跨度斜拉桥的各阶模态参数；频率和振型的不确定性较低，而阻尼比的不确定性较高；将频带宽度系数限制在5～10有利于保证识别误差与不确定性的平衡。

关键词：模态参数识别；大跨度斜拉桥；不确定性；贝叶斯方法；遗传算法

1　引言

模态参数是开展桥梁振动控制、状态评估和损伤诊断的重要依据，在桥梁结构健康监测中发挥着关键作用[1]。由于材料的离散性、模型误差以及测试噪声等原因，模态参数识别不可避免地具有不确定性。大跨度桥梁属于典型的低频密集模态结构，相比于一般结构更加难以准确地获取其模态参数[2]。尤其是沿海地区的大跨度桥梁，时常受到台风等极端天气袭击，其动力特性在长期追踪下表现出显著的变异性[3]。因此，为了给大跨度桥梁健康监测提供稳定可靠的分析依据，有效地评估模态参数识别结果的不确定性至关重要。

贝叶斯法是近些年兴起的一种不确定性分析方法。该方法认为模态参数的不确定性与其在给定的振动数据和假设模型下的条件概率密度函数(PDF)有关[3]，因此可以根据概率模型中的最大概率值(MPV)与协方差矩阵进行模态参数估计与不确定性量化。目前，在贝叶斯理论框架下已经发展出了多种模态参数识别方法。其中，Au[4]提出的快速贝叶斯FFT(FBFFT)方法受到了广泛的关注。该方法简化了模态参数似然函数的内部结构，从而避免了目标函数维度过高导致求解困难的问题。此外，FBFFT法在分离模态[5]和密集模态[6]下均能取得良好的识别结果，能够适应于各种土木工程结构的动力特性分析[7]。

根据目标函数优化求解MPV是贝叶斯模态参数识别方法的关键，确保该过程的稳定性和计算效率至关重要。遗传算法是一种不依赖目标函数梯度信息的启发式智能优化算

基金项目：国家自然科学基金(51978155,51722804)

法，能够很好地适应高维度、多参数的优化问题[8]。应用遗传算法求解最优模态参数，可有效地提升模态参数识别的稳定性与可靠性。但相比于牛顿迭代法、梯度下降法等传统优化算法，遗传算法对计算机算力要求较高[9]。因此，仍需要结合贝叶斯方法目标函数的特点研究遗传算法的加速策略，以满足大跨度桥梁运营模态分析对计算效率的需求。

鉴于上述问题，本文结合 FBFFT 法和遗传算法发展了一种考虑不确定性的大跨度桥梁模态参数识别方法。该方法在 FBFFT 法中引入遗传算法搜寻最优参数，并利用高信噪比假设[5]建立渐进估计区间，以进一步提升模态参数识别与不确定性量化的效率与可靠性。基于上述方法，本文以苏通大桥为例开展大跨度斜拉桥的模态参数识别与不确定性评估，并据此分析频带宽度系数对识别结果的影响，从而为大跨度桥梁的动力特性分析提供参考。

2 基于贝叶斯-遗传算法的模态参数识别方法

2.1 FBFFT 法

一组受结构模态参数 θ（包含频率 f、阻尼比 ζ、模态力功率谱密度 S_l、预测误差功率谱密度 S_e 与振型向量 $\boldsymbol{\Phi}$）影响的加速度信号的傅立叶变换可表示为：

$$X_k=R_k+\mathrm{i}I_k=\sqrt{\frac{2\Delta t}{N}}\sum_{j=1}^{N}x_j\exp\left[\frac{-\mathrm{i}2\pi(k-1)(j-1)}{N}\right] \tag{1}$$

上式中：R_k 与 I_k 分别表示 X_k 的实部与虚部；Δt 是采样时间间隔；N 是样本数量；X_k 实质是对 x_j 的快速傅立叶变换（FFT）进行 $\sqrt{2\Delta t/N}$ 倍放缩，因此 X_k 又被称为缩放 FFT（Scaled FFT，SFFT）。

R_k 与 I_k 构成的随机向量$\{\boldsymbol{Y}_k=[R_k^{\mathrm{T}},\ I_k^{\mathrm{T}}]^{\mathrm{T}}\in\mathbf{R}^{2n},k=2,\cdots,\ N_q,N_q=\mathrm{int}(N/2)+1\}$服从零均值多元高斯分布，且各频率点间相互独立。因此，θ 的似然函数可表示为：

$$p(\{Y_k\}|\theta)=\frac{1}{(2\pi)^{(N_q-1)/2}}\left[\prod_{k=2}^{N_q}\det\boldsymbol{C}_k(\theta)\right]^{-1/2}\cdot\exp\left[-\frac{1}{2}\sum_{k=2}^{N_q}\boldsymbol{Y}_k^{\mathrm{T}}\boldsymbol{C}_k(\theta)^{-1}\boldsymbol{Y}_k\right] \tag{2}$$

式中，$\boldsymbol{C}_k$ 是 $\boldsymbol{Y}_k$ 的协方差矩阵，可表示为：

$$\boldsymbol{C}_k=\frac{1}{2}\begin{bmatrix}S_lD_k\boldsymbol{\Phi\Phi}^{\mathrm{T}} & 0\\ 0 & S_lD_k\boldsymbol{\Phi\Phi}^{\mathrm{T}}\end{bmatrix}+\frac{1}{2}S_e\boldsymbol{I}_{2n} \tag{3}$$

$$D_k=[(\beta_k^2-1)^2+(2\zeta\beta_k)^2]^{-1} \tag{4}$$

上式中：$\boldsymbol{I}_{2n}$是 $2n\times2n$ 阶的单位矩阵；$\beta_k=f/f_k$。

根据贝叶斯定理，θ 关于 $\boldsymbol{Y}_k$ 的后验 PDF$p(\theta|\{\boldsymbol{Y}_k\})$与 $p(\{\boldsymbol{Y}_k\}|\theta)$之间满足如下关系：

$$p(\theta|\{\boldsymbol{Y}_k\})\propto p(\{\boldsymbol{Y}_k\}|\theta)p(\theta) \tag{5}$$

上式中，$p(\theta)$是关于 θ 的先验 PDF，一般视为常数。

忽略常数项，上式可进一步用对数似然函数表示为：

$$p(\theta|\{Y_k\})\propto\exp[-L(\theta)] \tag{6}$$

$$L(\theta)=\frac{1}{2}\sum_{k=2}^{N_q}[\ln\det\boldsymbol{C}_k(\theta)+\boldsymbol{Y}_k^{\mathrm{T}}\boldsymbol{C}_k(\theta)^{-1}\boldsymbol{Y}_k] \tag{7}$$

在分离模态下，常在频谱峰值附近按 $f_0(1\pm\kappa)$的宽度提取样本数据建立模态参数的概率分布模型，其中 f_0 表示频谱峰值对应的频率，κ 是频带宽度系数。获得样本数据后，模态参数的 MPV 可通过求解式(7)所示的对数似然函数的最小值确定。

2.2 遗传算法与渐进估计区间

遗传算法以目标值的适应度作为个体优劣性的评价指标，并按一定概率随机执行个体的选择、交叉与变异，从而在不断迭代更新的种群中搜寻最优参数。该方法具有突出的全局寻优能力与稳定性，能够很好地处理高维空间参数优化问题。因此，本文将遗传算法引入 FBFFT 法中开展对数似然函数优化，以确保模态参数识别结果的准确性与稳定性。计算中以式(7)作为遗传算法的适应度函数，从而建立贝叶斯-遗传算法优化模型。模型中采用二进制编码对模态参数进行编码，每代种群的个体数为 50，个体之间的交叉概率与变异概率分别设为 0.7 与 0.01。

参数优化过程的收敛速度对模态参数识别至关重要。遗传算法虽然具有较好的鲁棒性，但相比于梯度下降法、牛顿迭代法等传统优化算法，该方法计算效率较低。因此，为了克服遗传算法收敛速度上的不足，本文引入高信噪比假设建立渐进估计区间。把遗传算法参数搜索范围约束到最优值附近，从而加快模态参数识别效率。

根据文献[5]，当结构振动信号的信噪比很高时，振型向量 $\boldsymbol{\Phi}$ 可由矩阵 $\boldsymbol{A}_0$ 的最大特征值 λ_0 对应的特征向量 $\tilde{\boldsymbol{\Phi}}$ 渐进估计。

$$\boldsymbol{A}_0=\sum_k(\boldsymbol{R}_k\boldsymbol{R}_k^{\mathrm{T}}+\boldsymbol{I}_k\boldsymbol{I}_k^{\mathrm{T}}) \tag{8}$$

模态力与预测误差功率谱密度可按下式估计：

$$\tilde{S}_e=\left[\sum_k(\boldsymbol{R}_k^{\mathrm{T}}\boldsymbol{R}_k+\boldsymbol{I}_k^{\mathrm{T}}\boldsymbol{I}_k)-\lambda_0\right]\Big/[(n-1)N_f] \tag{9}$$

$$\tilde{S}_l(f,\zeta)=N_f^{-1}\sum_k D(f,\zeta)[\tilde{\boldsymbol{\Phi}}^{\mathrm{T}}(\boldsymbol{R}_k\boldsymbol{R}_k^{\mathrm{T}}+\boldsymbol{I}_k\boldsymbol{I}_k^{\mathrm{T}})\tilde{\boldsymbol{\Phi}}] \tag{10}$$

上式中，N_f 表示提取出的 SFFT 样本数量。

当对数似然函数 $L(\theta)$关于$\{\Phi,S_e,S_l\}$最小化后可进一步被简化为如下形式：

$$L(f,\zeta)\approx\sum_k\ln D_k(f,\zeta)+N_f\ln\left[N_f^{-1}\sum_k D_k^{-1}(f,\zeta)\tilde{\boldsymbol{\Phi}}^{\mathrm{T}}(\boldsymbol{R}_k\boldsymbol{R}_k^{\mathrm{T}}+\boldsymbol{I}_k\boldsymbol{I}_k^{\mathrm{T}})\tilde{\boldsymbol{\Phi}}\right] \tag{11}$$

通过式(11)可求解出频率与阻尼比的渐进估计值 $\tilde{f}$、$\tilde{\zeta}$，然后再代入式(11)中计算模态力功率谱密度的渐进估计值 $\tilde{S}_l$，由此便获得了所有模态参数的渐进估计值 $\tilde{\theta}$。

多次的计算试验表明，本文研究的案例中渐进估计值 $\tilde{\theta}$ 与最优值 $\hat{\theta}$ 的误差一般不超过 10%。因此，本文以$[0.9\tilde{\theta},\ 1.1\tilde{\theta}]$为参数估计区间代入遗传算法中搜索模态参数的 MPV。

2.3 后验不确定性

研究表明[5]，对数似然函数 $L(\theta)$ 的 Hessian 矩阵等于协方差矩阵 $\boldsymbol{C}$ 的逆矩阵。假设 $\{\lambda_1, \lambda_2, \lambda_3, \cdots, \lambda_{n+4}\}$ 是 Hessian 矩阵的特征向量 $\{\boldsymbol{v}_1, \boldsymbol{v}_2, \boldsymbol{v}_3, \cdots, \boldsymbol{v}_{n+4}\}$ 所对应的特征值。令 $\lambda_1=0$，忽略该零特征值项。因此 Hessian 矩阵的逆矩阵即后验协方差矩阵可由下式计算：

$$\boldsymbol{C}=\sum_{i=2}^{n+4}\lambda_i^{-1}\boldsymbol{v}_i\boldsymbol{v}_i^{\mathrm{T}} \tag{12}$$

得到协方差矩阵后，模态参数的不确定性可由对应的变异系数(Cov=标准差/MPV)量化。此外，振型的不确定性还可用下式表示：

$$\rho=\left(1+\sum_{i=2}^{n}\gamma_i\right)^{-1/2} \tag{13}$$

ρ 被称为期望模态置信准则(MAC)，ρ 越接近于 1，$\hat{\boldsymbol{\Phi}}$ 的不确定性越低；γ 表示协方差矩阵中关于振型向量的 n 阶方阵的特征值。

3 大跨度斜拉桥模态参数识别

3.1 参数识别与不确定性分析

苏通大桥主跨长度 1 088 m，是世界首座千米级斜拉桥。该桥建立了全面的健康监测系统，其中主梁加速度传感器的布置如图 1 所示。每个传感器布置截面均包含左右幅两个竖向加速度传感器，采样频率为 20 Hz。本节采用安装于主跨的 5 对加速度传感器的监测数据开展苏通大桥运营模态分析，样本时间长度为 1 小时。样本数据如图 2 所示，为节省篇幅，本节仅对前 4 阶竖弯模态进行识别。

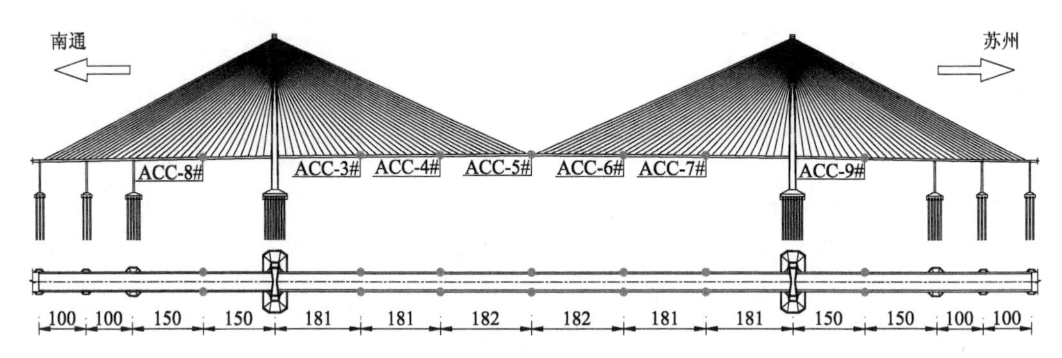

图 1 苏通大桥主梁加速度传感器布置(单位：m)

取频带宽度系数 κ 为 10，苏通大桥的模态参数识别结果如表 1 与图 3 所示。由对应的结果可知，阻尼比与模态力功率谱密度不确定性较高，而频率与振型的不确定性相对较低。大跨度桥梁承受的车载、风载等激励在足够长的时间段内往往会表现出明显的非平稳性，无法满足高斯白噪声假设。此外，桥梁结构阻尼比在不同的外部环境、荷载条件下存在显著的变异性,难以准确识别。因此,可能正是上述原因导致模态力功率谱和阻尼比的不确定性偏大。

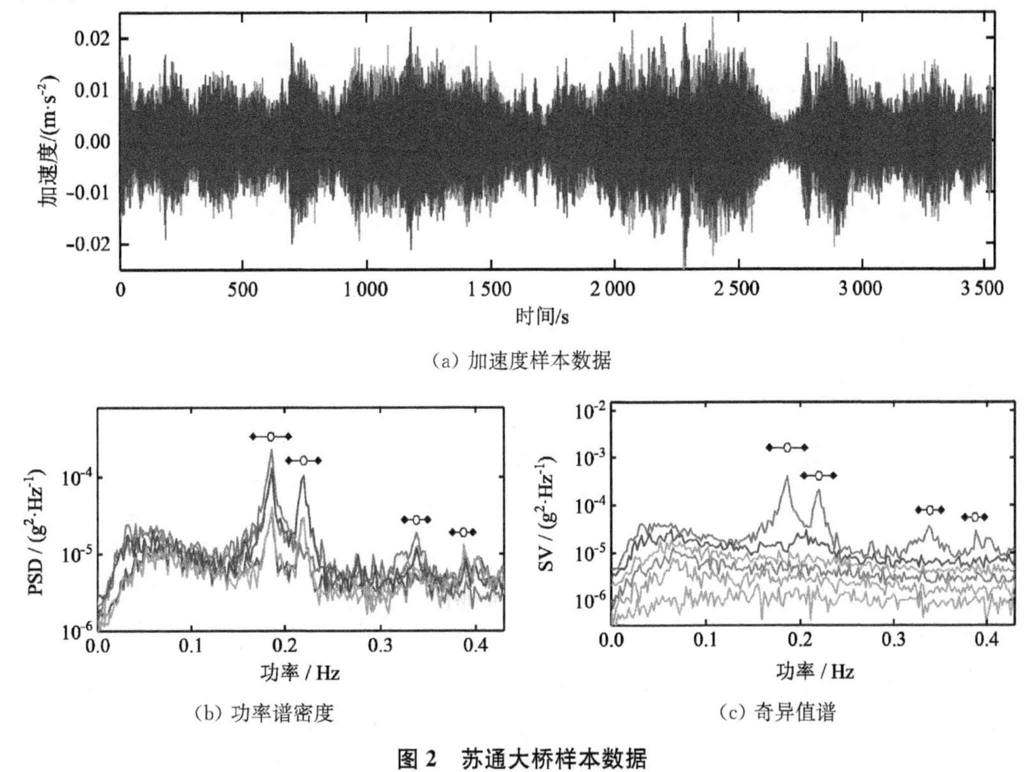

(a) 加速度样本数据

(b) 功率谱密度

(c) 奇异值谱

图 2　苏通大桥样本数据

表 1　模态参数识别结果

模态		1 阶	2 阶	3 阶	4 阶
f	MPV/Hz	0.185	0.218	0.334	0.396
	Cov/%	0.145	0.111	0.257	0.294
ζ	MPV/%	0.746	0.528	2.659	2.876
	Cov/%	20.738	22.116	12.656	24.829
$\sqrt{S_l}$	MPV/(μg·Hz$^{-1/2}$)	10.785	4.823	2.162	1.482
	Cov/%	10.723	10.367	12.744	31.082
$\sqrt{S_e}$	MPV/(μg·Hz$^{-1/2}$)	26.225	15.096	6.534	6.709
	Cov/%	2.902	2.666	2.148	1.998

3.2　频带宽度系数对不确定性的影响

频率与阻尼比是桥梁结构重要的动力特性,也是模态参数识别中首要考虑的对象。因此,为分析频带宽度系数 κ 对模态参数识别结果的影响,本节计算了不同 κ 值下的频率、阻尼比与相应的变异系数,如图 4 与图 5 所示,图中频率、阻尼比的参考值来源于文献[3]。

由图 4 与图 5 可知,随着 κ 的增大,识别结果与参考值的差异逐渐增大。第四阶频率与第三、四阶阻尼比受 κ 的影响最为明显,当 κ 大于 12 后,识别值明显偏离参考值。总体上,Cov 随着 κ 的增大逐渐减小。但当 κ 增大到一定程度后,Cov 也可能表现出增大的趋势。

上述结果表明，在一定范围内增大 κ 值有利于降低模态参数的不确定性，但当 κ 超过该范围后识别误差将逐渐增大，Cov 的变化也可能出现异常。

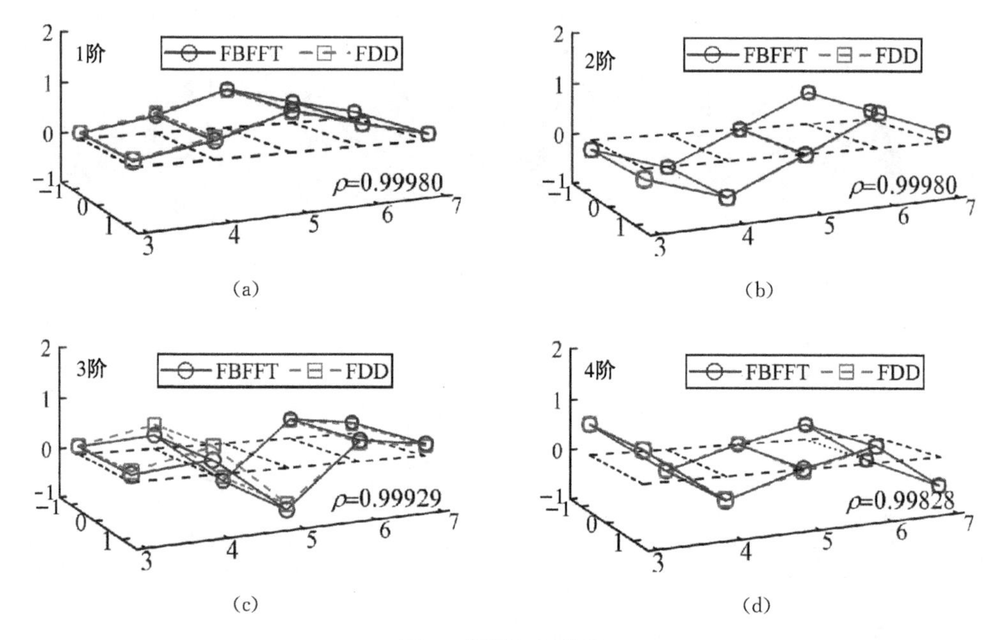

图 3　振型识别结果

上述现象发生的原因主要包含两方面：(1) 随着 κ 的增大，样本数据量增大，样本能够提供更多的模态信息，有利于降低识别结果的不确定性；(2) 随着 κ 的增大样本中可能包含的其他模态信息也越多，模态分布越密集、频谱响应越微弱该现象就越突出(如第四阶模态)，进而导致识别结果出现较大的误差。因此，在选择 κ 时应充分考虑频谱分布情况，并避免选择过大的 κ 值。从图 4 与图 5 中结果看，κ 在 5 与 10 之间时，既能确保模态参数的 MPV 具有较小的误差，又能让变异系数不至于过大且分布稳定。

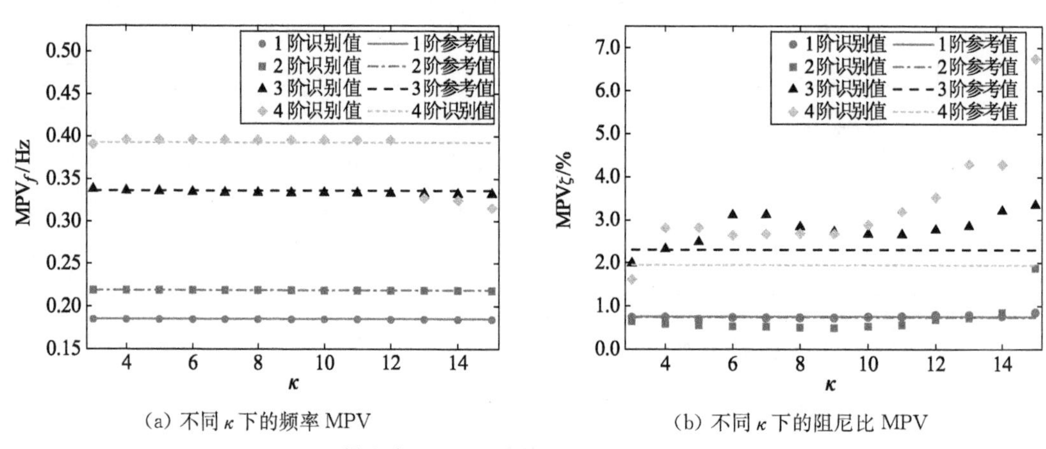

(a) 不同 κ 下的频率 MPV　　(b) 不同 κ 下的阻尼比 MPV

图 4　模态参数 MPV 随频带宽度系数的变化趋势

4　结论

(1) 将 FBFFT 法与遗传算法结合，并利用渐进估计区间约束参数搜索范围，能够高效准确地识别大跨度斜拉桥的各阶模态参数。

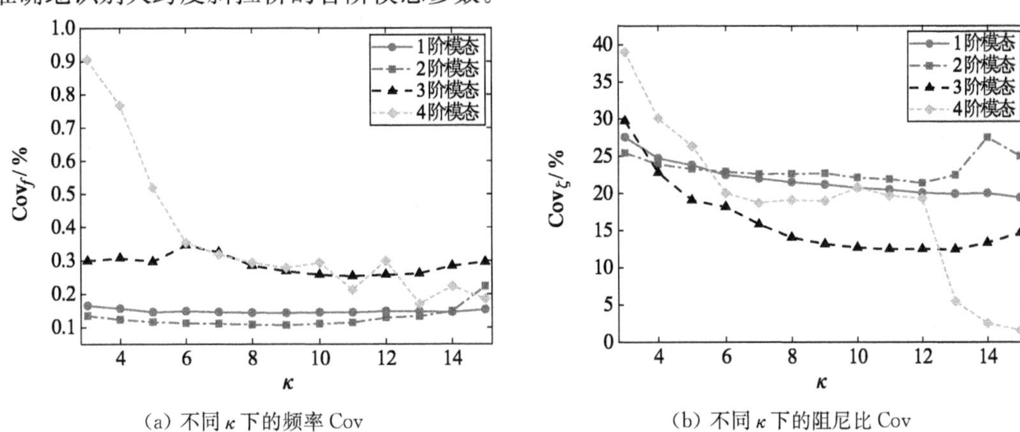

(a) 不同 κ 下的频率 Cov (b) 不同 κ 下的阻尼比 Cov

图 5 模态参数 Cov 随频带宽度系数的变化趋势

(2) 模态参数识别结果中，阻尼比与模态力功率谱密度表现出较大的不确定性，而频率与振型的不确定性相对较小。

(3) 选择频带宽度系数时应适当考虑频谱分布特征，并将其限制在 5 与 10 之间以确保识别误差与不确定性的平衡。

参考文献

[1] Au S K, Brown J M W, Li B B, et al. Understanding and managing identification uncertainty of close modes in operational modal analysis [J]. Mechanical Systems and Signal Processing, 2021, 147: 107018.

[2] Xie Y L, Li B B, Guo J. Bayesian operational modal analysis of a long-span cable-stayed sea-crossing bridge[J]. Journal of Zhejiang University-Science A(Applied Physics and Engineering), 2020, 21(07): 553-564.

[3] Mao J X, Wang H, Spencer B F. Gaussian mixture model for automated tracking of modal parameters of long-span bridge[J]. Smart Structures and Systems, 2019, 2(24): 243-256.

[4] Au S K. Fast Bayesian ambient modal identification in the frequency domain, Part Ⅰ: Posterior most probable value[J]. Mechanical Systems and Signal Processing, 2012, 26: 60-75.

[5] Au S K. Fast Bayesian FFT method for ambient modal identification with separated modes[J]. American Society of Civil Engineers, 2011, 137(3): 214-226.

[6] Au S K. Fast Bayesian ambient modal identification in the frequency domain, Part Ⅱ: Posterior uncertainty[J]. Mechanical Systems and Signal Processing, 2012, 26(1): 76-90.

[7] Brown J M W, Au S K, Zhu Y C, et al. Bayesian operational modal analysis of Jiangyin Yangtze River Bridge[J]. Mechanical Systems and Signal Processing, 2018, 110: 210-230.

[8] Miller B, Ziemiański L. Optimization of dynamic behavior of thin-walled laminated cylindrical shells by genetic algorithms and deep neural networks supported by modal shape identification[J]. Advances in Engineering Software, 2020, 147: 102830.

[9] Guo H Y, Li Z L. Structural damage identification based on Bayesian theory and improved immune genetic algorithm[J]. Expert Systems with Applications, 2012, 39(7): 6426-6434.

[10] Au S K. Uncertainty law in ambient modal identification, Part Ⅱ: Implication and field verification [J]. Mechanical Systems and Signal Processing, 2014, 48(1/2): 34-48.

大跨度四塔悬索桥抖振性能影响因素分析

徐梓栋[1]，王　浩[1]，陶天友[1]，张　寒[1]，贾怀喆[1]，杨　敏[2]

（1. 东南大学土木工程学院 江苏南京 211189；
2. 江苏省交通规划设计院股份有限公司 江苏南京 210014）

摘　要：为对大跨度索承桥梁的抖振性能进行分析，本文对已有泰州大桥有限元模型进行扩展，建立了四塔悬索桥有限元模型，并开展了四塔悬索桥抖振性能影响因素分析。大跨度桥梁抖振响应的影响因素众多，主要分为结构参数和输入参数两类。结构类参数主要包括主梁刚度、矢跨比、恒载集度、中塔形式与刚度等；输入类的参数包含两个方面：第一类是气动参数，如气动导纳函数、自激力模型、抖振力空间相关性等；第二类是风场参数，如脉动风谱、脉动风速空间相关性、顺风向和竖向脉动风交叉谱等。本文选取其中一些影响因素，分析参数取值以及相关简化对该四塔悬索桥抖振性能的影响，以期对该类桥型结构参数选取的改进以及抖振研究的精细化提供一定的参考。

关键词：大跨度四塔悬索桥；抖振；脉动风谱；气动参数

1　引言

20 世纪以来，现代悬索桥的建设取得了巨大成就。进入 21 世纪，世界桥梁工程进入了跨海连岛工程的新时期，多塔连跨悬索桥作为实现超长连续跨越的理想方案方兴未艾。三塔悬索桥是从传统双塔悬索桥向多塔悬索桥发展的一次飞跃，中塔的引入使得其动静力特性较之两塔悬索桥更加复杂。而对于四塔以上的大跨度悬索桥，还存在多塔效应，目前还没有相关工程实例，其在结构体系、中塔选型、抗风抗震等方面的关键技术问题亟须解决[1-2]。本文以一座大跨度四塔悬索桥为研究背景，结合大型有限元分析软件 ANSYS，围绕大跨度四塔悬索桥抖振性能影响因素开展分析，以期对该类桥型结构参数选取的改进以及抖振研究的精细化提供一定的参考。

2　大跨度四塔悬索桥有限元模型

该四塔悬索桥跨径布置为 3×1 080 m，采用对称结构形式。其主梁采用封闭式流线型

基金项目：国家自然科学基金优秀青年基金(51722804)；江苏省重点研发计划一产业前瞻与共性关键技术(BE2018120)

扁平钢箱梁，钢箱梁节段标准长度为 16 m，中心线处梁高 3.5 m。主缆采用平行双索布置形式，2 根主缆横向间距 35.8 m，设计成桥状态矢跨比为 1/9。桥塔横桥向均为门式框架结构，两边塔为混凝土塔，塔高 178.0 m，顺桥向呈单柱形；两中塔为变截面钢塔，塔高 194.0 m，顺桥向则采用倒 Y 形，以增强其纵向抗弯刚度。两中塔的塔梁连接处纵向设置弹性拉索，以限制主梁纵向位移[3-4]。有限元模型示意如图 1 所示。

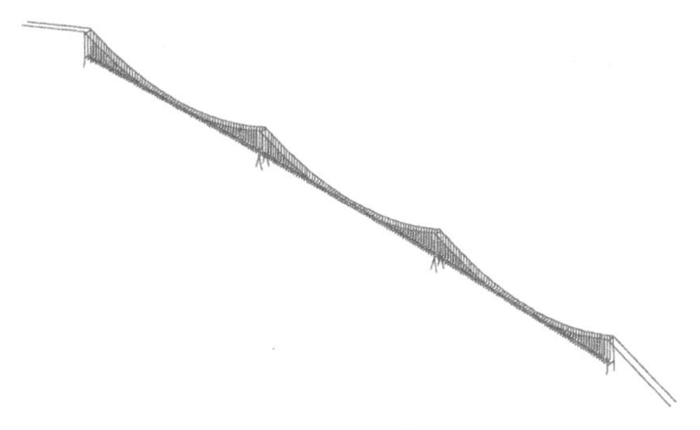

图 1　LES 入口湍流验证

3　抖振性能影响因素分析

3.1　气动自激力

本小节针对该四塔悬索桥分析了主梁气动自激力对该桥抖振响应的影响。图 2 示出了有无气动自激力情况下主梁竖向抖振位移 RMS 分布的对比。

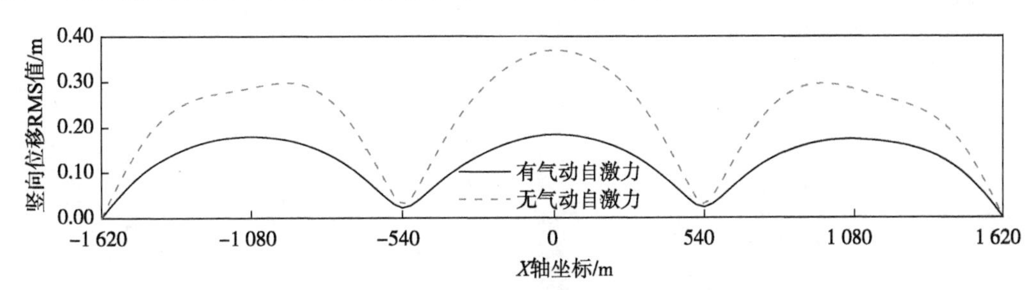

图 2　有无气动自激力情况下 RMS 分布对比

由图 2 可知，有气动自激力时的主梁竖向抖振位移响应结果较无气动自激力时要小得多。在较低的风速下，采用忽略自激力作用的抖振分析方法可能会导致计算结果的失真，得到过于偏大的抖振响应。

3.2　中塔刚度

不同中塔纵弯刚度下主梁竖向抖振位移 RMS 值沿跨度方向的分布情况如图 3 所示。

由图 3 可知，随着中塔纵弯刚度的减小，主梁竖向抖振位移 RMS 值呈现出单调递减的趋势，这与中塔纵弯刚度减小使得主梁一阶竖弯频率提高有关。当中塔纵弯刚度倍率从 0.6提高到 2.0 时，各跨内 RMS 峰值分别从 0.194 2 m 和 0.217 3 m 下降到 0.161 6 m 和

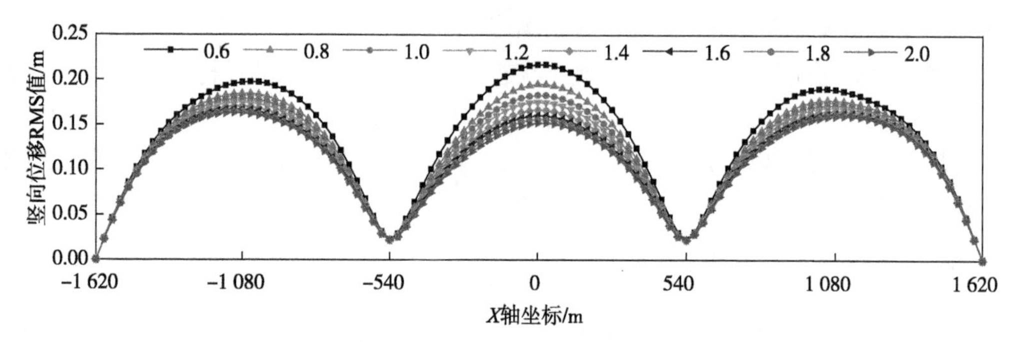

图 3　不同中塔纵弯刚度下 RMS 值沿跨度方向分布的比较

0.152 1 m,降幅为 16.8%和 30.0%。

4　结语

本文进行了基于 ANSYS 的四塔悬索桥抖振响应分析,并探讨了结构参数和气动参数对结构抖振性能的影响。

参考文献

[1] 陈政清. 工程结构的风致振动、稳定与控制[M]. 北京：科学出版社，2013.

[2] 项海帆，葛耀君，朱乐东. 现代桥梁抗风理论与实践[M]. 北京：人民交通出版社，2005.

[3] 陶天友，王浩，李爱群. 中塔对大跨度三塔连跨悬索桥抖振性能的影响[J]. 振动、测试与诊断，2016，36(1)：131-137.

[4] 杨敏. 基于 ANSYS 的大跨度四塔悬索桥风致颤振及抖振研究[D]. 南京：东南大学，2017.

大跨度悬索桥颤振稳定安全性评估

董峰辉[1]，石　峰[1]，王立彬[1]

(1. 南京林业大学土木工程学院 江苏南京 210037)

摘　要：本文提出了一种基于非概率可靠度理论的大跨度悬索桥颤振稳定安全系数的研究方法。该方法在已知给定的随机变量统计参数的前提下，通过非概率可靠度理论，在计入结构参数随机性的前提下，求解大跨度悬索桥颤振稳定安全系数。运用该方法对西堠门大桥颤振稳定安全系数进行计算。结果表明，参数的随机性会对大跨度悬索桥颤振稳定安全性有重要影响。

关键词：大跨度悬索桥；颤振稳定性；安全系数；非概率；可靠度

1　引言

众所周知，大跨度悬索桥对风非常敏感，很容易发生风致振动现象，其中颤振的后果最严重，可能会引起桥梁的垮塌，如著名的塔科马大桥。从本质上来说，由于风环境和悬索桥结构自身的不确定性，使得大跨度悬索桥的颤振失稳成为一个随机事件。国内外学者已对大跨度悬索桥颤振稳定性可靠度评价问题展开了比较广泛的研究[1-10]，并且通过采用带有各自特点的方法进行结构颤振稳定性可靠度评价，并取得了一定的研究成果。

然而，在大跨度悬索桥颤振稳定性可靠度分析中，随机变量如颤振导数和结构阻尼比等关键参数的统计特性均为假设，使得评价结果能否用于实际工程值得商榷。此外，值得注意的是，如颤振导数等随机参数如服从正态分布则其定义域是实数域显然与常理不符，但是同时也具有一定的随机性。这一矛盾使得已有大跨度悬索桥颤振稳定性的评价手段需要改进。

本文在前人研究的基础上提出了一种基于非概率可靠度理论的大跨度悬索桥颤振稳定安全系数研究方法，并以西堠门大桥为例对其颤振稳定安全性进行分析。以期建立一套计算准确、高效、方便实用且满足工程应用要求的大跨度悬索桥颤振稳定安全性评价方法。

2　非概率可靠度理论

当抗力 R 和荷载 S 的不确定性用区间来表示时，即 $R \in RI = [R_d, R^u]$，$S \in SI = [S_d, S^u]$，R_d，S_d，R^u 和 S^u 分别表示承载能力和作用效应的下界和上界，相应的承载能力 R 和作

用效应 S 的区间中点为 R_c 和 S_c，区间半径为 R_r 和 S_r，由区间数学可得

$$R_c=(R_d+R^u)/2 \tag{1}$$

$$S_c=(S_d+S^u)/2 \tag{2}$$

$$R_r=(R^u-R_d)/2 \tag{3}$$

$$S_r=(S^u-S_d)/2 \tag{4}$$

区间模型的安全系数有三种形式：

(1) 中心安全系数 n_c

$$n_c=R_c/S_c \tag{5}$$

(2) 非概率安全系数 n_{nr}

$$n_{nr}=R_d/S^u \tag{6}$$

(3) 区间安全系数 n_I

$$n_I=R/S \tag{7}$$

由上述表达式可以看出，中心安全系数由于无法考虑参数的随机性，因此结构的安全度未知；区间安全系数由于不太方便实用，因此在工程中的应用会受到一定限制；非概率安全系数，应用起来又很方便，也对参数的随机性有所考量。因此，本文采用基于可靠度理论中，非概率安全系数的方法，来描述大跨度悬索桥颤振稳定有多大的安全性。

3 颤振稳定性可靠度分析模型

大跨度悬索桥颤振稳定性问题，极限状态函数可以表示为[1]：

$$g=C_w \cdot V_{cr}-G_s \cdot V_b \tag{8}$$

式中，V_{cr} 为计入结构特性中不确定因素的颤振稳定性临界风速，可以通过三维非线性有限元计算确定；C_w 为计入风场特性中不确定性因素的临界风速转换系数；G_s 为考虑最大脉动风影响的阵风因子；V_b 为桥址处桥面高度的 10 min 时距平均基准风速，可根据现有的风速记录来推算。

由于颤振稳定性临界风速 V_{cr} 的计算在大跨度悬索桥颤振稳定性可靠度分析过程中非常重要，由于颤振稳定性临界风速 V_{cr} 为其影响因素的隐式表达式，本文采用基于确定性有限单元法进行颤振稳定性临界风速的计算。本文采用基于 ANSYS 平台的时域方法进行大跨度悬索桥颤振稳定性分析。

根据式(8)，基于非概率可靠度理论可建立式(9)所示的非概率安全系数：

$$K_{nr}=\frac{[C_w \cdot V_{cr}]_d}{[G_s \cdot V_b]^u} \tag{9}$$

4 工程应用

西堠门大桥主桥为主跨 1 650 m 的两跨连续漂浮体系的钢箱梁悬索桥，跨径布置为 578 m+1 650 m+485 m，钢箱梁连续总长为 2 228 m。舟山西堠门大桥三维有限元模型如图 1 所示。西堠门大桥每延米广义质量 m=28 177 kg/m，每延米广义质量惯性矩为 I_m=3 955 905 kg·m^2/m；结构阻尼比为 0.005。

采用时域法对西堠门大桥颤振稳定性进行计算，搜索了西堠门大桥一阶竖弯和扭转振动在各级风速下的阻尼比，如图 2 所示。由图 2 分析可知，西堠门大桥的颤振临界风速为 95.3 m/s，此时系统的扭转频率为 0.213 5 Hz，系统的竖弯频率为 0.101 7 Hz。

由于在西堠门大桥颤振稳定性分析过程中，仅考虑颤振导数 $A_1^* \sim A_4^*$、$H_1^* \sim H_4^*$ 以及结构阻尼比的影响，各随机变量统计特性[1,7]见表 1。

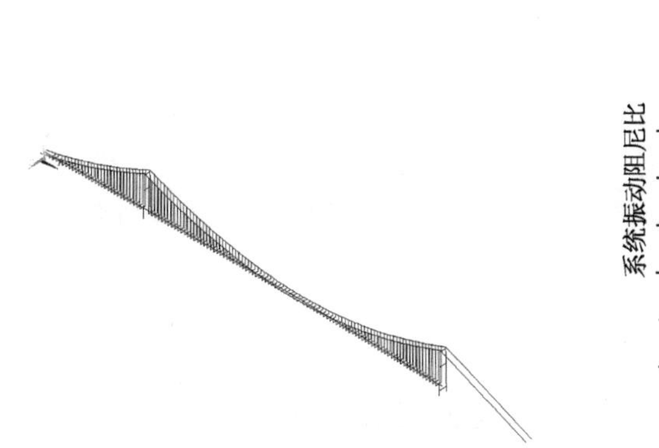

图 1 西堠门大桥三维有限元模型

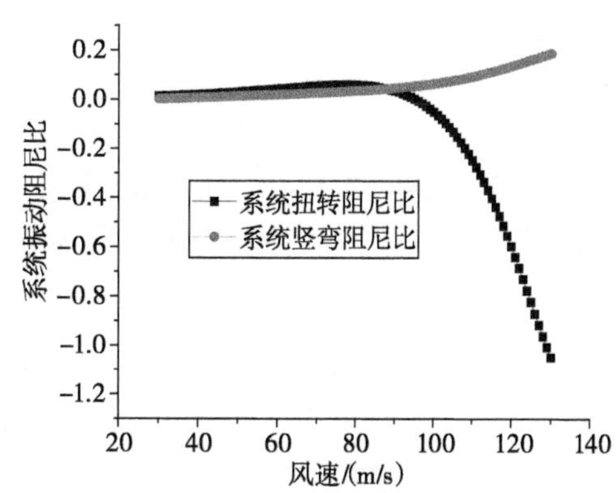

图 2 系统阻尼比随风速的变化

表 1 随机变量统计特性

随机变量	分布类型	均值	标准差	变异系数
A^*，H^*	正态分布	1	0.2	0.2
ξ	对数正态分布	1	0.4	0.4
C_w	正态分布	1	0.1	0.1
G_s	正态分布	1.2	0.12	0.1
V_b	极值-I 型分布	19.35	3.88	0.2

在采用非概率可靠度理论计算西堠门大桥颤振稳定安全系数时，各随机变量的区间取值按 3 个标准差取值，即随机变量的变化区间为$[\mu-3\sigma,\mu+3\sigma]$，因此符合工程实际应用。采用本文提出的基于非概率可靠度理论的安全系数评估方法计算得到的西堠门大桥颤振稳定性安全系数为 1.836 2。基于确定性模型计算得到的西堠门大桥颤振稳定性安全系数为 $K=\dfrac{E[V_{\sigma}]\cdot E[C_w]}{E[G_s]\cdot U_b^{100}}=\dfrac{95.3\times 1}{1.2\times 31.52}=2.519\ 6$。非概率可靠度理论计算得到的西堠门大桥颤振稳定性安全系数明显小于确定性模型计算得到西堠门大桥颤振稳定性安全系数。之所以会出现以上差异，是因为确定性模型计算时无法考虑参数的不确定性，那就说明了，

在计算西堠门大桥颤振稳定性安全系数时，考虑参数的随机性会使结果更加符合实际情况。如果在计算时忽略参数不确定性将会过高地估计西堠门大桥颤振稳定性安全系数，有可能导致结构的安全储备不足。

在大跨度悬索桥颤振稳定性可靠度评价中，有必要计入参数随机性的影响，可采用本文提出的方法进行大跨度悬索桥颤振稳定可靠度评估；参数的随机性对西堠门大桥颤振稳定性可靠度指标有重要影响，忽略参数的随机性有可能导致结构的颤振稳定性偏于不安全。

5 结论

本文提出了一种基于非概率可靠度理论的大跨度悬索桥颤振稳定性安全系数研究方法，在计算出安全系数的前提下同时考虑结构参数随机性的影响。通过列举出一个实例分析，说明了本文方法的有效性和适用性，得出以下结论：

(1) 对大跨度悬索桥颤振稳定安全性产生影响的是参数的不确定性，对于按照确定性的稳定安全系数进行评估的结构，荷载的随机性会降低大跨度悬索桥颤振稳定安全性。

(2) 本文推荐的基于非概率可靠度理论的方法对确定大跨度悬索桥颤振稳定性安全系数具有较好的适用性，可采用本文提出的方法进行大跨度悬索桥颤振稳定安全性评估。

参考文献

[1] 葛耀君，项海帆，Tanaka H. 随机风荷载作用下的桥梁颤振可靠性分析[J]. 土木工程学报，2003，36(6)：42-46.

[2] 葛耀君，周峥，项海帆. 缆索承重桥梁颤振失稳的概率性评价及统计分析[C]//第十一届全国结构风工程学术会议论文集. 三亚，2004：319-324.

[3] 葛耀君，周峥，项海帆. 基于改进一次二阶矩法的桥梁颤振可靠性评价[J]. 结构工程师，2006，22(3)：46-51.

[4] Cheng J，Xiao R C. Probabilistic free vibration and flutter analyses of suspension bridges[J]. Engineering Structures，2005，27(10)：1509-1518.

[5] Cheng J，Cai C S，Xiao R C，Chen S. Flutter reliability analysis of suspension bridges[J]. Journal of Wind Engineering and Industrial Aerodynamics，2005，93(10)：757-775.

[6] Cheng J，Dong F H. Application of inverse reliability method to estimation of flutter safety factors of suspension bridges[J]. Wind & Structures-An International Journal，2017，24(3)：249-265.

[7] 许福友，陈艾荣，张建仁. 缆索承重桥梁的颤振可靠性[J]. 中国公路学报，2006，19(5)：59-64.

[8] 周峥，葛耀君. 缆索承重桥梁颤振的风险分析和决策[C]//第十三届全国结构风工程学术会议论文集. 大连，2007：334-343.

[9] 周峥，葛耀君，杜柏松. 桥梁颤振概率性评价的随机有限元法[J]. 工程力学，2007，24(2)：98-104.

[10] 葛耀君，项海帆. 桥梁颤振的随机有限元分析[J]. 土木工程学报，1999，32(4)：27-32.

强风作用下苏通大桥超长斜拉索风振响应实测分析

张　寒[1]，茅建校[1]，王　浩[1]，徐梓栋[1]

（1. 东南大学混凝土及预应力混凝土结构教育部重点实验室 江苏南京 210096）

摘　要： 持续风荷载作用是斜拉桥拉索服役寿命的重要控制因素，对拉索风振响应进行实测和分析是掌握运营状态、评估剩余寿命的重要手段。本文以苏通大桥结构健康监测系统记录的某段强风实测风环境及其响应数据为对象，详细分析了桥址区平均风速、风向等风特性参数，在此基础上，对大桥超长斜拉索实测风振响应及其频谱特征进行了深入分析。结果表明，低风速阶段上下游拉索振动形式存在差异，上游拉索以多模态振动为主，下游拉索出现单模态高频振动；强风作用下斜拉索振动幅度明显增大，上下游拉索振动主导模态基本一致。

关键词： 强风；苏通大桥；斜拉索；风振响应

1　引言

斜拉索是斜拉桥的主要受力构件，随着桥梁跨度的不断增大，斜拉索长度迅速增加，更趋于柔性，极易在外界强风等环境激励下发生风振、风雨振等多种有害振动[1]，导致其结构性能退化。因此，有必要开展斜拉索的风致振动研究，以掌握其内在机理和关键特征，为拉索风振控制提供有效参考，从而保障斜拉桥的安全运营。

结构健康监测系统(Structural Health Monitoring System，SHMS)是开展拉索现场实测的有效手段，利用其风环境监测和振动监测系统，可对桥址区风环境和拉索振动进行稳定、长期的测量，为拉索风振特性和机理研究提供有效资料[2]。本文基于苏通大桥 SHMS 实测风场及拉索振动数据，在分析桥址区风特性的基础上，对斜拉桥超长拉索振动进行了深入探究。

2　拉索风环境及风振实测

苏通大桥风环境监测子系统由跨中上游和下游，以及南北塔顶四个三维超声风速仪组成，风速量程 0～70 m/s，测试精度 0.01 m/s；风向测量范围 0°～359.9°，测试精度 0.1°。在实际测量中，风速仪仅开启二维模式，正北方向设定为 0°风向，顺时针变化为正方向，采样频率设定为 1 Hz。本文选取某天 24 h 实测数据，得到桥梁跨中 10 min 平均风速和风向如图 1 所示。

由图 1 知，24 h 内跨中上下游风速仪所测风速、风向变化趋势基本吻合，相互验证了该时间段内所选取实测数据的真实性和有效性。实测数据表明当日 13 时左右，苏通大桥遭遇

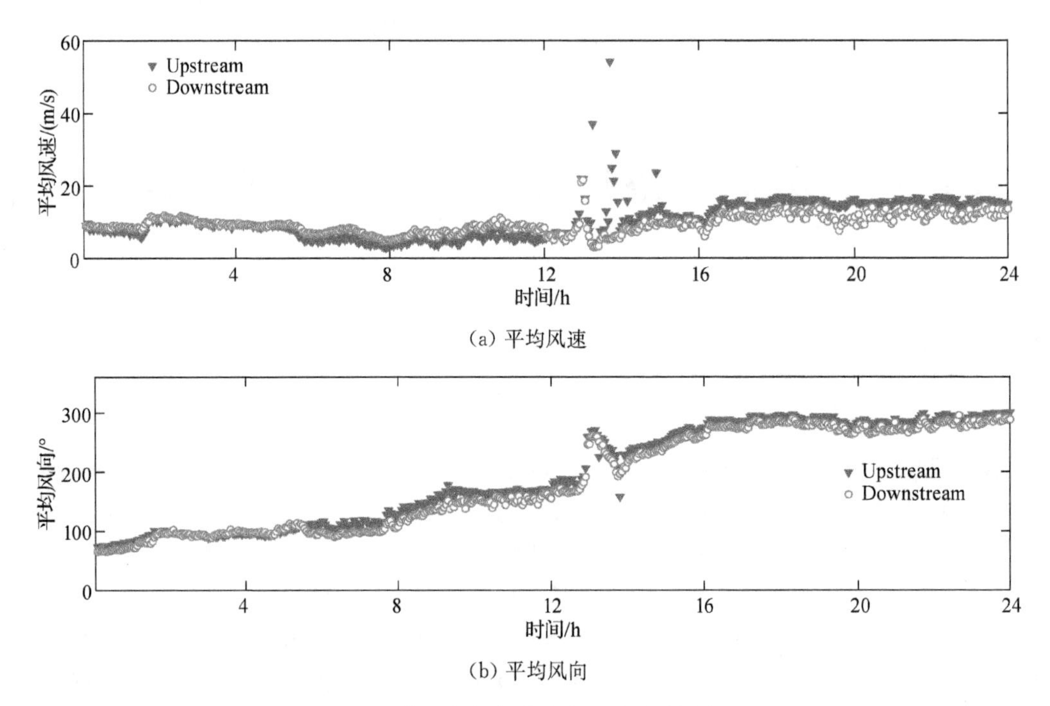

(a) 平均风速

(b) 平均风向

图 1　苏通大桥主跨跨中平均风速风向

持续时间 20 min 左右的极端风侵袭，瞬时风速高达 70 m/s 以上，10 min 平均风速接近 60 m/s，且风速风向变化剧烈。

本文选取苏通大桥 NA34 拉索为研究对象，该拉索长度为 542.33 m，直径为 0.124 m，分布质量为 99.92 kg/m，倾角为 25.41°，为超长斜拉索。NA34 拉索位于苏通大桥边跨，且锚固于主梁辅助墩附近，故该拉索振动受主梁影响较小，风致振动为该拉索的主要振动形式。实测得到 NA34 上游和下游拉索振动加速度时程如图 2 所示。

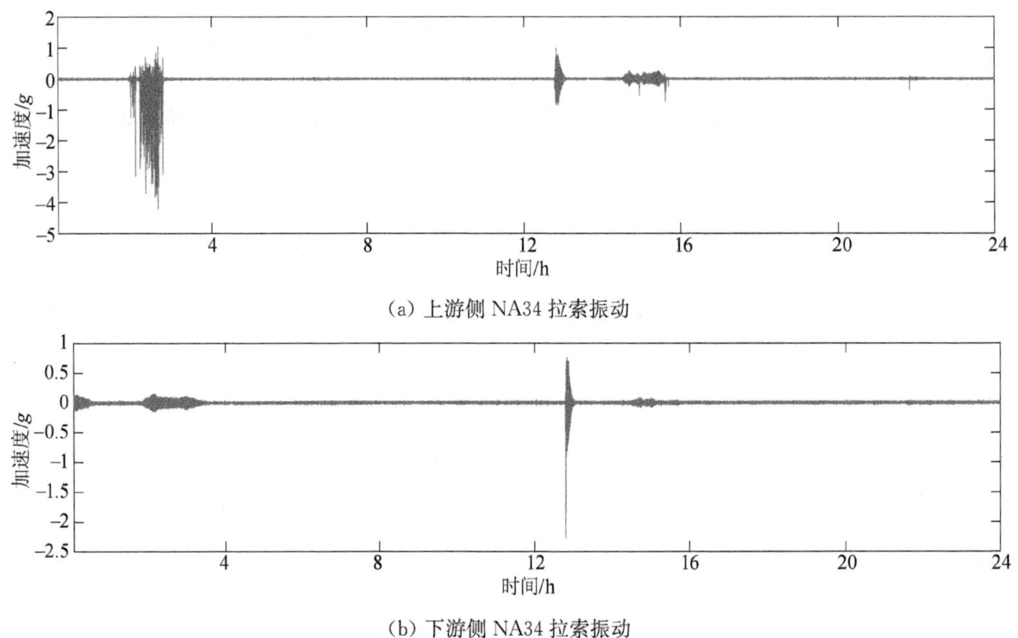

(a) 上游侧 NA34 拉索振动

(b) 下游侧 NA34 拉索振动

图 2　NA34 拉索振动加速度时程

由图 2 可知,13 时至 15 时大风速时段,上下游拉索都出现较大幅度振动,下游侧拉索振动幅度较大,加速度响应快速增大四十余倍。此外,在 2 时至 3 时,虽然风速不大,但上下游拉索均出现较大幅度振动,尤其是上游索,振动加速度远大于高风速时段。此外,分析表明,该同一时段内,上游侧拉索为多模态振动,下游侧拉索则为高阶单频(5.88 Hz)振动,疑似为高频涡振,亟须进一步验证。

3 拉索实测风振响应分析

选取上游侧拉索 8 时开始 30 min 内较为平稳的一段实测振动,利用频率法识别拉索的基频。首先得到该段加速度时程功率谱如图 3 所示。

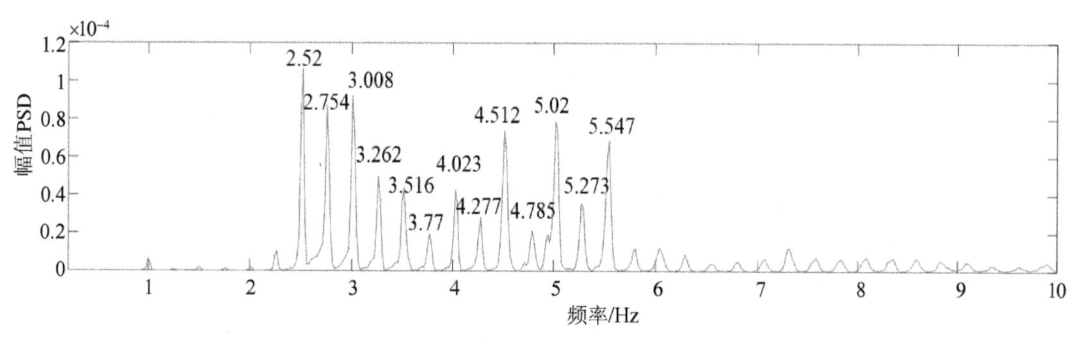

图 3 加速度响应功率谱

图 3 中各阶频率与阶数开展线性拟合,对应的线性相关系数为 0.999 97,表明各阶频率符合频率倍数关系,其变化斜率为 0.252,即识别得拉索基频为 0.252 Hz。识别结果与早期拉索基频[3] 0.22 Hz 存在差异。为掌握高风速阶段拉索大幅振动主导模态,对该段时间内拉索振动加速度开展频谱分析,结果如图 4 所示。

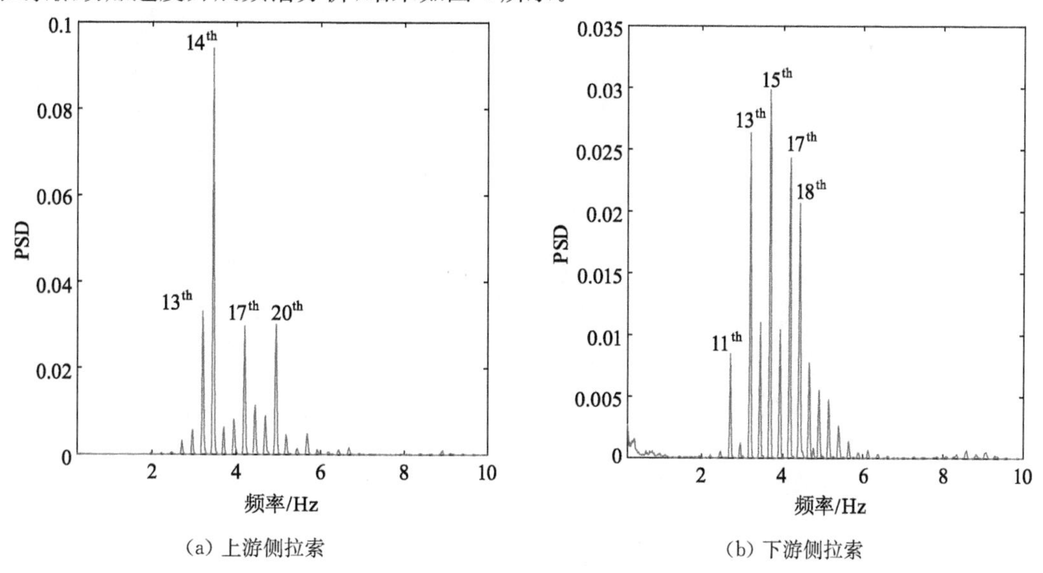

(a) 上游侧拉索　　(b) 下游侧拉索

图 4 高风速阶段 NA34 拉索加速度响应功率谱

由图 4 可知,强风作用下,上游侧拉索主导模态为 13 阶到 20 阶,下游侧拉索主导模态为 11 阶至 18 阶，二者振动形式基本一致。

4 结论

（1）低风速下，上游侧拉索和下游侧拉索存在不同的振动形式，且拉索易出现较长时间的高频单模态振动，疑似为拉索涡振。

（2）强风作用下，斜拉索振动加速度响应增大四十余倍，上下游拉索主导模态范围相近，振动形式基本一致。

参考文献

[1] 陈政清. 桥梁风工程[M]. 北京：人民交通出版社，2005.
[2] Ni Y Q, Wang X Y, Chen Z Q, et al. Field observations of rain-wind-induced cable vibration in cable-stayed Dongting Lake Bridge[J]. Journal of Wind Engineering and Industrial Aerodynamics, 2007, 95 (5): 303-328.
[3] 方宁. 斜拉桥超长拉索振动行为测试与研究[D]. 上海：同济大学，2008.

基于层次分析法的大跨斜拉桥抗风评价方法

石　峰[1]，王立彬[1]，董峰辉[1]

（1. 南京林业大学土木工程学院 江苏南京 210037）

摘　要：抗风稳定性能是大跨度桥梁的重要安全指标，一般可从静风稳定性、颤振稳定性、抖振稳定性等方面进行评价。层次分析法（AHP 法）可以灵活调整静风荷载与各种风致振动验算占桥梁总体评价的权重，提升桥梁风险评估的可靠性与综合性，拓展出一种适用于各类桥梁的宏观抗风策略。以某斜拉桥为例，对该桥各抗风致振动因素的重要性对比，构建判断矩阵并得到抗风评价的权重向量，形成其独特的抗风策略。

关键词：层次分析法；指标重要性程度；气动稳定性；大跨斜拉桥抗风评价

1　引言

随着大跨度桥梁结构的发展，主梁结构的高跨比逐渐降低，轻薄细长的结构带来了许多气动安全问题[1]。Tacoma 大桥的垮塌，开启了大跨度桥梁结构的颤振研究。2020 年 5 月 5 日 14 时许，虎门大桥因在桥面护栏附近布置了大量水马，出现了梁体的涡振现象，桥面的最大振幅达到 40 厘米[2]。

斜拉桥、悬索桥等桥型在跨径上不断突破，但其结构在复杂的随机风荷载下的安全评价难度也不断增大。早期的确定性安全系数法、基于结构强度的抗风设计方法已经无法满足结构设计要求。葛耀君等[3]首次提出了缆索承重桥梁风振可靠性评价体系——桥梁颤振失稳和桥梁抖振失效可靠性评价方法。根据颤振极限风速与结构抗力风速的关系构建各种风荷载下桥梁的失效概率，得到其抗风可靠性指标。颤振安全性更好的分离式箱梁断面已经广泛应用于大跨桥梁领域，该断面形式可大幅度提高结构颤振临界风速[4]。但赵林等[5]发现分体式钢箱梁的中央开槽会加剧主梁的涡振，这表明桥梁抗风设计不能局限于单一抗风性能的评价。

层次分析法（AHP 法）可高效分析多因素控制的复杂问题。汪科任等[6]利用 AHP 法解决了磁浮系统中车轨耦合振动的分析问题，实现了多因素作用下的车辆综合性能指标求解。李恒等[7]将 AHP 分析法用于钢箱梁桥各个构件的质量评价中，实现了桥梁质量等级的可靠评定。以层次分析法为主体，结合桥梁抗风领域的多种分析方法，可形成一种运用于大跨度桥梁的风致风险综合评估方法。

2 综合层次指标建立

2.1 评价体系的确定

大跨度斜拉桥的抗风评估可以表示为一个二级三层的指标体系(表 1)。目标层表示斜拉桥在风荷载作用下的风险等级;主准则层表示桥梁设计过程中的两类极限状态;次准则层表示斜拉桥在风荷载作用下的 5 种主要危险状况,并作为一级评价指标。第一级评判为次准则层对主准则层的评判,第二级评判为主准则层对目标层的评判。

表 1 斜拉桥抗风评估指标

目标层	主准则层	次准则层
斜拉桥抗风风险评估	承载能力极限状态 U_1	静风荷载 U_{11}
		颤振 U_{12}
	正常使用极限状态 U_2	缆索振动 U_{21}
		抖振 U_{22}
		涡振 U_{23}

2.2 建立判断矩阵

将层次分析法运用于桥梁风险评估的难点在于:风荷载对桥梁的作用,受到风速、风攻角等因素影响,产生多种振动形式[8],这些振动形式之间也具有一定相关性。对于斜拉桥而言,跨径布置、拉索及锚固点布置、主梁横断面形状、阻尼装置等因素都会对各种振动的危害程度产生很大影响[9]。在权重计算时,需要考虑可能导致结构出现危险状况的各项影响因素及其敏感程度。

静风荷载和颤振对结构安全的风险较大,可选用相对成熟的可靠度理论[10],通过失效概率数值实现一级评价指标的重要性对比。抖振、涡振与风雨激振会影响桥梁结构的使用性能,在近年来多次造成影响行车舒适性的振动。因此,对该类型的危害性评价,不能仅以结构的失效作为指标。其重要性程度可以根据规范标准进行换算,并通过主准则层权重反馈到整体结构评估上。

判断矩阵表示对应同一指标层内的各个指标相对重要程度的两两比较,矩阵中的元素 u_{ij} 是元素 u_i 相对于 u_j 的重要性的标度。

$$\mathbf{A}=\begin{bmatrix} 1 & u_1/u_2 & \cdots & u_1/u_j \\ u_2/u_1 & 1 & \cdots & u_2/u_j \\ \vdots & \vdots & \ddots & \vdots \\ u_i/u_1 & u_i/u_2 & \cdots & 1 \end{bmatrix}=\begin{bmatrix} a_{11} & a_{12} & \cdots & a_{1j} \\ a_{21} & a_{22} & \cdots & a_{2j} \\ \vdots & \vdots & \ddots & \vdots \\ a_{i1} & a_{i2} & \cdots & a_{ij} \end{bmatrix} \tag{1}$$

将判断矩阵归一化处理,计算每一列的元素和 S_j,计算各列元素与对应列元素和的比值得到归一化新元素 a'_{ij}。

$$S_j = \sum_{i=1}^{m} a_{ij} \tag{2}$$

$$a'_{ij} = \frac{a_{ij}}{S_j} \tag{3}$$

计算新矩阵每一行元素之和 S'_i，并求得矩阵每一行各元素与对应行元素之和的比值，作为每一组行元素的权重 W_i。

$$S'_i = \sum_{i=1}^{m} a'_{ij} \tag{4}$$

$$W_i = S'_i / \sum_{i=1}^{m} S'_i \tag{5}$$

根据各行权重得到权重向量 $\boldsymbol{W}$

$$\boldsymbol{W} = [W_1, W_2, \cdots, W_m] \tag{6}$$

2.3 一致性评价

首先根据公式(7)，由初始的判断矩阵 $\boldsymbol{A}$ 与权重向量 $\boldsymbol{W}$，求解最大特征根：

$$\lambda_{\max} = \sum_{i=1}^{n} \frac{(\boldsymbol{AW})_i}{nW_i} \tag{7}$$

根据下列平均随机一致性指标 RI 系数表(表 2)进行如下计算：

表 2　第 1—9 阶 *RI* 系数表(重复计算 1 000 次)

n	1	2	3	4	5	6	7	8	9
RI	0	0	0.52	0.89	1.12	1.26	1.36	1.41	1.46

$$CI = (\lambda_{\max} - n)/(n-1) \tag{8}$$

$$CR = CI/RI \tag{9}$$

根据公式(8)求得一致性指标；将 CI 值代入公式(9)求得一致性比率 CR。若 CR 小于 0.1，则认为该假设通过一致性检测。

3 算例

对某主跨为 1 088 m 斜拉桥进行 AHP 法抗风性能综合风险评估。

3.1 指标重要性程度拟定

杨喜刚、陈艾荣[11]总结了该桥的气动稳定性能实验：分析了不同风攻角、雷诺数等条件下的主梁静气动力系数，并结合现场风力数据对该斜拉桥静风性能进行评价；根据全桥气弹模型气动稳定性试验，计算结构失稳模态，对潜在的颤振类型及其可能性进行了评估；通过梁节段模型的涡振试验，进行了等效 45 m/s 等工况的实桥桥面风速下的涡振可能性研究；综合考虑了风雨激振、参数振动与线性内部共振对拉索振动的影响，分析风荷载作用下的拉索振动频率，最终将缆索振动确定为此类桥梁的主要风致问题。在该桥斜拉索的风雨振动风洞试验[12]中，风雨共同作用下拉索最大理论振幅超过规范要求。布置雨线和阻尼装置后，拉索频率大幅增大，振动明显降低。

根据上述实验分析数据，结合专家咨询初步拟定了各级指标间的重要性程度对比（表 3）。结合大跨度斜拉桥的特点，结合专家意见对两个一级指标的重要性程度进行了对比（表 4）。其中，颤振为结构破坏的最大潜在风险，缆索振动为最常见风致危害现象。

表 3　二级指标重要性程度比较

T	U_{11}	U_{12}	U_{21}	U_{22}	U_{23}
U_{11}	1	1/2			
U_{12}	2	1			
U_{21}			1	3	2
U_{22}			1/3	1	2/3
U_{23}			1/2	3/2	1

表 4　一级指标重要性程度比较

T	U_1	U_2
U_1	1	2/3
U_2	3/2	1

3.2　权重计算

根据指标重要程度对比结果，得到判断矩阵：

$$\boldsymbol{A}_0=\begin{bmatrix}1 & 0.667\\1.500 & 1\end{bmatrix}\quad \boldsymbol{A}_1=\begin{bmatrix}1 & 0.500\\2.000 & 1\end{bmatrix}\quad \boldsymbol{A}_2=\begin{bmatrix}1 & 3 & 2\\0.333 & 1 & 0.667\\0.500 & 1.500 & 1\end{bmatrix}$$

对原始判断矩阵进行归一化处理，根据式(2)计算每一列元素之和，按式(3)计算各元素与 S_j 的比值，得到归一化的判断矩阵的新元素：

$$\boldsymbol{A}_0=\begin{bmatrix}0.400 & 0.400\\0.600 & 0.600\end{bmatrix}\quad \boldsymbol{A}_1=\begin{bmatrix}0.333 & 0.333\\0.667 & 0.667\end{bmatrix}\quad \boldsymbol{A}_2=\begin{bmatrix}0.782 & 0.546 & 0.545\\0.182 & 0.182 & 0.182\\0.273 & 0.273 & 0.273\end{bmatrix}$$

由式(4)计算判断矩阵行元素之和，根据各行元素之和 S_i'按式(5)得到各行元素的权重系数 W_i。各级指标的权重向量计算结果为：$\boldsymbol{W}_0=(0.400, 0.600)$，$\boldsymbol{W}_1=(0.333, 0.667)$，$\boldsymbol{W}_2=(0.579, 0.169, 0.253)$。

对三阶判断矩阵 $\boldsymbol{A}_2$ 进行一致性检验，求得其 $\lambda_{max}=3.012$，根据式(8)(9)求得 $CI=0.006$，$CR=0.011\ 54$ 符合一致性检验要求，根据上述计算、验算的各项权重向量得到表 5。

表5 某斜拉桥抗风评估权重

目标层	主准则层	主准则层权重	次准则层	次准则层权重
斜拉桥抗风风险评估	承载能力极限状态 U_1	0.400	静风荷载 U_{11}	0.333
			颤振 U_{12}	0.667
	正常使用极限状态 U_2	0.600	缆索振动 U_{21}	0.579
			抖振 U_{22}	0.169
			涡振 U_{23}	0.253

3.3 抗风性能评价小结

上述抗风评估权重计算结果与文中指标重要性设定一致，可清晰描述各风致振动在抗风设计中的重要性，体现该桥抗风设计的侧重点。缆索振动是该斜拉桥第一风致灾害评估因素；颤振也在结构安全性方面处于关键地位，成为第二风致灾害评估因素，而抖振的危害风险最低。因此需要在保证主体结构颤振稳定性的前提下，着重预防可能引发拉索振动的各项不利因素，根据结构振动频率合理布置拉索阻尼。

4 结语

层次分析法是一个宏观的桥梁抗风评价方法，它摆脱了桥梁结构单一形式风致振动的验算思路，是一种将桥梁结构的安全性与实用性结合在一起的综合评价方法。该方法尚未广泛运用于工程项目，主要原因是各个指标的重要程度对比过程具有较大的主观性，权重的设置上缺乏统一共识。本文简单介绍了一种 AHP 法运用于桥梁工程领域的思路，可将其作为一种分析框架，与现有的具体分析理论紧密结合，可以充分填补层次分析法的不足。譬如将可靠度分析理论作为计算内核，将 AHP 法作为评价框架，可以将复杂问题的验算过程与计算结果简明化，对桥梁性能的参数化具有重要意义。

参考文献

[1] Zhang X J, Sun B N, Xiang H F. Nonlinear aerostatic and aerodynamic analysis of long-span cable-stayed bridges considering wind-structure interactions[J]. Journal of Wind Engineering and Industrial Aerodynamics, 2002,90(9):1065-1080.

[2] 本刊综合. 虎门大桥振动原因初步查明[J]. 中国公路,2020(10):26.

[3] 葛耀君,项海帆,Tanaka H. 随机风荷载作用下的桥梁颤振可靠性分析[J]. 土木工程学报,2003, 36(6):42-46.

[4] 葛耀君. 大跨度桥梁抗风的技术挑战与精细化研究[J]. 工程力学,2011,28(S2):11-23.

[5] 赵林,李珂,王昌将,等. 大跨桥梁主梁风致稳定性被动气动控制措施综述[J]. 中国公路学报,2019,32(10):34-48.

[6] 汪科任,罗世辉,陈晓昊,等.基于AHP分析法的磁浮系统车轨耦合振动抑制方法[J].铁道学报,2020,42(11):29-35.

[7] 李恒,周洪文,周本涛,等.基于模糊层次分析的钢箱梁桥质量综合评价方法研究[A]//中冶建筑研究总院有限公司.2020年工业建筑学术交流会论文集(中册)[C].北京:工业建筑杂志社,2020:8.

[8] Ibuki K, Aitor B, Jose A J, et al. Probabilistic optimization of the main cable and bridge deck of long-span cable-stayed bridges under flutter constraint[J]. Journal of Wind Engineering and Industrial Aerodynamics, 2015,146(5): 59-70

[9] 李文勃.钢板组合梁斜拉桥主梁抗风设计研究及应对措施[J].公路,2020,65(08):235-242.

[10] Ge Y J, Xiang H F, Tanaka H. Application of a reliability analysis model to bridge flutter under extreme winds[J]. Journal of Wind Engineering and Industrial Aerodynamics, 2000, 86(2/3): 155-167.

[11] 张喜刚,陈艾荣.苏通大桥设计与结构性能[M].北京:人民交通出版社,2010.

[12] 陈艾荣,林志兴,孙利民.苏通大桥索力优化和振动控制:风雨振试验研究[R].上海:同济大学土木工程防灾国家重点实验室技术报告(WT200419),2004.

大跨下承式钢箱系杆拱桥温度变形规律研究

刘定坤[1]，周广东[1]，郑秋怡[1]，於志苗[1]

(1.河海大学土木与交通学院 江苏南京 210098)

摘 要：为了给大跨下承式钢箱系杆拱桥设计计算、施工控制和性能评估提供参考，对其温度变形规律进行研究。基于三维有限元模型，分析了不同温度作用(包括整体温度、构件间温差和构件内部温度梯度)下的变形规律，进一步研究了不同结构参数(包括拱肋形状、矢跨比、拱轴系数、水平预应力和边界条件)对温度变形的影响规律。研究结果表明：拱肋与主梁温差对跨中挠度的影响最大；跨中挠度与矢跨比的变化呈非线性相关，矢跨比小的拱桥跨中挠度对于主梁竖向梯度温差以及拱肋与主梁温差比较敏感；拱肋形状、拱轴系数和主梁预应力对跨中挠度影响可忽略不计；在全桥整体温度和主梁竖向梯度温差作用下，跨中挠度受边界条件影响明显。

关键词：桥梁工程；钢箱拱桥；温度梯度；跨中挠度

1 引言

大跨下承式钢箱系杆拱桥综合利用拱和梁的受力优势，具有跨越能力强、受力合理、造型优美、结构轻巧等优点，是大跨桥梁的常见形式。由于其超静定特性，温度作用引起的变形改变结构的几何形状，并在结构内部形成附加应力，其大小可能超过车辆荷载和风荷载的作用结果，是大跨下承式钢箱系杆拱桥设计参数取值、施工位移控制、运营安全评估的重要指标[1-2]。随着川藏铁路等极端气候地区交通基础设施的修建，温度作用对桥梁结构的影响将更加显著。因此，有必要深入探索大跨下承式钢箱系杆拱桥在温度作用下的变形规律。

国内外学者对大跨拱桥的温度变形进行了多方面研究。张涛等[2]对成都某大跨钢箱系杆拱桥施工阶段的温度变形进行了现场实测，发现温差导致的横向变形和竖向挠度分别可达 51.2 mm 和 74.1 mm。Teng 等[3]根据温度实测数据对一跨度为 90 m 的下承式钢箱系杆拱桥进行了变形数值模拟，结果表明，在季节温度作用下，拱肋和主梁的跨中最大竖向位移分别为 22.4 mm 和 19.7 mm，梁端最大水平位移为 24.6 mm。Tang 等[4]对一混凝土桁架拱桥正常使用阶段的温度变形进行了现场实测，发现该桥跨中挠度随大气温度升高而减小，随温度下降而增大。Zhou 等[5]对一座下承式三跨连续钢箱系杆拱桥的温度和位移实测数据进行了分析，发现整体温度、构件温度梯度和构件间温差均与主梁竖向位移有显著的线性或非线性相关性。Yarnold 等[6]通过某大跨度拱桥的长期监测数据和数值模拟结果

基金项目：国家自然科学基金项目(51678218,51978243)

证实，边界条件对温度位移有显著影响。王新泽[7]研究发现拱肋变形与温度变化呈正相关性，环境温度变化引起的桥面竖向高差不均匀是高速列车行驶不可忽略的安全隐患。王永宝等[8]对沪昆高铁北盘江特大桥的长期变形行为进行了研究，结果表明年循环温度引起的拱顶截面竖向位移远大于一年内的收缩徐变变形。

已有研究结果均表明，温度作用引起的变形对大跨系杆拱桥施工控制和运营安全有不可忽略的影响。但是，研究工作均针对某一具体的大跨系杆拱桥开展，笼统分析所有温度作用下的综合结果，缺乏对大跨系杆拱桥不同温度作用下变形一般规律的探索。不仅如此，已有研究主要考虑整体温度变化和主梁温度梯度，忽略了构件间温差以及拱肋温度梯度对大跨系杆拱桥温度变形的影响。本文参考某大跨下承式钢箱系杆拱桥数据建立三维有限元模型，首先分析了整体温度、钢箱梁温度梯度、钢箱拱肋温度梯度、拱肋与主梁温差以及吊杆与主梁温差等温度作用对跨中挠度的影响，在此基础上进一步讨论了不同拱肋形状、矢跨比、拱轴系数、预应力水平和边界条件的大跨下承式钢箱系杆拱桥的温度变形规律。研究结果可为大跨下承式钢箱系杆拱桥的结构设计、现场施工和安全评估提供参考。

2 数值模型

2.1 结构概况

某大跨下承式钢箱系杆拱桥，主跨 188 m，矢高 47 m，矢跨比为 1/4。拱轴线为二次抛物线，拱肋为矩形截面钢箱梁，拱肋之间横撑为圆形钢管。吊杆采用热挤聚乙烯高强钢丝拉索，两侧均匀布设，间距为 8.5 m，共 114 根。主梁为宽幅连续组合箱梁，由主纵梁、中横梁和小纵梁组成双主梁格构体系，通过设置水平体外预应力索给主梁施加预应力。

2.2 计算模型

采用 ANSYS 建立该桥的三维有限元模型，如图 1 所示。由于上部结构通过支座支撑于下部桥墩，利用伸缩缝与引桥连接，其温度变形基本不受桥墩和引桥的约束，因此仅建立上部结构的有限元模型。吊杆和水平体外预应力索采用三维杆单元，忽略轴向压缩刚度，只承受单轴拉力；主梁、拱肋和横撑均采用空间梁单元(图 2)。

调整吊杆和水平体外预应力索的初始应变，使主梁在自重作用下的位移基本为 0。钢材的热膨胀系数取为 $1.2\times10^{-5}/℃$。初始整体温度设为 20 ℃，构件间的温差和构件内部温度梯度均取为 0 ℃。

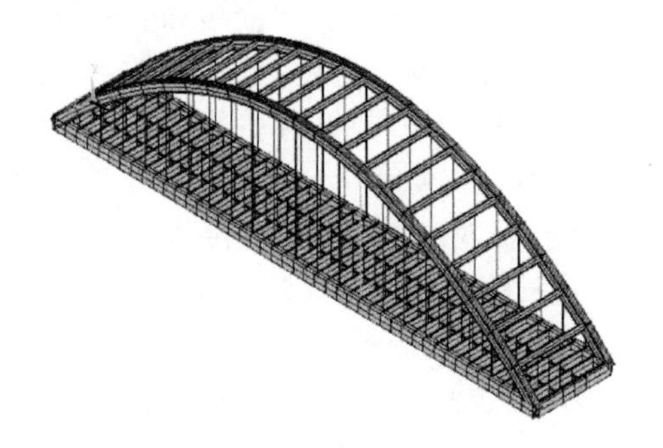

图 1 三维有限元模型

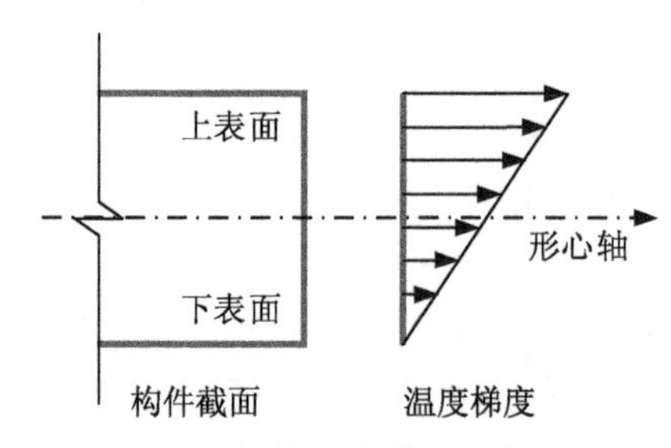

图 2 构件温度梯度示意图

3　不同温度作用下的变形规律

本文基于三维有限元模型，计算不同温度作用下大跨下承式钢箱系杆拱桥的跨中挠度，据此探讨大跨下承式钢箱系杆拱桥在不同温度作用下的变形规律。

3.1　温度作用

参考国内外同类型桥梁已有温度作用的监测结果和英国桥梁设计规范规定的温度荷载[9-10]。本文选取的大跨下承式钢箱系杆拱桥的温度作用如表1所示。为简化计算，假定构件横截面温度梯度线性变化，以主梁或拱肋的下表面温度为基准，当上表温度高于下表面温度时，竖向温度梯度为正，反之为负，如图2所示；温差定义为构件横截面平均温度的差值，拱肋温度高于主梁温度时，拱肋与主梁温差为正，反之为负；吊杆温度高于主梁温度时，拱肋与主梁温差为正，反之为负。

表1　大跨下承式钢箱系杆拱桥的温度作用

温度作用	符号	变化范围
全桥整体温度变化	ZT	−10 ℃～50 ℃
主梁竖向温度梯度	ZL	−10 ℃～20 ℃
拱肋竖向温度梯度	GL	−10 ℃～20 ℃
拱肋与主梁温差	ZLGL	−5 ℃～10 ℃
吊杆与主梁温差	ZLDG	−5 ℃～10 ℃

3.2　跨中挠度的变化规律

不同温度作用下，大跨下承式钢箱系杆拱桥跨中挠度的变化规律如图3所示。图中，D_v 表示主梁的跨中挠度，上挠为正，下挠为负。整体来讲，跨中挠度与整体温度、温度梯度和构件间温差呈线性相关性。当拱肋与主梁温差为10 ℃时，跨中上挠可达23 mm。

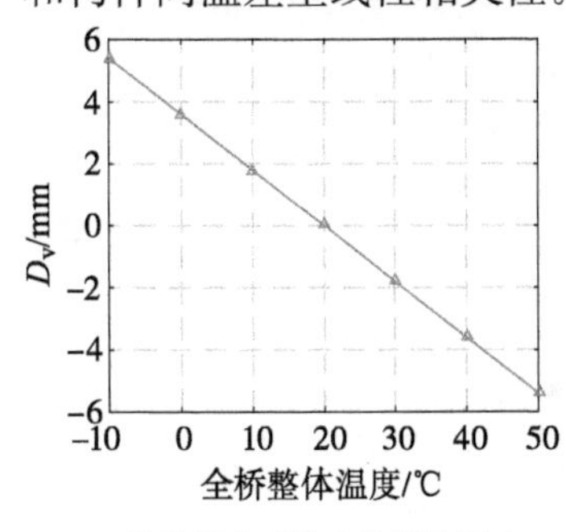

(a) 整体温度对跨中挠度的影响

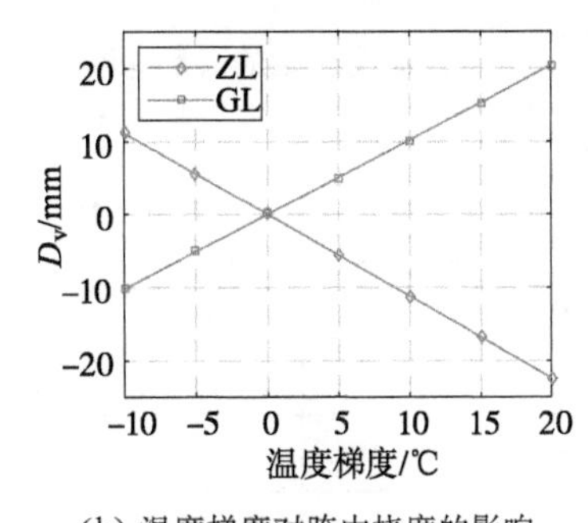

(b) 温度梯度对跨中挠度的影响

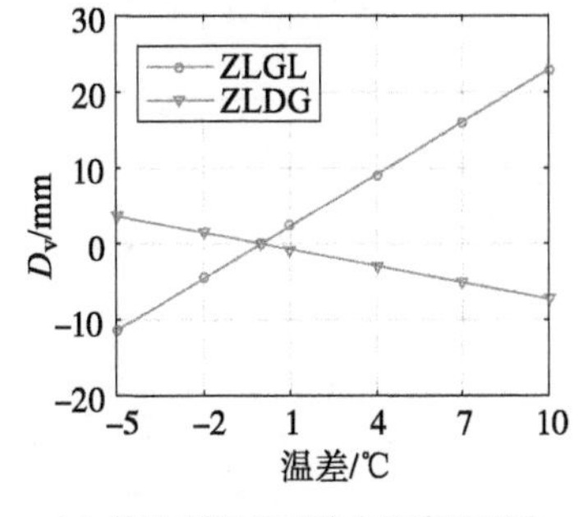

(c) 构件间温差对跨中挠度的影响

图3　不同温度作用下的跨中挠度

4　不同结构参数下的温度变形规律

本节进一步考虑拱肋形状、矢跨比、拱轴系数、预应力水平和边界条件等结构参数，分析不同结构参数下大跨下承式钢箱系杆拱桥的温度变形规律。

4.1 拱肋形状对温度变形的影响

在拱桥设计中，一般采用抛物线或悬链线作为拱轴线[11-12]。因此，本节参考 2.2 节的拱桥结构，选取二次抛物线和悬链线两种拱轴线(矢跨比为 1/4)，建立大跨下承式钢箱系杆拱桥数值模型，研究拱肋形状对温度变形的影响。

图 4 为两种拱轴线下大跨下承式钢箱系杆拱桥温度变形随拱肋形状的变化规律。P 表示拱轴形状为抛物线，C 表示拱轴形状为悬链线。可以看出，当拱桥预应力设置合适，边界约束一致，跨径和矢高相同时，拱肋形状对桥面温度变形的影响可以忽略不计。

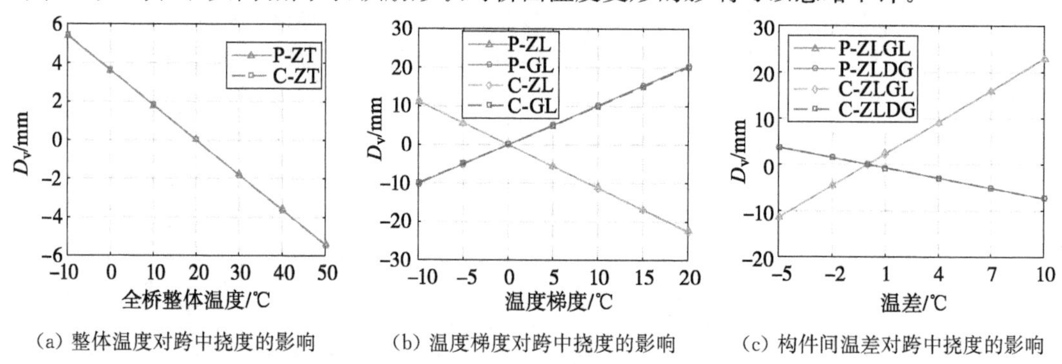

(a) 整体温度对跨中挠度的影响　(b) 温度梯度对跨中挠度的影响　(c) 构件间温差对跨中挠度的影响

图 4　拱肋形状对桥面竖向温度变形的影响

4.2 矢跨比对温度变形的影响

矢跨比是拱桥设计的主要参数之一，其大小影响主拱内力大小。从已建的桥梁可知，大多数的下承式拱桥的矢跨比在 1/3～1/6 之间[12]。结合以往设计经验，分别计算矢跨比为 1/3、1/3.5、1/4、1/4.5、1/5、1/5.5，拱肋形状为抛物线的钢箱系杆拱桥在不同温度工况下的桥梁竖向挠度，研究矢跨比对钢箱拱桥温度效应的影响规律。其中拱桥的跨径和其他设计参数保持不变，通过改变净矢高改变矢跨比。不同矢跨比桥梁的矢跨比和净矢高如表 2 所示。

表 2　不同矢跨比桥梁的矢跨比和净矢高

矢跨比	矢高/m
1/5.5	34.18
1/5	37.60
1/4.5	41.78
1/4	47.00
1/3.5	53.71
1/3	62.67

不同温度作用下，拱肋形状为抛物线，大跨下承式钢箱系杆拱桥跨中挠度 D_v 随矢跨比和温度的变化规律，如图 5 所示。本文选取的大跨下承式钢箱系杆拱桥的 5 种温度工况如表 3 所示。

表 3　大跨下承式钢箱系杆拱桥的温度工况

温度工况	符号
全桥整体温度升温 10 ℃	T1
主梁竖向温度正梯度 10 ℃	T2
拱肋竖向温度正梯度 10 ℃	T3
拱肋与主梁正温差 10 ℃	T4
吊杆与主梁正温差 10 ℃	T5

由于跨中挠度与整体温度、温度梯度和构件间温差呈线性相关性，在温度作用为正和温度作用为负时，跨中挠度随矢跨比增大的变化趋势相反，出于篇幅考虑，仅分析 D_v 对于矢跨比的敏感程度和温度作用为正时的桥面温度变形情况。整体来讲，跨中挠度与矢跨比呈非线性相关。当拱肋与主梁温差为 10℃时，矢跨比为 1/3 与矢跨比为 1/5.5 的拱桥跨中挠度差值可达 7.5 *mm*。矢跨比小的拱桥跨中挠度对于主梁竖向温度梯度和拱肋与主梁温差变化比较敏感。

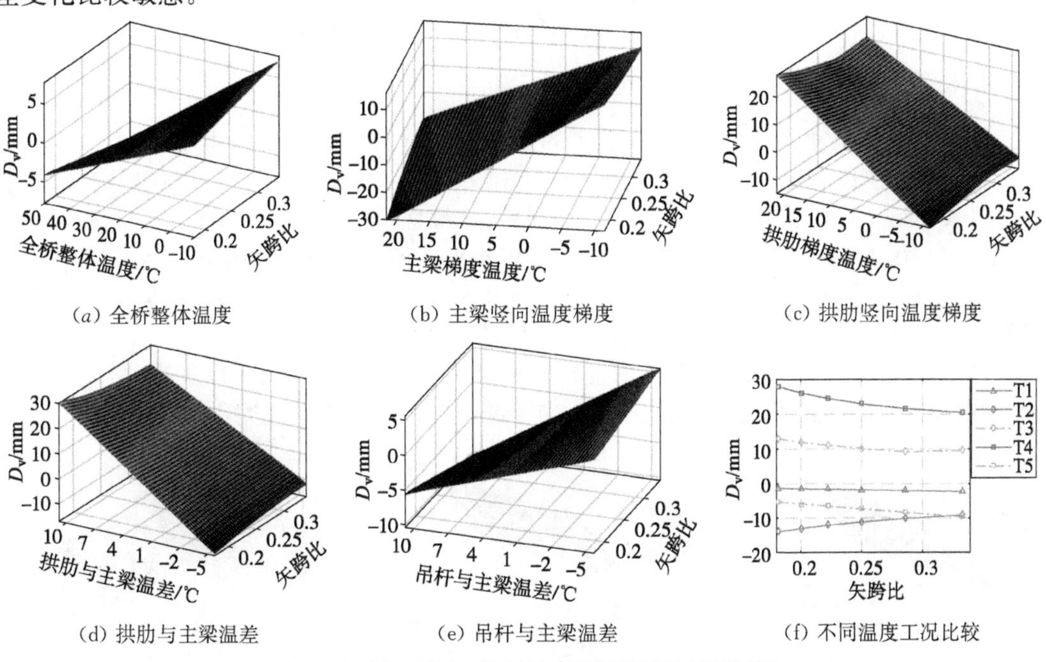

(*a*) 全桥整体温度　(b) 主梁竖向温度梯度　(c) 拱肋竖向温度梯度

(d) 拱肋与主梁温差　(e) 吊杆与主梁温差　(f) 不同温度工况比较

图 5　矢跨比对桥面竖向温度变形的影响(抛物线)

4.3　拱轴系数对温度变形的影响

当拱轴线采用悬链线时，拱轴线形受矢跨比和拱轴系数的共同影响。本文参考国内外同类型桥梁和规范，确定拱轴系数的取值范围为 1.1～1.5，拱桥的其他设计参数保持不变，拱肋形状为悬链线，研究拱轴系数对温度变形的影响规律。

拱桥跨中挠度随拱轴系数和温度的变化规律如图 6 所示。可以看出，在温度作用下，跨中挠度仅随温度(或温差)变化，其变化规律与第 3 节变化规律一致，拱轴系数几乎不影响温度变形。因此，当拱桥预应力设置合适，跨径和矢高相同时，拱轴系数对跨中挠度的影响可以忽略不计。

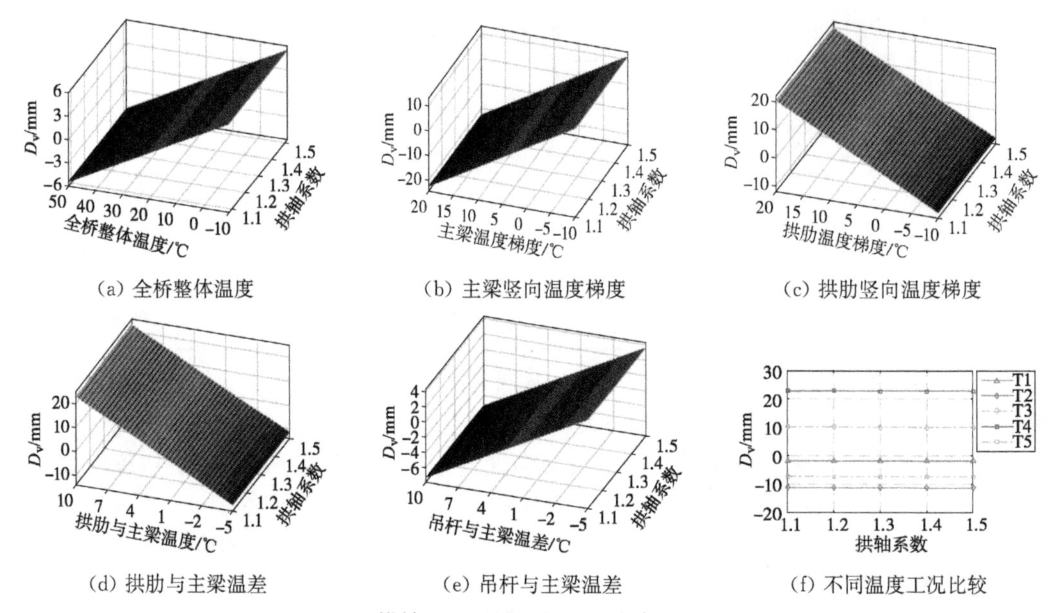

(a) 全桥整体温度　(b) 主梁竖向温度梯度　(c) 拱肋竖向温度梯度

(d) 拱肋与主梁温差　(e) 吊杆与主梁温差　(f) 不同温度工况比较

图 6　拱轴系数对桥面竖向温度变形的影响

4.4　预应力对温度变形的影响

为平衡结构自重产生的水平推力，通过设置水平体外预应力索给主梁施加预应力，预应力索锚固于主纵箱梁，预应力钢束采用符合国家标准《单丝涂覆环氧涂层预应力钢绞线》(GB/T 25823—2010)的 ϕ15.2 mm 钢绞线，每股公称面积 $A=139\ \text{mm}^2$，$f_{pk}=1\ 860$ MPa，$E=1.95\times10^5$ MPa。通过在有限元计算中设置水平体外预应力索的初应变，采用系杆的张拉控制应力/f_{pk}作为控制自变量，其取值范围为 0～1，拱桥其他设计参数保持不变，拱肋形状为抛物线，研究主梁预应力对桥面跨中挠度的影响规律。

跨中挠度随主梁预应力和温度的变化规律如图 7 所示。当跨径、净矢高、拱轴形状不变，梁两端无水平纵向约束时，主梁预应力对于跨中挠度的影响可忽略不计。

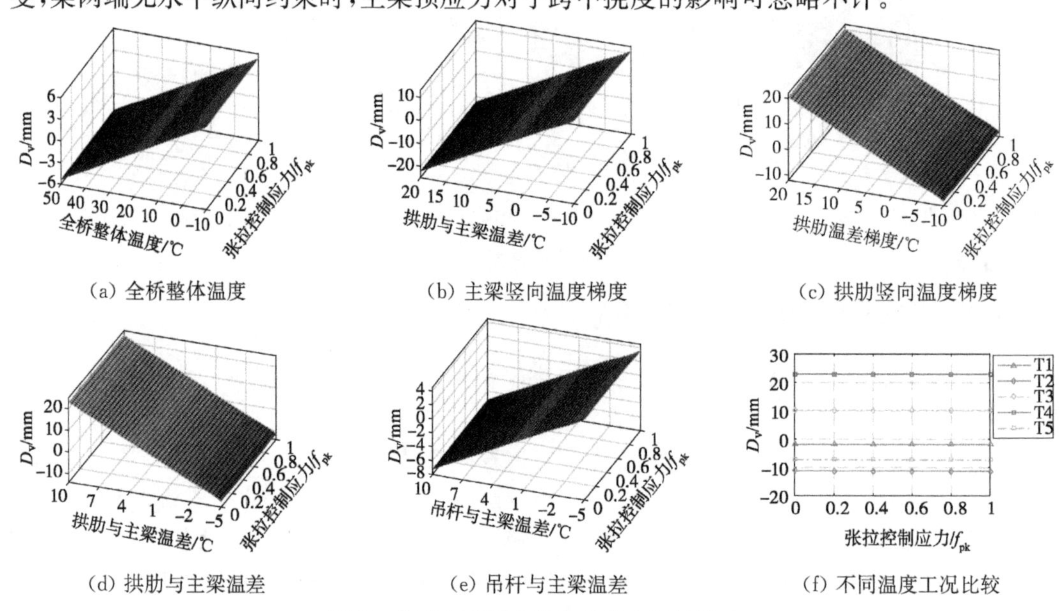

(a) 全桥整体温度　(b) 主梁竖向温度梯度　(c) 拱肋竖向温度梯度

(d) 拱肋与主梁温差　(e) 吊杆与主梁温差　(f) 不同温度工况比较

图 7　预应力对桥面竖向温度变形的影响

4.5 边界条件对温度变形的影响

拱脚连接结构是系杆拱桥的关键局部结构，其受力性能直接影响系杆拱桥的正常使用，因此确定合适的边界条件是准确模拟桥梁结构的重要因素之一[13]。本文参考 2.2 节的计算模型，通过设置弹簧单元模拟水平弹性支座，采用弹性支座的水平刚度作为自变量，取值范围为 1×10^7 N/m～5×10^9 N/m，保持拱桥其他设计参数不变，研究边界条件对桥面温度变形的影响规律。

由于拱肋竖向温度梯度、拱肋与主梁温差以及吊杆与主梁温差对纵向变形的影响可以忽略，支座水平刚度的变化不会引起相应的温度应力和位移，因此，在三种温度作用下，支座水平刚度对竖向变形和纵向变形的影响可忽略不计，出于篇幅的考虑，仅绘制全桥整体温度作用和主梁竖向温度梯度作用下，大跨下承式钢箱系杆拱桥温度变形随边界条件的变化规律。

跨中挠度随边界条件的变化规律如图 8 所示。整体来讲，在全桥整体温度作用和主梁竖向温度梯度作用下，跨中挠度与支座水平刚度呈非线性相关；相较于主梁竖向温度梯度，全桥整体温度对于竖向挠度的影响最为显著。在全桥整体温度和主梁竖向温度梯度两种温度作用下，随边界条件变化，跨中挠度变化明显。因此，在有限元计算以及实际工程应用中，选择合适的拱桥纵向约束，是保证模型计算的准确性和拱桥正常使用的重要因素之一。

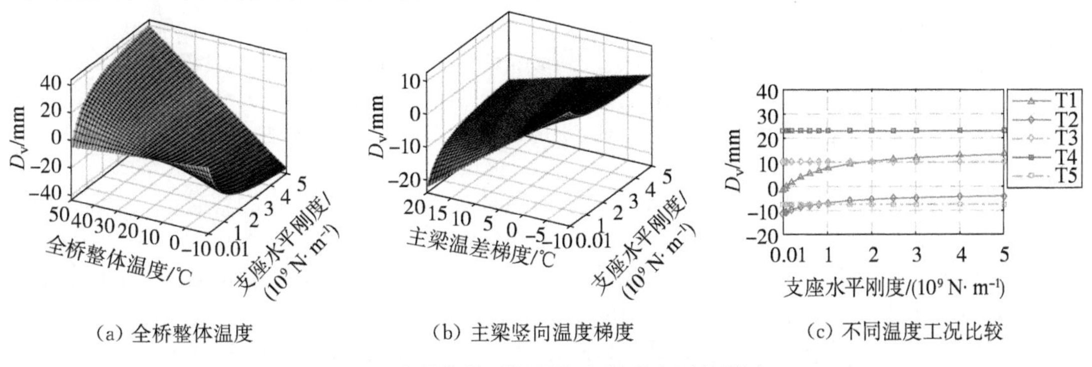

(a) 全桥整体温度　　(b) 主梁竖向温度梯度　　(c) 不同温度工况比较

图 8　边界条件对桥面竖向温度变形的影响

5　结论

基于桥址区的夏季最高温度和冬季最低温度，参考同类型桥梁的温度监测数据，建立 ANSYS 三维有限元模型，设置合适的整体温度、拱肋与主梁温差、吊杆与主梁温差、钢箱梁竖向温度梯度和钢箱拱肋竖向温度梯度等温度作用变化范围，首先研究不同温度作用对跨中挠度的影响，在此基础上进一步讨论了不同拱肋形状、矢跨比、拱轴系数、预应力水平和边界条件的大跨下承式钢箱系杆拱桥的温度变形规律。主要研究结论如下：

(1) 当梁端无纵向水平约束时，拱肋与主梁温差对跨中挠度的影响最大，吊杆与主梁温差以及构件内部温度梯度影响次之，整体温度的影响最小；拱肋竖向温度梯度和拱肋与主梁温差越大，主梁跨中上挠程度越大，而随着全桥整体温度、主梁竖向温度梯度以及吊杆与主梁温差的增大，跨中向下的挠度增大。不同温度工况下，跨中挠度与温度(或温差)线性相关；

(2) 在拱肋与主梁温差作用下，矢跨比对于竖向挠度的影响最为显著。当拱肋与主梁温差为 10 ℃时，矢跨比为 1/3 与矢跨比为 1/5.5 的拱桥跨中挠度差值可达 7.5 mm；矢跨比小的拱桥跨中挠度对于主梁竖向温度梯度和拱肋与主梁温差变化比较敏感。在全桥整体温度和主梁竖向梯度温差作用下，温度变形随纵向水平边界条件变化明显。在整体温度变化时，设置纵向水平固定支座与未设置纵向水平支座的拱桥跨中挠度最大值相差 42 mm。

(3) 当拱桥预应力设置合适，拱桥跨径和矢高相同，梁端无纵向水平约束时，拱肋形状、拱轴系数和主梁预应力水平对桥梁的温度变形几乎无影响。

温度作用是桥梁正常运营期位移变化的主要影响因素，本文有助于从实测总位移中剔除温度位移，凸显结构损伤引起的位移指标变化，从而更有效地判断结构运营期状态，这是本文潜在应用方向。

参考文献

[1]《中国公路学报》编辑部. 中国桥梁工程学术研究综述・2014[J]. 中国公路学报，2014，27(5)：1-96.

[2] 张涛，李东兴. 大跨度钢箱系杆拱桥温差变形的规律与控制技术研究[J]. 公路工程，2017，42(1)：66-70.

[3] Teng J，Tang D H，Hu W H，et al. Mechanism of the effect of temperature on frequency based on long-term monitoring of an arch bridge[J]. Structural Health Monitoring，2020：147592172093137.

[4] Tang Y Y，Wang Y E，Niu Y W，et al. Monitoring of daily temperature effect on deck deformation of concrete arch bridge[C]//MATEC Web of Conferences. Chengdu，China，EDP Sciences，2018，206：01011.

[5] Zhou G D，Yi T H，Chen B，et al. Modeling deformation induced by thermal loading using long-term bridge monitoring data[J]. Journal of Performance of Constructed Facilities，2018，32(3)：04018011.

[6] Yarnold M T，Moon F L. Temperature-based structural health monitoring baseline for long-span bridges[J]. Engineering Structures，2015，86(3)：157-167.

[7] 王新泽. 钢管混凝土拱桥环境温度引起的应力挠度分析[J]. 铁道建筑，2016(2)：39-42.

[8] 王永宝，廖平，贾毅，等. 循环温度对大跨混凝土拱桥长期变形行为的影响[J]. 桥梁建设，2019，49(3)：57-62.

[9] 尹冠生，赵振宇，徐兵. 太阳辐射作用下拱桥温度场研究[J]. 应用力学学报，2014，31(6)：939-944,999.

[10] 周建华. 大跨度钢箱系杆拱桥温度场研究与预测[D]. 广州：华南理工大学，2015：39-47.

[11] 姚玲森. 桥梁工程[M]. 2 版. 北京：人民交通出版社，2008：247-322.

[12] 陈宝春，陈康明，赵秋. 中国钢拱桥发展现状调查与分析[J]. 中外公路，2011，31(2)：121-127.

[13] 周萌，宁晓旭，聂建国. 系杆拱桥拱脚连接结构受力性能分析的多尺度有限元建模方法[J]. 工程力学，2015，32(11)：150-159.

基于长短时记忆神经网络的大跨拱桥温度-位移相关模型建立方法

郑秋怡[1]，周广东[1]，刘定坤[1]

（1. 河海大学土木与交通学院 江苏南京 210098）

摘　要： 建立温度-位移相关模型是开展基于位移响应的大跨桥梁性能评估的关键步骤。本文提出一种基于长短时记忆(LSTM)神经网络的多元温度-位移相关模型建立方法。充分利用 LSTM 神经网络能够考虑位移时滞效应和适合处理超长数据序列的优势，采用自适应矩估计方法对 LSTM 神经网络进行优化，并引入丢弃正则化技术提升模型的预测能力。在此基础上，基于一座三跨连续系杆拱桥长期同步监测的温度和位移数据，讨论了影响该桥主梁竖向位移的主要温度变量，并建立了多元温度-位移的 LSTM 神经网络模型，与基于误差反向传播(BP)神经网络的多元温度-位移相关模型进行了比较。研究结果表明：相比于 BP 神经网络模型，本文提出的 LSTM 神经网络模型能够大幅降低重构误差和预测误差，主拱的有效温度和主梁与主拱的温差是引起该桥主梁竖向位移的主要温度变量。

关键词： 结构健康监测；大跨拱桥；温度；位移；神经网络

1　引言

大跨桥梁在长期服役过程中，环境作用与运营荷载的耦合作用，导致结构性能不断退化甚至出现灾变垮塌，因此，如何保证大跨桥梁服役安全是桥梁工程领域的重要任务。位移能够表征大跨桥梁由于局部损伤或构件破坏引起的受力性能变化，是评估大跨桥梁服役安全的有效指标[1-2]。然而，不仅损伤会导致大跨桥梁位移变化，温度也会引起显著的位移变化。已有研究表明，日本明石海峡大桥单位温度变化引起的挠度可达 68.7 mm[3]，香港青马大桥由温度产生的竖向位移波动年幅值超过 2 000 mm[4]。由此可见，错误估计温度引起的位移不仅会降低大跨桥梁安全评估结果的可靠性，甚至可能得出错误的结论。因此，有必要深入研究温度引起的大跨桥梁位移响应。

基于同步实测的温度和位移数据，建立温度与位移的关联模型，是估计大跨桥梁热位移的理想途径。然而，引起大跨桥梁热位移的温度变量，不仅有构件截面的有效温度，还有构件之间的温差，呈现多元性。不仅如此，温度和位移之间还可能具有非线性特征。这些

基金项目： 国家自然科学基金资助项目(51678218，51978243)

因素使得线性拟合、非线性拟合等传统方法难以准确估计温度与位移的映射关系。神经网络具有很强的非线性映射、高度自学习和自适应能力，是建立多元温度-位移相关模型的有效方法。近年来，国内外学者采用神经网络对温度-位移相关模型进行了初步研究。陈德伟等[5]采用误差反向传播(BP)神经网络建立了大佛寺长江大桥温度和挠度的相关模型，验证了神经网络预测桥梁挠度的可行性。胡铁明等[6]利用 BP 神经网络建立了辽河特大桥温度和支座位移的模型，并将其应用于结构损伤预警。Zhou 等[7]采用平均影响值法提取主要热变量，基于 BP 神经网络建立了大跨拱桥竖向变形与温度变量的相关模型。虽然单隐含层神经网络可以模拟任何非线性连续函数，但随着数据量的增大，增加隐含层的数量可以有效提高模型的预测精度。Wen 等[8]采用双隐含层 BP 神经网络预测了温度作用下桥梁的挠度行为。Zhao 等[9]提出了一种基于三隐含层 BP 神经网络的挠度预测方法。另外，戴建彪等[10]提出了一种径向基神经网络模型，用于预测苏通长江大桥的温度变形。

虽然已有研究在温度-位移相关模型建立方面探索到了一些途径，但是这些模型不能有效计入位移的时滞效应[11]，导致模型的误差难以接受。同时，在面对大跨桥梁多年累积的超长数据序列时，这些模型存在训练难度高、计算效率低的缺点。长短时记忆(LSTM)神经网络具有描述时间序列延迟特征和处理超长数据序列的能力，是解决位移时滞效应和海量温度位移监测数据的有效方法。因此，本文以 LSTM 神经网络为基础，并进一步利用自适应矩估计方法对网络进行优化，再引入丢弃正则化技术提升网络的预测能力，提出了一种基于 LSTM 神经网络的大跨桥梁温度-位移相关模型建立方法，并将其应用于一座三跨连续系杆拱桥的热位移分析。研究结果可为大跨桥梁温度-位移相关模型的建立和基于位移的大跨桥梁性能评估提供帮助。

2 温度-位移相关模型建立方法

2.1 LSTM 神经网络

LSTM 神经网络是循环神经网络的一种变体，解决了循环神经网络在长距离传递信息时容易产生梯度消失的问题[12]，通过捕捉不同变量之间的长期依赖关系，能够处理和预测时间序列中的延迟事件[13]。LSTM 神经网络包含输入层、隐含层和输出层，如图 1 所示。

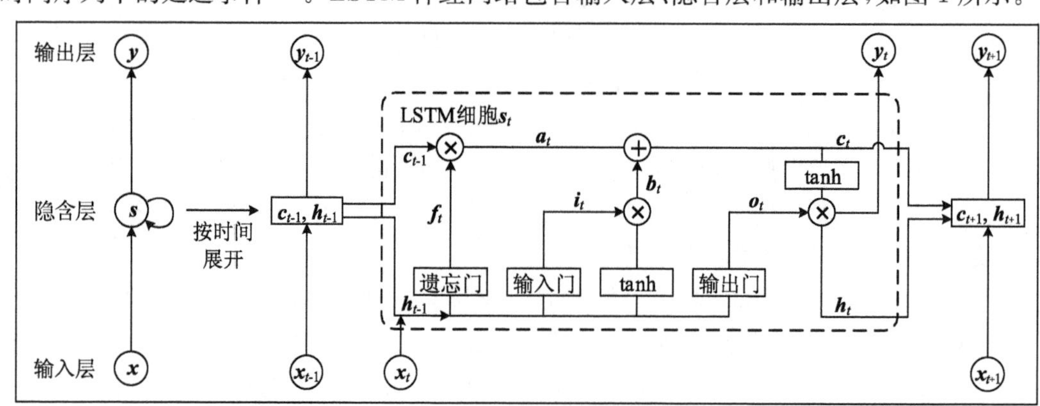

图 1 LSTM 神经网络结构图

LSTM 细胞是隐含层的核心部分，通过输入门、遗忘门和输出门控制信息流。将 LSTM 细胞按时间展开，可以清晰展示 LSTM 细胞的结构，如图 1 所示[14]。LSTM 细胞工作时，首先读取 x_t和 h_{t-1}，经过遗忘门后输出 f_t，f_t再与 c_{t-1}相乘得到第一个中间结果 a_t；然后，x_t和 h_{t-1}经过输入门后输出 i_t，同时 x_t和 h_{t-1}经过 tanh 激活后，与 i_t相乘得到第二个中间结果 b_t，两个中间结果 a_t和 b_t相加得到 c_t；最后，x_t和 h_{t-1}经过输出门后输出 o_t，o_t与经过 tanh 激活后的 c_t相乘得到 h_t，h_t通过激活函数拟合目标输出 y_t。

2.2 LSTM 神经网络超参数优选

LSTM 神经网络包含了损失函数、优化器、正则化等众多超参数，选取合适的超参数对于获得良好泛化性能的模型至关重要。损失函数用来衡量预测值与实测值之间的差异程度，是更新网络参数的重要依据。常用的损失函数有均方误差和平均绝对误差。当神经网络训练集中存在异常值时，均方误差会给异常值赋予很大的权重，导致模型的预测能力下降。相比之下，平均绝对误差对异常值具有更好的鲁棒性。

优化器直接影响网络的预测能力。传统的随机梯度下降法在网络训练过程中很难确定合适的初始学习率，只能根据预先指定的规则进行调整，且相同的学习率被应用于所有参数。自适应矩估计方法可以动态调节每个参数的学习率，具有很高的计算效率和较低的内存需求。

过拟合是神经网络在处理大量数据时经常出现的问题，会大幅降低网络的预测能力。与 L1、L2 正则化不同，丢弃正则化通过改变网络本身，能够显著提升神经网络的预测精度。丢弃正则化通过在不同网络层中添加丢弃层并设定丢弃概率而实现。

2.3 温度-位移非线性模型建立流程

首先，预处理温度和位移监测数据，包括剔除异常数据、建立温度和位移样本数据库；利用 z-score 函数对实测数据进行特征标准化处理。然后，提取主要温度变量，建立由 LSTM 层、全连接层和丢弃层组成的温度-位移 LSTM 神经网络，选取超参数进行网络初始化。接着，以主要温度变量作为输入、位移作为输出，采用自适应矩估计方法进行梯度下降迭代训练，不断更新权重和偏置矩阵。最后，利用平均绝对误差作为损失函数来评价网络的误差。若误差小于预先设定的阈值或迭代次数达到最大迭代次数，则结束训练，输出预测位移值。

3 算例分析

3.1 温度和位移同步监测

以一座三跨连续系杆拱桥的温度和位移同步监测数据为例，讨论了影响该桥热位移的主要温度变量，并分别采用本文的 LSTM 神经网络和 BP 神经网络建立温度-位移相关模型，通过对比分析验证本文方法在重构精度和预测能力方面的优势。

该三跨连续系杆拱桥每跨 210 m，上部结构由主拱、副拱、吊索和横向支撑形成空间受力体系，如图 2 所示。结构温度监测子系统包含 60 只温度传感器，分别安装在主梁、主拱和吊索上[15]，布设位置如图 3 所示，其中下标数字表示监测截面编号，括号内的数字表示传感器数量。主梁竖向位移采用压力变送器进行监测，布设位置如图 4 所示。20 个压力变送器对称放置于主梁两侧，既可以监测竖向变形，又可以监测扭转变形。

图 2　某三跨连续系杆拱桥

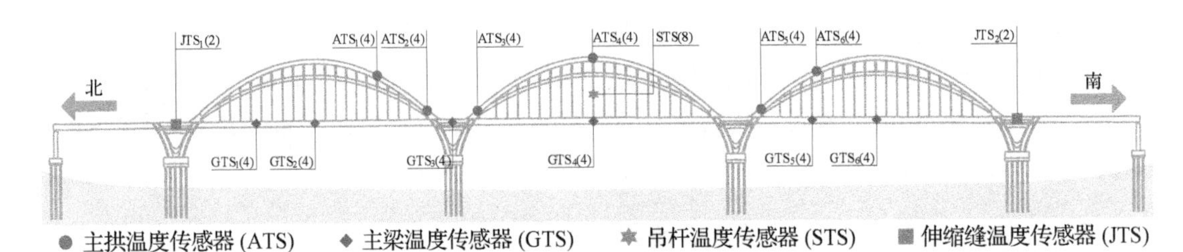

图 3　温度传感器的布设位置

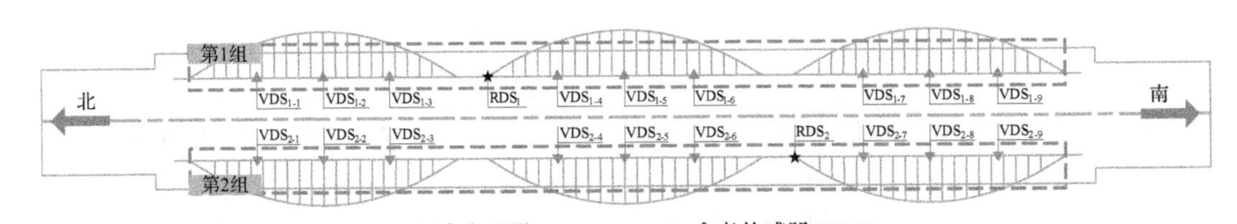

图 4　主梁竖向位移传感器的布设位置

3.2　数据预处理

考虑温度和热位移的慢变特征，以 10 min 为基本时距，对实测温度和位移进行平均，消除随机交通荷载和环境激励引起的动态变形，同时保持温度数据和热位移数据长度的一致性[16]。由于该座大跨拱桥刚度较大，且处于内陆地区，选取 5 m/s 作为临界风速。当 10 min 平均风速小于 5 m/s 时，可认为风速引起的竖向位移可忽略不计。当风速大于 5 m/s 时，同时删除温度和位移数据，从而消除风荷载的影响。

选取中跨跨中截面 2013 年 7 月 28 日～2014 年 6 月 26 日共 13 824 组温度和位移同步

监测数据作为神经网络的数据集，采用中跨跨中截面冬季(2013 年 12 月 20 日～25 日)和夏季(2014 年 6 月 21 日～26 日)共 1 728 组数据作为神经网络的测试集，余下 12 096 组数据作为神经网络的训练集。

计算主梁、主拱、吊索的截面有效温度(ET)、截面温度梯度(TG)和构件间温差(TD)共 13 个温度变量，如表 1 所示。表中，下标 G、A 和 S 分别表示主梁、主拱和吊索，下标 1 和 2 分别表示上游和下游。吊索中的温度梯度几乎为零，忽略不计。以压力变送器 VDS_{1-5} 和 VDS_{2-5} 的平均值作为主梁的竖向位移。

表 1　温度变量

参数	温度变量
有效温度	ET_{G_1}、ET_{G_2}
	ET_{A_1}、ET_{A_2}
	ET_S
温度梯度	TG_{G_1}、TG_{G_2}
	TG_{A_1}、TG_{A_2}
温差	TD_{AG_1}、TD_{AG_2}
	TD_{SG}
	TD_{SA}

3.3　温度-位移相关性分析

图 5 给出了该座大跨拱桥中跨跨中截面上游侧 2013 年 8 月 3 日～9 日的主拱有效温度和竖向位移时程图。从图中可以看出，随着主拱有效温度的升高，竖向位移也逐渐增大。同时，竖向位移达到最大值的时间滞后于主拱有效温度，存在明显的时滞效应。主梁有效温度以及主拱有效温度与竖向位移的相关性如图 6 所示。由图可见，主梁有效温度和主拱有效温度均与竖向位移有显著的非线性相关性。由于主梁有效温度和主拱有效温度对竖向位移的影响程度未知，传统线性拟合和非线性拟合难以给出温度与位移的多元非线性关联模型。

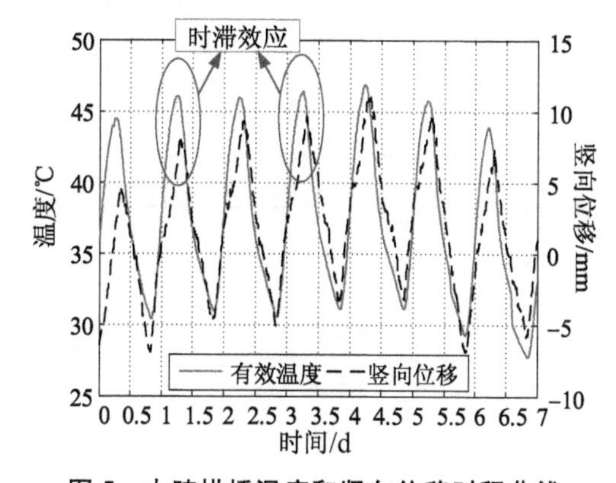

图 5　大跨拱桥温度和竖向位移时程曲线

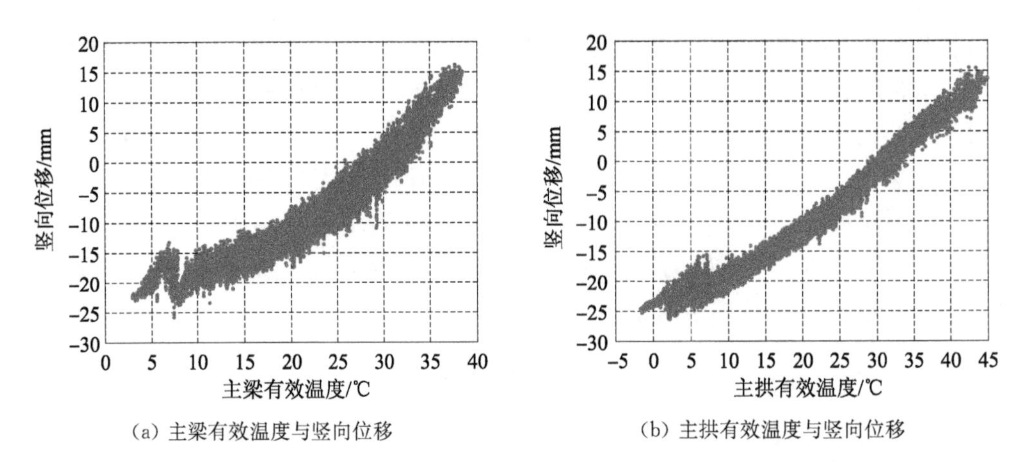

(a) 主梁有效温度与竖向位移　　(b) 主拱有效温度与竖向位移

图 6　有效温度与竖向位移的相关性

3.4　大跨拱桥主要温度变量筛选

由于温度变量之间的相关性,并不是所有温度变量都对位移有重要影响。因此,找出影响主梁竖向位移的主要热变量,并进行针对性监测,可以有效降低健康监测系统的成本。以 13 个温度变量作为输入,中跨跨中的竖向位移作为输出,建立多元温度-位移的 LSTM 神经网络模型。采用预测结果的平均绝对百分比误差作为评价指标进行主要温度变量筛选。

表 2 列出了删除不同温度变量后,温度-位移 LSTM 神经网络模型的平均绝对百分比误差以及平均绝对百分比误差的增幅。其中,第一组为全部温度变量作为输入时温度-位移 LSTM 神经网络模型的平均绝对百分比误差。将误差增幅 2%作为筛选阈值,由表 2 可得,ET_{A_1}、ET_{A_2}、TD_{AG_1}、TD_{AG_2} 为影响主梁竖向位移的主要温度变量。

表 2　不同温度变量对位移预测值的影响程度

删除温度变量	平均绝对误差百分比/%	误差增幅/%
/	3.688	/
ET_{G_1}	5.645	1.957
ET_{G_2}	5.366	1.678
ET_{A_1}	6.649	2.961
ET_{A_2}	6.368	2.680
ET_S	4.938	1.250
TG_{G_1}	5.021	1.333
TG_{G_2}	5.154	1.466
TG_{A1}	5.396	1.708
TG_{A_2}	5.205	1.517
TD_{AG_1}	6.029	2.341
TD_{AG_2}	6.328	2.640
TD_{SG}	5.192	1.504
TD_{SA}	5.152	1.464

3.5 模型的重构能力

以 ET_{A_1}、ET_{A_2}、TD_{AG_1}、TD_{AG_2} 作为输入，中跨跨中的竖向位移作为输出，分别建立多元温度-位移的LSTM神经网络模型和BP神经网络模型。采用第1节的方法，建立包含2个LSTM层、1个全连接层和1个丢弃层的LSTM神经网络模型。采用平均绝对误差作为损失函数进行梯度下降迭代训练，初始学习率设为0.001。每层输出进行批标准化处理，设定每个批量为64组数据。BP神经网络模型包含2个隐含层，每个隐含层含有10个神经元，采用L-M算法进行训练，引入提前停止技术防止过拟合。

选取冬季(2013年12月20日～25日)和夏季(2014年6月21日～26日)共1728组数据评价模型的重构能力。图7为LSTM神经网络模型和BP神经网络模型计算得到的重构位移值。从图中可以看出，LSTM神经网络模型的重构位移值与实测位移值吻合良好，而BP神经网络模型的重构位移值与实测位移值存在较大的偏差。进一步采用均方根误差(RMSE)、平均绝对误差(MAE)、平均相对误差(MRE)和相关系数(R)对模型的重构能力进行定量评价[17-18]，计算结果如表3所示。两种神经网络模型的相关系数均接近1，表明重构位移值和实测位移值均具有很好的相关性。但是，相比于BP神经网络模型，LSTM神经网络模型夏季的均方根误差、平均绝对误差、平均相对误差分别降低了47.5%、43.9%和44.7%，冬季的均方根误差、平均绝对误差、平均相对误差分别降低了41.9%、46.5%和48.9%。因此，LSTM神经网络模型具有更强的重构能力。

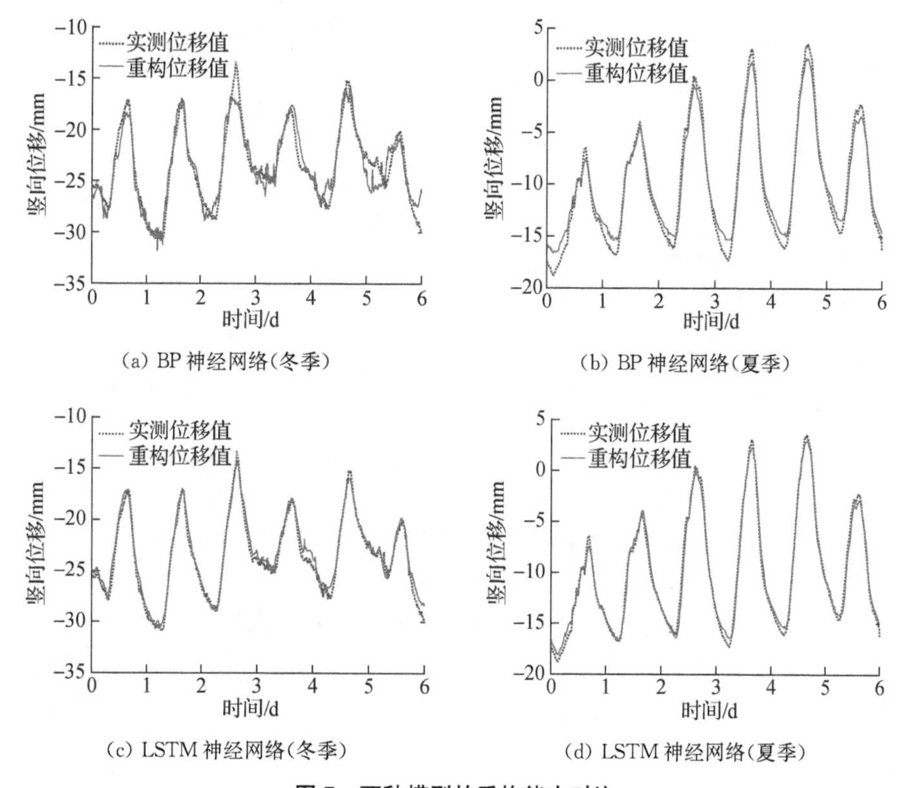

(a) BP神经网络(冬季)

(b) BP神经网络(夏季)

(c) LSTM神经网络(冬季)

(d) LSTM神经网络(夏季)

图7 两种模型的重构能力对比

表 3　两种模型重构结果的误差及与实测结果的相关性

2014 年 6 月 21 日～26 日					2013 年 12 月 20 日～25 日			
网络类型	RMSE/mm	MAE/mm	MRE/%	R	RMSE/mm	MAE/mm	MRE/%	R
BP 模型	1.171 5	0.898 6	4.007	0.951 7	0.965 9	0.851 5	22.466	0.994 9
LSTM 模型	0.615 1	0.504 1	2.215	0.991 2	0.560 9	0.455 3	11.475	0.995 9

3.6　模型的预测能力

两种温度-位移相关模型计算得到的预测位移值如图 8 所示。从图中可以看出，LSTM 神经网络模型的预测位移值明显优于 BP 神经网络模型的预测结果。同样采用均方根误差、平均绝对误差、平均相对误差和相关系数来评价模型的预测能力，其结果如表 4 所示。LSTM 神经网络模型的相关系数更接近 1，夏季的均方根误差和平均绝对误差比 BP 神经网络模型分别降低了 41.4%和 36.7%，冬季的均方根误差和平均绝对误差比 BP 神经网络模型分别降低了 44.7%和 47.8%，两个季节的平均相对误差均在 5%以内，表明 LSTM 神经网络模型的预测误差更小，具有更强的预测能力。

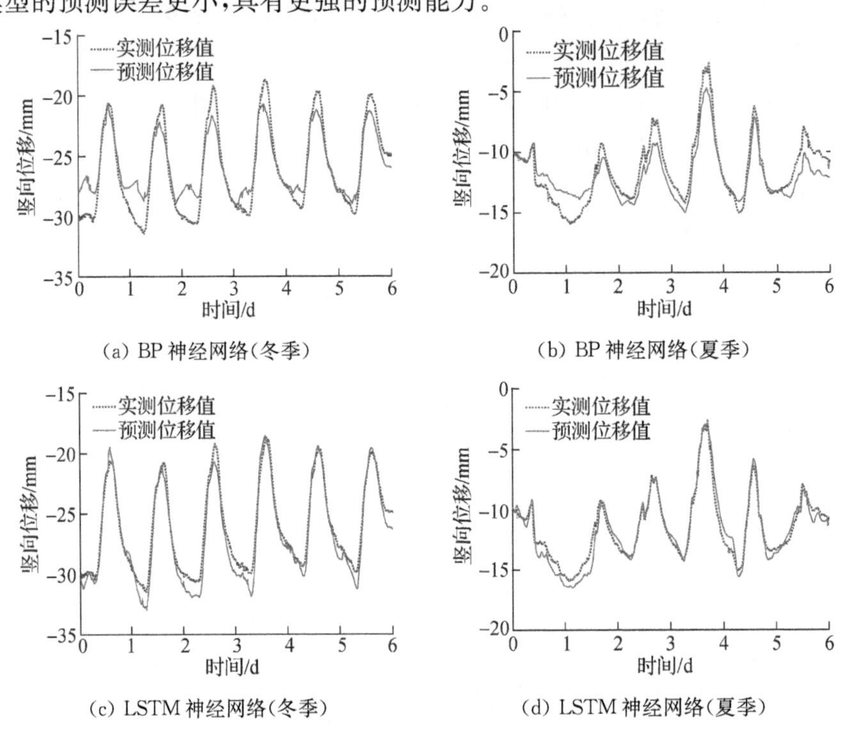

图 8　两种模型的预测能力对比

表 4　两种模型预测结果的误差及与实测结果的相关性

2013 年 12 月 20 日～25 日					2014 年 6 月 21 日～26 日			
网络类型	RMSE/mm	MAE/mm	MRE/%	R	RMSE/mm	MAE/mm	MRE/%	R
BP 模型	1.451 2	1.131 4	4.407	0.960 7	1.186 3	1.010 8	9.167	0.922 6
LSTM 模型	0.850 4	0.716 0	2.649	0.988 6	0.656 5	0.527 9	4.726	0.976 7

4 结论

大跨桥梁在服役期间的位移变化不可避免地会受到温度的影响，建立温度-位移相关模型能够将温度引起的位移从实测总位移中剔除，凸显结构损伤或劣化引起的位移改变，从而更敏感地发现结构的异常状态。本文提出了一种基于 LSTM 神经网络建立多元温度-位移相关模型的方法，主要结论有：

(1) 大跨拱桥实测温度和位移数据分析表明，温度作用下的位移响应具有显著的时滞效应，且温度与位移具有明显的非线性关系，LSTM 神经网络模型可以准确描述多元温度与位移的非线性映射关系，主拱的有效温度和主梁与主拱之间的温差是影响主梁竖向位移的主要温度变量。

(2) LSTM 神经网络能够捕捉时序数据中的长期依赖关系，可以基于温度的当前和先前信息预测当前的竖向位移。自适应矩估计方法和丢弃正则化技术能够显著提升温度-位移神经网络模型的预测精度。与 BP 神经网络模型相比，LSTM 神经网络模型具有更高的重构精度和更低的预测误差。

参考文献

[1] Yarnold M T, Moon F L, Emin A A. Temperature-based structural identification of long-span bridges[J]. Journal of Structural Engineering, 2015, 141(11): 04015027.

[2] Yi T H, Li H N, Gu M. Recent research and applications of GPS based technology for bridge health monitoring[J]. Science China Technological Sciences, 2010, 53(10): 2597-2610.

[3] Kashima S, Yanaka Y, Suzuki S, et al. Monitoring the Akashi Kaikyo bridge: first experiences[J]. Structural Engineering International, 2001, 11(2): 120-123.

[4] Xu Y L, Chen B, Ng C L, et al. Monitoring temperature effect on a long suspension bridge[J]. Structural Control and Health Monitoring, 2010, 17(6): 632-653.

[5] 陈德伟，荆国强，黄峥. 用人工神经网络方法估计桥梁在温度作用下的挠度行为[J]. 结构工程师，2006，22(4)：24-28.

[6] 胡铁明，苟红兵，张冠华，等. 基于温度与支座位移相关性的斜拉桥损伤预警[J]. 沈阳大学学报(自然科学版)，2015，27(1)：55-59.

[7] Zhou G D, Yi T H, Chen B, et al. Modeling deformation induced by thermal loading using long-term bridge monitoring data[J]. Journal of Performance of Constructed Facilities, 2018, 32(3): 04018011.

[8] Wen J W, Chen C, Yan X C. Based on BP neural network forecast bridge temperature field and its effect on the behavior of bridge deflection[C]//Proceedings of 2011 International Conference on Transportation, Mechanical, and Electrical Engineering (TMEE). Changchun, China, IEEE, 2011: 1333-1336.

[9] Zhao D Y, Ren Y, Huang Q, et al. Analysis of temperature-induced deflection of cable-stayed bridge based on BP neural network[C]//IOP Conference Series: Earth and Environmental Science. Xi'an, China, IOP Publishing, 2019, 242(6): 062075.

[10] 戴建彪，岳东杰，陈健，等. PCA-RBF 神经网络模型在桥梁变形预测中的应用分析[J]. 勘察科学技术，2019(3)：39-42，48.

[11] 李雪莲. 温度与斜拉桥跨中挠度的关联性分析[J]. 城市道桥与防洪，2013(12)：66-69.

[12] Zhao Z, Chen W H, Wu X M, et al. LSTM network: a deep learning approach for short-term traffic forecast[J]. IET Intelligent Transport Systems, 2017, 11(2): 68-75.

[13] Cheli F, Braghin F, Brusarosco M, et al. Design and testing of an innovative measurement device for tyre-road contact forces[J]. Mechanical Systems and Signal Processing, 2011, 25(6): 1956-1972.

[14] Liu X, Zhang H, Niu Y, et al. Modeling of an ultra-supercritical boiler-turbine system with stacked denoising auto-encoder and long short-term memory network[J]. Information Sciences, 2020, 525: 134-152.

[15] Zhou G D, Yi T H, Chen B. Innovative design of a health monitoring system and its implementation in a complicated long-span arch bridge [J]. Journal of Aerospace Engineering, 2017, 30 (2): B4016006.

[16] Cao Y H, Yim J S, Zhao Y, et al. Temperature effects on cable stayed bridge using health monitoring system: a case study[J]. Structural Health Monitoring, 2011, 10(5): 523-537.

[17] Ni Y Q, Zhou H F, Ko J M, et al. Generalization capability of neural network models for temperature-frequency correlation using monitoring data[J]. Journal of Structural Engineering, 2009, 135(10): 1290-1300.

[18] Chang Y S, Chiao H T, Abimannan S, et al. An LSTM-based aggregated model for air pollution forecasting[J]. Atmospheric Pollution Research, 2020, 11(2): 1451-1463.

强风下高铁连续梁桥最大双悬臂状态抖振控制研究

贾怀喆[1]，陶天友[1]，王　浩[1]，徐梓栋[1]，张　寒[1]，高宇琦[1]

（1. 东南大学混凝土与预应力混凝土结构教育部重点实验室 江苏南京 210096）

摘　要：高铁连续梁桥在施工期处于最大双悬臂状态时，结构稳定性较弱、抗风安全风险陡增。本文以盐通高铁九圩特大连续梁桥为背景，开展了高铁连续梁桥最大双悬臂状态抖振控制研究。首先，基于实际施工设计方案，建立了该桥最大双悬臂状态有限元模型。然后，采用谐波合成法开展了桥梁脉动风场模拟，并开展了最大双悬臂状态结构抖振时域分析。在此基础上，深入分析了最大双悬臂施工阶段临时抗风索与临时墩两种控制措施的抑振效果及其影响因素。结果表明：临时抗风索的抑振效果对水平夹角和初始应力的改变均不敏感；临时抗风索交叉布置会使主梁竖向和侧向抑振效果减弱，增大临时抗风索截面积有助于提高抖振控制效果；临时墩的减振效率大大优于临时抗风索；临时墩的布置位置不宜离桥墩太近，且宜在1/2悬臂长度外合理地质条件处布置。

关键词：九圩特大桥；最大双悬臂状态；抖振分析；临时抗风索；临时墩

1　引言

处于自然环境中的桥梁在风荷载作用下会产生各种类型的风致振动，其中颤振、驰振和涡激共振可以通过在设计阶段优化桥梁构件的气动外形进行有效控制，但由脉动风引起的抖振却是长期且不可避免的[1]。高铁连续梁桥在悬臂施工过程中，桥墩与主梁处于临时固结状态，导致结构刚度较小，对风荷载更加敏感，特别是在最大双悬臂状态下结构的抗风性能将会大大降低[2]。为此，本文以盐通高铁九圩特大连续梁桥为背景，开展最大双悬臂施工阶段临时抗风索与临时墩两种抖振控制措施的抑振效果研究，旨在为高速铁路桥梁的施工阶段风致抖振控制提供有效参考。

2　工程概况

九圩特大桥是一座有砟单线轨道预应力混凝土连续梁桥，该高铁连续梁桥计算跨度为269.6 m，沿跨向布置为四墩三跨（68.8 m＋132 m＋68.8 m）。桥面不设人行道及检查车走行车道；主梁采用单箱单室等高度变截面结构形式，采用挂篮悬臂施工，共设73个梁段，0

基金项目：国家自然科学基金（51908125，51722804），江苏省自然科学基金（BK20190359）

号块长度为 14.0 m，一般梁段划分为 3.0 m、3.5 m 及 4.0 m，中跨合龙段长 2.0 m；桥墩均采用单线圆端形实体桥墩。该桥的全桥布置图如图 1 所示。

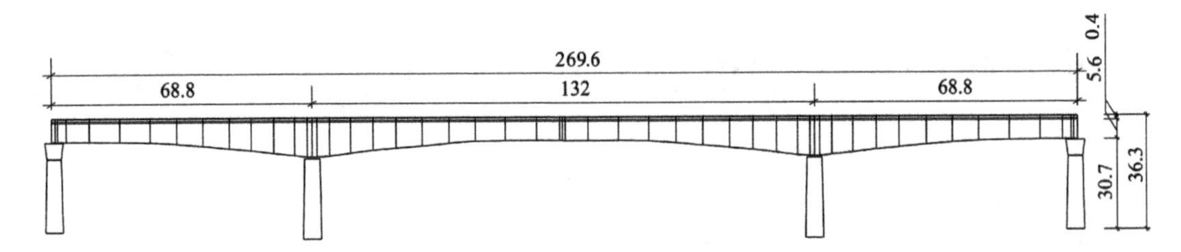

图 1　九圩特大桥全桥布置图(单位:m)

九圩特大桥主梁和桥墩都是三维变截面，在 ANSYS 建模过程中采用 BEAM188 梁单元进行模拟，采用刚臂进行主梁和桥墩连接并耦合变形，并基于 Block Lanczos 方法[3]开展九圩特大桥施工期最大双悬臂状态下动力特性分析。九圩特大桥在施工期最大双悬臂状态下的三维有限元计算模型如图 2 所示。

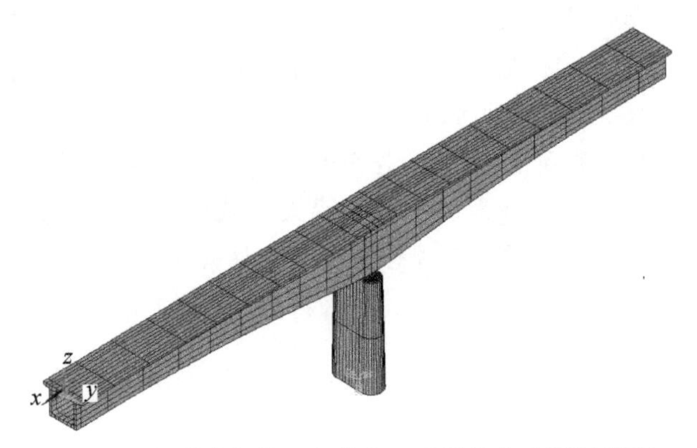

图 2　九圩特大桥施工期最大双悬臂状态有限元模型

3　最大双悬臂状态抖振响应计算

平稳风场模拟过程中，连续的脉动风场被离散为一维 n 变量零均值的平稳随机过程 $\{f_i(t)\}$，$f_1(t)$，$f_2(t)$，…，$f_n(t)$ 为模拟点处的风速时程。描述频谱特征的互谱密度矩阵 $\boldsymbol{S}(\omega)$ 为：

$$\boldsymbol{S}(\omega)=\begin{bmatrix} S_{11}(\omega) & S_{12}(\omega) & \cdots & S_{1n}(\omega) \\ S_{21}(\omega) & S_{22}(\omega) & \cdots & S_{2n}(\omega) \\ \vdots & \vdots & \ddots & \vdots \\ S_{n1}(\omega) & S_{n2}(\omega) & \cdots & S_{nn}(\omega) \end{bmatrix} \tag{1}$$

式中，ω 为圆频率；$S_{jj}(\omega)$，$j=1,2,\cdots,n$ 是 $f_j(t)$ 的自功率谱密度函数，为非负实数函数；$S_{jk}(\omega)$，$j,k=1,2,\cdots,n$；$j\neq k$ 是 $f_j(t)$ 和 $f_k(t)$ 的互功率谱密度函数。为采用谐波合成法模拟，首先需对互谱密度矩阵进行 Cholesky 分解：

$$\boldsymbol{S}(\omega)=\boldsymbol{H}(\omega)\boldsymbol{H}^{\mathrm{T}*}(\omega) \tag{2}$$

式中，T 为矩阵转置运算符；* 为共轭运算符；$\boldsymbol{H}(\omega)$为下三角矩阵。由于平稳风场通常需满足各态历经特性要求，脉动风场中的任意点风速可采用 Deodatis 双索引频率法[4]表示：

$$f_j(t)=2\sqrt{\Delta\omega}\sum_{m=1}^{j}\sum_{l=1}^{N}|H_{jm}(\omega_{ml})|\cos(\omega_{ml}t-\theta(\omega_{ml})+\varphi_{ml})\quad j=1,2,\cdots,n \tag{3}$$

式中，$f_j(t)$是模拟点 j 处的脉动风速；ω_{ml} 为双索引频率；φ_{ml} 为在$[0,2\pi]$区间内服从均匀分布的随机相位角；$\theta(\omega_{ml})$为 $H_{jm}(\omega_{ml})$的相位；$\Delta\omega$ 为频率增量，被定义为截止频率 ω_u 与频率分段数 N 的商。

基于 Davenport 抖振分析理论仅考虑静风力和抖振力开展盐通高铁桥施工期最大双悬臂状态抖振时域分析。基于准定常理论，Davenport 抖振理论框架中将脉动风作用下桥梁结构所受的抖振力表示为：

$$\begin{aligned}
L_b(t)&=\frac{1}{2}\rho U^2B\left[2C_L(\alpha_0)\frac{u(t)}{U}+(C'_L(\alpha_0)+C_D(\alpha_0))\frac{w(t)}{U}\right]\\
D_b(t)&=\frac{1}{2}\rho U^2B\left[2C_D(\alpha_0)\frac{u(t)}{U}+(C'_D(\alpha_0)-C_L(\alpha_0))\frac{w(t)}{U}\right]\\
M_b(t)&=\frac{1}{2}\rho U^2B^2\left[2C_M(\alpha_0)\frac{u(t)}{U}+C'_M(\alpha_0)\frac{w(t)}{U}\right]
\end{aligned} \tag{4}$$

式(4)中，α_0 为平均风攻角；C_D、C_L、C_M 分别为阻力、升力和升力矩系数；C'_D、C'_L、C'_M分别为阻力、升力和升力矩系数对攻角 α_0 的导数，这些气动系数均可通过风洞试验或数值模拟获得；U 为平均风速，$u(t)$和 $w(t)$分别为水平向及竖向脉动分量。

参考我国《公路桥梁抗风设计规范》[3]可知，盐城和南通地区 50 年一遇、100 年一遇、150 年一遇和 220 年一遇的 10 min 平均最大风速分别为 29.5 m/s、31.7 m/s、35.1 m/s 和 40.2 m/s。依据四个设计风速下高铁连续梁桥最大双悬臂状态主梁和桥墩的模拟风场，进行抖振时域分析，计算风攻角为 0°时，主梁悬臂端竖向、侧向以及扭转抖振位移、加速度响应。

4 抖振控制措施及效果

桥梁施工期一般采取机械措施进行振动控制，可通过附加质量、附加阻尼或附加刚度等方式来实现[5]。附加刚度的方式因其技术难度小、工程成本低等特点，被广泛应用于桥梁施工期悬臂端的振动控制。本节拟以位移、加速度为控制目标，详细探讨不同临时抗风索设置方案与不同临时墩布置点对抖振控制效果的影响，并比较两类控制方法对各风攻角下主梁悬臂端抖振响应控制效果。

4.1 基于临时抗风索的抖振控制

临时抗风索具有施工简便、经济实用等优点，广泛应用于大跨度高铁连续梁桥悬臂施工状态的抖振控制。为研究临时抗风索的水平夹角、布置形式(平行和交叉)、初始应力及抗风索横截面积等因素对抖振控制效果的影响，如图 3 所示，本节共拟定了七种抗风索方案。各抗风索布置方案对竖向位移响应的控制效果如表 1 所示。

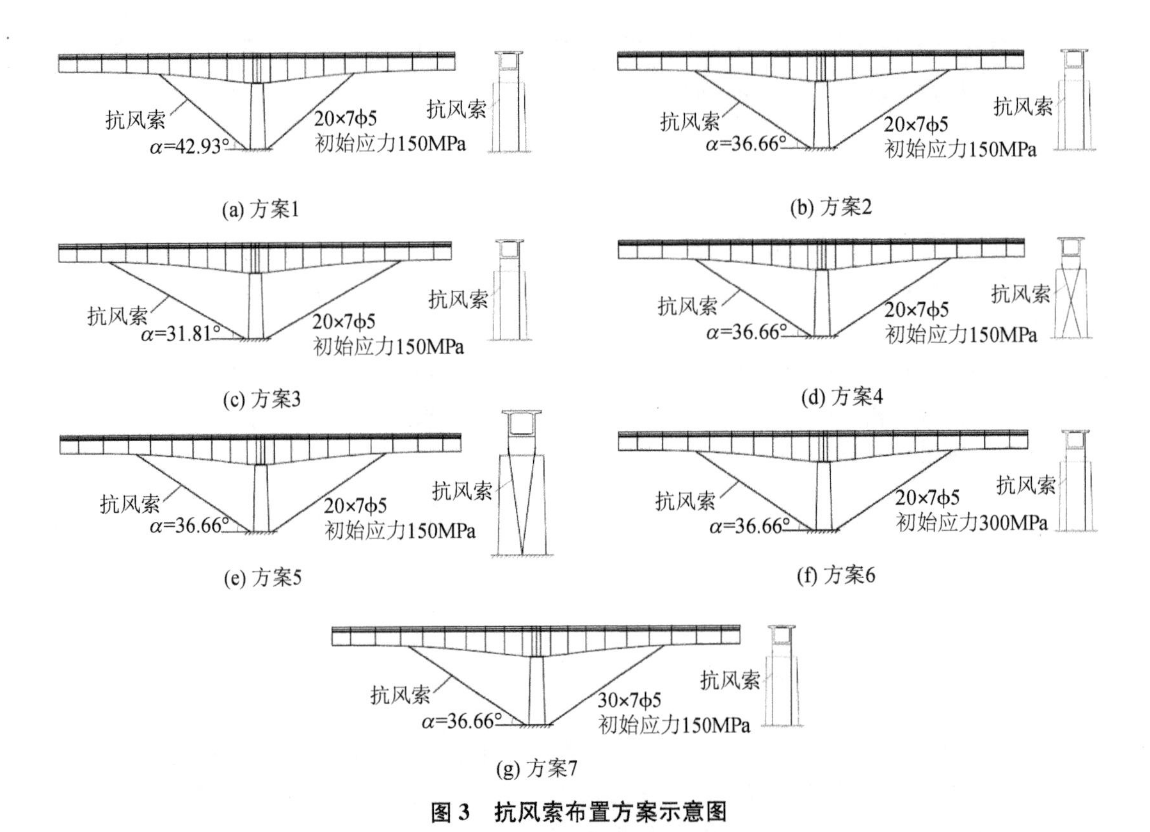

(a) 方案1　(b) 方案2　(c) 方案3　(d) 方案4　(e) 方案5　(f) 方案6　(g) 方案7

图 3　抗风索布置方案示意图

表 1　各抗风索布置方案对竖向位移响应的控制效果

方案	最大值			RMS 值		
	未控制/m	控制后/m	减振效率/%	未控制/m	控制后/m	减振效率/%
1		0.138 19	13.307		0.053 47	12.201
2		0.138 03	13.406		0.053 34	12.406
3		0.137 74	13.589		0.053 29	12.489
4	0.159 4	0.145 81	8.525	0.060 9	0.056 23	7.675
5		0.144 62	9.271		0.055 94	8.147
6		0.137 87	13.504		0.053 22	12.603
7		0.130 92	17.868		0.051 52	15.398

基于 ANSYS 开展抖振时域分析，得到了采用各方案控制后主梁悬臂端的抖振位移和加速度时程。总体而言采用临时抗风索对该桥进行抖振控制有一定效果，竖向抖振位移的控制效果最好，侧向位移次之，对扭转角的控制效果最差，临时抗风索对抖振位移峰值的减振效率普遍略高于对位移 RMS 值的减振效率；临时抗风索在主梁上的锚固位置控制在悬臂长度的 1/2～3/4 效果较好；临时抗风索平行布置时的抑振效果明显优于相交布置与交叉布置。综上所述，采用临时抗风索进行大跨度高铁连续梁桥最大双悬臂状态下的抖振控制具有一定的可行性，其中采用平行布置形式并选取合理的结构参数，临时抗风索对结构竖向位移和竖向加速度响应的控制效果较好。

4.2 基于临时支墩的抖振控制

增设临时抗风索对于该高铁桥横向刚度较小的问题没有得到较好的改善，此外还需在河床上设置巨大的混凝土块或桩基础，存在锚固系统制造及钢缆预应力张拉等问题[6]。除了临时抗风索，设置临时墩也是一种重要的风振控制措施，广泛应用于大跨度桥梁悬臂施工阶段。尽管造价较高，但临时墩能较大幅度地提高结构竖向和横向刚度[7]，具有较好的控制效果。

本节仅从结构抗风角度来研究合理的临时墩布置方位。已知最大悬臂总长 66 m，五种方案中临时墩距中墩的距离分别为 16.5 m(1/4)、22 m(1/3)、33 m(1/2)、44 m(2/3)和 49.5 m(3/4)，括号内的数值表示该距离与最大悬臂长度的近似比值，图 4 为临时墩布置方案示意图。各临时墩布置方案对竖向位移响应的控制效果如表 2 所示。

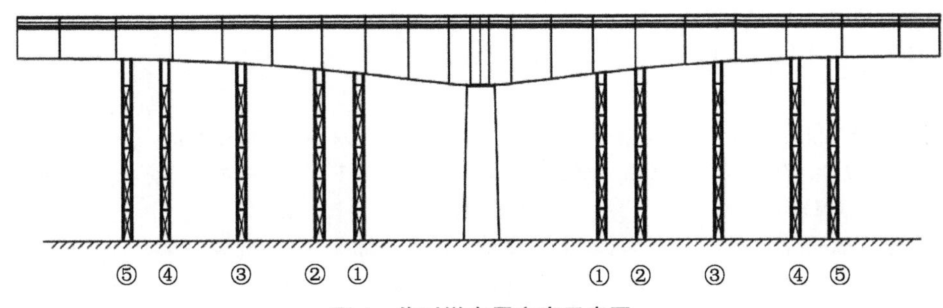

图 4 临时墩布置方案示意图

表 2 临时墩布置方案对竖向位移响应的控制效果

方案	最大值			RMS 值		
	未控制/m	控制后/m	减振效率/%	未控制/m	控制后/m	减振效率/%
1	0.159 4	0.097 16	39.046	0.060 9	0.037 99	37.619
2		0.087 21	45.287		0.034 45	43.432
3		0.073 58	53.841		0.029 67	51.281
4		0.055 66	65.084		0.022 69	62.742
5		0.041 27	74.109		0.017 18	71.790

基于 ANSYS 计算了五种方案下主梁的抖振响应，并对不同临时墩布置位置下主梁三个方向的位移、加速度响应 RMS 值进行对比。由表 1、表 2 可知，采用临时墩进行大跨度高铁连续梁桥最大双悬臂状态下的抖振控制具有很高的可行性；相比于临时抗风索，临时墩对侧向抖振位移响应的控制效果更好；此外，临时墩宜在 1/2 悬臂长度外结合地质条件合理布置。

5 结论

本文以盐通高铁九圩特大连续梁桥为背景，探讨了不同抗风索布置方案（改变其截面大小、布置形式、初始应力、与水平方向夹角等）与不同临时墩布置位置对抖振控制效果的影响，主要得出以下结论：

(1) 大跨度高铁连续梁桥在最大双悬臂状态会产生较大的竖向抖振位移，危及施工人员、施工机具及临时结构的安全，需要采取相应的控制措施；

(2) 抗风索的减振效率一般在9%～17%之间，而临时墩的减振效率大多在40%以上，极大地优于抗风索的减振效果，且增设临时墩大大提升了结构的横向刚度，对结构抖振侧向位移和侧向加速度都有很好的控制效果；

(3) 抗风索抑振效果对水平夹角和初始应力的改变并不敏感，抗风索交叉布置会使主梁竖向和侧向抑振效果都有所降低，具体实施时应采用平行布置形式并综合考虑选取合理的结构参数；

(4) 临时墩的布置位置不宜离桥墩太近，宜在1/2悬臂长度外、参考结构抗风及河床地貌、经济成本、桥下通航等因素进行合理布置。

参考文献

[1] Simiu E, Scanlan R H. Wind effects on structures[M]. New York: John Wiley & Sons Inc. ,1986.

[2] 韩艳，陈政清，罗延忠. 双肢薄壁墩连续刚构桥平衡悬臂施工阶段的抖振时域分析[J]. 中国公路学报，2008，(01)：59-64,71.

[3] 何旭辉，陈政清，黄方林，等. 南京长江大桥动力特性研究[J]. 桥梁建设，2003(4)：23-25，29.

[4] Deodatis G. Simulation of ergodic multivariate stochastic processes[J]. Journal of Engineering Mechanics-Asce, 1996, 122(8): 778-787.

[5] 陈政清. 工程结构的风致振动、稳定与控制[M]. 北京：科学出版社，2013.

[6] 李宗平. 上海长江大桥主桥临时墩设计及施工技术研究[J]. 桥梁建设，2008(4)：70-73.

[7] 马婷婷，葛耀君，杨詠昕，等 临时墩对三塔斜拉桥最大双悬臂抖振控制研究[J]. 华中科技大学学报(自然科学版)，2012，40(7)：110-114.

中央扣对高铁列车作用下大跨悬索桥动力响应影响研究

赵恺雍[1]，王　浩[1]，陶天友[1]，郜　辉[1]，徐梓栋[1]

(1. 东南大学混凝土及预应力混凝土结构教育部重点实验室 江苏南京 211189)

摘　要：作为首座高铁悬索桥，五峰山长江大桥在高铁列车冲击荷载下的响应备受关注。本文将我国CRH3型动车组按轴重、轴距简化为若干集中荷载，并将其作用于五峰山长江大桥有限元模型，基于ANSYS探究了中央扣对五峰山长江大桥动力响应的影响。结果表明，在列车行驶于跨中附近时，吊索应力在短时间内出现高频波动，这对于吊索的服役性能有重大影响；通过设置中央扣来保护跨中吊索将会增大跨中其他构件的应力响应，因此在保护跨中吊索时，与其相邻的吊索同样需要给予关注。

关键词：高铁悬索桥；列车荷载；中央扣；动力响应

1　引言

高速铁路凭借运能大、能耗低、污染小等特点，已成为各国交通运输的发展重点[1]。而桥梁作为构建高铁本体的重要工程结构，高速列车与桥梁的动力相互作用已成为不可忽视的核心问题。五峰山长江大桥作为我国首座高铁悬索桥，考虑其本身高柔度、低阻尼、易变形的特点，探究其在高铁列车作用下的动力响应更是十分必要[2]。

基于此，本文依托所建立五峰山长江大桥有限元模型，采用施加移动荷载的非线性时程分析方法，在ANSYS平台中计算了五峰山长江大桥在高铁列车激励下的动力响应，并重点探究了设置不同形式中央扣对其的影响。

2　列车荷载与有限元模型

为便于计算，仅将高铁列车简化为多个移动的集中力荷载，把列车经过五峰山长江大桥的全过程简化为匀速移动荷载作用下的时变模型。所采用列车模型——CRH3型动车组的编组方式为8节，轴重分别为(73＋55＋56＋55)＋(55＋56＋55＋73) t，计算时考虑满员[3]。最终本文所采用计算模型的轴重分布如图1所示。

基金项目：国家自然科学基金(51722804)；中国铁路总公司科技研究开发计划重大课题(K2018T007)

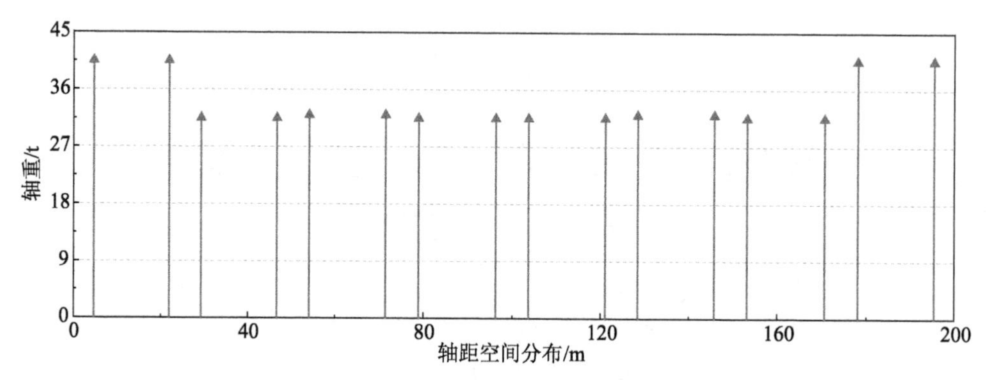

图 1　CRH3 型动车组轴重分布图

为便于多个轴重荷载同时加载，对应用“梁格法”所建立的有限元模型做简单修改：将每个桁架节段(长 14 m)内的铁路纵梁单元划分为 40 个长 0.35 m 的纵向 BEAM4 单元，如图 2 所示。

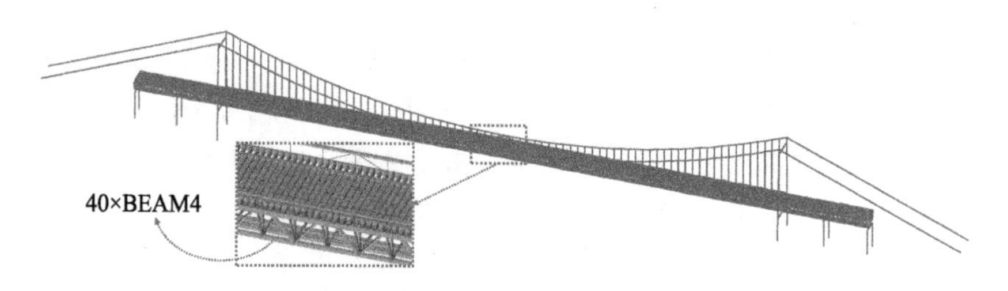

图 2　五峰山长江大桥有限元模型

3　中央扣对列车激励下响应影响

五峰山长江大桥为四线铁路桥梁，一侧为连镇铁路的客运专线，设计行车速度为 250 km/h，动车组类型为 CRH 动车组。因此，本文计算工况为单线 CRH3 型列车组以 250 km/h 通过大桥外侧线。

在后处理模块提取不同形式中央扣下跨中吊索的拉应力响应，对比结果如图 3 所示。由图可知：① 跨中吊索的应力在列车运行于其 1 092 m 的主跨阶段(图 3 中 5～20 s 范围)有着较大的波动；② 跨中吊索的应力表现为：设刚性中央扣＜设柔性中央扣＜不设中央扣，即表明中央扣的设置明显减小了跨中短吊索在列车激励下的应力响应；③ 在完全理想状态下，设刚性扣时的应力响应为定值；应力在设柔性扣下也完全小于不设中央扣，这表明斜扣索对保护跨中短吊索的积极作用，斜扣索在全过程中的应力响应时程如图 4 所示。

为进一步分析中央扣对列车作用下大跨悬索桥跨中部位应力响应的影响，表 1 对比跨中部位吊索的峰值应力，其中 MS 表示跨中吊索，±1、±2、±3 分别表示向两侧间隔 1、2、3 个节段处的吊索。

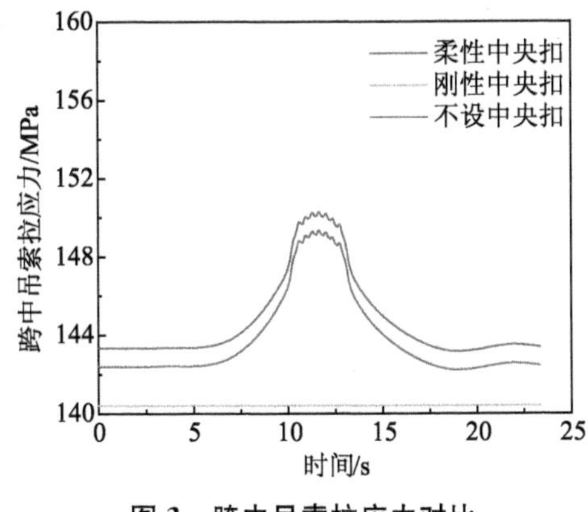

图3　跨中吊索拉应力对比

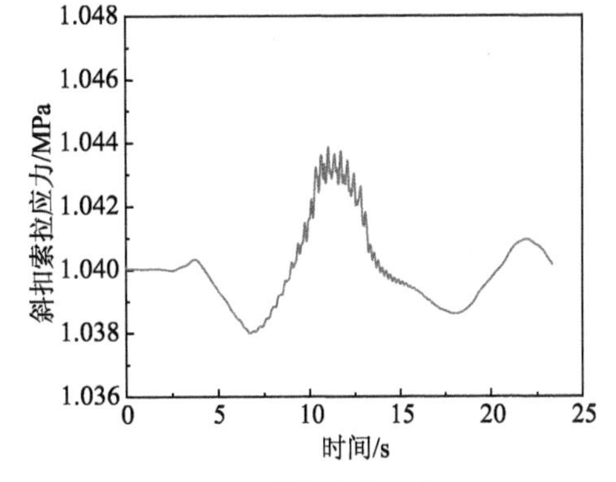

图4　斜扣索拉应力

表1　单线列车作用下跨中部位吊索峰值应力

吊索编号		MS－3	MS－2	MS－1	MS	MS＋1	MS＋2	MS＋3
不设扣	峰值/MPa	422.183	412.448	422.588	150.286	422.552	412.382	422.077
柔性扣	峰值/MPa	422.245	412.507	422.685	149.342	422.649	412.442	422.139
	减小率/%	－0.014 7	－0.014 5	－0.023 0	0.628 1	－0.023 0	－0.014 5	－0.014 8
刚性扣	峰值/MPa	429.331	420.149	428.874	140.403	428.865	420.130	429.320
	减小率/%	－1.693 2	－1.867 4	－1.487 5	6.576 1	－1.494 0	－1.878 7	－1.716 0

由表可知：① 区别两侧的吊索，跨中吊索峰值应力很小，这是大桥的结构特点所致。但两侧吊索应力水平应引起关注，即除跨中吊索外，同样需要重视相邻吊索的监控与修缮；② 设置柔性扣对于峰值应力影响很小，而设刚性扣时吊索峰值应力有明显变化。在悬索桥的跨中，若缆、梁间的相对位移较小，则柔性中央扣不参与受力；而刚性中央扣则使得应力在跨中的分布存在一个不连续点；③ 中央扣减小了跨中吊索的峰值应力响应，但相邻吊索的响应都有所增大，表明中央扣保护跨中吊索是以增大跨中其他吊索的负担为代价的，对于协调跨中部位吊索的共同工作有所启发。

4　结论

(1) 大桥跨中吊索的应力响应在列车运行于主跨阶段改变较大，尤其在列车作用于跨中附近时，吊索应力在短时间内出现高频的波动，这对于吊索的服役性能有重大影响。

(2) 五峰山长江大桥的结构特点导致跨中最短吊索应力明显小于其他吊索，在保护跨中吊索时，与其相邻的吊索同样需给予关注。

(3) 通过设置中央扣来保护跨中吊索是以增大其他部位的受力为代价的，提高跨中部位各构件的协同工作水平是调整中央扣刚度的重要参考指标。

参考文献

[1] Yan B, Dai G L, Hu N. Recent development of design and construction of short span high-speed railway bridges in China[J]. Engineering Structures, 2015, 100: 707-717.

[2] Ma L, Han W, Ji B, et al. Probability of overturning for vehicles moving on a bridge deck in a wind environment considering stochastic process characteristics of excitations[J]. Journal of Performance of Constructed Facilities, 2015, 29(1): 04014034.

[3] 马力雄. 高速铁路岔桥横向动力性能研究[D]. 成都: 西南交通大学, 2008

混凝土裂缝对公路连续梁桥动力特性的影响

马　麟[1]，许　辉[1]

（1. 河海大学土木与交通学院 江苏南京 210098）

摘　要： 本文主要研究了裂缝对公路连续梁桥动力特性的影响。选取一座跨径 96 m 的公路连续梁桥作为研究对象，分别建立了线弹性桥梁模型和损伤桥梁模型，通过模态分析观察了桥梁开裂前后动力特性的变化。研究表明：裂缝对桥梁的竖弯频率有重要的影响，裂缝状况越严重，桥梁竖弯频率越低；开裂前后桥梁的振型阶次顺序发生变化；在桥梁设计中也应该考虑裂缝对混凝土桥梁动力特性的影响。

关键词： 公路连续梁桥；损伤桥梁；动力特性

1　引言

在研究桥梁振动时，大多数研究人员研究的是线弹性桥梁结构的振动问题，较少关注裂缝的存在对桥梁动力特性的影响。然而，许多桥梁在很早以前就建成了，由于交通负荷的增加、材料的老化、环境的影响和维护的不足，使得大部分桥梁都遭受了严重的退化或损坏。因此，迫切需要研究桥梁损伤（如裂缝）对桥梁振动的影响。

现有的关于裂缝的研究主要是根据桥梁振动频率来检测桥梁裂纹分布情况，Khiem 和 Hang[1]给出了多裂纹梁在移动谐波荷载作用下的频域响应的精确表达式，并提出一种通过测得的频率响应来检测梁多裂纹的方法。Altunışık 等[2]研究了基于模态曲线和柔度变化的含多裂纹钢悬臂梁损伤定位问题。

Neild 等[3]研究了混凝土梁在低振幅振动下的非线性行为，指出梁在损伤初期，随着损伤的增加，截面刚度迅速减小，但在 27%以上的破坏荷载作用下，截面刚度的变化很小。

Cheng 等[4]建立了一种非线性疲劳裂纹模型，利用该疲劳裂纹模型分析了裂纹梁第一模态下的动力特性，研究了疲劳裂纹梁在移动荷载作用下的动力响应的关系。Yin 等[5]采用无质量旋转弹簧模型来描述梁中裂纹引起的局部非均质性，进而考虑桥梁裂缝、车辆模型和路面粗糙度条件对移动车辆荷载作用下桥梁行为的影响，指出裂缝对桥梁频率、振型和车桥耦合系统的振动起着重要作用。以上研究涉及了具有简单裂纹模型和车辆模型（如运动荷载）的简支梁或连续梁，却没有涉及考虑真实裂缝分布规律的混凝土连续梁桥的冲击效应变化情况。但提出的裂缝模型难以考虑配筋率的影响，与现有混凝土梁刚度理论脱

基金项目： 基于振动法的索（拱）支撑桥梁高精度测力法研究 中央高校业务费（2019B13014）

节，模型缺少相互作用参数，难以计算和工程应用。

本文基于混凝土梁解析刚度公式，提出变刚度的裂缝模型，该方法建立在现有混凝土结构的基础上，基本上考虑了桥梁真实的裂缝分布规律，研究了裂缝对桥梁动力特性的影响，最终对桥梁动力特性的相关研究提供一些建议。

2　不同规范关于混凝土构件刚度的规定公式

2.1　美国规范[6-8]

美国公路规范、铁路规范和建筑规范采用同样的方法，对未开裂和完全开裂的截面刚度取平均值，进而计算开裂构件的挠度。规定平均惯性矩 I_c的计算公式为：

$$I_c=I_g+(I_g-I_{cr})\left(\frac{M_{cr}}{M_a}\right)^3\leqslant I_g \tag{1}$$

$$M_{cr}=\frac{f_r I_g}{y_r} \tag{2}$$

式中：I_g 和 I_{cr}分别为未开裂截面和已开裂截面处的惯性矩（m^4）；M_{cr}为构件的开裂弯矩（N・m）；M_a 为使用荷载作用下构件的最大弯矩（N・m）；f_r 为混凝土的断裂模量（Pa）；y_r为构件中性轴到受拉区混凝土边缘的距离（m）。

2.2　欧洲规范[9]

欧洲规范计算了未开裂和完全开裂结构的挠度，然后分别乘以一定的分配系数进行叠加，得到开裂构件的总的曲率和挠度：

$$f=(1-\xi)f_1+\xi f_2 \tag{3}$$

式中：f_1、f_2分别为在使用荷载下按未开裂和开裂状态计算的挠度（m）；ξ 为分配系数。

ξ 的计算式为：

$$\xi=1-\beta\left(\frac{\sigma_{sr}}{\sigma_s}\right) \tag{4}$$

式中：σ_{sr}和 σ_s 分别为 M_{cr}和 M_a 作用下梁截面的钢筋应力（Pa）；对于受弯构件，可由 M_{cr}/M_a代替；β 为考虑持久荷载和往复荷载对平均应变影响的系数，对于单个短期荷载，$\beta=1.0$。

2.3　中国公路桥规[10]

中国《公路桥涵设计通用规范》（简称《公路桥规》）规定受弯构件在正常使用极限状态下的挠度按照结构力学的方法计算，钢筋混凝土梁的刚度按下式计算：

$$B=\frac{B_0}{\left(\frac{M_{cr}}{M_s}\right)^2+\left[1-\left(\frac{M_{cr}}{M_s}\right)^2\right]\frac{B_0}{B_{cr}}} \tag{5}$$

$$M_{cr}=\gamma f_{tk}W_0 \tag{6}$$

式中：B 为开裂构件等效截面的抗弯刚度；B_0 为全截面的抗弯刚度 $B_0=0.95E_cI_0$，E_c 为混凝土弹性模量；B_{cr} 为开裂截面的抗弯刚度，$B_{cr}=0.8E_cI_{cr}$；M_{cr} 为开裂弯矩；γ 为构件受拉区混凝土塑性影响系数，$\gamma=2S_0/W_0$；S_0 为全截面换算截面重心以上(或以下)部分面积对重心轴的面积距；I_0 为全截面换算截面惯性矩：I_{cr} 为开裂截面换算截面惯性矩；f_{tk} 为混凝土轴心抗拉强度标准值。

2.4 中国建筑规范[11]

实际上，当构件开裂后，裂缝周围的受拉区混凝土既不会完全参与工作，也不是完全退出工作，而是部分地参与工作。中国 GB50010—2010《混凝土结构设计和规范》通过钢筋应变不均匀系数较好地考虑了这一点，并且还考虑了钢筋与混凝土弹性模量之比、配筋率、混凝土抗拉强度等因素，能综合的反应构件开裂后的工作状态和刚度衰减情况。规范建立的短期刚度计算公式如下：

$$B_s=\frac{E_sA_sh_0^2}{1.15\psi+0.2+\dfrac{6\alpha_E\rho}{1+3.5\gamma_f'}} \tag{7}$$

式中：B_s 为短期刚度(N・m²)；E_s 为钢筋的弹性模量(Pa)；α_E 为钢筋弹性模量与混凝土弹性模量的比值；A_s、ρ 分别为受拉钢筋的面积(m²)和配筋率；h_0 为截面有效高度(m)；γ_f' 为受压区混凝土翼缘面积与腹板有效截面面积的比值；ψ 为钢筋应变不均匀系数，采用下式计算：

$$\psi=1.1-0.65\frac{f_{ct}}{\rho\sigma_{sk}} \tag{8}$$

式中：f_{ct} 为混凝土抗拉强度(Pa)；σ_{sk} 为开裂位置钢筋应力(Pa)。

本文采用中国建筑规范的公式计算钢筋混凝土连续刚构桥开裂后的截面刚度。B_s 中的系数 ψ 反映了裂缝间钢筋应力应变的不均匀性，表明了裂缝间受拉混凝土参与工作的程度。当采用式(8)计算时，得到的是平均的钢筋应变不均匀系数。但实际上，裂缝间不同位置混凝土参与受拉工作的程度都不相同。为了更准确地模拟开裂后实际的梁截面刚度的变化，采用下式计算钢筋应变不均匀系数：

$$\psi=\frac{\sigma_{sx}}{\sigma_s} \tag{9}$$

式中：σ_s 和 σ_{sx} 分别为实际弯矩作用下，开裂截面和裂缝位置 x 间钢筋的应力(Pa)。

σ_s 的计算公式为

$$\sigma_s=\frac{M_a}{0.87A_sh_0} \tag{10}$$

式中：M_a 为作用在构件上的弯矩(N・m)；A_s 为受拉钢筋的面积(m²)；h_0 为截面的有效高度(m)。

文献[12]根据钢筋应力实测曲线，采用三角函数来描述应力的变化，计算公式为：

$$\sigma_{sx}=\sigma_s-\frac{0.5f_{ct}}{\rho_{te}}\left(1-\cos\frac{2\pi x}{l_f}\right) \tag{11}$$

式中：l_f 为 2 倍的粘结应力作用长度(m)。

3 考虑裂缝的桥梁有限元建模

3.1 工程概况

本文选取某 6×16 m 整体现浇的等高钢筋混凝土连续箱梁，桥宽为 7.5 m，仅在两端设伸缩缝。主梁截面采用单箱单室直腹板形式，箱梁顶宽 7.5 m，底宽 4.5 m，梁高 1.2 m，顶板厚 25 cm，底板厚 20 cm，支点附近加厚至 40 cm，腹板厚 40 cm，支点附近加厚至 60 cm，中支点横梁宽度为 1.5 m，边支点横梁宽度 1.1 m。梁体材料采用 C40 混凝土，普通钢筋为 HRB335 钢筋。主桥单跨立面布置图和梁的控制截面示意图如图 1 和图 2 所示。设计荷载为公路-Ⅰ级。

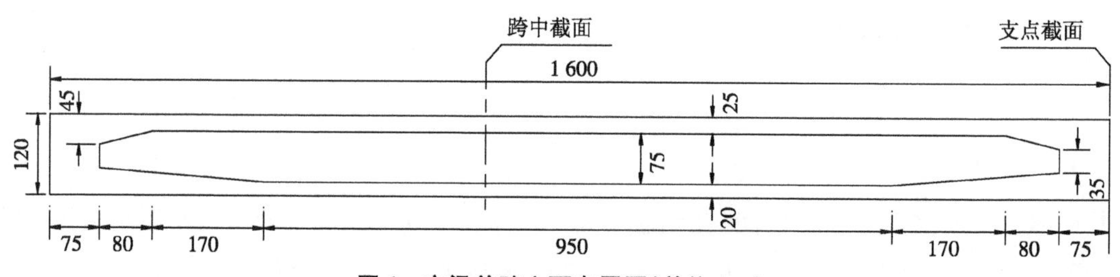

图 1 主梁单跨立面布置图(单位:cm)

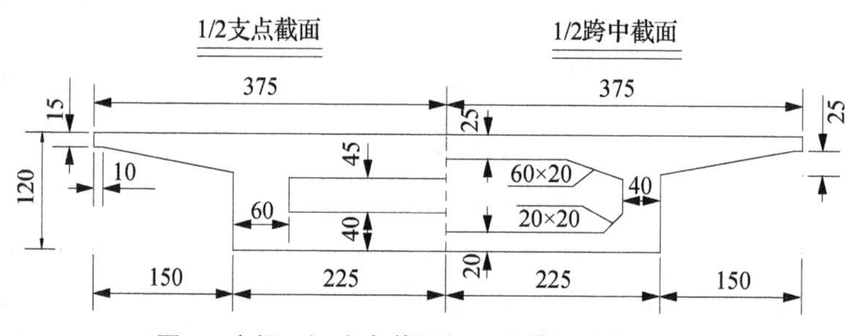

图 2 主梁 1/2 支点截面与跨中截面(单位:cm)

截面上部受拉区域布置钢筋为 24Φ28 mm(A、B 钢筋)+31Φ28 mm(7 号钢筋)+30Φ28 mm(6 号钢筋)，截面积为 A_{s1}=52 345.7 mm^2；截面下部受拉区域布置钢筋为 24Φ28 mm(A、B 钢筋)+33Φ28 mm(1、2 号钢筋)，截面积为 A_{s2}=35 102.4 mm^2。

3.2 考虑裂缝的桥梁有限元模型

本文采用了一种能充分考虑裂缝真实分布情况的桥梁模型建立方法。第一步，计算桥梁在静力荷载和车道荷载作用下的内力；第二步，根据桥梁实际的配筋情况计算开裂弯矩和裂缝间距；第三步，建立精细化的混凝土连续梁桥的模型，根据裂缝的位置、裂缝间钢筋应力等参数以及刚度计算公式，对截面的刚度进行修正。以上三个步骤的具体过程如下：

(1) 建立钢筋混凝土连续梁桥的模型。按 JTG D60—2015 规范考虑自重、二期恒载(18 kN/m)、支座沉降(10 mm)、混凝土收缩力(按系统整体降温 15 ℃计)、梁截面沿高度和宽度方向升温或降温和公路-Ⅰ级车辆移动荷载等作用，计算得到该桥的弯矩包络图，如图 3 所示。

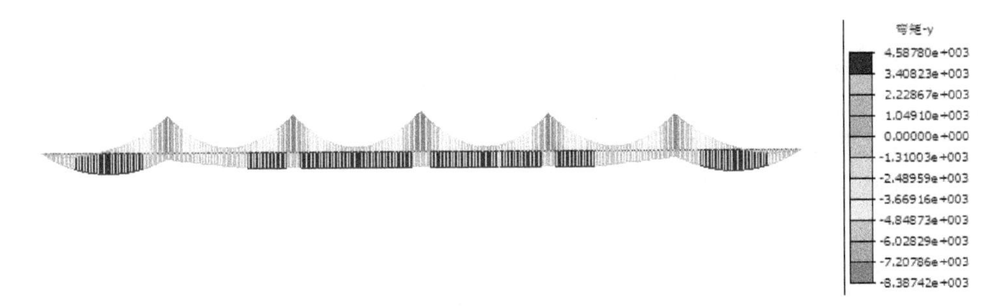

图 3 混凝土连续梁桥的弯矩包络图(单位:KN·m)

(2) 计算该桥的开裂弯矩 M_{cr},计算公式为

$$M_{cr}=0.8A_{te}f_{ct}\eta_{te}h \tag{12}$$

其中:A_{te}为截面有效受拉区面积(m^2),f_{ct}为混凝土抗拉强度(Pa);η_{te}为力臂系数,在计算开裂弯矩时取 0.522;h 为截面高度(m)。通过计算,得到主梁的开裂弯矩。将开裂弯矩与实际弯矩做比较,得到桥梁的开裂区域。

从理论上讲,裂缝间距在 l~$2l$(l 为粘结应力作用长度)之间。将平均裂缝间距计为 $l_m=1.5l$,其计算公式[11]为:

$$l_m=\beta\left(1.9c+0.08\frac{d_{eq}}{\rho_{te}}\right) \tag{13}$$

式中:c 为混凝土保护层厚度(mm);d_{eq}为纵向受拉钢筋的等效直径(mm);$\rho_{te}=A_s/A_{te}$为纵向受拉钢筋的有效配筋率;β 为经验系数,对于受弯构件,$\beta=1.0$。经计算,该桥主梁的支座截面段的裂缝间距为 200 mm,跨中截面段的裂缝间距为 150 mm。

(3) 建立精细化的桥梁有限元模型,为了更好地分析裂缝之间钢筋的应力变化和截面刚度的变化,主梁的单元长度设为 $l_m/10$,即 15 mm 和 20 mm 两种长度的单元,其中支座附近的单元长度为 20 mm,跨中的单元为 15 mm;弹性模量和密度分别取 3.25×10^4 MPa 和 2 549 kg/m^3。全桥模型共 5 881 个节点,5 880 个单元。

将裂缝的位置插入主梁开裂的区域内,具体做法为:假设支座和跨中率先出现裂缝,以平均裂缝间距 l_m 为间隔,向两边插入裂缝的位置,直到截面不在开裂区域内,利用静力计算得到的弯矩数据,通过线性插值方法计算,得到每条裂缝位置对应的实际弯矩,最后根据公式计算各裂缝位置的短期刚度 B_s,替换原来的刚度。

本文建立了无裂缝、有裂缝、有裂缝-平均三种工况下桥梁模型。有裂缝-平均的工况没有考虑不同位置混凝土参与受拉程度的差异性,采用平均钢筋应变不均匀系数建立了有裂缝的桥梁模型。三种计算工况描述如表 1 所示。

表 1 三种计算工况

工况编号	工况名称	工况描述
1	无裂缝	不考虑裂缝的影响
2	有裂缝	考虑裂缝的影响,采用式(9)计算不均匀系数 ψ
3	有裂缝-平均	考虑裂缝的影响,采用式(8)计算不均匀系数 ψ

4 裂缝对混凝土连续梁桥动力特性的影响

为了研究裂缝对桥梁自振频率和振型的影响，本文采用模态分析计算了三种工况下桥梁前 7 阶自振频率，如表 2 所示。

表 2 三种计算工况下的自振频率和振型

	无裂缝		有裂缝			有裂缝-平均		
阶数	频率/Hz	振型	频率/Hz	振型	变化/%	频率/Hz	振型	变化/%
1	9.185	纵弯	9.185	纵弯	0	9.185	纵弯	0
2	9.223	竖弯一阶	5.307	竖弯一阶	−42.46	5.75	竖弯一阶	−37.66
3	9.996	竖弯二阶	5.807	竖弯二阶	−41.91	6.304	竖弯二阶	−36.93
4	12.035	竖弯三阶	7.008	竖弯三阶	−41.77	7.625	竖弯三阶	−36.64
5	14.826	竖弯四阶	8.653	竖弯四阶	−41.64	9.457	竖弯四阶	−36.21
6	17.928	竖弯五阶	10.566	竖弯五阶	−41.06	11.644	竖弯五阶	−35.05
7	20.760	竖弯六阶	12.248	竖弯六阶	−41.00	13.462	竖弯六阶	−35.15

由表 2 可知，桥梁在开裂前后，桥梁的自振频率明显下降，这是由于裂缝使得桥梁的刚度大幅度衰减。与无裂缝工况相比，有裂缝工况桥梁的竖向自振频率下降约 41%～43%，而纵向自振频率不变，所以振型的排序发生变化；有裂缝-平均工况的竖向自振频率下降约 35%～38%，纵向自振频率不变，与前两者相比，振型的排序也发生了变化。由此可知，裂缝对桥梁的竖向频率影响较大，对纵向、横向频率的影响可忽略不计。

图 4 和图 5 分别展示了无裂缝工况和有裂缝工况下桥梁的前 7 阶振型。如图所示，桥梁开裂前后，除纵弯振型的阶次外，其他无明显变化。这是由于本文考虑了裂缝的真实分布规律，裂缝分布较为均匀，主要改变结构的频率，对振型影响不明显。

5 结论

本文通过建立损伤桥梁模型研究了裂缝对混凝土连续梁桥动力特性的影响，得出以下结论：

(1) 裂缝对桥梁的竖弯频率有重要的影响，裂缝状况越严重，桥梁竖弯频率越低。

(2) 由于本文考虑了裂缝的真实分布规律，裂缝分布较为均匀，开裂前后桥梁的振型除阶次顺序外无明显变化。

(3) 裂缝的存在使得桥梁频率降低，会对车桥发生的共振现象产生一定影响，在桥梁设计中应该考虑后期裂缝对桥梁冲击系数取值的影响。

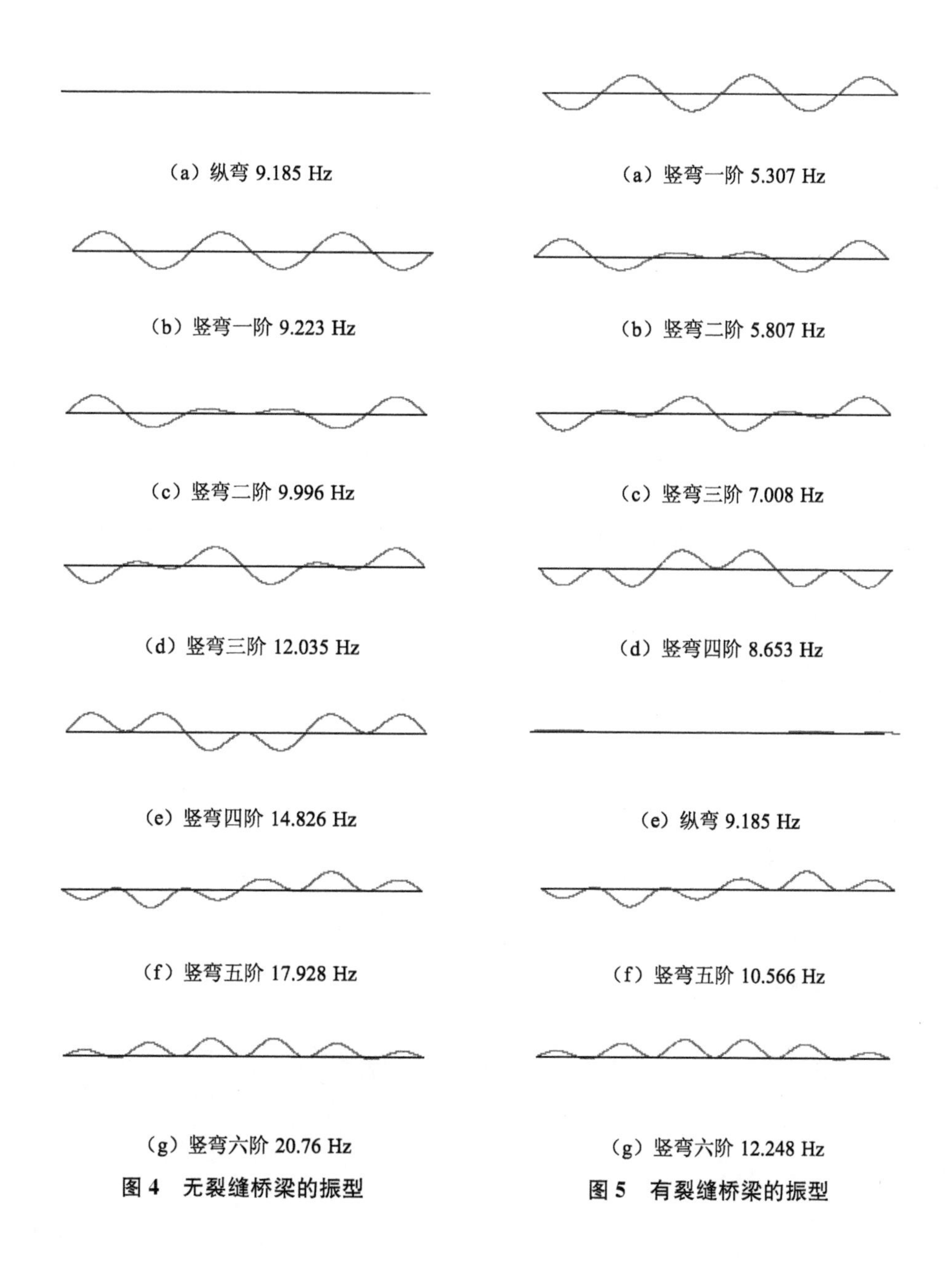

(a) 纵弯 9.185 Hz
(b) 竖弯一阶 9.223 Hz
(c) 竖弯二阶 9.996 Hz
(d) 竖弯三阶 12.035 Hz
(e) 竖弯四阶 14.826 Hz
(f) 竖弯五阶 17.928 Hz
(g) 竖弯六阶 20.76 Hz

图 4　无裂缝桥梁的振型

(a) 竖弯一阶 5.307 Hz
(b) 竖弯二阶 5.807 Hz
(c) 竖弯三阶 7.008 Hz
(d) 竖弯四阶 8.653 Hz
(e) 纵弯 9.185 Hz
(f) 竖弯五阶 10.566 Hz
(g) 竖弯六阶 12.248 Hz

图 5　有裂缝桥梁的振型

参考文献

[1] Khiem N T, Hang P T. Analysis and identification of multiple-cracked beam subjected to moving harmonic load[J]. Journal of Vibration and Control, 2018, 24(13):2782-2801.

[2] Altunışık A C, Okur F Y, Karaca S et al. Vibration-based damage detection in beam structures with multiple cracks: modal curvature vs. modal flexibility methods[J]. Nondestructive Testing and Evaluation, 2019, 34(1): 33-53.

[3] Neild S A, Williams M S, McFadden P D. Non-linear behaviour of reinforced concrete beams under low-amplitude cyclic and vibration loads[J]. Engineering Structures, 2002, 24(6):707-718.

[4] Cheng S M, Swamidas A S J, Wu X J, et al. Vibrational response of a beam with a breathing crack [J]. Journal of Sound and Vibration, 1999, 225(1):201-208.

[5] Yin X F, Liu Y, Deng L, et al. Dynamic behavior of damaged bridge with multi-cracks under moving vehicular loads[J]. International Journal of Structural Stability and Dynamics, 2017, 17(2):1750019.

[6] American Railway Engineering and Maintenance-of-Way Association. AREMA Manual [S]. Loc Publishing, 2012.

[7] American Association of State Highway and Transportation Officials (AASHTO). LRFD bridge design specifications[S],2018.

[8] ACI 318-08. Building code requirements for structural concrete[S],2018.

[9] BS EN 1992-2:2005. Eurocode2: Design of concrete structures-part2:Concrete bridges[S],2001.

[10] 中华人民共和国交通运输部. 公路桥涵设计通用规范: JTG D60—2015[S]. 北京:人民交通出版社,2015.

[11] 中华人民共和国住房和城乡建设部. 混凝土结构设计和规范: GB50010—2010[S]. 北京:中国建筑工业出版社,2010.

[12] 赵国藩, 王清湘. 钢筋混凝土构件裂缝宽度分析的应力图形和计算模式[J]. 大连工学院学报, 1984 (4):87-94.

第三部分　其他结构风工程

风浪流耦合激励下半潜式海上机场浮式平台水动力性能研究

陈 静[1]，柯世堂[1*]，吴鸿鑫[2]，朱庭瑞[1]

（1. 南京航空航天大学土木与机场工程系 江苏南京 211106；
2. 南京航空航天大学空气动力学系 江苏南京 210016）

摘 要：风浪流耦合作用下水动力性能计算是半潜式海上机场超大型浮体研究的关键问题。本文基于三维势流理论，对半潜式单模块水动力模型进行水动力和时频域计算。在此基础上，重点研究了不同频率规则波作用下半潜式浮体单模块的激振力、二阶平均波浪力和静水响应幅值算子的变化规律，对比分析了系泊状态下三个极端工况的频域计算结果，统计归纳了时域计算中浮体单模块所受的环境荷载，研究结果表明半潜式浮体结构在波浪频率为 0.25 rad/s 时容易产生共振、45°风浪流攻向角为较不利工况以及在大多数历程下风流作用荷载是浮体产生位移的主因、波浪荷载起抑制作用。研究结论可为此类半潜式海上机场浮式平台在极端气候下的水动力性能研究提供参考。

关键词：耦合作用；半潜式海上机场超大型浮体；三维势流理论；水动力特性；时频域分析

1 引言

随着国家“海洋强国”政策的不断推进，我国机场发展方向的焦点从陆地转移到了海上，超大型海洋浮体的建造逐渐成为海上机场设计和建设的研究重点[1]。由于海上机场浮式平台尺寸过于庞大，并且整体制造、移动和维护方面存在诸多难题[2]，目前使用的方法是以一定的连接方式将若干个小尺度的模块拼接成整，其中半潜式浮体模块因工艺简单、抗风浪能力强等优点而在海上平台建设中得到快速发展[3]。

目前，国内外学者对于半潜式超大型浮体展开了充分的研究，内容主要涉及系泊系统适用性[4,5]、系泊结构耦合性能[6-7]、浮体及连接器设计[8-9]和主体结构的水动力性能[10,14]，但大多数的研究是基于静水海况和基本的风浪流环境，而对于极端海况下浮体的水动力性能研究甚少，海上机场的作业环境通常为恶劣的极端气候，因此，强风、波浪、海流激励作用下水动力性能研究是半潜式浮体设计的关键。

鉴于此，本文以半潜式海上机场超大型浮式平台单模块为研究对象，基于三维势流理

基金项目：国家重点研发计划课题（2017YFE0132000）和国家自然科学基金（52078251；U1733129）

论计算分析单模块在风浪流复杂海况下的系泊时频域响应，对后续复杂海况下海上超大型浮体设计提供数值参考。

2　计算模型及海况参数

2.1　浮体单模块模型

本文采用的半潜式单模块结构由 1 个上箱体、6 根立柱、3 个下浮体和 6 根撑杆组成，下浮体纵向连接，结构各部分尺度如表 1 所示。

表 1　水动力模型尺寸表

主要构件	长/m	宽/m	高/m	截面形式	结构模型示意图
上箱体	150	104	6	长方形	
下浮体	100	30	6	长方形	
立柱	直径为 20 m，高为 15 m			圆形	
撑杆	直径为 4 m，长为 30 m			圆形	

2.2　系泊系统参数设置

本文的半潜式浮体布置在水深为 1 000 m 的深海域，采用张紧式系泊系统，其系泊设计材料参数及布置方案如图 1 和表 2 所示，每个系泊点对应的三根锚链的夹角为 15°，缆绳与海床的夹角为 15°，缆绳总长 3 794 m，分为三段：钢缆 542 m、聚酯纤维 2 710 m 和钢缆 542 m。

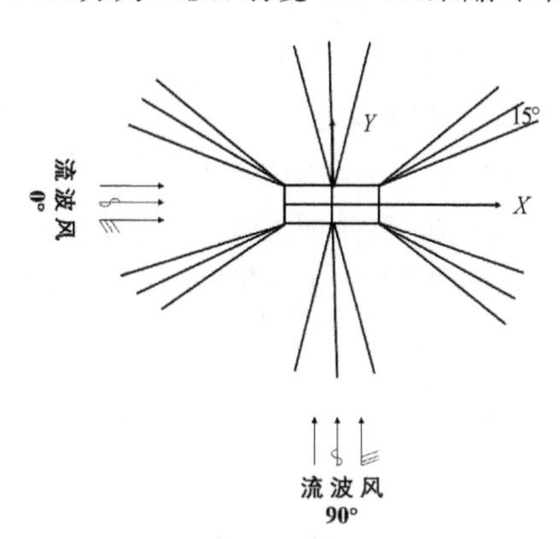

图 1　系泊系统布置示意图

表 2　系泊系统材料参数及布置方案表

分段	系缆成分	直径/mm	干重/kg/m	湿重/kg/m	破断力/MN	轴向刚度/MN	附加质量系数
1	钢缆	140	97	82	16.93	1740	1.0
2	聚酯纤维	175	23	5.9	10	300	1.0
3	钢缆	140	97	82	16.93	1740	1.0

2.3 海洋环境参数设置

本文的半潜式浮体单模块水动力特性研究是基于强风、海浪及海流的极端环境作用下进行的，故采用南海百年一遇的海况作为非规则波下的时频域计算条件，表3给出南海百年一遇的海洋环境参数。

表3 海况参数表

水深/m	波浪谱	有义波高/m	谱峰周期/s	风谱	平均风速/(m/s)	表面流速/(m/s)
1 000	JONSWAP	13.8	16.1	API	53	2.26

3 规则波下水动力特性分析

规则波下单模块水动力性能研究包括波浪荷载响应分析和运动响应分析，可为后续时频域计算提供数据基础。水动力计算过程中没有添加系泊系统，对应的三个自由度横荡、纵荡和艏摇恢复力极小，故提取模块的垂荡、横摇和纵摇的激振力、二阶平均波浪力、运动响应分布曲线。

3.1 激振力和二阶平均波浪力分析

环境参数输入包括波浪频率和波浪方向，由于本文模型关于 X 轴和 Y 轴双向对称，故仅需考虑 0°至 90°范围内的浪向角；波浪频率采取 60 个，从 0.1 rad/s 至 1.35 rad/s 等间距取值，图 2 给出了激振力和二阶平均波浪力变化曲线，分析结果表明：

(1) 激振力的数值远大于二阶平均波浪力，可证明在规则波下半潜式浮体的运动状态还是以自身的周期摇荡为主，各自由度的位移为辅；

(2) 激振力和二阶波浪力整体随着频率增加的发展趋势基本一致，都是随着频率的增加，呈现两阶段的先变大、后变小的过程，变大的过程都是呈现急剧的上升变化，但产生峰值对应的频率值不一致，激振力的第一个峰值发生在 0.9 rad/s 处，第二和第三峰值对应的频率值为 1.1 rad/s 和 1.35 rad/s 处，二阶平均波浪力第一个峰值发生在 0.8 rad/s 处，第二个峰值发生在 0.9 rad/s，第三和第四个也是在 1.1 rad/s 和 1.35 rad/s 处；

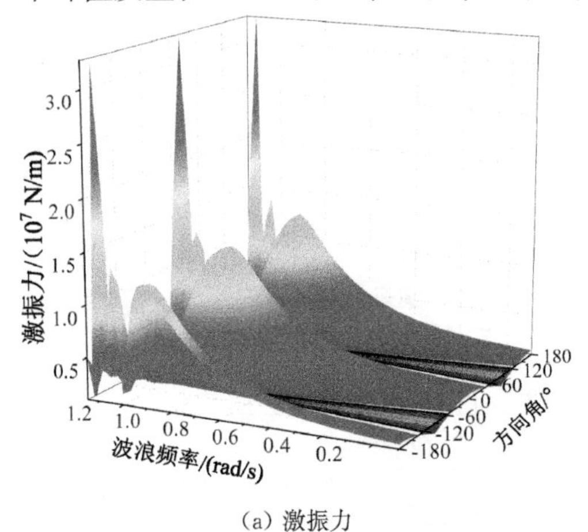

(a) 激振力

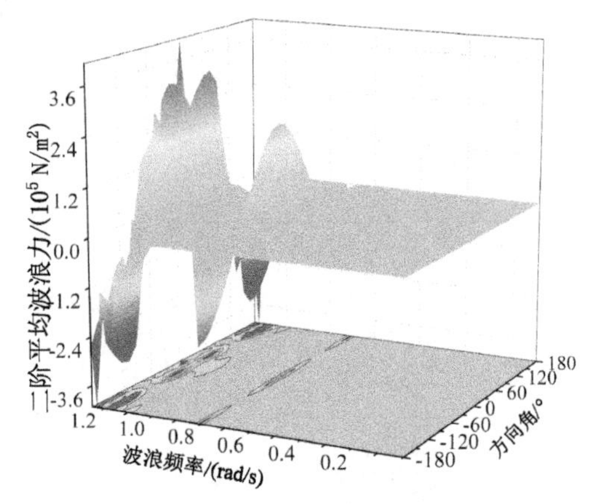

(b) 二阶平均波浪力

图 2 规则波下波浪荷载力示意图

(3) 随着方向角的变化,两种力的变化也呈现出不一样的趋势,但由于结构是对称的,因此可发现激振力和二阶平均力都是在 0°和 90°的时候达到峰值。

3.2 静水运动响应分析

图 3 和图 4 给出了半潜式浮体单模块在规则波下的垂荡和转动自由度对应的运动响应 RAO 值曲线,并对其变化规律进行总结。

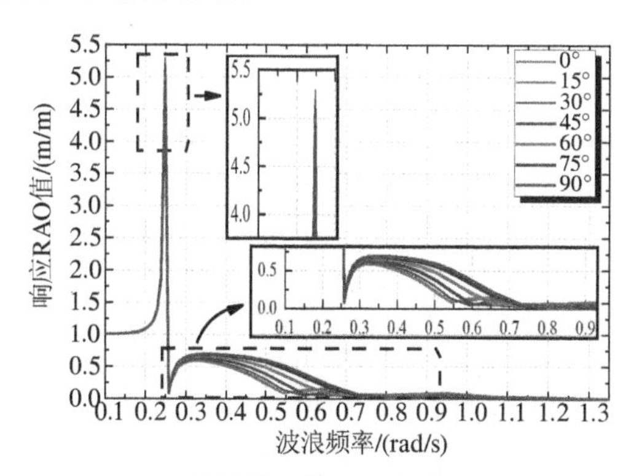

图 3 单模块垂荡响应曲线示意图

(1) 浪向角不同的情况下,垂荡的响应随频率变化的趋势基本一致,纵向对比,基本符合浪向角越大,垂荡响应越大的规律,大多频率下 90°的垂荡响应值最大,总体表现的规律是浪向角越大越平稳;

(2) 在频率为 0.25 rad/s 时,响应值达到最大,对应的浪向为 0°,与水动力周期进行计算,此时垂荡频率和波浪频率基本一致,因此在此频率下发生垂荡的共振现象,呈现的规律与总体浪向角越大垂荡响应越大的规律相反,浪向角越小,同一频率下的响应值反而越大;

(3) 整体横向对比,在低频区域波动较大,在高频区域较小,极值较小,具有明显的波频运动特性,且易发现,波浪频率趋近 0 时,RAO 值趋近于 1,说明此时频率过小时,波长无限大,浮体的尺寸长度远小于波长,浮体整体处于波峰,反之,频率过大时,波长较小,浮体受波浪影响基本忽略不计,RAO 值趋近于为 0。

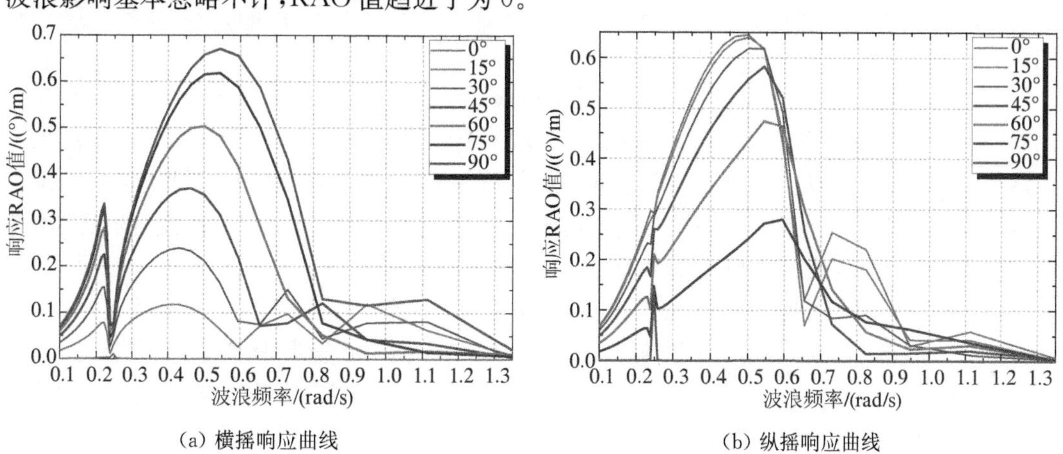

图 4 单模块转动自由度响应曲线示意图

分析横摇和纵摇曲线,可得以下规律:

根据横纵摇响应曲线，可发现各个浪向的变化趋势趋于一致，随着波浪频率的增加，响应值的波动较多且复杂，产生多个峰值。横摇曲线在 0.24～0.55 rad/s 范围内产生的幅值最大，波动最大；在 90°浪向下，当波浪频率为 0.54 rad/s 时，横摇响应达到最大，在 0°浪向下，波浪频率为 0.25 rad/s 时，横摇响应最小，无限接近于 0；由图可得，纵摇曲线 90°浪向下在 0.25 rad/s 处产生最大响应值，基本所有的浪向角在 0.24～0.25 rad/s 都产生一个幅值，将此时的频率与水动力周期进行计算，发现此时的垂荡频率和波浪频率基本一致，因此在此频率下发生纵摇的共振现象。

本文经过规则波下水动力计算发现，垂荡周期为 25.1 s，横摇周期为 25.4 s，纵摇周期为 25.4 s，都存在当波浪频率为 0.25 rad/s 时，产生共振现象；对于垂荡，在浪向 0°下，当频率为 0.25 rad/s 时，响应值达到最大；对于横摇，在 90°浪向下，当波浪频率为 0.54 rad/s 时，横摇响应达到最大；对于纵摇，在 0°浪向下，当波浪频率为 0.5 rad/s 时，纵摇响应达到最大。

4　极端海况时频域分析

4.1　RAO 值频域分析

本文的频域计算主要针对浮体所受到的运动幅值响应算子 RAO 值进行分析，海洋环境条件采用前文设置的百年一遇的极端风浪流环境，同时设置系泊系统、风谱和海流的参数，以此考虑系泊状态下浮体在极端风浪流下的运动响应，为时域分析提供基础，在计算过程中，选取风、浪、流同向。

本文水动力模型关于 X 轴和 Y 轴双向对称，故仅需考虑 0°至 90°范围内的浪向角。同时，每 45°设置一个工况，对三个移动自由度和三个转动自由度进行响应 RAO 函数计算，为时域耦合计算提供基础，图 5 给出了三个工况的运动响应 RAO 值。

对比不同工况的 RAO 值曲线，发现响应变化的趋势大体是一致的，各自由度方向的响应基本都在波浪频率为 0.25 rad/s 附近范围达到一个瞬态的最大峰值，随着频率的增加，各自由度方向的响应曲线继续会有波动，这与上文规则波下达到的共振频率现象是相同的。

将三个工况下不同自由度下所对应的响应最大值进行统计，如表 4 和表 5，分析可得：

(1) 纵向对比不同工况下移动运动自由度的幅值，横荡的响应幅值随工况角度的增加而降低，纵荡则是随着工况角度的增加而递增，垂荡的变化波动不大；纵向对比不同工况下转动运动自由度的幅值，横摇是随工况角度的增加出现变大的趋势，纵摇相反，随着工况角度的增加幅值变小，艏摇出现先变大再变小的趋势，但波动较小。

(2) 移动运动自由度响应最大值出现在风、浪、流角度为 0°的工况下的垂荡运动，幅值达到 3.91 m/m；转动运动自由度响应最大值出现在风、浪、流角度为 90°的工况下的横摇，幅值达到 0.69(°)/m，本文的几个工况对比中，易发现在 45°的工况下，3 个移动自由度和 3 个转动自由度的幅值都比较大，可认为此工况属于浮体在极端环境下的较不利工况。

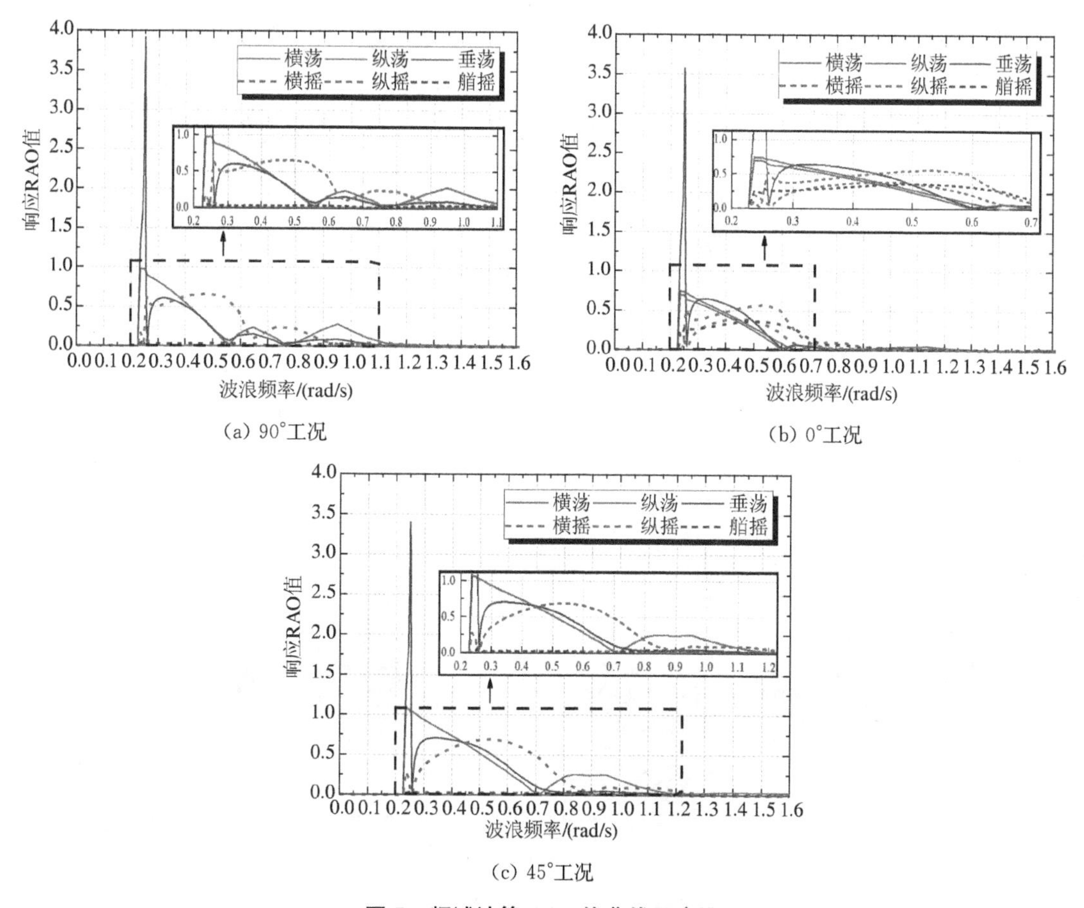

(a) 90°工况

(b) 0°工况

(c) 45°工况

图 5　频域计算 RAO 值曲线示意图

表 4　移动运动自由度最大值统计表

风、浪、流向角/(°)	移动运动自由度响应最大值/(m/m)		
	横荡	纵荡	垂荡
0	0.98	0.01	3.91
45	0.70	0.75	3.57
90	0.02	1.07	3.40

表 5　转动运动自由度最大值统计表

风、浪、流向角/(°)	转动运动自由度响应最大值/((°)/m)		
	横摇	纵摇	艏摇
0	0.07	0.66	0.06
45	0.39	0.57	0.36
90	0.69	0.05	0.05

4.2　荷载时程分析

根据频域分析的结果，选取 45°工况进行时域计算，提取对应的在 6 个自由度下浮体所受总荷载、风荷载和流荷载，分析极端条件下环境荷载对浮体系泊所产生的影响，对其设计优化提供基础，统计计算结果的有义值、平均值和最大值并进行对比分析。研究结果表明：

（1）根据环境荷载有义值、平均值和最大值，可发现荷载都是集中施加在艏摇自由度下，横荡、纵荡自由度下的荷载很小，这就对于 Z 方向的系泊张力有很高的要求；

（2）对比各个统计值下的总荷载、风荷载和流荷载，根据有义值和最大值，可发现对于横荡、纵荡自由度下的荷载值中，波浪荷载比风荷载、流荷载更容易产生特别大的脉动荷载值，对于艏摇自由度下，反而是流荷载的峰值更大；

（3）根据平均值统计，总荷载值远小于风荷载值、流荷载值，在极端风浪流 45°攻向角下，风荷载与流荷载是促动半潜式结构物横荡、纵荡和艏摇自由度运动的主要来源，波浪荷载会引起抑制作用，此现象与规则波下的运动响应计算结果不同。对于半潜式浮体，其运动与响应性能在极端激励下与普通海况下是不一样的，研究极端工况下对其设计和构造具有重大意义(图 6)。

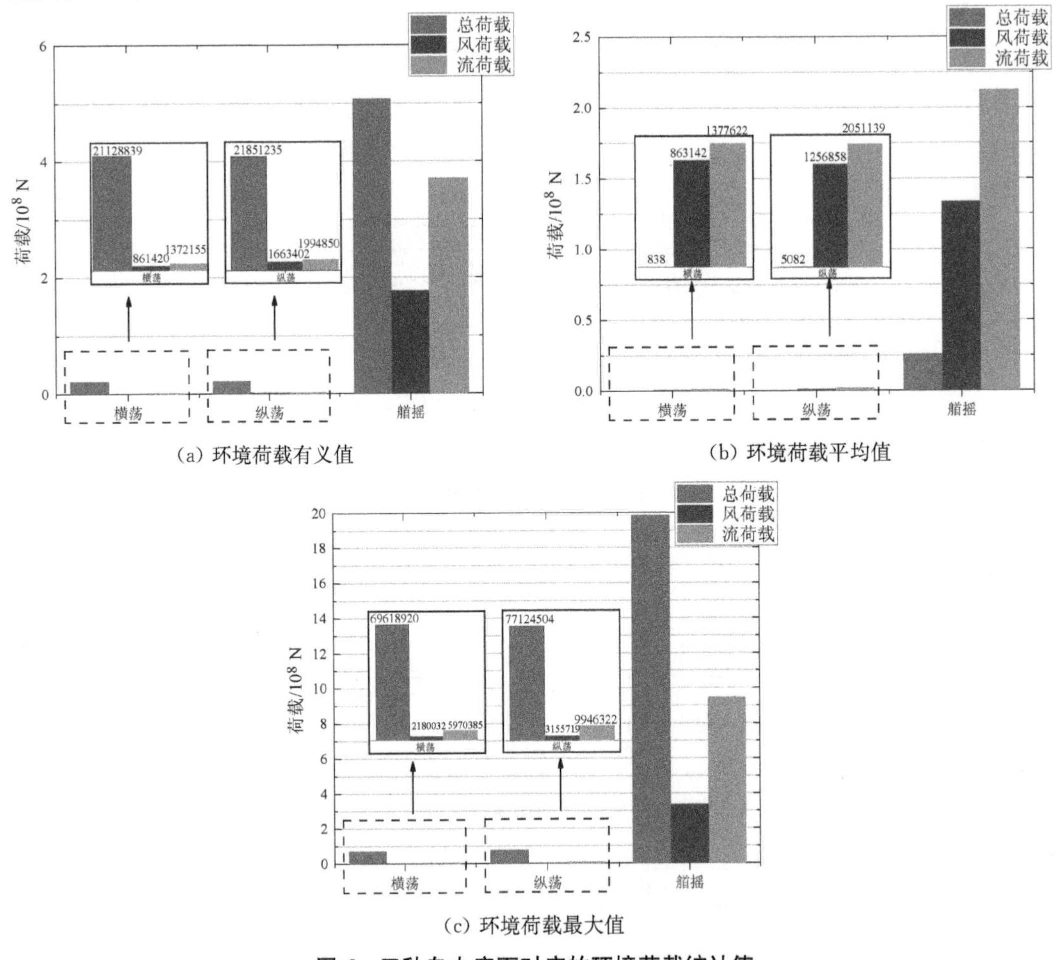

(a) 环境荷载有义值

(b) 环境荷载平均值

(c) 环境荷载最大值

图 6　三种自由度下对应的环境荷载统计值

5　结论

（1）基于三维势流理论，分析并得到规则波下半潜式超大浮体的水动力性能结果，包括静水运动的激振力、二阶平均波浪力和响应幅值算子。通过激振力和二阶波浪力的数值对比，可发现规则波下半潜式浮体的运动状态是以自身的周期摇荡为主，各自由度的位移为

辅;从响应幅值算子结果来看,垂荡周期为 25.1 s,横摇周期为 25.4 s,纵摇周期为 25.4 s;

(2) 0°、45°、90°三个风浪流方向极端海况频域计算结果表明,各自由度方向的响应基本都在波浪频率为 0.25 rad/s 附近范围达到一个瞬态的最大峰值,根据各个工况各自由度最大值对比,可得 45°工况属于浮体在极端海况下的较不利工况;

(3) 对 45°极端海况下半潜式浮体单模块进行时程计算,提取统计值并对比结构物所受总荷载、风荷载和流荷载的有义值、平均值和极大值,可发现大多数历时下风荷载与流荷载是促动半潜式结构物横荡、纵荡和艏摇自由度运动的主要来源,波浪荷载会起抑制作用。

综上所述,可发现半潜式浮体结构在波浪频率为 0.25 rad/s 时易产生共振,45°风浪流攻向角是半潜式海上机场浮体和系泊系统设计时需着重考虑的角度,静水海况和极端风浪流海况下半潜式海上机场浮体的水动力性能不同,对比分析两种工况才更有利于探究实际海况下半潜式海上机场浮式平台的水动力性能。

参考文献

[1] 在“十四五”时期协调推进海洋资源保护与开发　推进海洋强国建设[N]. 人民政协报, 2020-11-05(4).

[2] 谢卓雨, 顾学康, 丁军, 等. 超大型浮体概念设计与关键技术综述[J]. 船舶力学, 2020, 24(6): 825-838.

[3] 罗红星. 半潜式平台的水动力及系泊系统性能研究[D]. 武汉:华中科技大学, 2017.

[4] 余骁, 雷慧, 王允. 浅水浮式平台多点系泊系统适用性研究[J]. 舰船科学技术, 2020,42(1): 105-110.

[5] Monteiro B D F, Baioco J S, Albrecht C H, et al. Optimization of mooring systems in the context of an integrated design methodology[J]. Marine Structures, 2021, 75: 102874.

[6] 陈勇军, 张大刚, 谢文会, 等. 新型干树半潜平台系泊系统的时域耦合分析[J]. 船舶工程, 2020, 42(8): 115-121.

[7] 陈徐均, 苗玉基, 沈海鹏, 等. 基于 AQWA 的带支腿浮式结构的水动力特性分析[J]. 解放军理工大学学报(自然科学版), 2015,16(1): 34-40.

[8] 郑荣坤, 黄小平, 祁恩荣, 等. 海上移动基地浮体间连接器动力特性研究[J]. 船舶力学, 2020,24(9): 1175-1186.

[9] 徐道临, 戴超, 张海成. 多模块浮体 ADAMS 动力学仿真及连接器对响应特性的影响[J]. 振动工程学报, 2018,31(3): 456-467.

[10] 宋发贺. 150000T 油轮水动力及系泊系统性能计算分析[D]. 大连:大连海事大学, 2014: 38-46.

[11] 张威, 杨建民, 胡志强, 等. 深水半潜式平台模型试验与数值分析[J]. 上海交通大学学报, 2007, 41(9):1429-1434.

[12] John M, Arcandra T, Chan K Y. Hydrodynamics of dry tree semisubmersibles[C]//Jin S C, Seok W H, Shuichi N, et al, eds. Proceedings of the Seventeenth (2007) International Offshore and Polar Engineering Conference. Lisbon, Portugal: International Society of Offshore and Polar Engineers, 2007: 2275-2281.

[13] Chakrabarti S, Barnett J, et al. Design analysis of a truss pontoon semi-submersible concept in deep water[J]. Ocean Engineering, 2007, 34(3/4): 621-629.

[14] 史琪琪. 深水锚泊半潜式钻井平台运动及动力特性研究[D]. 上海:上海交通大学, 2011: 68-82.

两种构型海上机场模块动力特性对比研究

朱庭瑞[1]，柯世堂[1*]，吴鸿鑫[2]，陈　静[1]

(1. 南京航空航天大学土木与机场工程系 江苏南京 211106;
2. 南京航空航天大学空气动力学系 江苏南京 210016)

摘　要: 半潜式平台作为超大型浮式结构物的一种构型受到了国内外学者的广泛关注,但目前对于不同结构形式半潜式平台运动特性的对比研究甚少。本文依据三维势流理论对下浮体分别为纵向和横向的两种半潜式模块进行研究,分析了纵向模块在六个自由度上的运动幅值响应,并与横向模块进行了对比;同时分析了两种模块在复杂海况下的横荡、纵荡、横摇运动时程曲线。研究表明:两模块纵荡和横荡的运动响应均呈低频特性,垂荡、横摇、纵摇和艏摇的运动响应整体呈现波频特性;在 90°方向的风、浪、流荷载作用下,纵向模块在横荡、垂荡、横摇三个方向上的稳定性均明显大于横向模块的稳定性,为后续半潜式模块的研究设计提供参考。

关键词: 海上机场模块; 半潜式平台; 水动力特性; 时域分析

1　引言

经济全球化、贸易自由化的高度发展推动了现代航空事业的升级,各国扩建、新建机场的需求不断增加,面对城市用地紧张、地价高昂等一系列的问题,一些沿海城市转而大力建设海上机场。与此同时,由于我国南海海域辽阔,最南端的曾母暗沙群岛距离大陆近 2 000 公里[1],加之海况恶劣,周围国家的觊觎,都限制了我国对南海的开发,究其原因,很大程度上是因为我国对南海的控制力度不够,由于缺乏海上机场而使得飞机这种具有战略意义的工具无法发挥作用。其中,超大型浮式海上机场由于其建造速度快、经济效益高、不受海域水深限制、机动性强等优点而备受关注。浮式机场实际上是一种超大型浮式结构物,而半潜式作为浮式结构物的一种重要结构形式,虽然结构复杂,但由于其水动性能好,有较强抵抗极端环境的能力等[2]特点而受到广泛重视,它既可以作为超大型浮式结构物的基本模块,同时还广泛应用于浮式风机、海上浮式钻井平台等结构。由此可见,研究半潜式超大浮体单模块极其重要,它不仅可以为我国加强海洋领土主权控制提供保障,在世界上树立大国形象,同时也可以为我国海洋资源的开发提供便利,提高我国的经济竞争力。

半潜式平台的动力响应分析一直是海洋工程界最具挑战、最具科研价值的论题之一[3],对此国内外学者进行了大量的研究。Nallayarasu 和 Prasad[4]对规则波中相互连接的

基金项目: 国家重点研发计划课题(2017YFE0132000)和国家自然科学基金(52078251、U1733129)

Spar 平台和半潜式平台的水动力问题进行了系统研究；唐东洋[5]通过理论分析对半潜式平台的水动力性能进行了研究，通过模型试验得到平台在风浪联合作用下的运动响应，并基于谱分析法将数值计算和实验结果进行了对比；王玮[6]考虑到复杂的海洋环境，通过时域耦合分析法，分析了半潜式钻井平台在深海复杂的工作条件下的水动力性能和系泊性能；朱航等[7]对风浪作用下半潜式平台的动力响应进行了数值模拟，结果表明平台的水平运动主要受低频荷载的影响，而垂荡和偏转主要受波频荷载的影响。

然而，目前国内外对于不同结构形式半潜式平台运动特性的研究较少。鉴于此，本文依据三维势流理论分析了下浮体为纵向的模块在六个自由度上的运动幅值响应，并与横向模块进行对比，最后对两种模块在复杂海况下的横荡、纵荡、横摇运动时程曲线进行了分析总结。

2 结构概况

本文建立了下浮体分别为横向和纵向的两类半潜式浮体模型，模型主要结构参数及示意图如表 1、表 2 所示。两种模型分别采用横向下浮体纵向连接和纵向下浮体横向连接两种方式，其中，横向半潜式模块由 1 个上箱体、10 根立柱、5 个下浮体、8 根撑杆构成，排水量为 92 098 m^3；纵向半潜式模块由 1 个上箱体、10 根立柱、2 个下浮体、5 根撑杆构成，排水量为 92 010 m^3。两模型均采用海洋平台专用超强度钢 EH36，密度为 7 850 kg/m^3；吃水深度及重心高度均为 14 m。

表 1　横向半潜式浮体模块主要参数

主要构件	长度/m	宽度/m	厚度/m	结构示意图
上箱体	270	100	6	上箱体　立柱　下浮体　撑杆
下浮体	90	30	5	
立柱	高度为 15 m，直径为 18 m			
撑杆	长度为 30 m，直径为 3 m			
吃水深度 14 m，重心高度 14 m，排水量 92 098 m^3 横摇惯性半径 $K_{xx}=34$ m 纵摇惯性半径 $K_{yy}=75$ m 艏摇惯性半径 $K_{zz}=78$ m				

表 2　纵向半潜式浮体模块主要参数

主要构件	长度/m	宽度/m	厚度/m	结构示意图
上箱体	270	100	6	上箱体　立柱　下浮体　撑杆
下浮体	270	25	5	
立柱	高度为 15 m，直径为 18 m			
撑杆	长度为 40 m，直径为 3.2 m			
吃水深度 14 m，重心高度 14 m，排水量 92 010 m^3 横摇惯性半径 $K_{xx}=34$ m 纵摇惯性半径 $K_{yy}=75$ m 艏摇惯性半径 $K_{zz}=78$ m				

3 水动力分析

3.1 纵向单模块 RAO

由于两种浮体模块均关于 X 轴、Y 轴对称，因此均选取了 0°～90°内以 15°等间隔分布的 7 个浪向，0.1～2.1 rad/s 内以 0.04 rad/s 等间隔分布的 50 个频率对荷载传递函数进行波浪搜索。图 1(a)～图 1(f)分别给出了 0°～90°浪向下纵向半潜式浮体单模块六个自由度方向上的运动幅值响应算子。

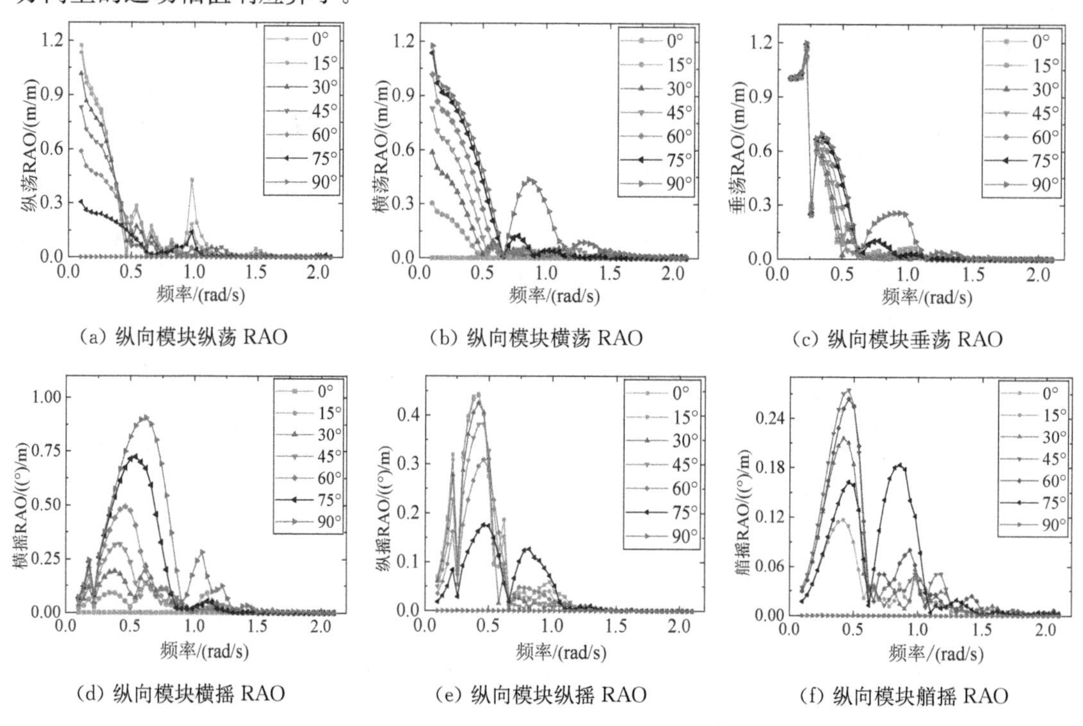

(a) 纵向模块纵荡 RAO　(b) 纵向模块横荡 RAO　(c) 纵向模块垂荡 RAO

(d) 纵向模块横摇 RAO　(e) 纵向模块纵摇 RAO　(f) 纵向模块艏摇 RAO

图 1　纵向模块六个自由度的运动幅值响应算子

由图可知：(1) 模块在 0°浪向下，其纵荡、纵摇运动响应幅值达到最大，在 90°浪向下其横荡、横摇、垂荡运动响应幅值达到最大，在 45°浪向下，其艏摇运动响应幅值达到最大；(2) 随着波浪角由 0°～90°逐渐增大，模块的纵荡和纵摇运动响应幅值逐渐减小，横荡、垂荡和横摇运动响应幅值逐渐增大，艏摇运动响应幅值无明显规律；(3) 模块的纵荡和横荡的运动响应均呈现显著的低频特性，其低频运动响应远大于波频运动响应，运动响应幅值在低频范围内数值较大，随着频率的增加整体呈现递减的趋势；(4) 模块的垂荡、横摇、纵摇和艏摇的运动响应整体呈现波频特性，这四种运动主要集中在各自的固有频率附近，在其他的波浪频率范围内也会出现峰值，但运动响应幅度不大。

3.2 横纵两模块 RAO 对比

此处选取两模块 0°浪向的纵荡和纵摇；90°浪向的横荡、横摇和垂荡；45°浪向的艏摇进行对比分析，具体的运动响应幅值算子绘制如图2。

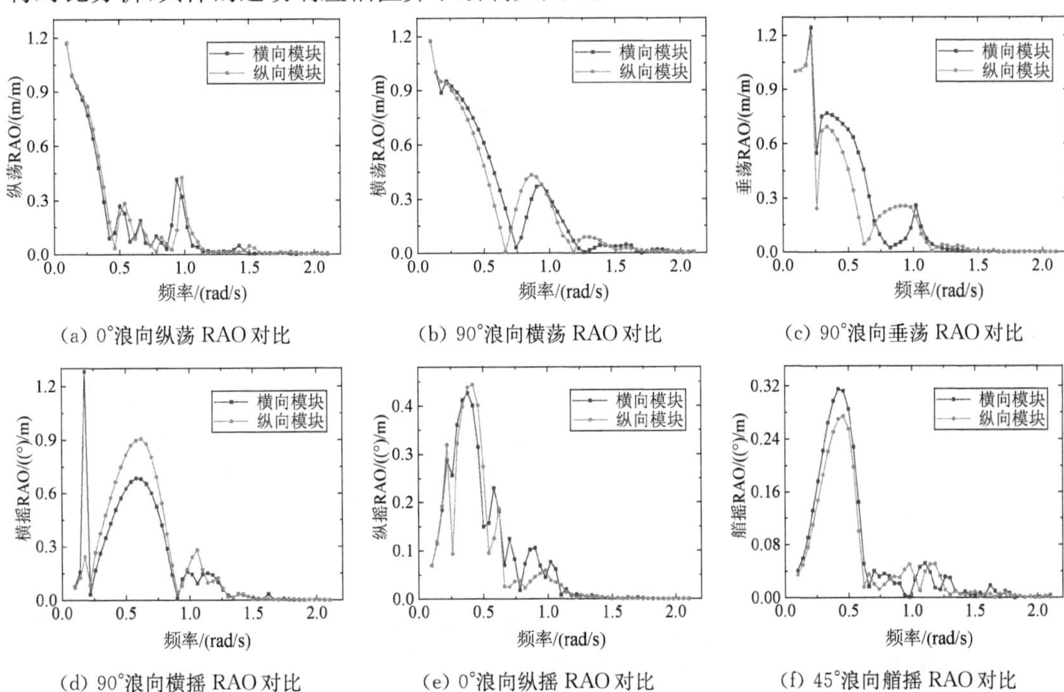

(a) 0°浪向纵荡 RAO 对比　(b) 90°浪向横荡 RAO 对比　(c) 90°浪向垂荡 RAO 对比

(d) 90°浪向横摇 RAO 对比　(e) 0°浪向纵摇 RAO 对比　(f) 45°浪向艏摇 RAO 对比

图2　两模块不同自由度 RAO 对比

由图可知，横向单模块 RAO 与纵向单模块 RAO 总体基本相同。横向模块的横荡运动在波频约为 0.22 rad/s 时出现第一个峰值，而纵向模块横荡运动在波频约为 0.86 rad/s 时出现峰值，表明横向模块横荡固有频率约为 0.035 Hz，而纵向模块横荡固有频率约为 0.137 Hz；两模块垂荡运动均在波频为 0.22 rad/s 时出现峰值，两模块的垂荡固有频率均约为 0.035 Hz；横向模块在 90°浪向下横摇运动的最大峰值出现在波频为 0.22 rad/s 处，而纵向模块横摇运动的最大峰值出现在波频约为 0.62 rad/s 处，说明横向模块横摇的固有频率大约为 0.035 Hz，而纵向模块横摇的固有频率约为 0.099 Hz；横向模块在 0°浪向下纵摇运动最大峰值出现在波频为 0.38 rad/s 时，纵向模块纵摇最大峰值的出现稍滞后于横向模块，出现在波频为 0.42 rad/s 处，说明横向模块纵摇固有频率约为 0.06 Hz，纵向模块纵摇固有频率约为 0.067 Hz；横、纵两模块艏摇运动的峰值分别出现在波频为 0.42 rad/s、0.46 rad/s 处，且横向模块的艏摇峰值大于纵向模块的艏摇峰值，说明横、纵两模块艏摇的固有周期分别为 0.067 Hz、0.073 Hz。

4　时域分析

4.1　系泊系统

两模型均设置了10条系泊线，且关于 X 轴、Y 轴对称，系泊线在水平方向上的长度为 800 m，在垂直方向上的长度为 984 m，具体的系泊线平面示意图以及系泊模型如图3所示，系泊线的具体参数如表3所示。

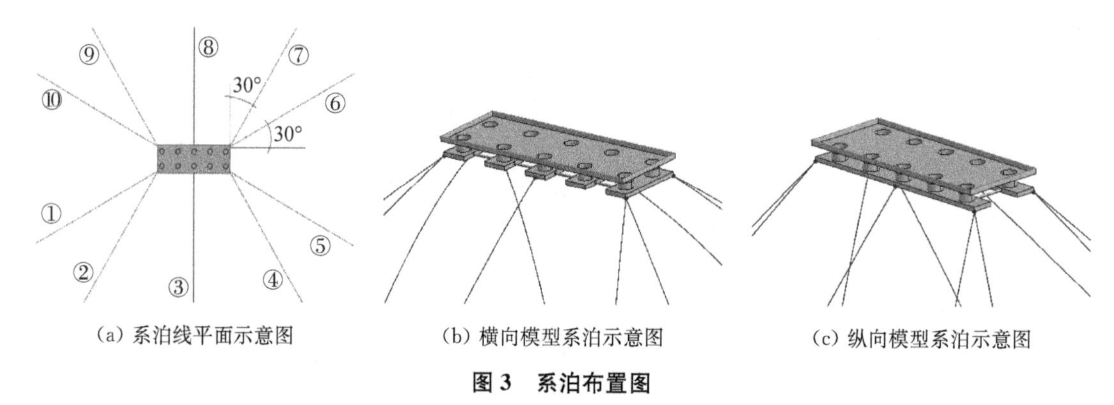

(a) 系泊线平面示意图　　(b) 横向模型系泊示意图　　(c) 纵向模型系泊示意图

图 3　系泊布置图

表 3　系泊线主要参数

轴向刚度/(N/m)	湿重/(kg/m)	最小断裂张力/N	直径/m	附加质量系数	拖曳力系数
9.28×10^{8}	143	3.21×10^{7}	0.47	1.0	1.2

4.2　海况参数

本文所取的海况参数是中国南海百年一遇的环境数据。风、浪、流的入射角度均为90°，其中风谱为NPD风谱，10 m高处风速为45 m/s；波浪谱选用JONSWAP谱，浪、流的具体参数如表4所示。

表 4　浪、流具体参数

	参数	数值		分层(高度)	流速/(m/s)
波浪(JONSWAP)	有义波高	13.3 m	海流	表层(0m)	2.07
	谱峰周期	15.5 s		中层(500 m)	1.48
	γ值	3.3		底层(1 000 m)	0

4.3　结果对比分析

本研究对两模块施加了90°方向的风、浪、流荷载，得到了两个模块在时长10 800 s内横荡、垂荡和横摇方向上的运动时程曲线如图4所示。由图可知，纵向模块在横荡、垂荡、横摇三个方向上的稳定性明显优于横向模块。

本文主要以模块在横荡、垂荡和横摇响应的均值和方差作为稳定性依据，计算出的具体的均值、方差数据如表5。

表 5　两模块横荡、垂荡和横摇均值方差数值表

	横向模块			纵向模块		
	横摇	横荡	垂荡	横摇	横荡	垂荡
均值	21.15	−0.82	3.99	15.84	−0.76	1.54
方差	5.44	3.79	4.16	2.96	2.00	2.11

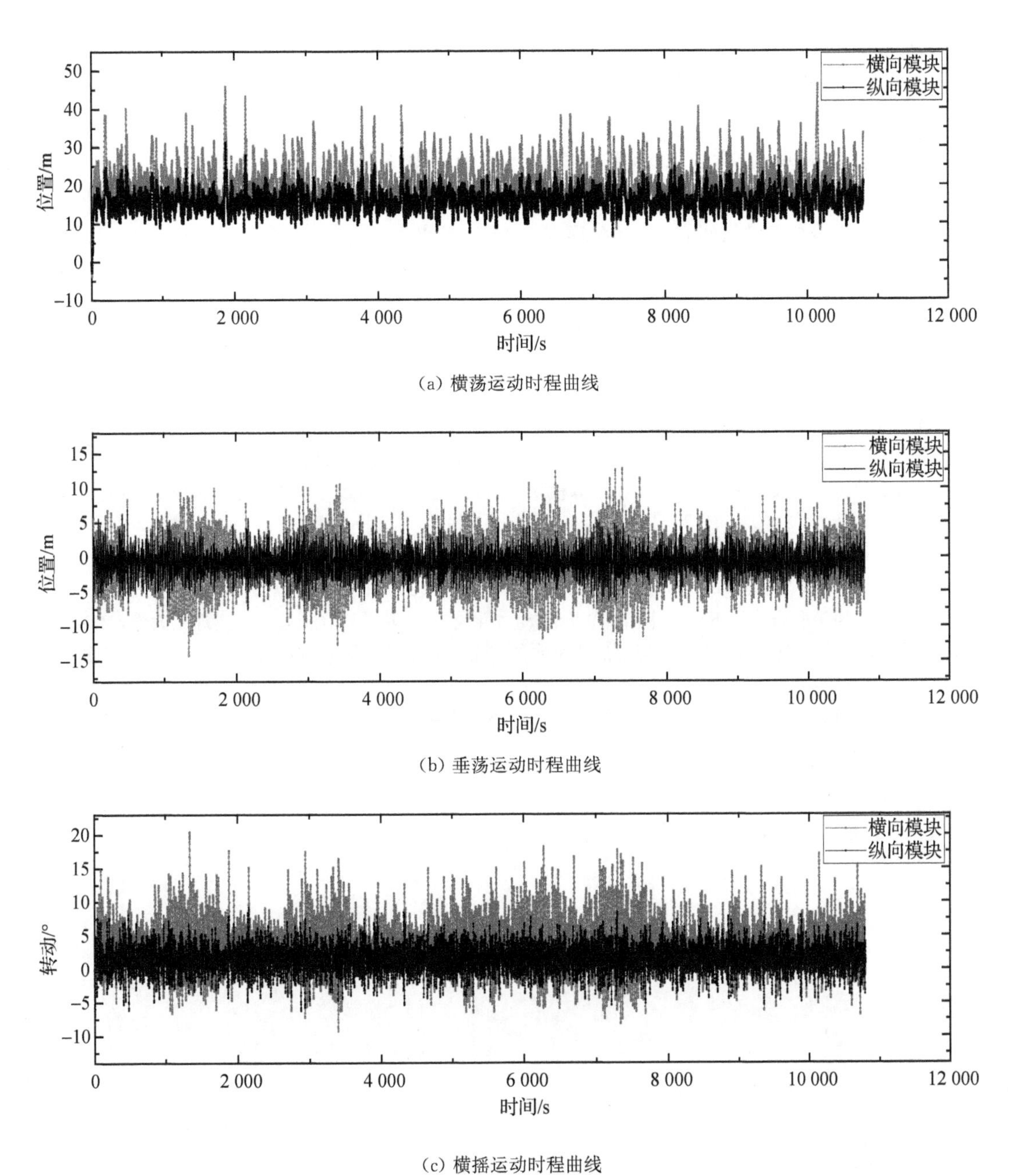

(a) 横荡运动时程曲线

(b) 垂荡运动时程曲线

(c) 横摇运动时程曲线

图 4　两模块运动时程曲线示意图

由表中数据可知，纵向模块在横荡、垂荡和横摇三个自由度上的均值方差均小于横向模块对应的数值，且横向模块的横荡均值比纵向模块多 8.3%，其横摇均值比纵向模块多 33.5%，纵向模块在 90°风、浪、流荷载联合作用下稳定性更好。

5　结论

本文依据三维势流理论对下浮体纵向和横向的两种半潜式模块进行了水动力分析和

时域分析，并对所得的两模块在六个自由度上的运动响应幅值以及横荡、垂荡、横摇的运动时程曲线做了研究，结论如下：

（1）两模块在六个自由度上的RAO基本相同，且模块的纵荡和横荡的运动响应呈现显著的低频特性，其垂荡、横摇、纵摇和艏摇的运动响应整体呈现波频特性；

（2）在相同的90°方向的风、浪、流荷载的作用下，纵向模块的横荡和横摇均值分别比横向模块多8.3％、33.5％，纵向模块在横荡、垂荡、横摇三个方向上的稳定性明显大于横向模块。

参考文献

[1] 栾道坤. 海上漂浮机场的结构设计[D]. 东营：中国石油大学(华东)，2016.

[2] 张大勇，于东玮，王国军，等. 半潜式海洋平台抗冰性能分析[J]. 船舶力学，2020，24(02)：208-220.

[3] 丁军，苗玉基，张正伟，等. 一种新型双模块半潜式海工平台的运动和连接器载荷响应研究[J]. 船舶力学，2020，24(08)：1036-1046.

[4] Nallayarasu S，Prasad P S. Hydrodynamic response of spar and semi-submersible interlinked by a rigid yoke-Part Ⅰ：Regular waves[J]. Ships and Offshore Structures，2012，7(3)：297-309.

[5] 唐东洋. 风浪联合作用下深水半潜式平台水动力性能实验研究[D]. 大连：大连理工大学，2010.

[6] 王玮，刘小飞，祝庆斌，等. 深海半潜式平台的水动力及系泊系统时域耦合分析[J]. 中国海洋平台，2015，30(6)：49-54.

[7] 朱航，马哲，翟刚军，等. 风浪作用下HYSY—981半潜式平台动力响应的数值模拟[J]. 振动与冲击，2010，29(09)：113-118，246.

基于分层壳单元模型超大型冷却塔风致倒塌机制

李文杰[1]，柯世堂[1*]，王飞天[1]

(1. 南京航空航天大学土木与机场工程系 江苏南京 211106)

摘　要：超大型冷却塔作为典型的高耸薄壁风敏感结构在强风激励下易产生连续性倒塌，国内外关于冷却塔风致倒塌的研究处于起步阶段。鉴于此，以我国西北地区某在建228 m世界最高冷却塔为研究对象建立精密化分层壳单元模型，结合增量动力分析(IDA)法获得了冷却塔的临界倒塌风速，基于节点Von Mises应力变化规律首次提炼了倒塌过程中塔筒单元间的三种内力重分布机制，并探讨了倒塌过程中内力重分布机制的发展规律。

关键词：分层壳单元模型；超大型冷却塔；倒塌机制

1　引言

超大型冷却塔是世界上体量最大的钢筋混凝土旋转薄壳结构，亦是典型的风敏感结构，历史上多次发生风致倒塌事故，1965年英国渡桥电厂和1973年苏格兰阿德尔曼电厂的大型冷却塔风毁事件[1]均引起塔筒整体结构失效倒塌。近年来，冷却塔大型化的发展趋势导致塔筒风致响应更为显著，而国内外相关规范[2-4]并未明确提供冷却塔的结构抗倒塌设计指标，因此探究超大型冷却塔风致倒塌机制对其结构安全设计具有明确的指导意义。

对于结构倒塌机制的研究目前集中地震作用下的高层框架结构、空间桁架结构和大跨度桥梁结构等领域，冷却塔作为高耸薄壁空间结构，其倒塌传力机制和几何拓扑与框架桥梁等结构不尽相同，文献[5-6]模拟了冷却塔风致倒塌全过程并分析了风致倒塌形态和受力特点，但未对冷却塔的倒塌机制进一步挖掘。目前国内外学者对超大型冷却塔风致倒塌研究仍处于起步阶段，其连续性倒塌过程中的单元溃散路径和倒塌机制尚需进一步研究。

鉴于此，以西北地区目前在建某全球最高超大型冷却塔为研究对象，基于分层壳单元对超大型冷却塔进行精密化建模，结合增量动力分析(IDA)法获得冷却塔风致倒塌风速，基于冷却塔倒塌全过程提出风致倒塌机制并探讨了倒塌过程中内力重分布发展规律。

2　分层壳单元模型

2.1　分层壳单元

常规壳单元仅能按预设的单一本构模型粗糙模拟单元面外弯曲作用和面内拉压作用，

基金项目：国家自然科学基金项目(51878351，U1733129，51761165022)

不能精确还原复合材料的复杂受力状况，分层壳单元将一个壳单元按照需求分为若干层，对壳单元每层赋予不同的几何参数、物理参数、本构模型等，从而达到模拟材料内部每层的真实受力状态的目的[8]。分层壳单元如图 1 所示，x 轴为环向方向，y 轴为径向方向，z 轴为子午方向，h 为单元厚度。

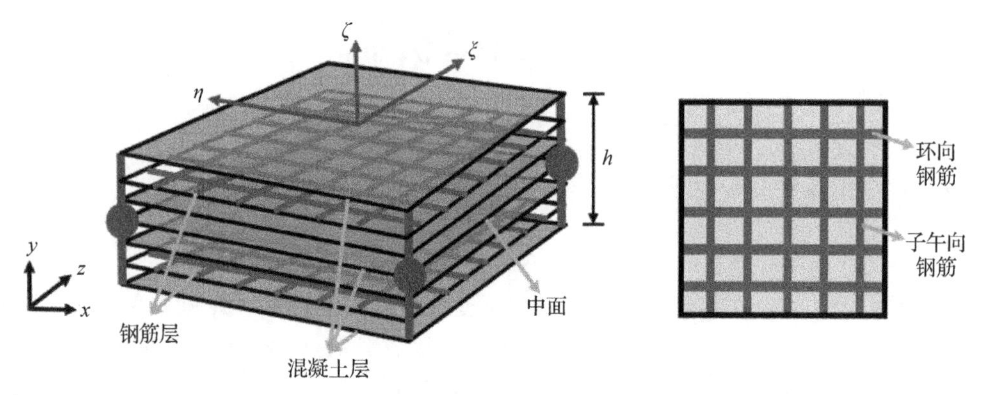

图 1　分层壳单元示意图

每个分层壳单元设置 7 个积分点，定义第 1、3、4、5、7 层为素混凝土材质，第 2、6 层为钢筋材质，壳单元每层因材质差异而设置不同的失效参数，其中内、外钢筋层按照冷却塔子午向和环向配筋纵横分布形成钢筋网架。

2.2　精密化足尺模型

该超大型冷却塔主体结构由塔筒、支柱、环基、塔顶刚性环及加劲肋构成。塔筒厚度呈指数变化，塔身沿环向均匀布置 120 条梯形加劲肋，60 榀 X 型支柱通过 60 个支墩与底部钢筋混凝土环型基础承台连接，单个支墩下布 24 根钢筋混凝土灌注桩，冷却塔主要结构尺寸参数如表 1 所示。

表 1　冷却塔主要结构尺寸

主要构件	单元标高/m	母线半径/m	单元壁厚/m	混凝土等级	结构示意图
塔筒	35.00	82.60	2.25	C45	113.6 m; 228 m; 110 m; 171 m; 35 m; 184.7 m
	91.00	67.68	0.44		
	171.00	55.00	0.41		
	228.00	57.05	0.50		
刚性环	227.02	56.75	0.50	C45	
加劲肋	120 条梯形加劲肋上底 0.12 m 下底 0.2 m 高 0.15 m			C45	
支柱	60 榀 X 型支柱矩形截面尺寸 2.4 m×1.3 m			C45	
环基承台	径向宽 12.4 m 高 2.8 m 下共设 1 440 根桩			C35	

基于分层壳单元根据冷却塔结构尺寸建立精密化足尺模型，包括塔筒、支柱、刚性环和加劲肋四个部分。采用 Shell163 空间分层壳单元模拟塔筒、刚性环和加劲肋，塔筒环向和子午向分别划分为 240 和 132 个单元，加劲肋、刚性环与塔筒采用节点自由度耦合方式。60 榀 X 型支柱采用 Beam161 空间梁单元进行模拟，支柱上端与塔筒底部采用刚性域耦合方式进行连接，支柱下端固支作为模型计算边界条件，图 2 给出了超大型冷却塔整体与局部模型示意图，图 3 给出了冷却塔前 100 阶固有频率随振型阶数变化曲线及典型振型图。

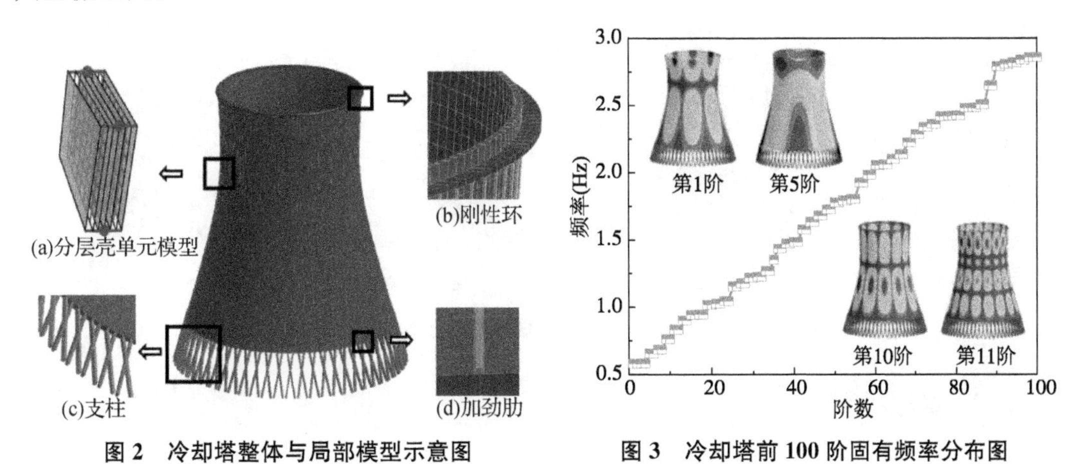

图 2　冷却塔整体与局部模型示意图

图 3　冷却塔前 100 阶固有频率分布图

3　风致倒塌全过程分析

3.1　连续性倒塌全过程

通过刚体测压风洞试验获取了冷却塔表面静风荷载，以 5 m/s 加载步长从 25 m/s 逐级加载至 85 m/s 时，塔筒整体出现连续性倒塌，为获得精确临界倒塌风速，在风速 80 m/s 和 85 m/s 间采用最小二分法求得临界倒塌风速为 83 m/s，冷却塔结构倒塌过程中塔筒的位移变化状况、裂隙发展路径、倒塌趋势等复杂非线性行为如图 4 所示。

由图可知：(1) 强风作用初始，塔筒最大位移区域为顺风向中上部，迎风面 0°子午向左右夹角为−50°～50°范围内呈现为凹陷状态，塔侧 50°～130°和 230°～310°范围沿横风向呈微小凸起现象，环向变形与塔筒风压分布曲线一致，此时冷却塔结构处于弹性阶段，但局部单元已经由弹性变形进入塑性变形阶段；(2) 当加载至 1.39 s 时，塔筒最大位移区域转移至喉部区域，伴随塔筒喉部个别单元失效，迎风面出现自喉部失效单元向中下部蔓延的子午向裂隙，塔筒呈现出以迎风面标高为 112 m 的中心破坏区域，此时冷却塔中上部分仍保持直立状态；(3) 伴随塔筒裂隙持续蔓延，塔筒喉部和中下部在加载至 3.79 s 时呈现纵横交错的裂隙网，塔筒传力路径因喉部和中下部单元破碎而发生严重破坏，迎风面顶部和两侧随之发生连续性坍塌，背风面顶部继而发生脆性破坏与塔筒发生分离，超大型冷却塔塔筒最终因无法继续承受强风荷载而发生连续性倒塌。

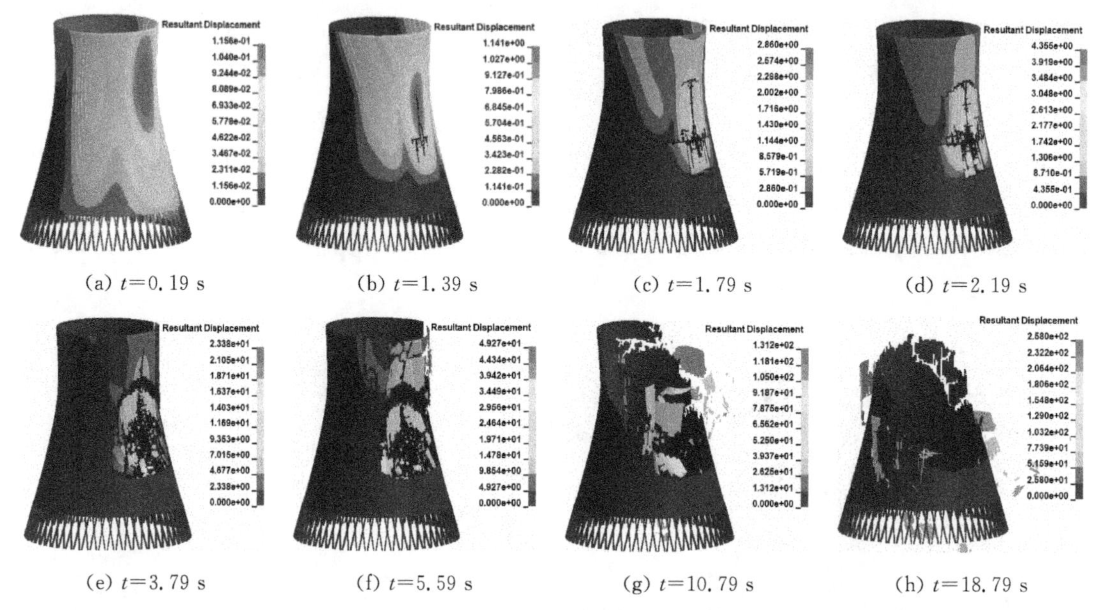

(a) $t=0.19$ s　(b) $t=1.39$ s　(c) $t=1.79$ s　(d) $t=2.19$ s

(e) $t=3.79$ s　(f) $t=5.59$ s　(g) $t=10.79$ s　(h) $t=18.79$ s

图 4　冷却塔风致连续性倒塌全过程示意图(单位:m)

3.2　倒塌机制

课题组前期文献[6]研究发现超大型冷却塔倒塌属于突然发生行为,整体上遵循由弯拱机制向悬铰线机制发展的过程,从宏观初步解释了冷却塔倒塌过程中的受力特点。本文基于分层壳单元模型在课题组研究基础上从局部角度进一步探究塔筒单元失效后的 Von Mises 应力重分布机制,进而揭示冷却塔的风致倒塌机制。

捕捉倒塌过程中环向钢筋、混凝土或子午向钢筋破坏而失效的分层壳单元,分析三个相邻单元节点失效前后的 Von Mises 应力变化规律,如图 5 所示,风荷载作用初始,节点 Von Mises 应力较小且分布均匀,节点应力随强风作用时间增加呈非线性增大。塔筒单元 S7450 底部节点应力增至 4.27 MPa 和 5.03 MPa,导致环向钢筋破坏失效,在相应对角节点产生转动铰,顶部节点应力将继续增大进而引发上部单元底部环向钢筋断裂,循环重复从而在塔筒上形成子午向裂隙。单元 S11525 节点出现应力集中并最终因混凝土破碎而失效,相邻单元 8 个节点形成相对滑动面,1 号、2 号单元易产生空间滑动趋势而发展出子午向和横向裂缝。单元 S13177 和 S13176 间的公共节点 Von Mises 应力增至 7.23 MPa 和 8.12 MPa,两个单元的 8 个节点形成相对滑移面,子午向钢筋断裂后相邻 1 号单元的 Von Mises 应力相对较大,极易随之失效破坏从而产生连续环向裂隙。

基于上述单元不同部位失效前后的 Von Mises 应力变化规律,结合大跨桁架结构失效研究[8],提炼出三种冷却塔风致倒塌内力重分布机制,如图 6 所示,环向、子午向钢筋由横向、竖向灰实线集中示意,灰色斜虚线示意混凝土,塔筒壳单元因环向钢筋、混凝土或子午向钢筋破坏而失效后相邻单元分别遵循转动铰机制、滑动面机制和滑移面机制进行内力重分布。

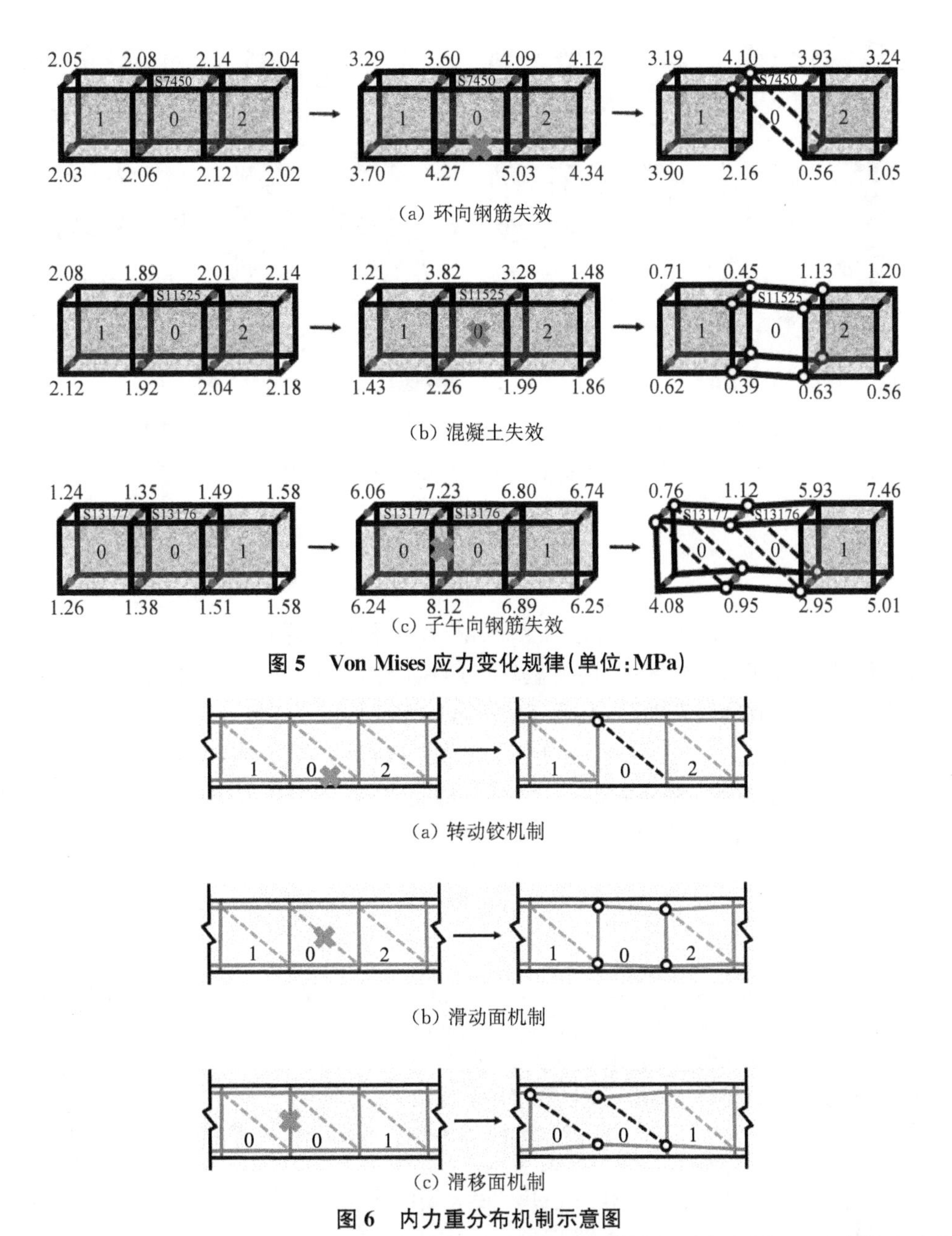

图5　Von Mises 应力变化规律(单位:MPa)

图6　内力重分布机制示意图

为进一步探究三种内力重分布机制在冷却塔连续性倒塌不同时刻和不同位置处的分布规律,对典型时刻塔筒单元失效破碎路径进行分析,如图 7 所示。加载至 1.39 s 时塔筒产生中心破坏区域,喉部第一个失效单元 S20880 因混凝土弯剪断裂进而触发滑动面机制,随后因环向钢筋断裂遵循转动铰机制产生子午向裂隙,中心破坏区域和裂隙网中环向和子午向裂缝以滑移面机制和转动铰机制为主,伴随个别混凝土单元破坏引发滑动面机制进行内力重分布,而新裂隙的产生则仍首先引发滑动面机制,发展出的新路径以转动铰机制和滑移面机制进行内力重分布,直至塔筒完全倒塌。

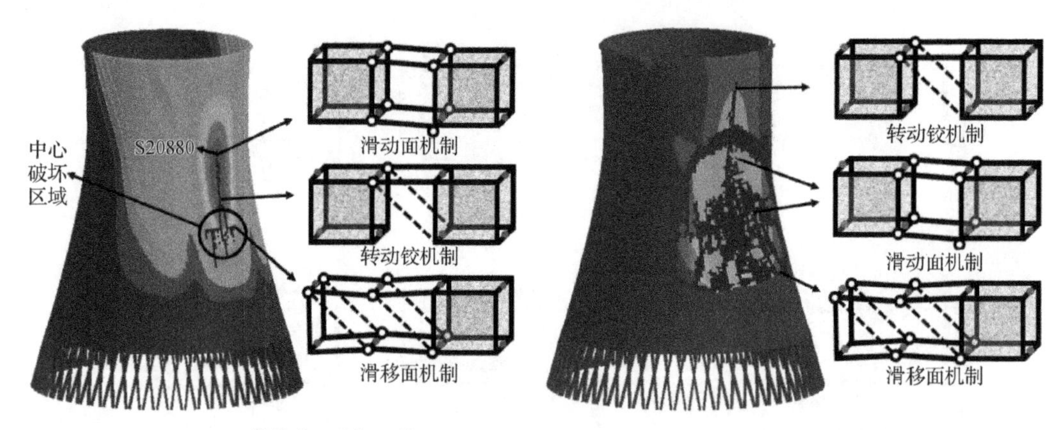

(a) $t=1.39$ s 塔筒中心破坏区域　　(b) $t=3.79$ s 塔筒裂隙网

图 7　不同时刻下塔筒内力重分布机制规律

4　结论

(1) 强风激励下超大型冷却塔分层壳单元模型的临界倒塌风速为 83 m/s，连续性倒塌全过程表明塔筒喉部为薄弱区域，塔筒呈现以迎风面标高为 112 m 的中心破坏区域，裂隙沿环向和子午向扩散形成裂隙网，直至塔筒完全倒塌破坏。

(2) 基于单元节点 Von Mises 应力变化规律首次提炼了冷却塔倒塌过程中的三种内力重分布机制：转动铰机制、滑动面机制和滑移面机制，塔筒首个单元失效率先引发滑动面机制，随后以转动铰机制和滑移面机制为主进行内力重分布。

参考文献

[1] Pope R A. Structural deficiencies of natural draught cooling towers at UK power stations. Part Ⅰ: failures at ferry bridge and fiddlers ferry[J]. Structures and Buildings, 1994, 104(1): 1-10.

[2] 火力发电厂水工设计规范: DL/T 5539—2018:[S],2018.

[3] 工业循环水冷却设计规范: GB/T 50102—2014:[S],2014.

[4] VGB-R 610UE. Structural design of cooling tower-technical guideline for the structural design, computation and execution of cooling towers[S],2010.

[5] 王飞天，柯世堂，王晓海 等. 风致特大型冷却塔结构连续性倒塌分析[C]//第 28 届全国结构工程学术会议论文集(第Ⅰ册)，2019，4：282-285.

[6] 吴鸿鑫，柯世堂，王飞天 等. 超大型冷却塔风致倒塌全过程数值仿真与受力性能分析[J]. 工程力学，2020，37(05)：199-207.

[7] Schicker J, Khan W A, Arnold T, et al. Simulating the warping of thin coated si wafers using ansys layered shell elements[J]. Composite Structures, 2016, 140: 668-674.

[8] 江晓峰，陈以一. 大跨桁架体系的连续性倒塌分析与机理研究[J]. 工程力学，2010，27(01)：76-83.

基于实测数据的车辆荷载统计模型研究

刘凯凯[1]，操声浪[1]，周广东[1]

（1. 河海大学土木与交通学院 江苏南京 210098）

摘　要：车辆荷载作为公路桥梁的主要运营荷载，对结构的服役性能起着决定性作用，车辆荷载可由多个随机变量描述，一般包括：车辆数、车型、车辆总重、轴重、轴距、车辆时距、车速等。本文基于 WIM 实测车辆数据，采用分车道、按轴数划分车辆类型的方法对车辆荷载参数进行统计建模。在上述统计结果的基础上建立不同车道的车辆荷载参数概率分布模型。

关键词：车流特性统计模型；车辆荷载统计模型

1　引言

公路运输是我国交通运输的重要方式，而大跨桥梁是现代公路交通运输系统的关键节点。车辆荷载作为公路桥梁的主要运营荷载，对结构的服役性能起着决定性作用。近年来，随着经济的增长和交通运输业的发展，重型车辆比例不断升高，公路桥梁因超载而引发的工程事故层出不穷。因此，准确地描述车辆荷载的特性，对桥梁结构运营期间的安全评估，具有重要意义。进行车辆荷载特征描述，需要车流量、车道分布情况、车辆总重、车辆轴重、车速、车辆间距等参数，这些参数在时间上和空间上均有很强的随机性。从而，对车辆荷载进行现场实测并进行统计建模分析，是研究车辆荷载特征的主要手段。例如，2008 年郭彤等[1]基于江苏省内沂淮江段的京沪高速公路实测车辆调查统计数据，对车辆荷载进行统计分析，选择极值Ⅰ型和 2 个正态分布函数的加权和拟合得到了多峰型车辆荷载的概率分布函数。2009 年王达等[2]结合人工调查所得的车流量、车型、车重等和仪器观测所得的车速、车距数据，通过车型分类研究了车重、车距和车速的数据样本特性，建立了各参数的数据库，借助 MATLAB 编制了桥梁混合车流模拟程序。虽然国内外学者已经对许多地区的车辆荷载模型进行了研究，然而车辆荷载具有很强的地域性和时间性。不同地区（重工业地区和轻工业地区、城市和乡村等）的车流组成具有很大的差异，不同时间的车流特征也有很大差异。因此，有必要进一步对各个地区的车辆荷载特征进行研究，以充实全国的车辆荷载数据库。

目前对车辆荷载的研究，较为常见的方法是基于实测车辆数据，利用频率直方图将数据可视化，进一步通过参数估计、概率分布模型选择等概率统计手段得到各参数的概率分布模型，从而建立车辆荷载谱[3-4]。这种统计方法很大程度上依赖于充足的数据样本，否则很难建立与实际情况相符合的车辆荷载统计模型。本文利用浙江省某高速公路桥梁全年

基金项目：国家自然基金（51678218）

的实测车辆数据，采用分车型、分车道的统计策略，得到了不同车道的日交通流量及其随时间的变化规律，并对各车道不同车型的车重、轴重、车辆间距、车速等参数进行了统计分析，通过模型选择和参数估计获得了车辆荷载参数的概率统计模型。研究结果可以为浙江省的车辆荷载分析提供数据支撑。

2　车流特性统计模型

车辆荷载可由多个随机变量描述，一般包括：车辆数、车型、车辆总重、轴重、轴距、车辆时距、车速等。本文章基于 WIM[5,6] 实测车辆数据，采用分车道、按轴数划分车辆类型的方法对车辆荷载参数进行统计建模。对于单峰分布类型的车辆参数，利用现有的概率密度函数进行分布拟合；对于多峰情况，则选择混合分布进行描述。进一步通过模型选择和参数估计，得到各车辆荷载参数的概率分布模型。

2.1　车型分类

车辆是组成交通流最基本的元素，通行于公路桥梁上不同车型的车辆荷载参数存在巨大差异，如果直接对所有车型进行统计，会出现超多峰分布情况，给模型选择带来困难。因此，首先对车辆进行分类。

对浙江省某双向八车道高速公路桥梁全年的车辆数据进行初步分析，结果显示：在所有车型中，2～6 轴车占比超过 95%。因此，按轴数不同将车辆分成五类，包括二轴车、三轴车、四轴车、五轴车、六轴车；其中，二轴轿车和二轴货车归为一类。通过分车道，按车型对不同车辆荷载参数进行统计分析，建立其概率分布模型，为随机车流模拟和桥梁结构性能评估提供依据。

2.2　车道分布

高速公路为双向八车道，沿桥梁上游侧车辆行驶方向，定义最右侧车道为车道一，从右向左依次为车道一至车道八。不同轴数车辆在不同车道上的分布如图 1 所示。从图中可以看出，各车型在车道上的分布情况具有一定的对称性，因此，在后面的分析中，选择桥梁上游侧四车道的车辆数据为研究样本。进一步分析图 1 可以发现，不同车道上，不同车型数量存在显著的差异。但是，在所有车道上，二轴车所占比重均最大。越靠近外侧车道（车道一），多轴重车的比例越来越大，表明不同车型的车道选择具有一定的倾向性。

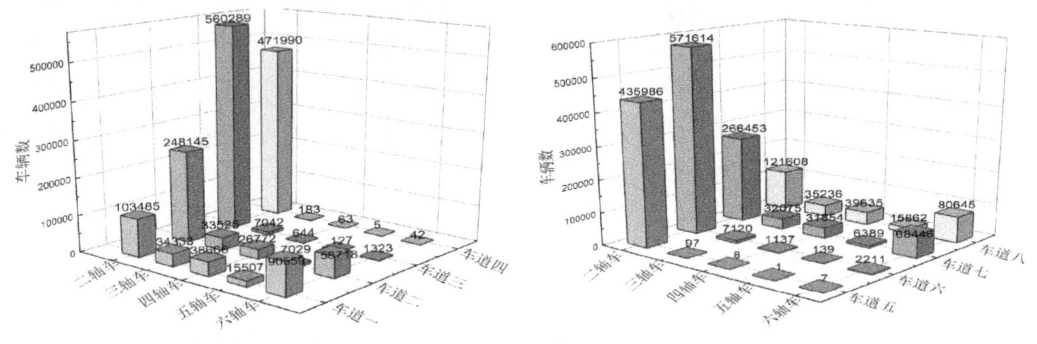

(a) 车道一至车道四　　　　(b) 车道五至车道八

图 1　某高速公路桥梁车道分布情况

车道分布情况反映了各类车型的行驶规律。在快车道上，质量小、速度快的轻型车辆占绝大部分。而质量较大、速度较慢的重型车辆则主要分布在右侧的慢车道上(表 1)。

表 1　某高速公路桥梁各车道上不同轴数的车型占比　(%)

轴数	2	3	4	5	6
(慢车道)车道 1	36.63	12.15	13.68	5.49	32.05
(中间道)车道 2	66.32	8.96	7.15	1.88	15.69
(中间道)车道 3	98.40	1.24	0.11	0.02	0.23
(快车道)车道 4	99.94	0.04	0.01	0.00	0.01

2.3　车流量统计

车流量是评价道路交通状况的主要指标，同时也可以得出道路在不同时间段车辆的通行量，对于解决常见的车辆拥堵问题以及提出改善车流行驶状况的建议和措施有重要参考意义。在进行随机车流模拟时，车辆数也是必不可少的重要参数。利用 WIM 实测数据，对不同车道车流量进行数据统计，得到每个月的日小时交通量变化趋势图以及不同时刻的车辆数占比，结果如图 2 所示。从图中可以看出，同一车道、不同月份的车流量变化趋势基本一致，具有很好的稳定性；除慢车道外，其余车道均有明显的两处峰值，对应于运行道路中的早高峰和晚高峰。

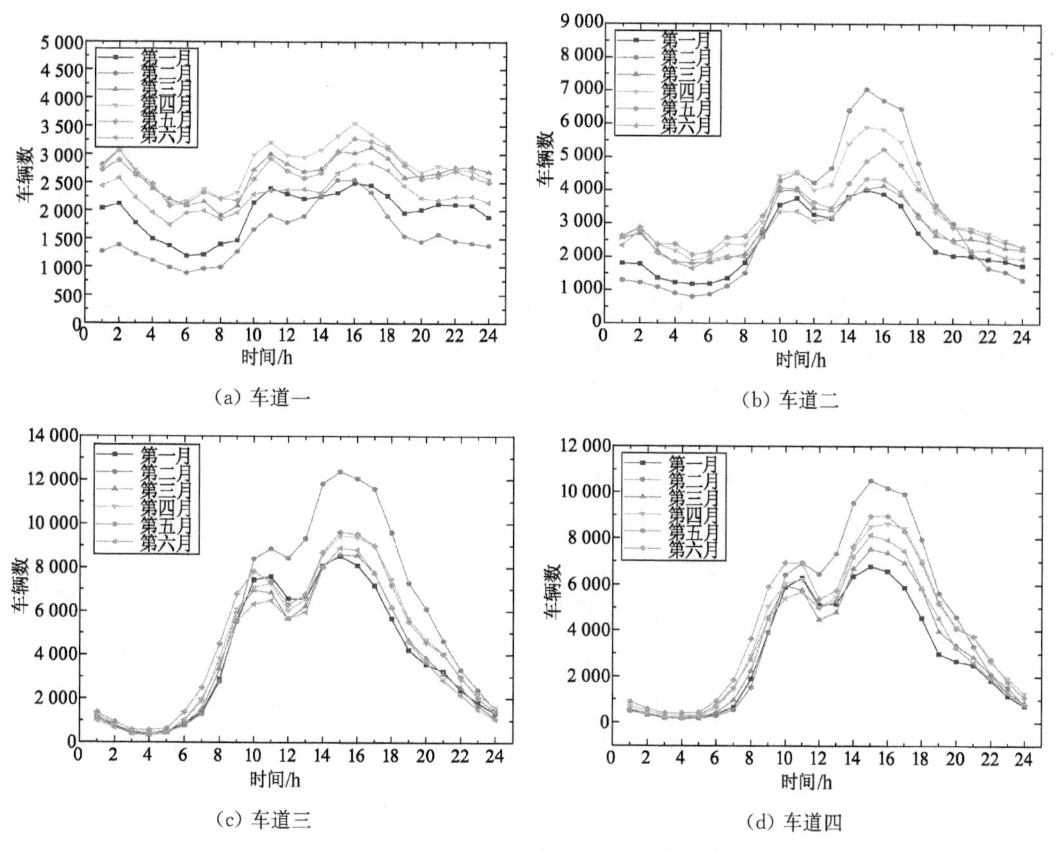

(a) 车道一　(b) 车道二

(c) 车道三　(d) 车道四

图 2　某高速公路桥梁各车道日车流量

最后以每小时的车辆数作为随机变量,统计其概率分布,并进行概率分布函数估计,四个车道每小时车辆数的概率密度函数如表 2 所示。车道一的小时车辆数为单峰分布,采用带尺度和位置参数的 t 分布进行描述。

车道二、三和四的小时车辆数呈现多峰分布,需引入多峰概率分布,其概率密度函数为:

$$f(x)=\sum_{i=1}^{m} w_i f_i(x) \tag{1}$$

式中,w_i表示第 i 个分量 $f_i(x)$的权重系数(所有权重总和为 1),$f_i(x)$表示第 i 个分量的概率密度函数,m 表示概率密度函数的个数。当 $f_i(x)$均为正态分布时,式(1)所示的多峰混合分布又称为有限混合分布。显著性水平为 0.05 的 K-S 检验结果表明,所有的概率密度函数均能通过检验。

表 2　车辆数分布拟合概率密度函数

车道	概率分布
车道一	$t(81.55, 19.41, 3.87)$
车道二	$0.74\log N(4.52, 0.30)+0.23\log N(4.40, 0.87)+0.03\log N(3.33, 1.32)$
车道三	$0.30\log N(3.24, 0.67)+0.02\log N(2.78, 1.59)+0.44\log N(5.00, 0.73)+0.24\log N(5.45, 0.17)$
车道四	$0.32\log N(2.76, 0.81)+0.03\log N(1.99, 1.09)+0.44\log N(4.89, 0.71)+0.21\log N(5.31, 0.18)$

3　实测车辆荷载统计模型

基于上节的统计分析,得到了各车道上不同车型的车流特性以及车道分布情况。因此,可在上述统计结果的基础上建立不同车道的车辆荷载概率分布模型,即车辆总重、轴重、车速等车辆荷载参数的概率分布模型。

3.1　车重

车辆总重以荷载的形式直接作用在结构上,是车辆荷载最重要的参数之一,也是公路桥梁性能评估最主要的依据之一。因此,准确地统计出车辆总重的概率模型,对桥梁结构的性能评估极其重要。本章采用分车道对不同轴数车重数据进行统计,并进行概率分布模型选择、参数估计和拟合优度检验,最终得到不同车道上各轴数车辆总重的概率分布模型。

车道一上二轴车和三轴车车辆总重统计分析结果如图 3 所示,其他轴数车辆总重概率密度函数如表 3 所示。由于车道一为慢车道,各种类型车辆均有可能行驶其上,故其概率分布呈现显著的多峰特性。通过 AIC 信息准则对分量个数进行选择,并采用 EM 算法对参数进行估计,其结果如图 3 和表 3 所示。

表 3　某高速公路桥梁车道一车辆总重分布拟合概率密度函数

轴数	概率分布
二轴	0.29log$N$(0.93,0.52)+0.11log$N$(2.96,0.18)+0.60log$N$(2.21,0.50)
三轴	log-log(3.07,0.20)
四轴	0.11log$N$(20.82,2.98)+0.89log$N$(36.03,10.67)
五轴	0.27log$N$(24.77,4.52)+0.73log$N$(46.67,12.37)
六轴	0.22log$N$(30.90,7.75)+0.59log$N$(60.01,8.76)+0.19log$N$(68.67,22.47)

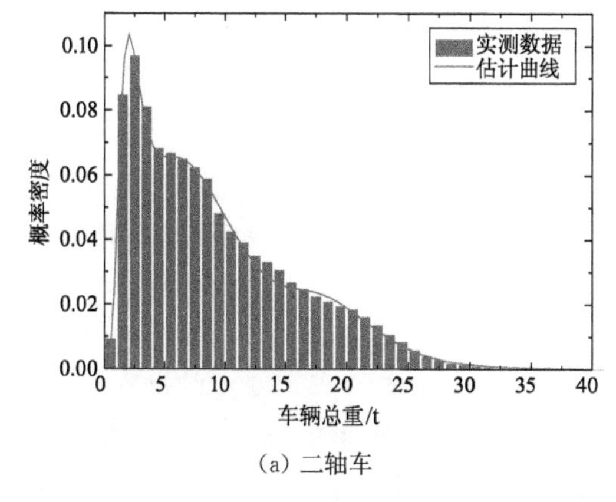

(a) 二轴车

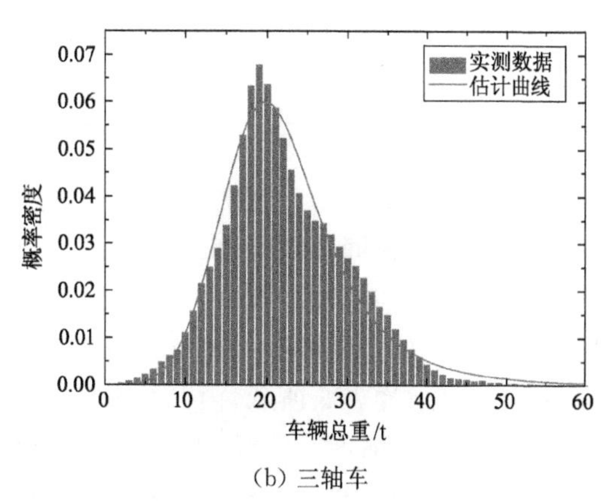

(b) 三轴车

图 3　某高速公路桥梁车道一车辆总重概率分布

由表 3 中概率密度函数分析可知，四轴车的两个峰值出现在 21 t 和 36 t 附近，五轴车的两个峰值出现在 24 t 和 47 t 附近，六轴车的三个峰值出现在 31 t、60 t 和 69 t 附近。根据我国公路货运车辆超限超载认定标准，五轴车、六轴车总质量限值分别为 43 t 和 49 t。从统计结果看，六轴车超过规定限值的车辆数量较多，超重情况较为严重。建议对道路上行驶的重车加强监管力度，避免超重引发结构损坏甚至倒塌。

车道二二轴车和三轴车车辆总重的概率分布如图 4 所示，其统计特征相较于车道一略有区别。二轴车种类相对集中，无多峰分布特点，选择对数正态分布对其进行描述，并且车重峰值也小于车道一。三轴车同样呈现单峰特征，车重数据分布范围与车道一相差不大，

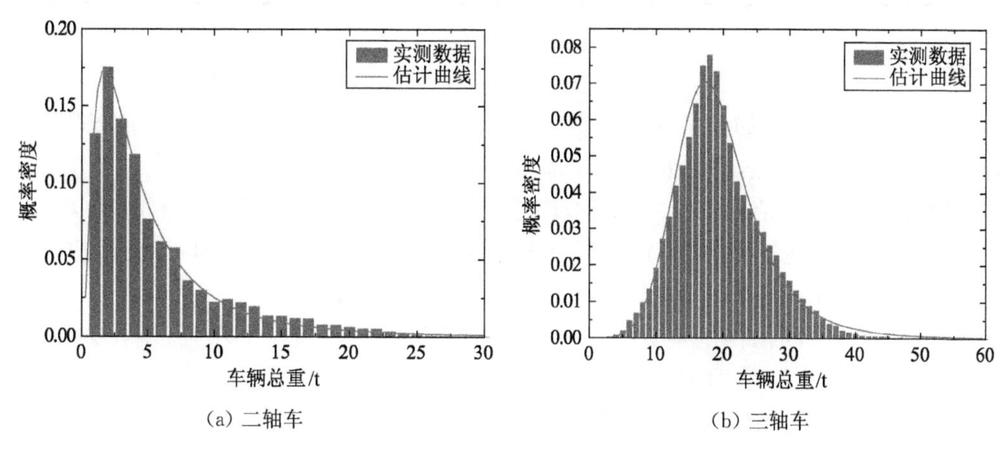

图 4　某高速公路桥梁车道二车辆总重概率分布

峰值均在 20 t 左右，选择 log-logistic 作为其分布模型。其余车型概率分布情况与车道一基本一致，除六轴车第三峰值外（但第三峰值车辆数量占比较少），基本符合重车倾向于行驶在慢车道的特点。

表 4　某高速公路桥梁车道二车辆总重分布拟合概率密度函数

轴数	概率分布
二轴	$\log N(1.34, 0.89)$
三轴	log-log(2.93, 0.19)
四轴	$0.13\log N(18.82, 3.19)+0.87\log N(32.21, 9.90)$
五轴	$0.41\log N(23.72, 5.11)+0.59\log N(42.55, 13.32)$
六轴	$0.29\log N(26.13, 6.38)+0.68\log N(55.32, 10.75)+0.03\log N(95.78, 9.72)$

车道三为快车道（车道四）临近车道，实测车辆数统计结果显示：四、五轴车占比仅为 0.11%、0.02%，数据样本较少，车重数据离散性较大，此时统计出的概率分布模型难以反映真实的车辆特性。快车道（车道四）中，二轴车数量占比为 99.94%。因此，对快车道及其相邻车道，车辆数占比较少的车型不予统计，下文中的其他车辆参数也不予统计。车辆总重概率密度函数如表 5 所示，由函数分析知，当车道从慢车道向快车道变化的过程中，车辆总重进一步减小，概率分布模型也趋于简单化，再次表明不同车型的车辆有着较强的车道倾向性。以二轴车为例，车重概率分布模型在峰值减小的同时，分布模型也由多峰分布变成单峰分布。

表 5　某高速公路桥梁车道三、车道四车辆总重分布拟合概率密度函数

轴数		概率分布
车道三	车道四	
二轴	/	$0.87\log N(1.78, 0.52)+0.13\log N(14.44, 5.50)$
三轴	/	$0.14\log N(10.82, 3.75)+0.86\log N(22.50, 3.50)$
六轴	/	$0.41\log N(22.34, 6.23)+0.59\log N(46.97, 15.16)$
/	二轴	log-log(0.66, 0.18)

3.2　轴重

轴重作为车辆荷载的另一重要参数，是车辆总重在各车轴上分布情况的体现，也是进行桥梁结构疲劳性能评估的主要依据。常见的对不同车型的车辆的重量处理是统计整车的总重量，但是车辆对结构产生的荷载效应还与车辆的车轴数量、车轴分布、轴组类型等参数有关。同样重量的车辆，其车轴数量和分布不同，对公路桥梁产生的荷载效应也是不同的。

桥梁结构中，不同构件的应力影响面的范围各不相同。对于如吊杆、斜拉索、箱梁底板、拱肋等构件，应力影响面的范围很大，车辆通过时只经历一次应力循环。对于此类情况，疲劳车辆荷载模型只需统计车重和车辆间距即可，以车辆总重来衡量荷载强度，以车辆间距与车道分布情况来表征荷载分布。对于直接承受车辆荷载作用的桥面板，车辆通过时会导致构件的荷载效应发生多次波动，对此类构件疲劳影响更显著的是车辆的轴重与轴距，因此轴重和轴距是疲劳车辆荷载模型的主要内容。因此，建立车辆荷载模型时，不仅要关注荷载的大小，还要考虑荷载的分布特性。

本文仅展示车道一不同轴数车辆的轴重概率密度函数。采用与车辆总重同样的统计方法，得出某高速公路桥梁车道一二轴车轴重的概率密度函数如表 6 所示。从统计分析结果来看，二轴车的前轴和后轴均服从多峰对数正态分布。

表 6　某高速公路桥梁车道一二轴车轴重分布拟合概率密度函数

轴数	概率分布
第一轴	0.62log$N$(0.76,0.60)+0.06log$N$(−0.96,1.41)+0.32log$N$(1.58,0.27)
第二轴	0.14log$N$(2.57,0.23)+0.36log$N$(1.80,0.49)+0.50log$N$(0.51,0.97)

三轴车的轴组类型分为前面 1 轴+后面 2 轴以及前面 2 轴+后面 1 轴两种类型，分布情况可由表 7 分析可得，前两轴数据分布较为集中，呈现单峰分布，峰值均在 5 t 左右，服从带尺度和位置参数的 t 分布。第三轴轴重数据具有多峰分布特点，采用带三个分量的多峰对数正态分布进行描述。

表 7　某高速公路桥梁车道一三轴车轴重分布拟合概率密度函数

轴数	概率分布
第一轴	t(5.30,1.19,3.28)
第二轴	t(4.78,1.36,2.62)
第三轴	0.16log$N$(2.88,0.16)+0.76log$N$(2.3455,0.3692)+0.08log$N$(1.30,0.93)

根据实测统计数据分析，四轴车轴组类型为 1－1－2 型。通常，不同轴组分担的车辆总重存在较大差异，由于前两轴不承担货运载重而分担的总重小于后两轴。因此，第一轴、第二轴呈单峰分布特征，分别服从带尺度和位置参数的 t 分布和 log-logistic 分布；第三轴、第四轴则服从多峰混合对数正态分布，峰值均在 5 t 和 15 t 左右，对应的概率密度函数如表 8 所示。

表 8　某高速公路桥梁车道一四轴车轴重分布拟合概率密度函数

轴数	概率分布
第一轴	t(6.28,1.53,7.21)
第二轴	log-log(1.90,0.21)
第三轴	0.34log$N$(2.56,0.23)+0.66log$N$(1.79,0.67)
第四轴	0.53log$N$(2.68,0.24)+0.44log$N$(1.98,0.39)+0.03log$N$(0.61,1.13)

五轴车的统计特征如表 9，与上述车型不同，仅第一轴为单峰特征，其余轴重均服从多峰混合对数正态分布。其原因在于五轴货车轴组类型为 1－1－3 型，第二轴处于货车货箱处，分配了载重货物的重量。

表 9　某高速公路桥梁车道一五轴车轴重分布拟合概率密度函数

轴数	概率分布
第一轴	t(6.46,1.13,8.56)
第二轴	0.05log$N$(0.64,1.03)+0.41log$N$(2.72,0.17)+0.54log$N$(2.10,0.32)
第三轴	0.01log$N$(0.53,1.08)+0.50log$N$(2.27,0.27)+0.49log$N$(1.38,0.46)
第四轴	0.01log$N$(0.56,1.13)+0.43log$N$(2.37,0.23)+0.56log$N$(1.59,0.42)
第五轴	0.01log$N$(0.23,1.03)+0.39log$N$(2.44,0.23)+0.60log$N$(1.74,0.38)

六轴车分布情况与五轴车类似，除第一轴外，其余各轴均为多峰分布，如表 10 所示。通过对多种概率分布模型进行比较，选择 Gamma 分布作为第一轴的分布模型；第二轴、第三轴服从有限混合分布；第四轴、第五轴、第六轴服从混合对数正态分布。

表 10　某高速公路桥梁车道一六轴车轴重分布拟合概率密度函数

轴数	概率分布
第一轴	G(20.13,0.30)
第二轴	0.01N(0.99,0.61)+0.54N(4.95,1.19)+0.39N(10.64,2.12)+0.06N(16.72,2.37)
第三轴	0.02N(0.10,0.59)+0.20N(5.77,1.60)+0.35N(10.67,1.89)+0.43N(14.97,2.83)
第四轴	0.01log$N$(0.33,1.12)+0.58log$N$(2.34,0.31)+0.20log$N$(2.41,0.14)+0.21log$N$(1.30,0.44)
第五轴	0.02log$N$(0.38,1.06)+0.53log$N$(2.39,0.32)+0.26log$N$(2.47,0.13)+0.19log$N$(1.39,0.37)
第六轴	0.02log$N$(0.42,1.09)+0.53log$N$(2.46,0.31)+0.22log$N$(2.52,0.15)+0.23log$N$(1.57,0.39)

综合以上对车辆轴重的分析结果，可知：所有车型第一轴均为单峰分布，只承受驾驶室的重量，数据离散程度较小，车型随着轴数的增加，装载情况不同，数据离散性程度上升，分布模型出现多峰特点，拟合所得的概率密度函数能很好地描述轴重的分布情况。

3.3　轴距

在车辆生产时，车辆轴距就已经固定，因此相同车型的每个轴距的分布都呈现很强的规律性。通过对实测轴距数据进行分析发现：二轴车轴距数据分布范围为 1.5 m～5.5 m，但大部分的数据集中在 2.0 m～3.0 m 的范围内；由于三轴车存在 1-2 和 2-1 两种不同的轴组类型，导致第一轴距和第二轴距统计数据的分布集中范围存在两个区间，第一轴轴距数据分布范围主要集中在 1.5 m～2.0 m 和 3.0 m～4.5 m 两个区间，第二轴距数据范围为 1.0 m～2.0 m 和 4.0 m～6.0 m；四轴车第一轴距数据变化范围在 1.5 m～2.5 mm，第二轴距集中在 3.0 m～5.0 m，第三轴距为 1.0 m～1.5 m；五轴车的轴距分布范围分别为：3.0 m～4.5 m、5.0 m～7.0 m、1.0 m～1.5 m、1.0 m～1.5 m；六轴车和三轴车类似，其中第一轴距和第二轴距也存在两个分布区间，第一轴距分布在 1.5 m～2.3 m 和 2.7 m～4.0 m 范围内，第二轴距为 1.0 m～1.5 m 和 2.3 m～3.0 m，后三轴距分别为 4.0 m～10.0 m、1.1 m～1.5 m、1.1 m～1.5 m。

综上所述,轴距数据的概率分布情况在其分布范围内不再连续。对实测轴距数据进行统计分析并不能准确描述轴距的分布特征。根据大量的轴距数据集中在一定范围的特性,且常见的分布难以描述轴距的分布情况,因此本节选择矩估计的方法,利用实测数据的数学期望对轴距的数学模型建模,计算结果显示三轴车和六轴车存在两种不同轴组类型,表11给出了各车型的轴距参数,并给出了三轴车和六轴车的两轴轴组的占比。

表 11　某高速公路桥梁轴距参数

车辆类型	轴距/m	数量占比/%
二轴车	2.765	/
三轴车	1.773+5.292	43.95
	3.577+1.304	56.05
四轴车	1.852+4.317+1.307	/
五轴车	3.697+5.693+1.282+1.271	/
六轴车	3.319+1.324+6.028+1.277+1.270	84.69
	1.771+2.534+6.028+1.277+1.270	15.31

3.4　车间距

车间距是反映车流密度的一个重要指标,同时也是道路通行能力和服务水平的重要依据,对于结构的评估、优化道路管理具有重要意义。在实际交通流调查中较为常用的表示车间距的参数有车辆间距(距离)和车头时距(时间)。

本文采用车头时距为研究参数,对为期半年的车辆进行统计,选择前后两辆车的前端通过同一道路横断面的时间差(单位:s)作为随机变量,研究其概率分布特性,其结果如表12所示。结合前文的车流量统计,可以发现:由于车道一和车道二有较多的重车通过,其通行能力不及车道三和车道四,造成了其车头时距分布范围大于车道三和车道四。如表12所示,车道一、车道二的车头时距服从Gamma分布,数据分布范围为0～200 s;其余车道均服从对数正态分布,数据分布范围为0～100 s。

表 12　车辆时距分布拟合概率密度密度函数

车道	概率分布
车道一	$G(1.38,32.64)$
车道二	$G(1.08,33.62)$
车道三	$\log N(2.51,1.08)$
车道四	$\log N(2.58,1.12)$

4　结论

车辆荷载参数的概率统计模型是研究实际运营期间公路桥梁车辆荷载情况的有效方

法。根据 WIM 系统得到的车辆总重等数据，可以为当地公路桥梁的服役性能评估提供重要的数据支持。本章利用某高速公路桥梁 WIM 实测数据，对车流量、总重车辆荷载参数进行了统计分析，并针对单峰和多峰两种不同的分布类型采用不同的分布拟合方法，获得了车辆总重的概率密度函数，得出了以下主要结论：

（1）此高速公路桥梁上以 2～6 轴车为主，相同车道的日车流量变化趋势基本一致，并且均有两处明显的峰值点，车流量大小与车道位置具有较强的相关性（快车道车流量大于慢车道），小时车辆数概率分布模型与车流量的峰值相对应，呈现多峰分布特征。

（2）由于车辆载重量的差异，车重分布具有多峰特点。车道一和车道二中：二轴车分别服从混合对数正态分布和对数正态分布，三轴车均服从 log-logistic 分布，其余车型均服从有限混合分布；车道三与车道四中除四车道的二轴车外，其余被统计的所有车型均服从有限混合分布。

（3）轴距数据与其他参数不同，数据分布比较集中，无法采用简单的概率模型进行描述，因此选择在其分布区间采用数据的期望进行描述。

（4）通过对实测车辆荷载参数进行统计，并进行参数估计和概率模型选择，得到各车辆荷载参数的分布模型，发现车辆荷载参数间并非完全是相互独立的，如车道选择情况就存在一定的倾向性，采取划分车型、分车道统计在一定程度上考虑了参数间的联系，从而得到更为准确的结果。

参考文献

[1] 郭彤，李爱群，赵大亮. 用于公路桥梁可靠性评估的车辆荷载多峰分布概率模型[J]. 东南大学学报（自然科学版），2008(05):763-766.

[2] 王达，刘扬，韩万水，等. 公路桥梁随机车流模拟研究[J]. 中外公路，2009,29(06):157-160.

[3] Chen B, Ye Z N, Chen Z, et al. Bridge vehicle load model on different grades of roads in China based on Weigh-in-Motion data[J]. Measurement, 2018:S0263224118301751.

[4] Bin C, Zheng Z, Xu X, et al. Measurement-based vehicle load model for urban expressway bridges [J]. Mathematical Problems in Engineering, 2014, 2014:1-10.

[5] 马毓宏. 车辆动态称重数据采集处理系统的设计与实现[D]. 太原：山西大学，2018.

[6] 黄旭伟，胡敏. 车载动态称重系统分析与设计[J]. 机械制造与自动化，2011,40(04):150-152, 164.

基于独立变桨控制的台风风电机组停机载荷分析

许波峰[1]，蒋　澎[2]，纪宁毅[2]，戴成军[1]，刘皓明[1]

(1. 河海大学江苏省风电机组结构工程研究中心，江苏南京 211100；
2. 中国船级社质量认证公司 南京分公司 江苏南京 210011)

摘　要：极端相干阵风(ECD)和台风极端风向变化(EDC_T)两种风况中存在风向的极端变化，停机时风轮的不平衡载荷严重。针对风电机组停机时转速下降的特点，对传统独立变桨控制中滤波器的设置方法、相位补偿的设置方法和工作区间进行了改进，提出了独立变桨停机控制策略。设计了 GH Bladed 和 MATLAB/Simulink 交互软件，采用改进的独立变桨停机控制策略，仿真了 NREL 5MW 风电机组在 ECD 和 EDC_T 风况下停机载荷变化特性，结果表明：提出的独立变桨停机控制策略可以有效减小机组停机时轮毂 M_{YN} 和 M_{ZN} 的极限载荷，减小幅值达 39%，显著降低了台风极端风向变化对停机时的风电机组结构的冲击。

关键词：风电机组；台风；停机；独立变桨；极限载荷

1　引言

气候条件的恶化和不断增长的能源需求促进了风力发电行业的迅速发展。为了提升风力发电与化石能源发电的竞争力，风电机组逐步向着大功率大尺寸的方向发展，相应的，机组的载荷也在不断增加。随着海上风电的发展，台风对机组的影响得到了广泛的关注。

近些年来不断有整机厂商尝试设计抗台型机组，但还是出现了很多风电场受台风影响而造成经济损失的事故。台风作用下，机组叶片载荷会显著增加，受风切变、塔影效应、湍流效应和对风误差等的影响，载荷的不平衡也更明显。独立变桨控制技术在降低机组的不平衡载荷方面优势明显，学者们主要从独立变桨控制器的输入量[1]、控制器参数的整定方法[2]和降载效果[3,4]等方面对独立变桨控制技术展开了研究，技术也较为成熟。这些控制技术一般都是控制机组正常发电时的载荷，却很少有关注停机过程的控制策略。Nejad 等[5]研究了 5 MW 风电机组紧急停机时传动系载荷的动态响应，发现紧急停机使转子发生转矩反转，这会对传动系统造成较大的负面影响。Jiang 等[6]研究了在叶片失去控制故障下采用液压驱动变桨的紧急停机控制情况，结果表明在停机过程中产生了较强的系统动力学和共振响应。丁红岩等[7]分析了漂浮式风力发电机组在停机时的变桨控制策略，在不同变桨速率情况下对停机过程的载荷进行了仿真，结果表明，相对于直接顺桨，采取高速轴刹车并减速顺桨的方法可以有效减小机组系统内部载荷和弯矩的增加量。以上研究说明在叶片大型化后，停机过程的不平衡载荷显著，需要考虑停机时的变桨控制策略设计。台风具有风向变化快、风速大的特点，更会加剧机组停机时的载荷冲击，而目前鲜有针对台风环境下机组停机的控制策略研究。

综上，研究适合台风作用下机组停机的控制策略，能够进一步提高机组安全，减小机组损坏率。本文设计了应用于台风风电机组停机控制的独立变桨控制策略，对台风环境下的设计载荷工况中的极端相干阵风(ECD)和台风极端风向变化(EDC_T)两种工况进行载荷动态仿真，分析了机组停机时轮毂极限载荷的变化情况。

2　台风型机组正常停机时的设计载荷工况

为了确保台风环境下风力发电机组的安全，中华人民共和国国家质量监督检验检疫总局和中国国家标准化管理委员会联合发布了《台风型风力发电机组》标准。《台风型风力发电机组》是在 IEC 61400—1 等非针对台风型机组标准的基础上对台风型机组安全运行条件的补充和完善，它指出抗台型风力发电机组的设计载荷工况由两部分组成，第一部分为正常的设计载荷工况表(即 IEC 61400—1 标准中的设计载荷工况表)，第二部分为《台风型风力发电机组》中提出的台风环境下的设计载荷工况表。台风环境下机组正常停机时的载荷设计工况如表 1 所示，该设计载荷工况可以为那些在台风登陆前仍在发电的机组的安全性提供参考依据。

表 1　台风环境下机组正常停机时的设计载荷工况表

设计工况	DLC	风况	分析方法	局部安全因素
正常停机	T. 2	EOG_{T1} : $V_r < V_{hub} \leqslant V_{out}$	U	N
	T. 3	ECD: $V_r < V_{hub} \leqslant V_{out}$	U	N
	T. 4	EDC_T : $V_r < V_{hub} \leqslant V_{out}$	U	N

EOG_{T1}：一年一遇台风极端运行阵风
ECD：方向变化的极端相干阵风
EDC_T：台风极端风向变化
U：极限强度
N：正常情况

3　独立变桨控制

如图 1 所示，独立变桨控制的桨距角需求为统一变桨的桨距角需求与载荷控制的桨距角需求之和。其中，统一变桨的主要控制目标是通过调节桨距角使机组的功率稳定在额定值附近；载荷控制通常分为 $1P$、$2P$ 和 $4P$ 载荷控制(P 为风轮旋转频率)，目的是减小叶片叶根面外弯矩的 $1P$、$2P$ 和 $4P$ 载荷，在固定轮毂坐标系下表现为降低轮毂 M_{YN} 和 M_{ZN} 的平均值和 $3P$ 载荷。

独立变桨控制策略一般是基于叶片叶根载荷的测量量设计的。第 $i(i=1,2,3)$ 个叶片的叶根 M_{YBi} 载荷可以表示为式(1)所示的傅立叶级数的形式。

$$M_{YBi}=\sum_{h=0}^{\infty}A_h\cos\left[h\omega t+h\frac{2\pi}{3}(i-1)+\varphi_h\right] \tag{1}$$

其中，A_h 和 φ_h 分别表示叶根 M_{YBi} 第 h 次谐波的幅值和初始相位；ω 为风轮的旋转频率。

受交流电机中坐标变换的启发，利用式(2)所示的矩阵 $\boldsymbol{P}_k$ 对 3 个叶片叶根 M_{YB} 进行式(3)所示的坐标变换[3]，得到叶片叶根 M_{YB} 在 d 轴和 q 轴坐标系下的 M_d 和 M_q 的第 k 次谐波分量。

$$\boldsymbol{P}_k=\frac{2}{3}\begin{bmatrix}\cos(k\omega t) & \cos\left[k\left(\omega t+\frac{2\pi}{3}\right)\right] & \cos\left[k\left(\omega t+\frac{4\pi}{3}\right)\right]\\ \sin(k\omega t) & \sin\left[k\left(\omega t+\frac{2\pi}{3}\right)\right] & \sin\left[k\left(\omega t+\frac{4\pi}{3}\right)\right]\end{bmatrix} \tag{2}$$

$$\begin{bmatrix}M_{dk}\\ M_{qk}\end{bmatrix}=\boldsymbol{P}_k\begin{bmatrix}M_{YB1}\\ M_{YB2}\\ M_{YB3}\end{bmatrix} \tag{3}$$

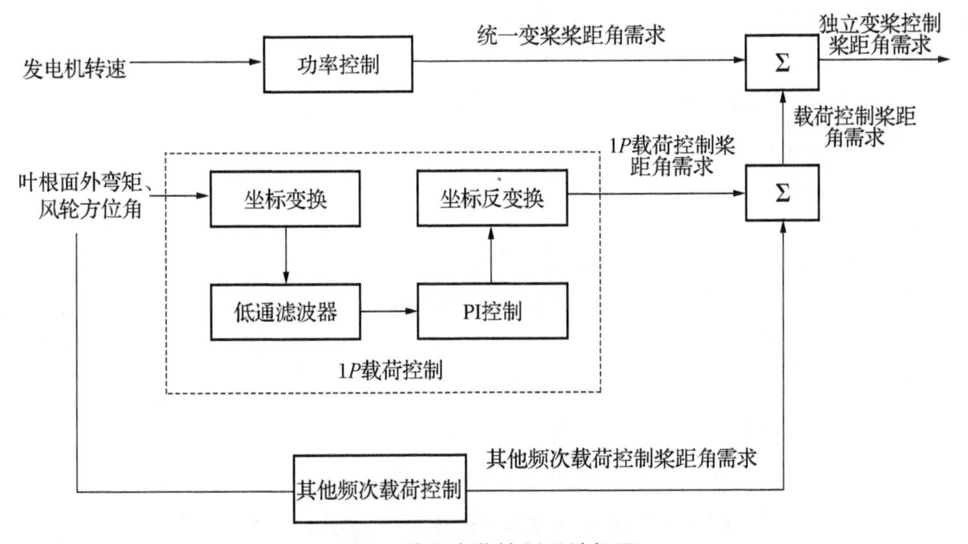

图 1　独立变桨控制系统框图

事实上，叶片叶根 M_{YB} 的第 h 次谐波经过矩阵 $\boldsymbol{P}_k$ 的坐标变换后满足式(4)所示的关系[8]。叶片叶根 M_{YB} 中的高次谐波对载荷的影响较小，一般只考虑 $4P$ 及以下的分量[9]。坐标变换后叶根面外弯矩中的部分高频谐波分量不会消失，因此需要加入低通滤波器以避开高次谐波的影响，通常情况下将此滤波器的截止频率设置为低于 $3P$ 的一个值。

$$\boldsymbol{P}_k\begin{bmatrix}A_h\cos(h\omega t)\\ A_h\cos\left[h\left(\omega t+\frac{2\pi}{3}\right)\right]\\ A_h\cos\left[h\left(\omega t+\frac{4\pi}{3}\right)\right]\end{bmatrix}=\begin{cases}A_h\begin{bmatrix}\cos[(h-k)\omega t+\varphi_h]\\ \sin[(h-k)\omega t+\varphi_h]\end{bmatrix},h-k\text{ 为 3 的倍数}\\ A_h\begin{bmatrix}\cos[(h+k)\omega t+\varphi_h]\\ \sin[(h+k)\omega t+\varphi_h]\end{bmatrix},h+k\text{ 为 3 的倍数}\\ \begin{bmatrix}0\\ 0\end{bmatrix},\text{其他}\end{cases} \tag{4}$$

在载荷控制中，PI 控制器的输出量是 d 轴和 q 轴下的桨距角需求量，需要进行坐标反变换以得到实际独立变桨三叶片需求的桨距角。以 $1P$ 载荷控制为例，β_{d1} 和 β_{q1} 在进行如式(5)所示的坐标反变换后得到了实际独立变桨三叶片需求的桨距角 $\Delta\beta_{11}$、$\Delta\beta_{21}$ 和 $\Delta\beta_{31}$。

$$\begin{bmatrix}\Delta\beta_{11}\\ \Delta\beta_{21}\\ \Delta\beta_{31}\end{bmatrix}=\begin{bmatrix}\cos(\omega t) & \sin(\omega t)\\ \cos\left(\omega t+\frac{2\pi}{3}\right) & \sin\left(\omega t+\frac{2\pi}{3}\right)\\ \cos\left(\omega t+\frac{4\pi}{3}\right) & \sin\left(\omega t+\frac{4\pi}{3}\right)\end{bmatrix}\begin{bmatrix}\beta_{d1}\\ \beta_{q1}\end{bmatrix} \tag{5}$$

正常停机时，控制功率的统一变桨距控制策略停止运作，取而代之的是主控发出的顺桨速率需求，因此最终的桨距角为顺桨速率的桨距角与载荷控制的桨距角需求之和。考虑到测量载荷的传感器的延时、变桨驱动机构的机械延迟和滤波器导致的相位偏移等，在进行坐标反变换时会加入一定的相位补偿。其中，测量载荷的传感器的延时相对较低可以忽略不计；滤波器导致的相位偏移固定不变；变桨机构的机械延迟 ΔT 通常为几十毫秒甚至几百毫秒[10]，在相位补偿中占很大比重。当机组以额定转速运行时，变桨机构的机械延迟导致的相位补偿固定不变。而当机组进行停机时，机组的转速会在短时间内发生较大的变化，因此变桨机构的机械延迟所导致的相位补偿也应随之变化，本文按照式(6)进行机械延迟导致的相位补偿的设置。

$$\varphi_P=\omega\cdot\Delta T \tag{6}$$

在机组所受的载荷中，科氏力占较大的比重，随着机组转速的下降，由该力导致的载荷会迅速衰减。此外，由于风轮半径可达数十米，因此转速下降一点即可使叶片的相对风速显著下降，从而使风载荷大幅下降。总之，停机时只需经过很短的时间机组所受的载荷便会降低很多，此时即使不进行独立变桨控制也可以保证机组的安全。而随着风轮转速的降低，需要降低滤波器的截止频率才能滤除坐标变换后的高次谐波分量。事实上，不断调整低通滤波器的截止频率是一件比较困难的事情，而停机初始时刻，可以采取在设计滤波器截止频率时保留更多裕量的方法满足初始时刻的滤波需求。停机三秒后机组的转速已经显著下降，即使不进行独立变桨停机控制，机组的不平衡载荷也不会超限。于是最终的桨距角期望值可按照式(7)设置。

$$\begin{bmatrix}\beta_1\\ \beta_2\\ \beta_3\end{bmatrix}=\begin{bmatrix}\int_{t_0}^{t}v\mathrm{d}t\\ \int_{t_0}^{t}v\mathrm{d}t\\ \int_{t_0}^{t}v\mathrm{d}t\end{bmatrix}+\begin{cases}\begin{bmatrix}\Delta\beta_{11}\\ \Delta\beta_{21}\\ \Delta\beta_{31}\end{bmatrix}+\begin{bmatrix}\Delta\beta_{12}\\ \Delta\beta_{22}\\ \Delta\beta_{32}\end{bmatrix}+\begin{bmatrix}\Delta\beta_{13}\\ \Delta\beta_{23}\\ \Delta\beta_{33}\end{bmatrix}, & t_0\leqslant t\leqslant t_0+3\\ \begin{bmatrix}0\\ 0\\ 0\end{bmatrix}, & t>t_0+3\end{cases} \tag{7}$$

其中，$\Delta\beta_{11}$、$\Delta\beta_{21}$、$\Delta\beta_{31}$，$\Delta\beta_{12}$、$\Delta\beta_{22}$、$\Delta\beta_{32}$ 和 $\Delta\beta_{13}$、$\Delta\beta_{23}$、$\Delta\beta_{33}$ 均为独立变桨控制的桨距角需求量，rad；t_0 为主控发出正常停机信号时的时间，s；t 为当前时间，s；v 为顺桨速率，rad/s。

4 仿真与分析

4.1 仿真软件与机组模型

GH Bladed 是风力发电机组设计和载荷分析领域应用最为广泛的软件之一，该软件支持以 C/C++、Fortran 编写的外部动态链接库（dynamic linkable library，DLL）进行仿真时机组的控制。但 DLL 的编程和调试过程比较复杂，而在 MATLAB/Simulink 中，只需要对相关的模块进行简单的“拖”“拽”操作即可构建一些主流的控制器。本文基于 MATLAB Engine 技术[11]和命名管道技术[12]设计了 GH Bladed 和 MATLAB/Simulink 交互软件，其数据流向（箭头方向）如图 2 所示。其中机组模型为美国国家可再生能源实验室公开的 5 MW 风力发电机组模型[13]。

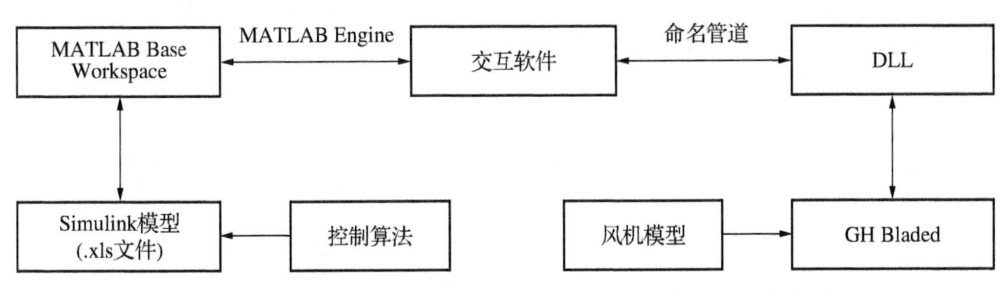

图 2 GH Bladed 和 MATLAB/Simulink 交互软件的数据流向图

4.2 控制效果对比

为了获得更高的经济效益，机组的偏航对风控制系统并不会实时地跟踪风向的变化。表 1 中的 ECD 和 EDC_T 风况存在风向变化的情况，在这两种风况下会存在一定的偏航误差，机组的不平衡载荷较大。ECD 和 EDC_T 两个风模型的风向变化均为恒速变化，变化周期分别为 10 s 和 6 s。本文选择在风向变化的半个周期时进行停机控制仿真。台风型机组的风机等级为 $T\text{II}_B$，本文按照风速为最大值 25 m/s（切出风速）设置仿真所用风速。仿真所用风速前 10 s 为恒定的 25 m/s，从第 10 s 开始分别进入 ECD 和 EDC_T，并分别在第 15 s 和第 13 s 进行正常停机。图 3 和图 4 分别为 ECD 和 EDC_T 下未使用独立变桨停机控制和使用独立变桨停机控制时固定轮毂坐标系下轮毂 M_{YN} 和 M_{ZN} 的变化情况。从图中可以看出，在主控发出停机信号（ECD 为 15 s，EDC_T 为 13 s）前，无论采用何种停机控制方式，固定轮毂坐标系下的轮毂 M_{YN} 和 M_{ZN} 保持一致，在停机初始时刻，采用独立变桨控制策略可以有效减小轮毂 M_{YN} 和 M_{ZN}，后来随着独立变桨控制策略的切出，对轮毂 M_{YN} 和 M_{ZN} 的抑制作用逐步消失。

表 2 为 ECD 和 EDC_T 下的轮毂 M_{YN} 和 M_{ZN} 的绝对值的最大值（the maximum of absolute value，MOAV）对比表，从表中可以看出，使用独立变桨停机控制策略可以有效降低台风型机组在停机时的轮毂 M_{YN} 和 M_{ZN} 的 MOAV。在 ECD 下，轮毂 M_{YN} 和 M_{ZN} 的 MOAV 分别降低 27.89% 和 39.33%；在 EDC_T 下轮毂 M_{YN} 和 M_{ZN} 的 MOAV 分别降低

38.46%和 39.10%。但采用独立变桨停机控制策略会显著增大机组变桨机构的动作，因此需要在降低载荷和增加变桨机构的机械磨损之间做一个权衡。

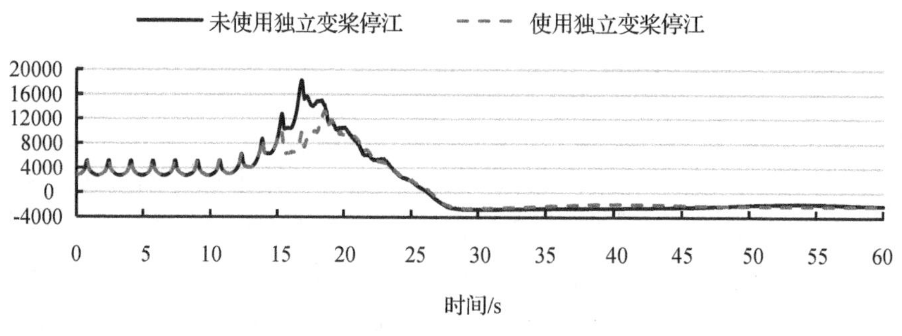

(a) 轮毂 M_{YN} 变化情况

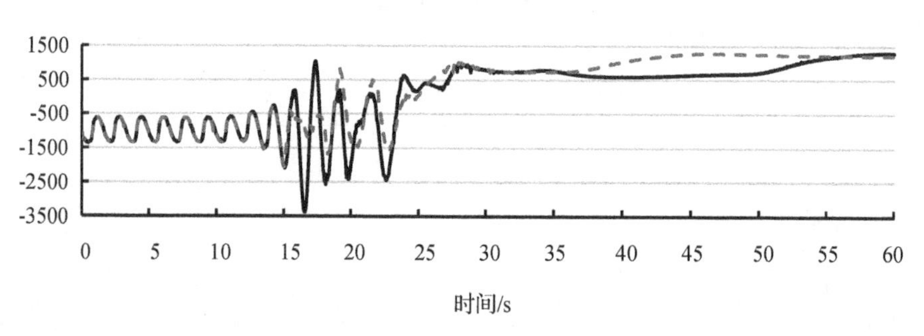

(b) 轮毂 M_{ZN} 变化情况

图 3　台风型机组在 ECD 下的载荷变化情况

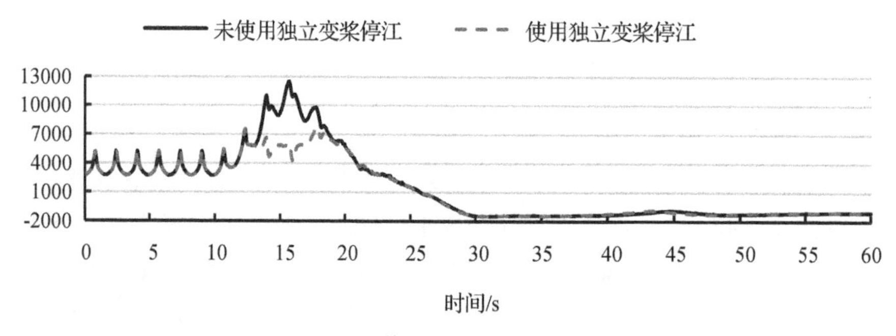

(a) 轮毂 M_{YN} 变化情况

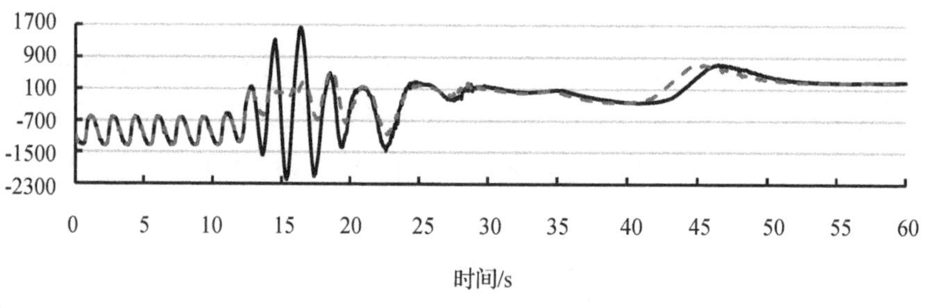

(b)轮毂 M_{ZN} 变化情况

图 4　台风型机组在 EDC_T 下的载荷变化情况

表 2　轮毂 M_{YN} 和 M_{ZN} 的 MOAV 对比表

风况	ECD		EDC_T	
载荷/kN·m	M_{YN}	M_{ZN}	M_{YN}	M_{ZN}
未使用独立变桨	18 255.3	3 386.0	12 497.1	2 196.8
使用独立变桨	13 163.9	2 054.3	7 690.1	1 337.8
使用后载荷降低/%	27.89	39.33	38.46	39.10

5　结论

本文对传统独立变桨控制滤波器的设置方法、相位补偿的设置方法和工作时间进行了改进，将其引入到了台风型机组的停机控制中。基于 GH Bladed 和 MATLAB/Simulink 交互软件进行了 ECD 和 EDC_T 风况下的停机控制仿真研究，结果表明本文提出的独立变桨停机控制策略可以将机组停机时轮毂 M_{YN} 和 M_{ZN} 的极限载荷降低 27.89%～39.33%。但采用独立变桨停机控制策略会显著增大机组变桨机构的动作，因此需要在降低载荷和增加变桨机构的机械磨损之间做一个权衡。

参考文献

[1] 周峰，陈忠雷，邓英，等. 基于不同载荷测量量的独立变桨控制[J]. 动力工程学报，2016，36(09)：711-715.

[2] 高峰，凌新梅，王伟. 大型风电机组独立变桨控制器 PI 参数联合整定[J]. 太阳能学报，2018，39(02)：307-314.

[3] Van E T G，Van Der H E L. Individual pitch control inventory[R]. Report No. ECN-C-03-138，Energy Research Centre of the Netherlands，Petten，2005.

[4] Civelek Z，Lüy M，Çam E，et al. A new fuzzy logic proportional controller approach applied to individual pitch angle for wind turbine load mitigation[J]. Renewable Energy，2017，111：708-717.

[5] Nejad A R，Jiang Z Y，Gao Z，et al. Drivetrain load effects in a 5-MW bottom-fixed wind turbine under blade-pitch fault condition and emergency shutdown[J]. Journal of Physics Conference Series，2016，753(11)：112011.

[6] Jiang Z Y，Karimirad M，Moan T. Dynamic response analysis of wind turbines under blade pitch system fault，grid loss，and shutdown events[J]. Wind Energy，2014，17(9)：1385-1409.

[7] 丁红岩，韩彦青，张浦阳，等. 浮式风机变桨故障后停机的动力特性研究[J]. 振动与冲击，2017，36(08)：125-131.

[8] Bossanyi E A. Individual blade pitch control for load reduction[J]. Wind Energy，2003，6(2)：119-128.

[9] 韩兵. 大型风力发电机组功率及载荷优化控制方法与技术研究[D]. 长沙：湖南大学，2018.

[10] Yin M H，Li W J，Chung C Y，et al. Inertia compensation scheme of WTS considering time delay for

emulating large-inertia turbines[J]. IET Renewable Power Generation, 2017, 11(4): 529-538.

[11] 徐鑫鑫，刘涤尘，黄涌. 基于 VC++和 Matlab 混合编程实现电力故障再现及分析系统研究[J]. 电力自动化设备，2006，26(12)：38-40，44.

[12] Blair W, De Melo J L, Davis L, et al. Streamlining the genomics processing pipeline via named pipes and persistent spark satasets [C]//IEEE 17th International Conference on Bioinformatics & Bioengineering, Oct 23-25, 2017, Washington, DC, USA. IEEE, 2017:35-38.

[13] Jonkman J, Butterfield S, Musial W, et al. Definition of a 5-MW reference wind turbine for offshore system development[R]. Report No. NREL/TP-500-38060, National Renewable Energy Laboratory, Golden, CO, 2009.

砂土中大直径单桩桩土刚度对海上风机自然频率影响分析

黄蕴晗[1]，宗钟凌[1,2]，朱建国[1,2]，曹　博[1]，庄潇轩[1]

（1. 江苏海洋大学土木与港海工程学院 江苏 连云港 222005；
2. 江苏省海洋资源开发研究院（连云港）江苏 连云港 222005）

摘　要：利用 Blessington 砂土中缩尺度大直径单桩水平受荷加载试验结果，评估了 API 规范 *P-Y* 曲线法在计算极限承载力和模拟初始刚度的表现，通过对比 Blessington 试桩的实测和模拟位移载荷曲线，研究了 API 规范 *P-Y* 曲线法对不同长径比单桩的模拟表现，并且指出了 API 规范 *P-Y* 曲线法在模拟大直径单桩水平受荷的缺陷。利用 Parkwind 海上风电场的设计参数和现场监测数据，研究了 API 规范 *P-Y* 曲线的初始刚度对于大直径单桩支撑海上风机自然频率的影响。研究结果表明砂土 API 规范 *P-Y* 曲线法低估了大直径单桩的极限承载力和初始刚度，这是导致结构设计低估海上风机整机自然频率的因素之一。

关键词：大直径单桩；API 规范；*P-Y* 曲线法；初始刚度；海上风电

1　引言

如何准确计算大直径单桩支撑的海上风机的自然频率是工程上亟待解决的问题。目前工程实践中应用最广泛的是 API 规范 *P-Y* 曲线法，它可以很好地描述小直径柔性桩在水平受荷作用下的表现[1]。然而，对于大直径单桩的模拟，由于 API 规范 *P-Y* 曲线法的基本原理源自小直径柔性桩的试验成果，对于大直径单桩的模拟目前不能得到符合实际的效果[2]。从现场和室内试验的结果来看，API 规范 *P-Y* 曲线法倾向于低估大直径单桩的水平向极限承载力和初始刚度，这导致了大直径单桩的设计尺寸过大，从而引发海上风机的基础建设成本过高的工程问题[3]。

本文基于现场试验分析和海上风电场的监测频率分析，对 API 规范 *P-Y* 曲线法的计算极限承载力和初始刚度进行研究，评估了 API 规范 *P-Y* 曲线法在计算大直径单桩支撑海上风机自然频率的表现，研究了 API *P-Y* 曲线法的初始刚度对于计算自然频率的影响，最后为改进 API *P-Y* 曲线法提出建议。

2　*P-Y* 曲线法

P-Y 曲线法分析把桩看作弹性梁基础，把土层模拟为离散的、不耦合的非线性弹簧。

P-Y 曲线法把桩分为连续的有限个梁单元，土体非线性弹簧作为梁单元的约束。*P-Y* 曲线法分析桩土模型如图 1 所示，桩的顶部载荷包括水平力、轴向力和倾覆力矩，桩周围的土体由一组非线性弹簧（土体弹簧）模拟，非线性弹簧的形变等于桩的挠度（y），非线性弹簧的内力等于桩挠度（y）引起的桩土相互作用力（p）。在水平受荷情况下，非线性弹簧的刚度会沿着入土深度（z）和桩挠度（y）的变化而变化[4]。

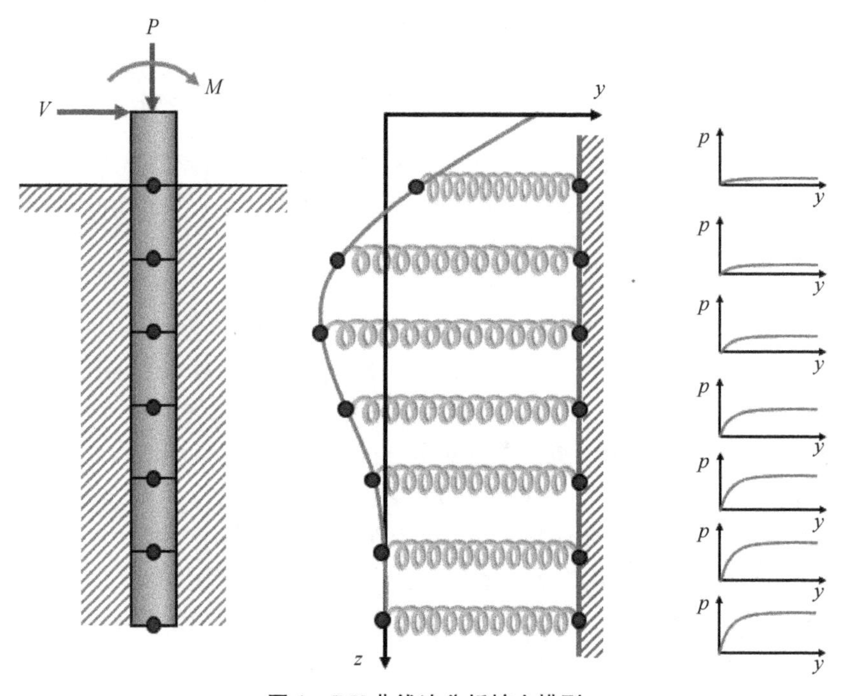

图 1　*P-Y* 曲线法分析桩土模型

API 规范 *P-Y* 曲线法是现阶段最常用的 *P-Y* 曲线法，针对砂土的 API 规范 *P-Y* 曲线由三部分组成：初始刚度部分、极限承载部分和过渡部分（图 2）。*P-Y* 曲线法最先由 Reese 等人在 1974 年提出，由 O'Neil 等人在 1983 年进行了优化，得到了现在常用的 API *P-Y* 曲线[5-6]：

$$p=Ap_u\tanh\left(\frac{kz}{Ap_u}y\right) \tag{1}$$

式中 p 为桩土相互作用力（N/m）；p_u 为深度 z 处的极限土抗力（N/m）；k 为土体初始模量（N/m^3）；z 为计算点所在深度（m）；y 为桩的挠度（m）；A 为参考系数（当循环载荷分析时取 0.9，静载分析时取（$3.0-8.0\times z/D$）$\geqslant 0.9$，D 为桩径）。

大直径单桩支撑的海上风机的自然频率计算非常依赖 *P-Y* 曲线初始刚度的输入，然而对于 *P-Y* 曲线中的土体初始模量（k），Reese 等人在提出砂土 *P-Y* 曲线的时候就已经指出他们并未对土体初始模量（k）做定量的研究，其取值主要是通过粗浅的实验获得。所以对土体初始模量（k）还需要更深入的研究[5]。

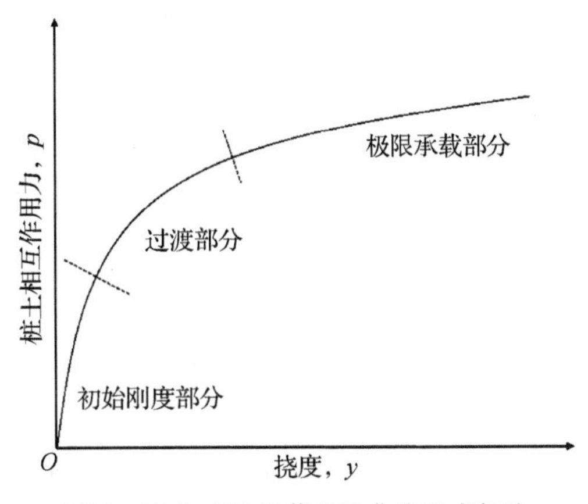

图 2　砂土 API 规范 P-Y 曲线组成部分

3　Blessington 试桩分析

都柏林大学学院(University College Dublin)在位于英国爱尔兰都柏林西南约 24 km 处 Blessington 的某采石场中进行了三组大直径单桩的缩尺度现场水平加载测试，测试地点的土层特性为均质的砂性土，Blessington 砂土的物理属性与北海近海海底沉积砂土的物理属性相似，具有良好的研究性[7]。

三根缩尺度大直径单桩均为开口钢管桩，直径为 0.5 m，壁厚为 10 mm，埋深从 3 倍桩径到 6 倍桩径不等，加载点位于泥面以上 1 m 处。三根缩尺度大直径桩的示意图如图 3 所示，具体尺寸见表 1。

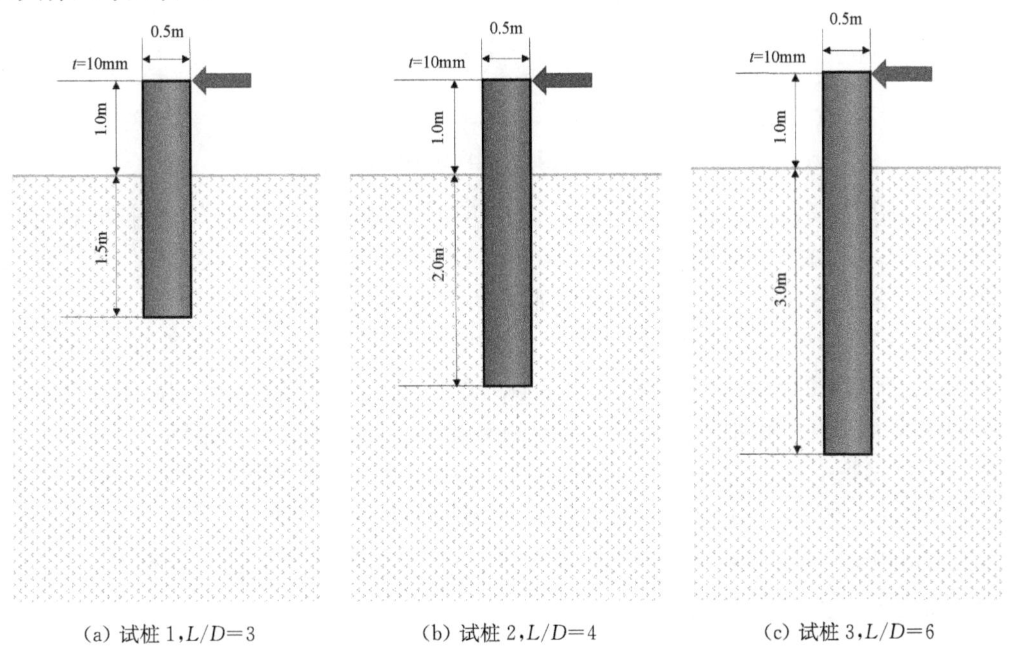

图 3　Blessington 试桩尺寸示意图

表 1　Blessington 试桩具体尺寸

桩号(—)	埋深/m	直径/m	壁厚/mm	长径长(埋深/直径)(—)	加载高度/m
1	1.5	0.5	10	3	1.0
2	2.0	0.5	10	4	1.0
3	3.0	0.5	10	6	1.0

Blessington 试验现场进行了静力触探试验(CPT)以研究土层性质,由图 4 可见砂土内摩擦角和土层深度的关系。由 CPT 获得的土层性质可作为 API 规范 *P-Y* 曲线法的输入参数,假设土层为匀质砂土,平均砂土内摩擦角约为 45°,砂土的有效重度为 128 kN/m^3。

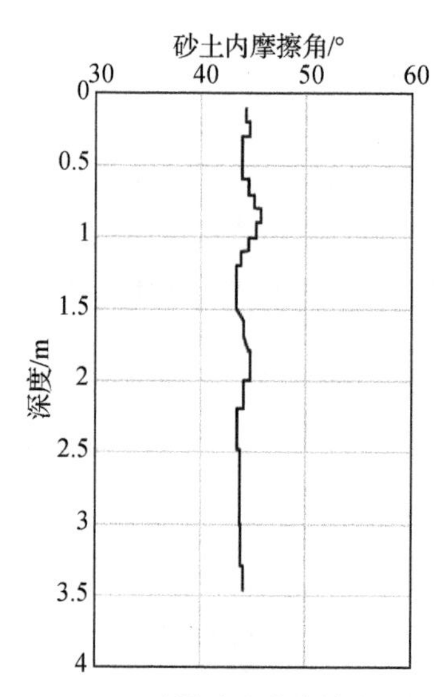

图 4　Blessington 地勘砂土内摩擦角与深度关系

图 5 至图 7 比较了 Blessington 试桩试验中实测的和 API *P-Y* 曲线法模拟的载荷位移曲线。由图 5(a),图 6(a),和图 7(a)可得结论,API 规范 *P-Y* 曲线法大大低估了大直径单桩的极限承载力,这是由于 API 规范 *P-Y* 曲线法不包括桩土之间的竖向摩擦力和单桩旋转时在桩末端产生的桩土摩擦力。Byrne 等人[2]指出,随着桩长与桩径比的缩小,API 规范 *P-Y* 曲线法所缺失的摩擦力分量在极限承载力的组成比重会增加,所以随着长径比的缩小,API *P-Y* 曲线法的模拟极限承载力和实测承载力差距越来越大。由图 5(b),图 6(b),和图 7(b)可得结论,API 规范 *P-Y* 曲线法低估了桩土之间作用的初始刚度,并且无法描述小位移下桩土作用的非线性响应。这是由于 API *P-Y* 曲线法的土体初始模量(k)仅和砂土的内摩擦角相关,而内摩擦角无法反映小应变强度,并且由于土体初始模量(k)是个恒定值,无法描述土体在小应变时刚度的非线性变化。

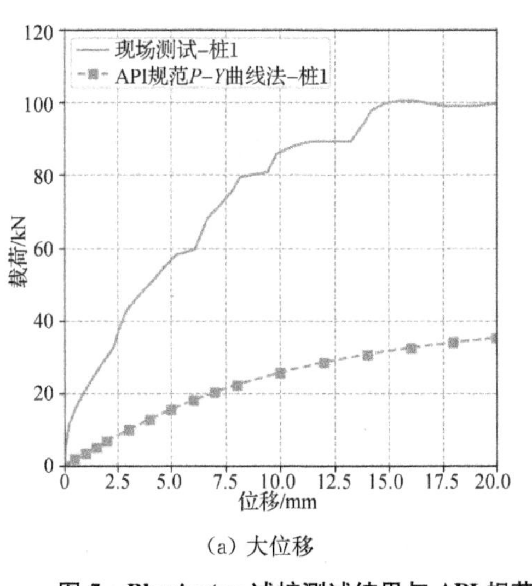

(a) 大位移

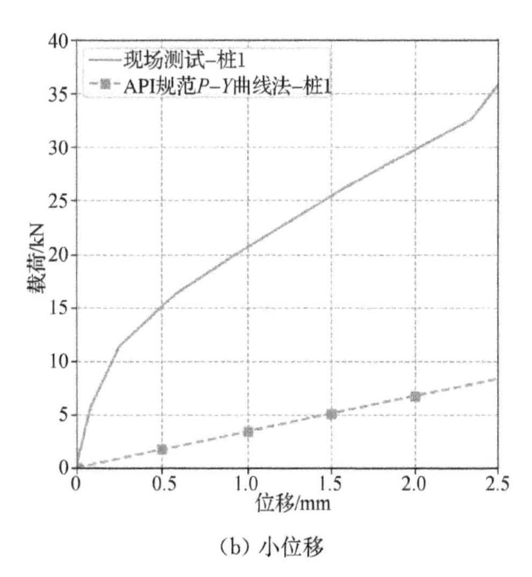

(b) 小位移

图 5　Blessington 试桩测试结果与 API 规范 P-Y 曲线法计算结果对比（试桩 1,$L/D=3$）

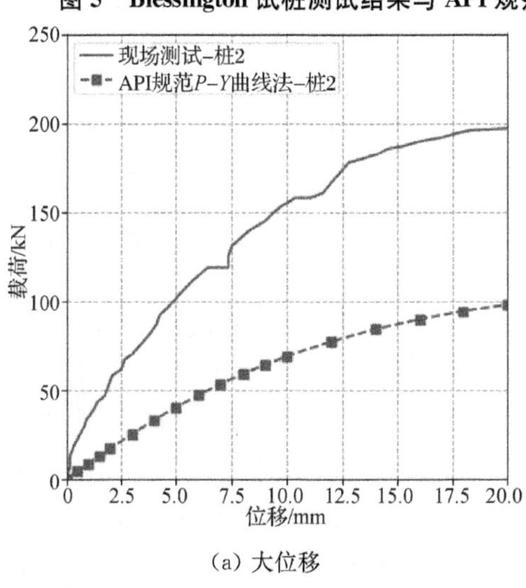

(a) 大位移

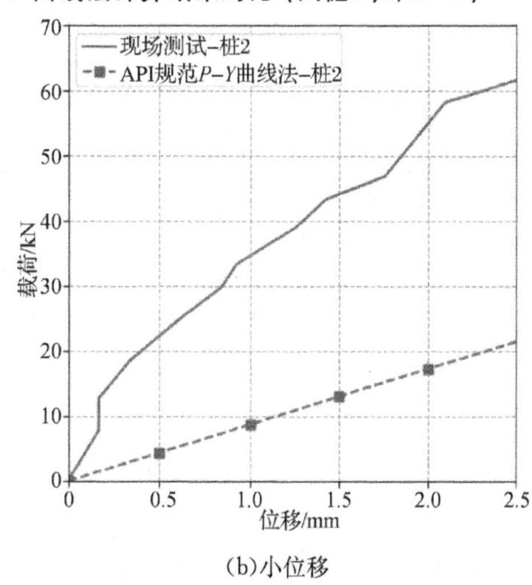

(b)小位移

图 6　Blessington 试桩测试结果与 API 规范 P-Y 曲线法计算结果对比（试桩 2,$L/D=4$）

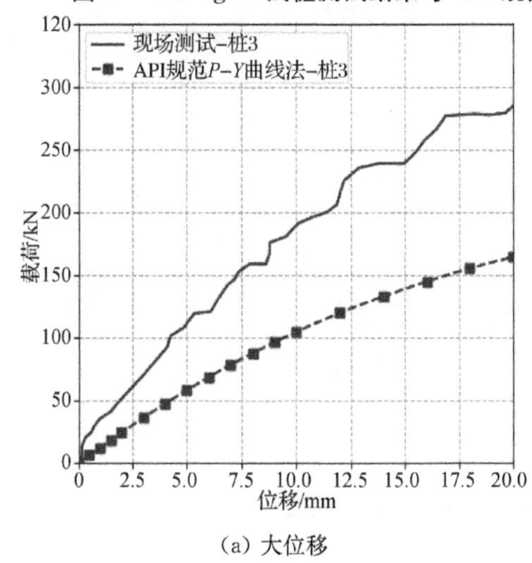

(a) 大位移

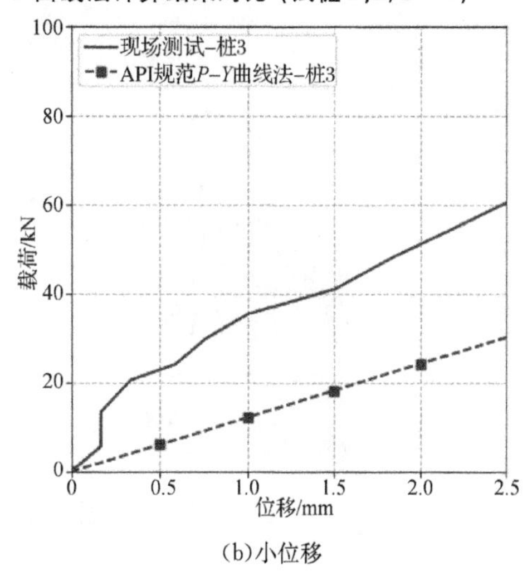

(b)小位移

图 7　Blessington 试桩测试结果与 API 规范 P-Y 曲线法计算结果对比（试桩 3,$L/D=6$）

4 Belwind 海上风力发电场频率分析

Belwind 海上风电场位于比利时的北海海域，Parkwind 近年来一直在监测 Belwind 的海上风机的整机频率。Belwind 海上风电场总共安装了 55 座风力发电机和一个变电站，每个风力发电机的额定输出功率为 3 MW。风力发电机的支撑结构为带过渡段的大直径单桩。对每个风力发电机的机位，地勘报告提供了土体的单位重度、砂土的内摩擦角、黏土的不排水强度，单桩结构设计报告提供了每个机位的设计自然频率，施工报告提供了冲刷以及防冲刷保护的细节，现场监测报告提供了某个机位的监测一阶频率与二阶频率[8-9]。

本研究针对 Belwind 海上风电场，进行了如下的计算与对比：

(1) 计算一阶频率与二阶频率，并且和监测报告中的监测一阶与二阶频率进行对比；

(2) 通过提高大直径单桩桩土刚度的方式研究其对于风力发电机整机的设计频率的影响。

4.1 频率计算

大直径单桩支撑的海上风力发电机的频率计算使用的是一维欧拉梁模型，Middleweerd 已经使用了相同的模型研究了 Eneco Luchterduinen 风电场的海上风力发电机的自然频率[10]。一维欧拉梁模型由两部分组成：大直径单桩支撑的风力发电机结构模型和泥面以下的桩土相互作用模型。结构模型由机头、叶片、塔架、过渡段、过渡段上的零件和单桩组成，桩土相互作用模型基于的是 API 规范 *P-Y* 曲线法，将桩土相互作用模型模拟为非线性弹簧。图 8 展示了大直径单桩支撑的海上风力发电机简化为欧拉梁模型的过程，欧拉梁被分割成为有限个有质量的单元，其质量来自结构及其附属物、水和土体。非线性弹簧由 API 规范 *P-Y* 曲线法构建，API 规范 *P-Y* 曲线法的输入参数由地勘参数获得的砂土性质确定，并且考虑了冲刷和冲刷防护对于砂土性质的影响。

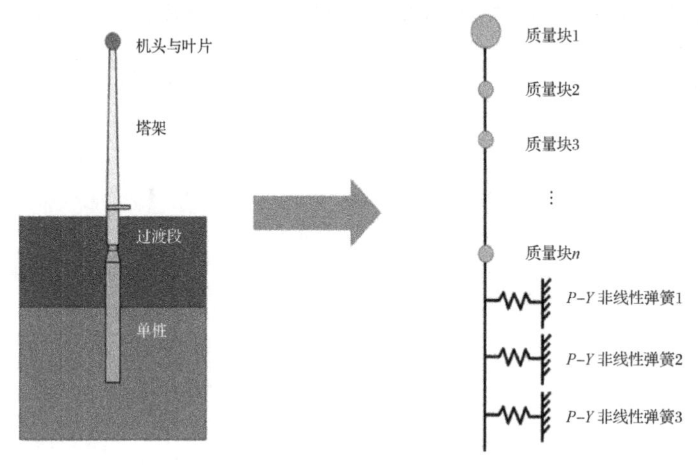

图 8　大直径单桩支撑海上风力发电机的欧拉梁模型

4.2 频率对比分析

图 9 对比了 55 个机位点的设计一阶频率和监测一阶频率的范围，对比结果显示大部分大直径单桩支撑的海上风力发电机的设计一阶频率比监测一阶频率要低。图 10 随机选取了 5 个机位点，并对比了设计二阶频率和监测二阶频率，对比结果显示设计二阶频率也要低于监测二阶频率。

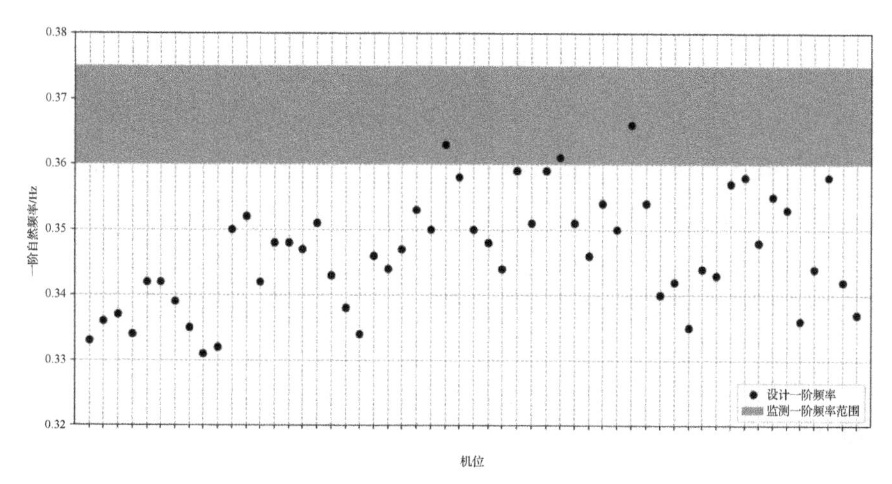

图 9　Belwind 海上风电场设计自然一阶频率与监测自然一阶频率

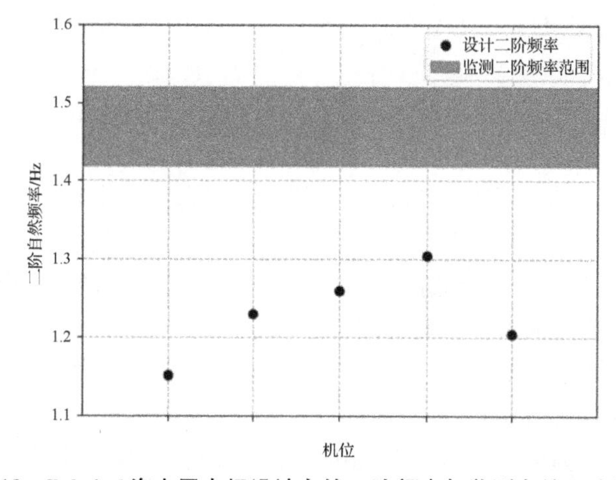

图 10　Belwind 海上风电场设计自然二阶频率与监测自然二阶频率

4.3 桩土刚度对于整机自然频率的影响

本研究了使用了欧拉梁模型分析了桩土刚度对于整机一阶频率和二阶频率的影响。欧拉梁模型的桩土刚度主要由 API *P*-*Y* 曲线法的土体初始模量(k)决定，在影响分析中，通过将土体初始模量(k)乘以放大系数以研究桩土刚度对于整机自然频率的影响。根据图 11 和图 12 的分析结果，整机自然频率随着桩土刚度的增加而增加，增加速率随着桩土刚度的增加而放缓，并且桩土刚度对第二频率的影响大于对第一频率的影响。分析还显示，大概需要将土体初始模量(k)放大约 7 倍，才可以使计算一阶和二阶频率与监测一阶和二阶频率重合。

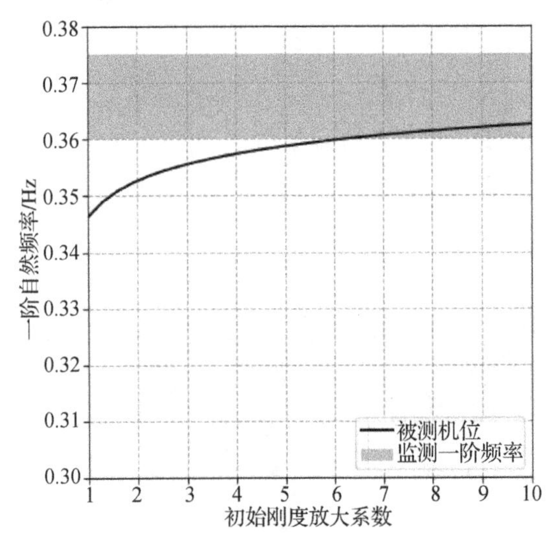

图 11　砂土 API 规范 *P-Y* 曲线初始刚度对于设计一阶频率的影响

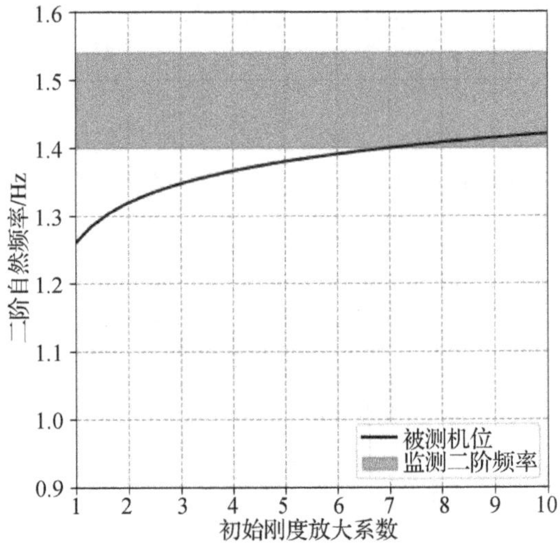

图 12　砂土 API 规范 *P-Y* 曲线初始刚度对于设计二阶频率的影响

5　结论

针对目前 API 规范 *P-Y* 曲线法的初始刚度不适用于大直径单桩工程设计的问题，本文分析了 Blessington 的缩尺度大直径单桩现场试验和 Belwind 海上风电场的监测数据，并得到以下结论：

(1) 砂土 API 规范 *P-Y* 曲线法不仅低估了大直径单桩的极限承载力，而且也低估了小位移下桩土初始刚度；

(2) 小位移下，API 规范 *P-Y* 曲线法不能模拟小位移下桩土相互作用的非线性，而现场测试的结果表明即使在小位移情况下，砂土中桩土相互作用也呈现强烈的非线性；

(3) 由于 API 规范 *P-Y* 曲线低估了小位移下的初始刚度，Belwind 海上风电场在设计时低估了大直径单桩支撑的海上风机的自然频率；

(4) 初始刚度的增加对于第二自然频率的影响要大于对于第一自然频率的影响，大直径单桩支撑的风力发电机自然频率的计算对桩土初始刚度的输入非常的敏感。

面对大直径单桩支撑的海上风力发电机频率计算的需求，API *P-Y* 曲线法的初始刚度的准确输入急需修正，需要提出更合适的数学表达式，施行更精准的地勘方案，构建更合理的设计流程，来满足整机自然频率计算的要求。

参考文献

[1] Little R L, Briaud J L. Full scale cyclic lateral load tests on six single piles in sand[R] TAMU-RR-5640, 1988: 1-191.

[2] Byrne B W, Burd H, McÁdam R, et al. PISA: New design methods for offshore wind turbine mo nopiles[C]. 8th International Conference for Offshore Site Investigation and Geotechnics. London, 2017:142-161.

[3] Kallehave D, Byrne B W, Thilsted C L, et al. Optimization of monopiles for offshore wind turbines [J]. Philosophical Transactions of the Royal Society A: Mathematical, Physical and Engineering Sciences, 2015, 373(2035): 20140100.

[4] Isenhower W M, Wang S. Technical manual for LPile 2018, Version 10[M]. ENSOFT, INC, 2017.

[5] Reese L C, Cox W R, Koop F D. Analysis of laterally loaded piles in sand[C]. 6th Annual Offshore Technology Conference. Houston, Texas, 1974.

[6] API RP 2GEO: Geotechnical and foundation design considerations[S], API STD, 2014.

[7] Murphy G, Igoe D, Doherty P, et al. Computers and geotechnics 3D FEM approach for laterally loaded monopile design[J]. Computers and Geotechnics, 2018, 100: 76-83.

[8] Gilbert R, Huang Y H, Stokoe K, et al. Behavior of laterally loaded offshore wind monopiles in sands [C]. Offshore Technology Conference, Houston Texas, May 6-9, 2019.

[9] Weijtjens W, Verbelen T, Devriendt C. Temporal evolution of stiffness for offshore monopile foundations[C]. Offshore Wind Energy, London, 2017.

[10] Middelweerd L. Sensitivity analysis of the first natural frequency of the offshore wind turbines in the Eneco Luchterduinen wind farm[D]. Delft: Delft University of Technology, 2017.

足尺高耸结构风振控制试验在线监测平台设计

张　瑞[1]，陈　鑫[1]，刘　涛[2]，史佩武[1]，徐修珍[3]，李爱群[4]

(1. 苏州科技大学 江苏省结构工程重点实验室 江苏苏州 215100；
2. 江苏省住房和城乡建设厅 江苏南京 210036；
3. 苏州云白环境设备股份有限公司 江苏苏州 215100；
4. 北京建筑大学 北京 100000)

摘　要： 足尺高耸结构在运营过程中进行安全监测是一项十分重要的内容，为了设计一套符合足尺高耸结构使用的监测系统，拟在某地建设一座足尺钢烟囱试验模型。通过有限元模型分析结构在不同工况风荷载作用和地震作用下钢塔的振动状态，为设计该结构提供重要的理论依据。本文最后介绍了在线监测系统的原理、组成、检测内容及目的。

关键词： 风荷载；足尺试验；振动试验；结构监测

1　引言

近年来，随着工业技术的发展，世界各地兴建了大量的高层建筑、景观塔、大跨度桥梁和空间结构等高耸、大跨度建筑物，根据摩天大楼中心网所提供的的数据来看，近50年来建筑的数量和高度随着时间的增加而增加。国内外学者也对高耸结构进行了大量的研究，区彤[1]等研究高耸型钢混凝土筒体结构在不同幅值不同地震波激励下其加速度响应、位移响应、应变响应和层剪力的分布规律；李霄贞[2]对自立式塔架结构、拉索式塔架结构和塔架式塔架结构三种钢塔架结构设计进行分析；贺辉等[3]对于圆形高耸结构在风荷载作用下产生的较大变形通过TMD进行风振舒适度控制；Etedali S等[4]研究了TMD和FTMD在考虑土-结构相互作用(SSI)效应的近场地震作用下对高层建筑的抗震控制性能；王磊[5]等对高耸钢烟囱的破坏实例进行了总结；郅伦海[6]等通过风洞试验对椭圆截面高耸结构的风荷载特性及结构抗风安全性进行了系统研究；方蓉[7]等研究了结构高度对结构振型贡献率的影响规律，研究结果表明：结构高度对底部剪力振型贡献率的影响最大，对底部弯矩振型贡献率的影响次之，对结构顶部位移的振型规律性影响最小；马思明[8]等研究了超过设计使用年限的钢结构广播电视塔的改造方案。然而足尺高耸结构具有较大的高宽比，其柔度较大，在强风、地震等作用下或其他荷载的影响，极易发生较大的振动和变形，影响结构的使用安全。因此对风荷载作用下的高耸钢塔结构进行监测是十分必要的。本文通过设计好

基金项目： 国家自然科学基金(51408389，51438002)，江苏省高等学校自然科学研究重大项目(19KJA430019)，江苏省六大人才高峰(JZ004)，江苏省“333”工程科研项目(BRA2018372)

的足尺高耸模型，设计了一套相应的监测措施，以便对其结构做出评估和决策。

2 模型结构设计

2.1 模型信息

为设计一套对于足尺高耸结构的在线监测平台的研究，拟在某地建设一座足尺钢烟囱试验模型(图 1)。该模型选用圆筒形钢烟囱，拟建高度为 20 m，外径为 0.7 m，详细尺寸见表 1。烟囱分节制作、吊装，共分 4 节：3.98 m+3.98 m+4.45 m+7.59 m=20 m，顶部预留减振器安装平台，设置爬梯，并在底部预留洞口，详图见图 1。模型筒身采用 Q235B 钢，地脚螺栓采用 Q235，抗拉强度 375 N/mm^2。

表 1　筒身尺寸

截面号	标高/m	截高/m	筒壁外径/mm	筒壁厚度/mm
0	20	7.59	700	5
1	12.41	4.45	700	6
2	7.96	3.98	700	8
3	3.98	3.98	700	8
4	0	0	700	8

(a) 现场安装图

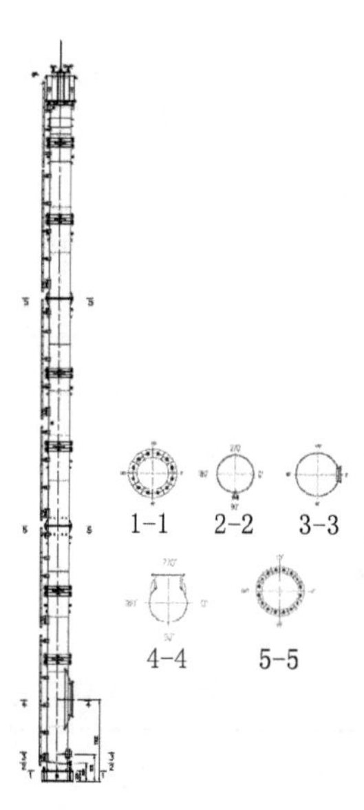

(b) 立面图及剖面图

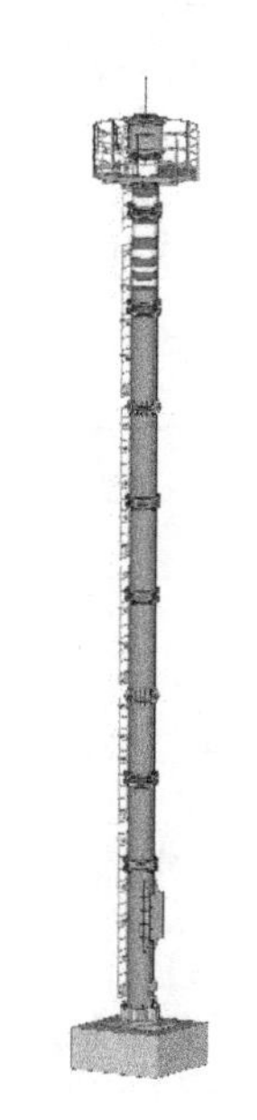

(c) 三维视图

图 1　模型设计图

2.2 结构设计

根据实测值的统计为基础得出钢烟囱固有振动周期 T=0.514 s 和 0.377 s。为了较为准确地估算结构动力特性，采用 CSI SAP2000 建立了结构有限元模型，通过同理特性分析，得到结构前三阶模态特征周期分别为：0.492 s、0.109 s 和 0.036 s，与简化计算方法结果接近。根据《烟囱设计规范》(GB 50051—2013) 5.2 条和《建筑结构荷载规范》(GB 50009—2012) 8.5 条进行计算，结构在一阶模态下可发生亚临界微风共振，从而不需针对一阶模态计算横风向强风共振的情况。再根据《烟囱设计规范》(GB 50051—2013) 5.2.4 第 4 条，当雷诺数 Re 在 3×10^5 和 3.5×10^6 之间时，可不计算横风向共振荷载。所以，此时的顺风向风荷载标准值如表 2 所示。

表 2　临界风速下顺风向风荷载标准值计算表

<table>
<tr><th>截面号</th><th>标高/m</th><th>μ_z</th><th>μ_s</th><th>β_z</th><th>ω_0/(kN/m²)</th><th>ω_k/(kN/m²)</th><th>F_k/kN</th></tr>
<tr><td>0</td><td>20</td><td>1.23</td><td rowspan="5">0.60</td><td>2.63</td><td rowspan="5">0.043</td><td>0.014</td><td>0.033</td></tr>
<tr><td>1</td><td>12.41</td><td>1.06</td><td>1.92</td><td>0.012</td><td>0.029</td></tr>
<tr><td>2</td><td>7.96</td><td>1</td><td>1.46</td><td>0.012</td><td>0.014</td></tr>
<tr><td>3</td><td>3.98</td><td>1</td><td>1.12</td><td>0.012</td><td>0.009</td></tr>
<tr><td>4</td><td>0</td><td>1</td><td>1</td><td>0</td><td>0</td></tr>
</table>

该烟囱抗震设防烈度为 7 度，按烟囱规范 5.5.1 第 3 条，可不计算竖向地震作用。高 20 m，不超过 150 m，按《烟囱设计规范》(GB 50051—2013) 5.5.4 和建筑抗震设计规范 (GB 50011—2010) 5.2.2，取前 3 个振型组合，采用振型分解反应谱法进行计算。按《烟囱设计规范》(GB 50051—2013) 5.5.1 第 2 条，取结构阻尼比为 0.01。采用 CSI SAP2000 建立模型进行地震反应谱分析，得到地震作用下各截面的剪力(表 3)。

表 3　地震作用下各截面的剪力

截面号	标高/m	剪力/kN
0	20	0
1	12.41	5.28
2	7.96	10.02
3	3.98	15.22
4	0	20.97

2.3　承载能力设计

(1) 在荷载效应组合下，通过计算可以得到截面局部稳定临界应力(表 4)。

表 4　计算荷载效应组合下截面局部稳定临界应力计算

截面号	标高/m	筒壁外径/mm	筒壁厚度/mm	α	σ_{et}/(N/mm²)	β	σ_{crt}/(N/mm²)
0	20	800	5				
1	12.41	800	6	0.720	2 136.51	0.384	185.70
2	7.96	800	8	0.747	2 848.69	0.332	190.13
3	3.98	800	8	0.748	2 848.69	0.332	190.13
4	0	800	8	0.748	2 848.69	0.332	190.13

（2）在地震作用组合下，通过计算可以得到截面局部稳定临界应力（表5）。

表5 计算地震作用组合下截面局部稳定临界应力

截面号	标高/m	筒壁外径/mm	筒壁厚度/mm	α	σ_{et}/(N/mm^2)	β	σ_{crt}/(N/mm^2)
0	20	800	5				
1	12.41	800	6	0.721	2 136.51	0.384	185.70
2	7.96	800	8	0.748	2 848.69	0.332	190.13
3	3.98	800	10	0.748	2 848.69	0.332	190.13
4	0	800	10	0.748	2 848.69	0.332	190.13

3 监测系统设计

3.1 测点布置

为了更好地对足尺高耸结构进行实时监测，在被测对象内部或表面预埋或附加各类传感器。各装置的布置如图2所示，各传感器子系统种类及目的见表6。

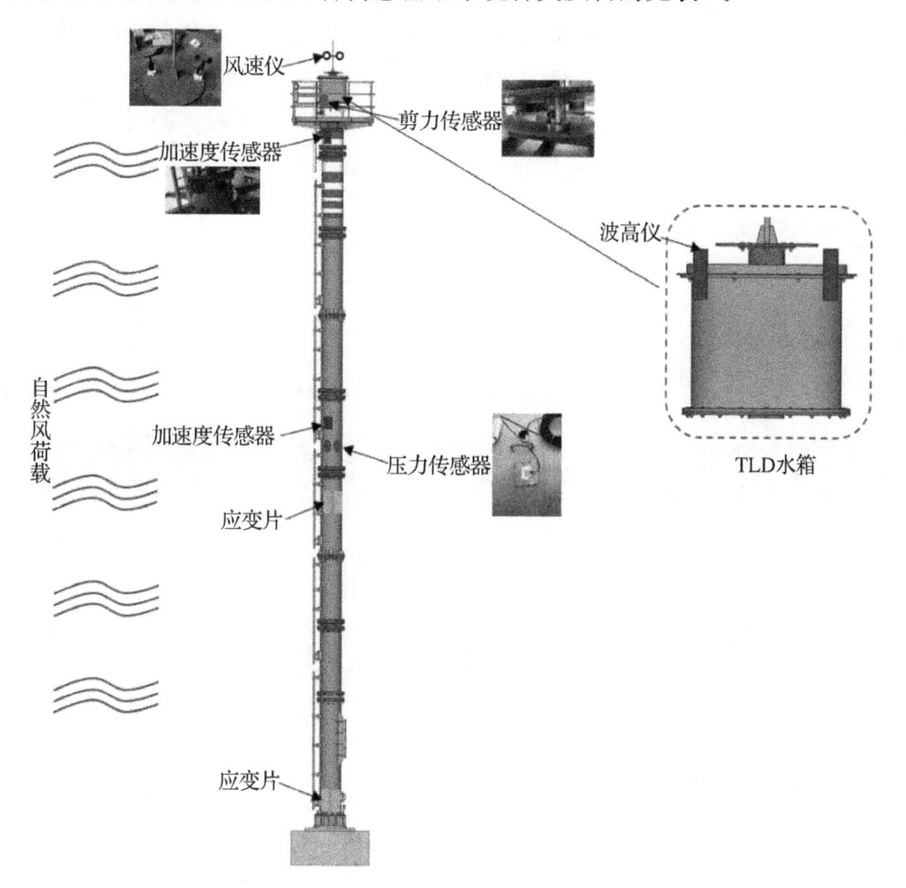

图2 测点布置图

表 6　传感器种类及目的

传感器类型	监测物理量
应变片	应力
风速风向传感器	风速和风向
波高仪	自由流体波浪;水位高度
剪力传感器	剪力
加速度传感器	加速度
压力传感器	压力

3.2　在线监测系统

为了能更好地完成监测工作,“选择哪些专业设备,做哪些指标检查”是结构监测的核心,为了达到监测的预期目的,准确合理地把握足尺高耸结构的结构状态,节省人力及其他不必要的资源浪费,我们拟采用在线监测分析系统。该系统主要有数据采集系统、工业级交换机、电源控制模块、控制类软件等构成,采用先进的数据采集和传输技术,突出的抗干扰性能,功能完善的在线监测控制与分析软件,保证系统安全、稳定、可靠地运行。

监测评估系统包括硬件和软件两方面。硬件设备主要包括应变片、加速度传感器、风速风向传感器、剪力传感器、波高仪等。软件主要包括各项监测项目配套软件、数据管理系统。基本测试思路为,各类传感器⟶采集仪器⟶控制仪器⟶远端监控设备⟶图形显示、数据格式转换。图 3 为一套完整的在线监测系统基本构架。

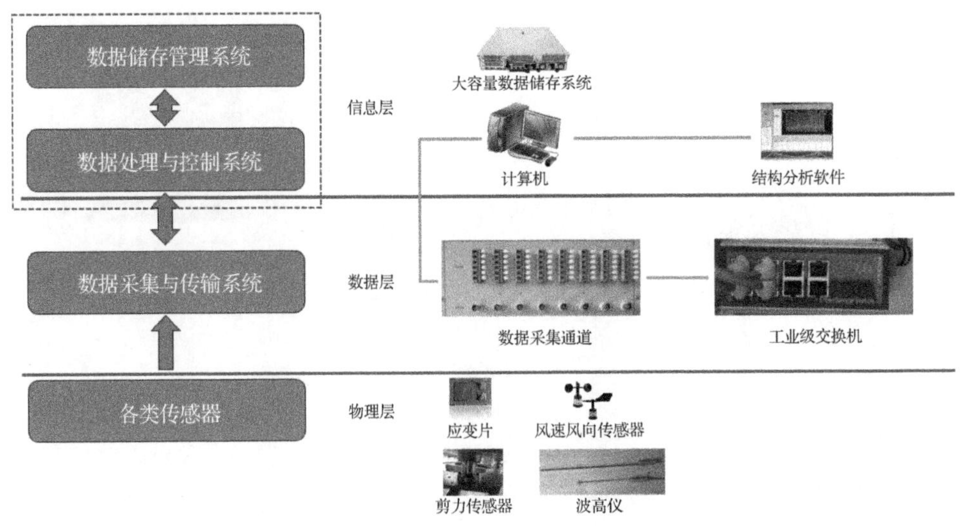

图 3　在线监测系统

4　结论

本文通过对足尺高耸结构的模型分析和相应的试验,开展了在线监测平台设计,得出以下结论：

（1）足尺高耸结构试验模型的振动特性及位移反应均尚未对结构安全与正常使用产生明显不利影响;结合承载力验算结果,结构的最大变形也符合规范要求。

（2）在结构符合设计要求时,设计出一套功能完善的在线监测方案,从而对足尺高耸结构的优化提供重要的理论依据。

（3）本文的足尺高耸结构过程模拟验算及监测方案可为其他类似工程起到参考借鉴作用。

参考文献

[1] 区彤,刘彦辉,谭平,等. 高耸型钢混凝土筒体结构抗震性能振动台试验研究[J]. 建筑结构学报，2020，1(11).

[2] 李霄贞. 烟囱钢塔架结构设计与分析[J]. 工程技术研究，2019，4(14)：188-189.

[3] 贺辉,谭平,刘彦辉,等. 圆形高耸结构两级变阻尼 TMD 风振控制[J]. 振动工程学报，2020，33(3)：503-508.

[4] Etedali S, Akbari M, Seifi M. MOCS-based optimum design of TMD and FTMD for tall buildings under near-field earthquakes including SSI effects[J]. Soil Dynamics and Earthquake Engineering, 2019, 119: 36-50.

[5] 王磊,樊星妍,刘伟,等. 高耸烟囱工程破坏案例综述[J]. 特种结构，2019，36(02)：20-29.

[6] 郅伦海,毛硕. 高耸结构风荷载特性的风洞试验研究[J]. 武汉理工大学学报，2018，40(01)：35-42.

[7] 方蓉,张文学,赵汗青. 结构高度对高耸结构振型贡献率的影响研究[J]. 工业建筑，2017，47(06)：70-74.

[8] 马思明,付举宏,潘晓宇. 钢结构电视塔改造方案研究[J]. 特种结构，2019，36(04)：65-68.

连廊刚度对风荷载作用下复杂多塔结构响应影响研究

杨连森[1]，陈　鑫[1]，刘　涛[2]，李爱群[3]，张志强[3]，刘先明[4]

(1. 苏州科技大学 江苏省结构工程重点实验室 江苏苏州 215011；
2. 江苏省住房和城乡建设厅 南京 210036；
3. 东南大学 土木工程学院 南京 210096；
4. 中国建筑设计研究院 北京 100044)

摘　要：为了研究连廊刚度对多塔结构的动力性能和风荷载下的响应分析，本文主要利用 SAP2000 有限元软件建立三维有限元模型，然后对建立后的模型进行动力分析，提取出结构前三阶模态图，然后通过对材料弹性模量的放大将连廊刚度进行调整，再对调整后的模型进行动力分析和风荷载下的结构响应分析，提取出结构的第 1、3 阶周期和风荷载下位移进行对比分析，结果证明：结构的周期和风荷载下的位移都随连廊刚度的增大而减小。

关键词：复杂多塔结构；连廊刚度；动力特性；风荷载

1　引言

近年来，因为建筑材料的发展和建筑技术的进步，复杂高层结构呈现出一种高度越来越高、结构越来越柔的状态，这些结构往往具有质量轻、刚度小、阻尼低等特点，这就使风荷载对结构具有比较大的影响。

由于上诉原因，很多学者致力于高层结构性能研究，陈学伟等[1]将风洞试验数据导入到有限元软件对结构进风振分析，研究设置黏滞阻尼器的连体高层结构风振响应，结果表明：设置黏滞阻尼器能减小连体结构内力和变形，内力的控制效果优于变形的控制效果，并且能有效地控制结构顶部楼层加速度。汪梦甫等[2]建立 50 层钢框架-混凝土核心筒三维模型，对结构进行分析，探讨减振层数量与布设位置对结构的影响，研究表明：合理的减震层数量和优化设置能改善高层建筑的抗风性能，并且阻尼器布置在中部减震效果较好。Ciampoli 等[3]将基于结构性能的能量法用于建筑的舒适度和结构可靠性评估，数值模拟的结果表明：结构可靠度与强风作用下的侧向变形能力有关，建议使用调谐质量阻尼器来提高建筑性能。Wang 等[4]将预制剪力墙作为高层建筑模块的一部分建立模型，并用循环荷

基金项目：国家自然科学基金(51408389，51438002)，江苏省高等学校自然科学研究重大项目(19KJA430019)，江苏省六大人才高峰(JZ004)，江苏省“333”工程科研项目(BRA2018372)

载试验结果进行了验证,结果表明:所建立的有限元模型能够有效地再现预制混凝土剪力墙的结构性能,所提出的体系具有足够的抗风和抗震能力。商城豪等[5]通过有限元软件在结构上施加黏滞阻尼器进行减震设计,分析结果表明,黏滞阻尼器改善了结构在风荷载下的舒适性,显著降低了结构在风荷载作用下响应。李暾等[6]以 TMD 装置响应的可靠性能约束条件,建立了带 TMD 高层结构基于动力可靠性约束的抗风优化设计的方法,并以一个算例来验证了所提出来的抗风设计方案的可行性。周云等[7]在三维模型的两个对角设置黏滞阻尼支撑,并在无控和有控条件下分别对该结构进行了风振反应分析,结果表明,通过设置黏滞阻尼支撑,达到了不同设计风压等级下顺风向和横风向均能满足预期性能目标的要求。

由此可见,对复杂高层建筑的研究还是比较多的,但是对多塔结构的研究相对较少,本文主要通过改变多塔结构连廊的刚度来研究塔与塔之间联系的强弱,首先通过 SAP2000 有限元软件对某多塔结构模型的连廊刚度进行不同程度的放大,之后对结构进行动力特性和静风荷载分析,最后通过数据对比得出连廊刚度对结构的动力特性和等效静风荷载下结构位移的影响。

2 工程背景

某复杂多塔结构(图 1),位于北京市奥林匹克公园中心区内,主体建筑紧邻中轴线的景观大道,建筑总平面面积为 18 687 m^2,建筑是由 5 个单塔组成,每个单塔均由正六边形和圆形的塔身与顶部树冠形观景厅与观景平台组成,每塔底部为标准层,当达到高度 164.98 m 后,各塔的平面逐渐放大,整体呈蘑菇状。周边的四个单塔通过连廊与中间的主塔相连,中间的 1 号塔为主塔,顶部最高处 244.85 m,2～4 号塔为副塔。

(a) 多塔结构实景图

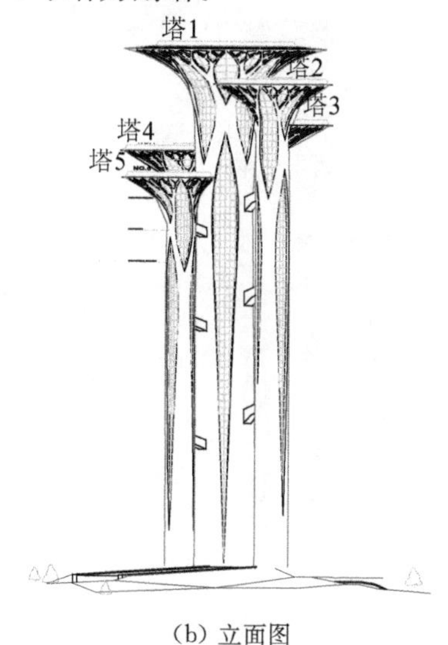

(b) 立面图

图 1 多塔结构

3 有限元模型与动力分析

3.1 有限元模型

复杂多塔结构的有限元模型采用 SAP2000 有限元软件进行建模,如图 2 所示。在整体计算模型中采用框架单元来模拟塔体钢管混凝土柱、钢环梁、钢斜撑、基座大厅的钢筋混凝土柱和梁，采用壳体单元来模拟下部基座大厅的 SRC 剪力墙、基座大厅屋面面层、大厅内部剪力墙和顶部观光层的楼板。以 3 m 为一个有限单元，其中框架单元采用 Q345，顶部观光层的楼板 C30，底层剪力墙的混凝土材料为 C60。模型底部和地面结构的自重由模型几何条件和材料密度计算得到，楼梯、塔顶观光坡道、楼梯围墙、电梯井筒围墙、塔外部玻璃和铝合金外挂荷载分别折算为楼面荷载。本模型雪压：$S_0=0.45\ \mathrm{kN/m^2}$；雪荷载准永久值系数分区：Ⅱ；楼面荷载取值如表 1 所示。

表 1　塔体屋面与楼面活荷载取值

项目	荷载标准/($\mathrm{kN/m^2}$)	组合值系数 ψ_c	频遇值系数 ψ_f	准永久值系数 ψ_q
瞭望厅楼面	3.5	0.7	0.6	0.5
走道、楼梯	3.5	0.7	0.6	0.5
消防水箱(含设备)	200 kN			
设备机房	7.0	0.9	0.9	0.8

每一个单塔的高宽比较大，无法满足结构抗风和抗震要求，为了增强结构的抗侧刚度，在五个单塔之间设置连廊，形成连体结构，可有效提高结构的抗倾覆能力，满足风荷载作用下的舒适度要求，保证结构在罕遇地震作用下的安全性。连廊高度约 3.0 m，宽度约 2.7 m，可作为各塔之间的联络通道，2 号塔通过 5 个连廊与 1 号塔相连，3 号、4 号、5 号塔分别通过 4 个连廊与 1 号塔相连，连接桁架和主塔之间采用加腋连接。连接示意图如图 2、图 3 所示。

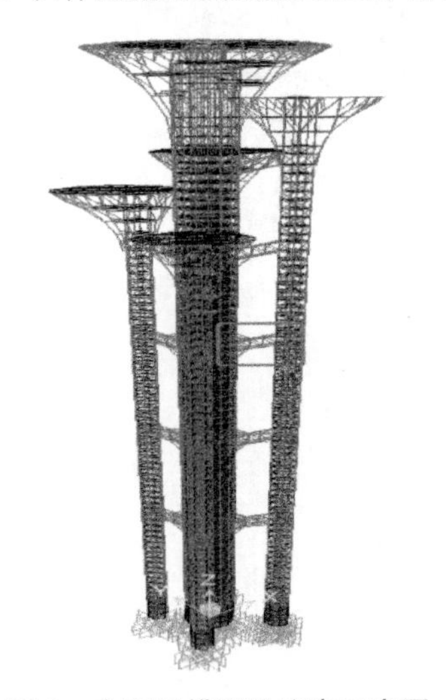

图 2　有限元模型及连廊示意图

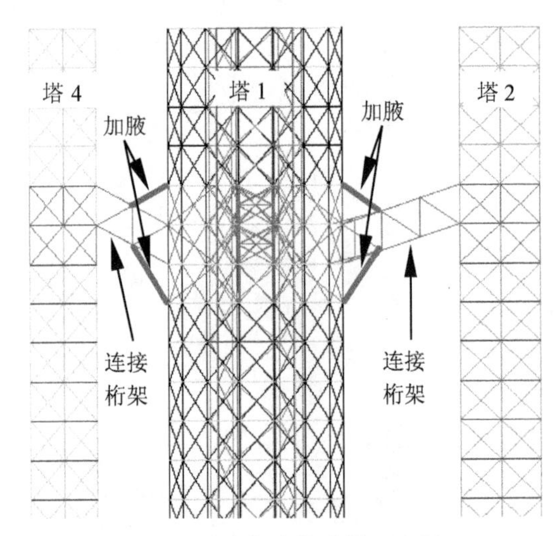

图 3　连廊与主体连接示意图

3.2　结构的动力特性分析

本文中的分析模型采用的是纯塔模型，未将基座大厅计入分析中，得到的动力分析的结果如表 2 所示，结构的前三阶振型如图 4 所示。

表 2　纯塔结构的前 20 阶周期

振型数	周期/s	方向	X 向质量参与系数	Y 向质量参与系数
1	5.807	45°方向	14.231	36.045
2	5.705	135°方向	38.597	14.256
3	4.532	扭转	0.007	2.738
4	1.846	斜向	7.928	5.934
5	1.682	斜向	6.014	8.615
6	1.517	—	0.841	0.045
7	1.301	—	0.418	0.049
8	1.270	—	0.184	0.636
9	1.159	—	0.574	0.391
10	0.956	—	2.362	2.713
11	0.872	—	2.374	2.036
12	0.730	—	0.018	0.007
13	0.688	—	0.124	0.076
14	0.641	—	1.142	1.462
15	0.624	—	1.467	1.416
16	0.580	—	0.075	0.006
17	0.563	—	0.051	0.013
18	0.546	—	0.230	0.292
19	0.539	—	0.210	0.061
20	0.492	—	0.245	0.235

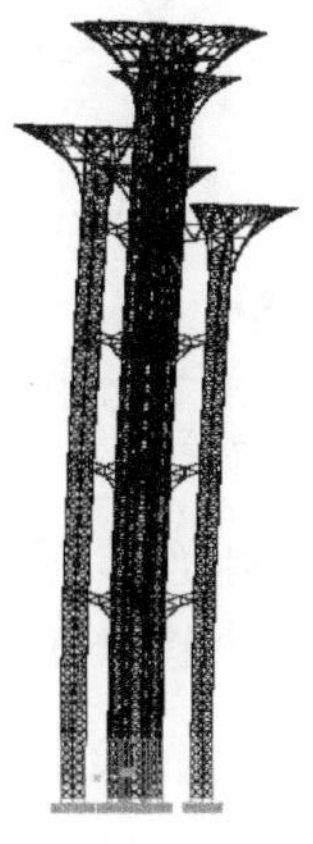

(a) 第 1 阶振型

(b) 第 2 阶振型

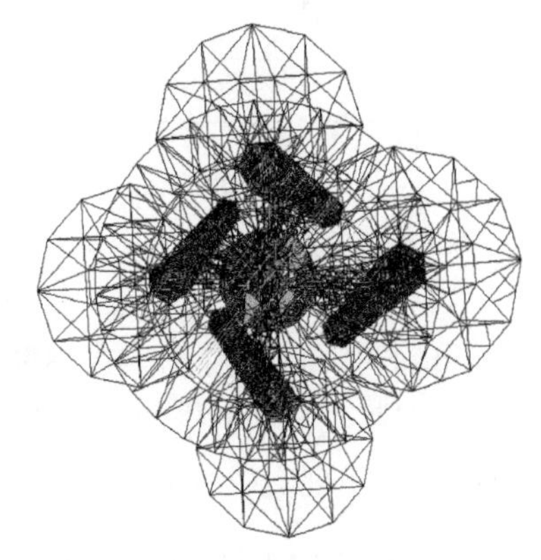

(c) 第 3 阶振型

图 4　结构前 3 阶振型图

4 连廊刚度对结构力学性能影响

为了分析连廊刚度对结构力学性能的影响，利用 SAP2000 对连廊框架单元材料的弹性模量进行不同倍数的放大，放大倍数分别为 0.001、0.01、0.1、1、10、100、1 000，为了研究在假定连廊刚度无穷大与刚度为零（相当于各塔脱开）情况下的结构特性。设定了连廊两种极端的截面形式：

（1）将连廊的刚度放大 1 000 倍，用于模拟连廊刚度无穷大的情况；

（2）将连廊的刚度缩小 1 000 倍，用于模拟无连廊的情况。

分析的目的：

（1）分析比较当连廊刚度无穷大和连廊刚度为 0 时，塔体和连廊的受力情况和变形大小，给出连廊刚度对复杂多塔结构受力和变形的影响。

（2）分析比较上述 7 种连廊刚度下结构的周期、振型等动力特性和静风荷载下结构的位移响应的影响。

在进行分析时，分别采用了竖向恒荷载与 45°方向风荷载等两种荷载工况。

4.1 结构的动力特性分析

改变连廊刚度后，对结构进行动力特性分析，质量源定义为 1.5DEAD+0.5LIVE，分析完成后提取 7 种放大倍数下的第 1 阶模态和第 3 阶模态，绘制出如图 5 所示的折线图。其中原结构的刚度定义为 k_0，调整后的刚度为 k。

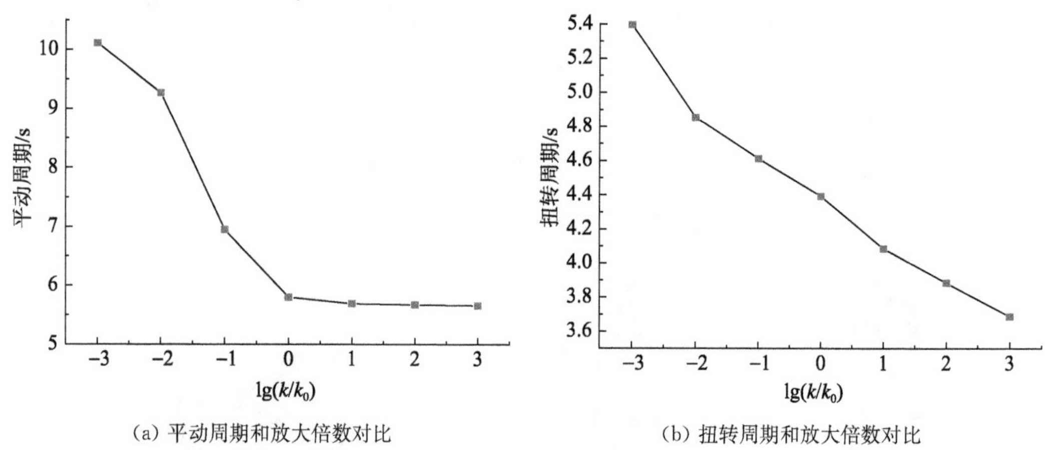

(a) 平动周期和放大倍数对比　　(b) 扭转周期和放大倍数对比

图 5　放大倍数和结构周期的对比

由图 5 可知，结构的第 1 阶平动周期和第 3 阶扭转周期都随着连廊刚度的增加而减小，但是连廊刚度对平动周期的影响大于对扭转周期的影响，平动周期的减小趋势逐渐趋于平缓，当连廊刚度大于现实中所采用的刚度时，对平动周期的影响非常小。

4.2 风荷载作用下结构响应影响

本文采用阵风响应因子法来确定等效静力风荷载。阵风响应因子法定义峰值响应与平均响应之比为“阵风响应因子”G，以此来表征结构对脉动风荷载的放大作用，即

$$G(x,y,z)=\frac{\hat{R}_{\text{Peak}}(x,y,z)}{\bar{R}(x,y,z)} \tag{1}$$

其中，$\bar{R}$ 表示平均响应；$\hat{R}_{\text{Peak}}$ 表示峰值响应：

$$\hat{R}_{\text{Peak}}=\bar{R}\pm g\sigma_R \tag{2}$$

式中，g 为峰值因子，取值范围为 2.5～3.5；σ_R 为计算得到的响应均方根；式中的“±”是为了使 $\hat{R}_{\text{Peak}}$ 取得最大值。

体型系数的确定：根据风洞试验得到结构各截面处的风力系数 C_x，C_y，将 C_x，C_y 当作风荷载作用下各截面的体型系数。根据风洞试验对风向角的定义，考虑了 0°，45°，90°，135°，225°和 315°六个风向角的作用。其中 0°时不考虑 C_x 的横风向力，90°时不考虑 C_y 的横风向力。

风振系数的取值：根据风振响应及等效静力风荷载的计算方法，将阵风响应因子 G 作为结构的风振系数 β_z。在不同的风向角下，各塔的阵风响应因子不同，但各塔沿高度方向上的阵风响应因子保持不变。

高度变化系数取值：风压高度变化系数根据《建筑结构荷载规范》(GB 50009—2012)的规定，粗糙度类别为 B 类。采用下式进行计算。

$$\mu_z=1.000\left(\frac{z}{10}\right)^{0.32} \tag{3}$$

风荷载标准值：取基本风压 $\omega_0=0.5\ \text{kN/m}^2$

各塔各截面高度处的标准风压为：

$$\omega_k=\beta_z C_x(C_y)\mu_z\omega_0 \tag{4}$$

将标准风压乘以每个截面所承担的受风面积 A 得到各截面的风荷载 F_x 与 F_y。将求得的各截面的风荷载 F_x 与 F_y 除以各截面的外部节点数，得到截面每个节点应承担的各个风向角作用下的等效静风荷载。各节点的荷载 $f=F_x/n$，其中 n 为截面外围的节点数目。

施加等效静风荷载后，对结构进行分析，提取等效静风荷载下各塔结构的位移，绘制如图 6 所示的折线图。其中原结构的刚度定义为 k_0，调整后的刚度为 k。

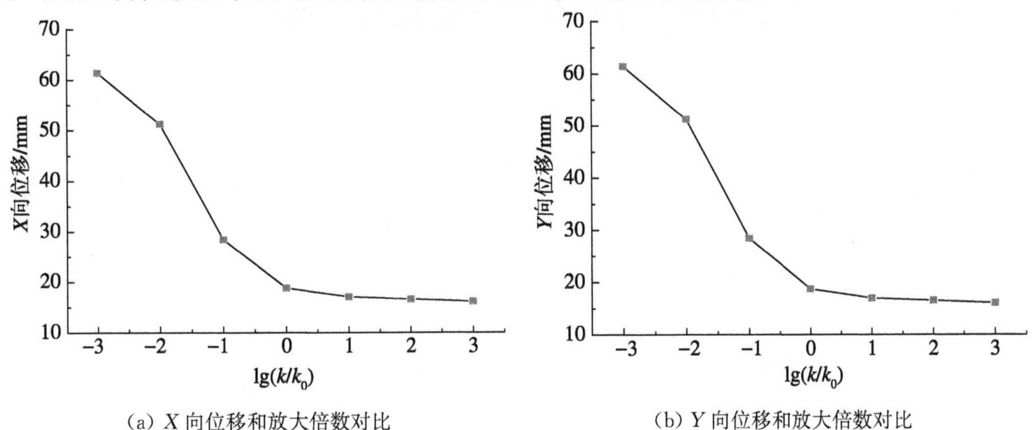

(a) X 向位移和放大倍数对比　　(b) Y 向位移和放大倍数对比

图 6　放大倍数和结构位移的对比

由图 6 可知，结构在 X 向和 Y 向的位移基本一致，且都随着连廊刚度的增加而减小，逐渐趋于平衡，当连廊刚度小于现实工程中所使用的刚度时，改变连廊刚度对结构位移的影响比较大，当连廊刚度超过现实工程中所使用的刚度时，改变连廊刚度对结构位移的影响比较小。

5 结论

本文研究了改变连廊刚度对多塔结构的动力特性和静风荷载下位移的影响，通过SAP2000对连廊刚度进行改变，然后对模型进行分析对比，结果表明：

(1) 连廊刚度对多塔结构的影响不可忽略，在设计中应考虑连廊的作用，必要时可以通过改变连廊的刚度来提高建筑的安全性能。

(2) 连廊刚度增大时，结构的周期变小，结构的整体刚度变大，连廊刚度减小时，结构的周期增大，整体刚度变小。

(3) 连廊刚度增加，结构在静风荷载下的位移减小，增加连廊刚度可以降低结构在风荷载下的影响，在某些情况下，改变连廊刚度可以抑制多塔结构的风振响应。

参考文献

[1] 陈学伟，韩小雷，毛贵牛，等. 黏滞阻尼器在连体高层结构中的抗风减振效果[J]. 土木建筑与环境工程，2009,31(05)：74-80.

[2] 汪梦甫，梁晓婷. 带伸臂桁架减振层高层结构抗风效果分析[J]. 湖南大学学报(自然科学版)，2018,45(3)：1-7.

[3] Ciampoli M, Petrini F. Performance-based aeolian risk assessment and reduction for tall buildings[J]. Probabilistic Engineering Mechanics, 2012,28: 75-84.

[4] Wang Z, Pan W, Zhang Z Q. High-rise modular buildings with innovative precast concrete shear walls as a lateral force resisting system[J]. Structures, 2020,26: 39-53.

[5] 商城豪，陈斯聪，周云，等. 附加黏滞阻尼器超高层结构的抗风抗震设计与分析[J]. 建筑结构，2016,46(S2)：305-311.

[6] 李暾，李创第. 带TMD高层结构抗风优化设计[J]. 广西大学学报(自然科学版)，2009,34(05)：594-598.

[7] 周云，汪大洋，李庆祥. 基于性能的某高层结构风振控制研究[J]. 振动与冲击，2011,30(11)：203-208.

环形 TLD 内外径比对液体晃动阻尼影响研究

沈一鹏[1]，陈　鑫[1]，毛小勇[1]，刘　涛[2]，谈丽华[3]

（1. 苏州科技大学 江苏省结构工程重点实验室 苏州 215011；
2. 江苏省住房和城乡建设厅 南京 210036；
3. 中衡设计股份集团有限公司 苏州 215021）

摘　要： 本文对不同内外径比对的环形 TLD 频率和阻尼比的影响进行了研究。首先，运用网格划分软件 ICEM 建立了内外径比值为 0、1/15、2/15、3/15 及 4/15 的有限元模型。再通过 FLUENT 软件对 TLD 进行数值模拟，得到模拟的波高时程曲线。接着对自由衰减曲线部分进行数据处理得到环形 TLD 的频率及阻尼比，探究了不同内外径比对其的影响。发现随着内外径比的增大，频率随之减小，阻尼比随之增大。在保证 TLD 的减振性能前提下，选择内外径比较小的环形 TLD 是较为合理的。

关键词： 数值风洞；环形 TLD；频率；阻尼比；内外径比

1　引言

TLD 最早应用于 20 世纪 20 年代初期，刚开始是用于航天和航海技术中。20 世纪 80 年代 Vandiver 等[1]在 1979 年首次将固定于海洋平台上的储液罐作为 TLD，这是第一次将 TLD 应用于土木工程学科的研究中。自 TLD 应用于实际的近四十年来，研究学者针对 TLD 进行了大量的研究，主要集中于数学模型、数值模拟方法的优化、精确化；减振效果的优化方法以及工程应用等各方面。

调谐液体阻尼器（Tuned Liquid Damper，简称 TLD），一般被固定在结构位移最大处，通常都是经过优化设计的水箱，是用以耗能减振的被动控制装置。风荷载或地震荷载作用在结构上，将引起结构的振动，从而带动水箱中水的晃动，水箱在晃动过程中会受到水的晃动压力，水对水箱两壁的动压力差就构成了 TLD 对结构的减振力。根据结构的自振周期调整水的振荡周期，可得到最大的减振力，从而实现结构减振控制的目的。

实际中的液体通常具有一定的黏性，黏性将会耗散液体运动的能量，即液体运动具有一定的阻尼效应。当 TLD 中水体发生共振时，阻尼将对液体的波高及动水压力反应产生重要作用，液体自身的阻尼相对较小，这将导致水箱中的液体过度晃荡，从而影响调频阻尼器对主体结构的减振效果。识别 TLD 的阻尼，理论方法是十分复杂的；试验方法的周期长、费用高，模型制作及试验工况往往受到限制。伴随着 CFD 数值模拟的发展，因数值模拟法的优势及其费用较低、实验周期较快、资料也较完备，所以有学者开始尝试把 CFD 数值模

基金项目： 国家自然科学基金（51408389，51438002），江苏省高等学校自然科学研究重大项目（19KJA430019），江苏省六大人才高峰（JZ004），江苏省“333”工程科研项目（BRA2018372）

拟应用到液晃当中。张敏政等[2]通过水箱的正弦波激振试验，由波高共振曲线还可得出振荡水的阻尼比，通过回归分析，得出了估计振荡水阻尼比的经验公式；王立时等[3]对矩形和圆形容器内液体的二维晃动自然频率与阻尼比进行了试验识别，通过试验得到了前 4 阶的液体晃动频率与阻尼比；Kamila 等[4]采用实验和分析研究相结合的方法，研究了矩形容器中液体的晃动频率，并将一阶固有频率的分析结果与实验结果进行了比较；Sun 等[5]以研究 TMD 的方法通过简谐波振动试验研究了 TLD 的等效阻尼等参数。

如今，已有大量的学者针对矩形[6]和圆形[7]TLD 阻尼的识别做了大量的研究。对环形 TLD 阻尼的识别较少，因此，本文基于数值模拟的方法，围绕环形 TLD，来研究内外径比对其阻尼的影响。

2 环形 TLD 分析模型

2.1 水箱尺寸

某水箱直径为 30 cm，高度为 45 cm，充液深度为 15 cm；分别考虑内径为 0 cm、2 cm、4 cm、6 cm 和 8 cm 的不同环形 TLD 的五种工况，液体密度为 998.2 kg/m^3，液体黏度为 0.001 kg/(m • s)。

2.2 CFD 模型

首先，通过前处理软件 ICEM 对五种不同的水箱进行网格的划分。本文采用 O 形网格划分的方法对水箱进行块的分割，接着对水箱的轮廓线进行单元个数的设置，水箱的高划分为 90 个单元，截面周长划分为 80 个单元，最后对环形水箱直径采用相同个数的单元划分，单元皆采用六面体网格，圆形水箱的单元个数为 101 851，环形水箱的单元个数皆为 144 932。有限元模型如图 1 所示。

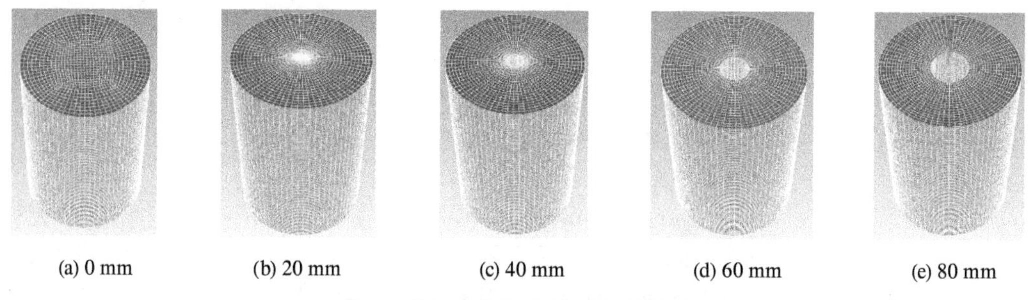

(a) 0 mm　(b) 20 mm　(c) 40 mm　(d) 60 mm　(e) 80 mm

图 1　不同内径的水箱有限元模型

选择基于有限体积法的商业软件 FLUENT 进行液晃模拟。首先将前处理软件 ICEM 划分好的网格导入 FLUENT，容器顶边界设为压力出口($p=0$)，壁面采用光滑无滑移边界条件，采用 VOF 方法追踪自由界面，界面的重构采用分段线性重构方法，黏性模型选择 RNG k-ε 模型，忽略表面张力的影响。

3 环形 TLD 动力响应分析与阻尼比识别

3.1 环形 TLD 动力响应

通过用户自定义函数(UDF)的功能，采用变重力的方法对整个流体施加一个在前 40 s 内频率为液体一阶晃动自然频率的 X 向的加速度激励函数 $\ddot{G}_x(t)=-0.15\times\sin(8.90t)\,\mathrm{m/s^2}$，从 40 s 后加速度为 0 只承受重力作用。模拟基于压力求解器，采用 fraction step 的方法进行计算，时间步长为 0.005 s，步数为 16 000 步，计算时长为 80 s。最后通过后处理软件 CFD-POST 提取出晃动过程中的波高时程曲线，如图 2 所示。

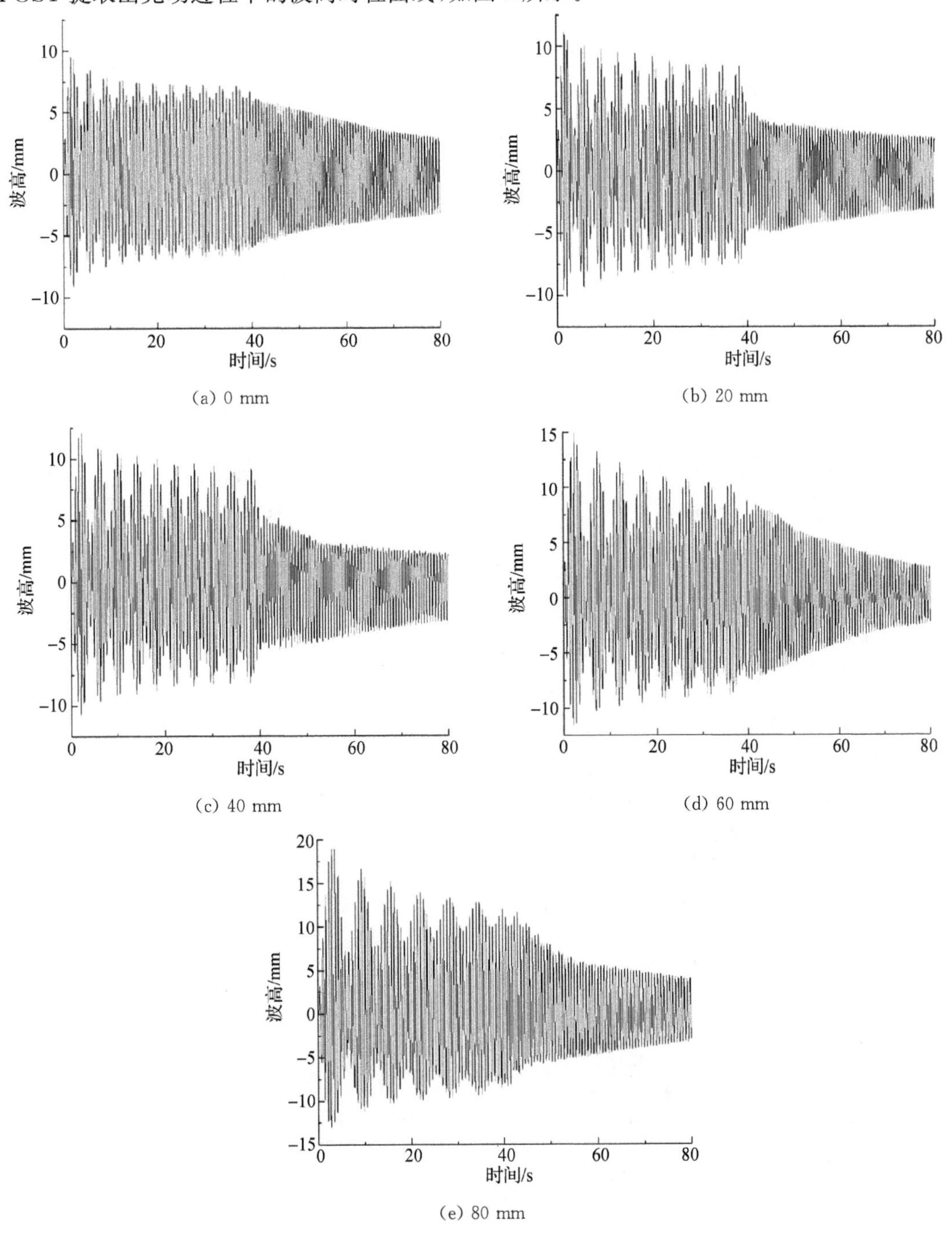

图 2　不同内径的水箱波高时程曲线

波高的时程曲线包括三个组成部分：参数失稳过程、稳态响应及停止激励后的自由衰减过程。在稳态响应过程中，波峰幅值大于波谷幅值，呈现一种常见的非线性特征，这时液面晃动响应频率一般情况下并不等于自然频率。当停止激励后，液面做自由衰减运动，逐渐趋于线性。随着内径的增大，波高的幅值也随之增大。

3.2 自振频率识别方法

从图 2 可以看出，自由衰减曲线前一部分晃动振幅较大，在数据处理过程中，为了去掉波形的非线性影响，以获得较精确的晃动自然频率，可在衰减曲线中截取一段振幅较小的一段(波峰与波谷大致相同)进行数据处理，通过对该段衰减曲线进行 FFT 变换，可以得到晃动的自然频率，频谱分析如图 3 所示。

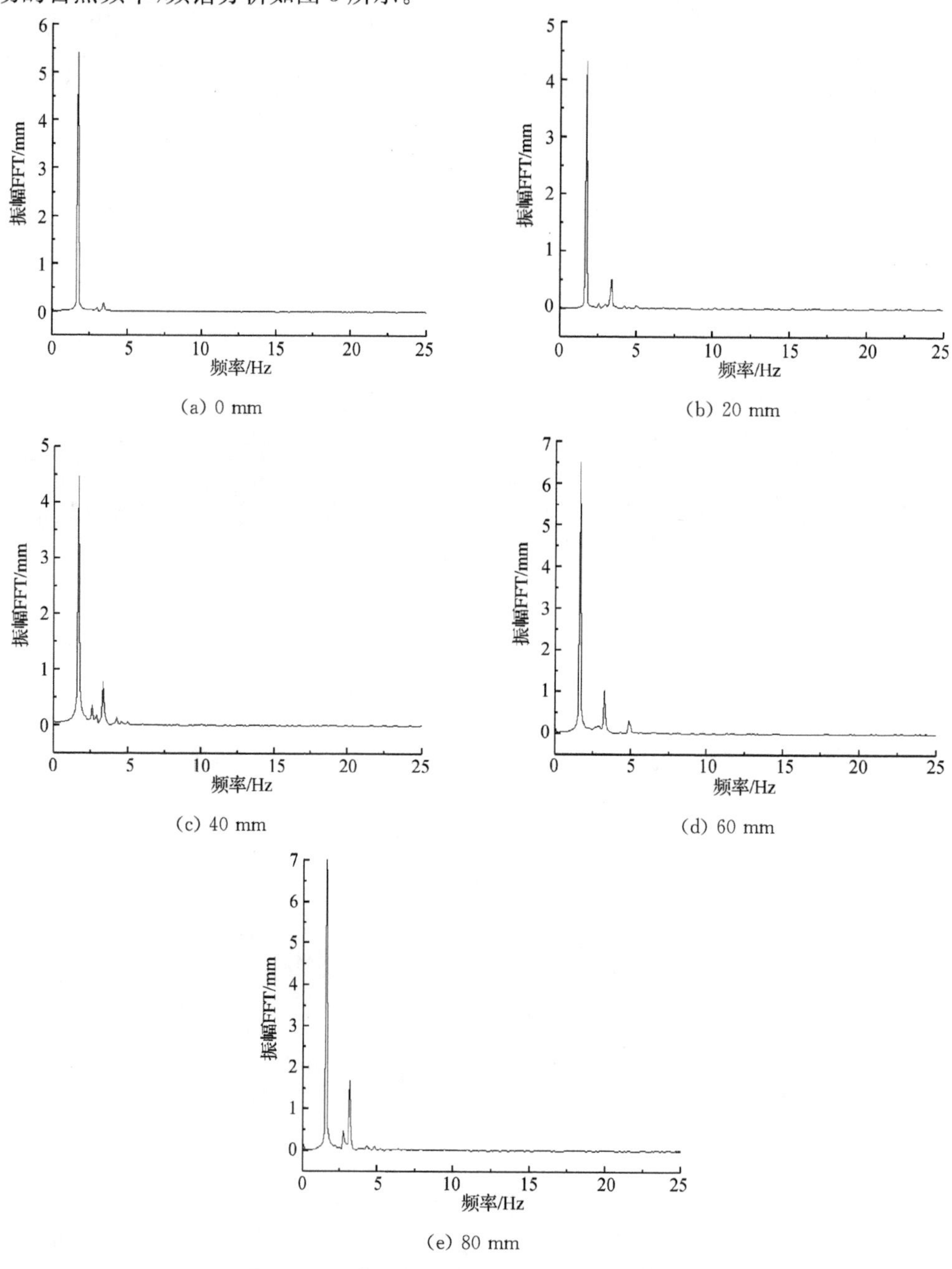

图 3 不同内径的水箱 FFT 处理后的信号频率

在 TLD 应用于结构振动控制时，当外界激励主要频率成分 f_p、结构第一阶自振频率 f_s 和 TLD 内液体第一阶频率 f_{TLD} 三者尽量接近时才会达到最好效果，本文整理液体晃动的一阶频率如表 1 所示：

表 1　不同内径水箱一阶频率

	0 mm	20 mm	40 mm	60 mm	80 mm
频率/Hz	1.70	1.69	1.66	1.62	1.57

由表 1 可知，随着内外径比的增大，液体晃动的一阶频率随之减小。如图 4 所示，一阶频率在内外径比较小时，其减小的速率较小，随着内外径比的增大，速率随之增大。当一阶频率改变过大时，与结构的第一阶自振频率相差过大，TLD 的减振性能大大下降。为了尽可能地不改变 TLD 的一阶频率，使其与结构的第一阶自振频率接近，选择内外径比较小的环形 TLD 是可行的，TLD 仍保持较好的减振性能。

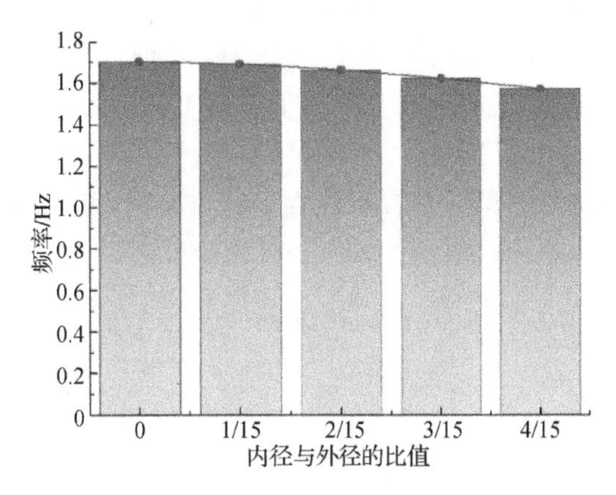

图 4　不同内径的水箱液体晃动频率

3.3　阻尼比识别方法

实际中的液体通常具有一定的黏性，黏性将会耗散液体运动的能量，即液体运动具有一定的阻尼效应。而一般水自身的阻尼较小，将圆形 TLD 变成环形 TLD 可以增加 TLD 的阻尼，减少液体对水箱壁的破坏。为获得较精确的阻尼比系数 ζ，任选用衰减曲线中一段振幅较小的一段（波峰与波谷大致相同）来进行数据处理，阻尼比系数可按结构动力学的方法由式(1)估计：

$$\zeta=\frac{1}{2\pi N}\ln\left(\frac{h_1}{h_{N+1}}\right) \tag{1}$$

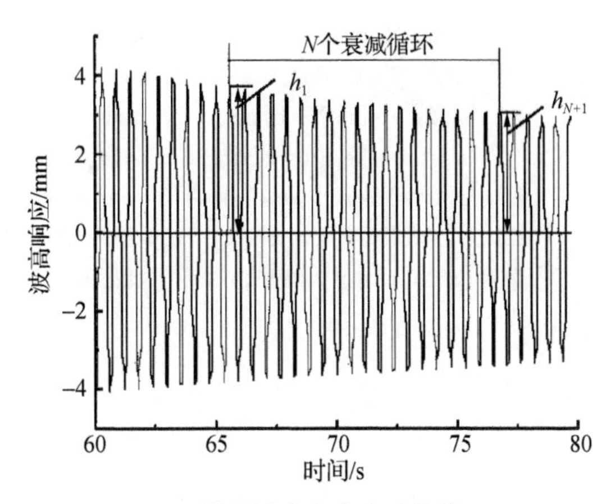

图 5　模拟波高自由衰减曲线

式中：h_1 及 h_{N+1} 分别为第 1 及 $N+1$ 个振动循环的波高，如图 5 所示。

根据自由自由衰减曲线部分，通过公式 1 得出液体的阻尼比系数，如表 2 所示：

表 2 不同内径水箱阻尼比系数

内径/mm	0	20	40	60	80
阻尼比系数/%	0.14	0.18	0.24	0.33	0.44

液体的阻尼比系数随着内外径比的增大而增大，随着内外径比的增大，其增大速率也在增大。为保证 TLD 的减振性能，在增加液体晃动阻尼时选择内径较小的环形水箱是较为合理的。

4 结论

本文建立了不同内外径比的环形 TLD 的 CFD 模型，开展了内外径比对环形 TLD 的频率及阻尼比的影响分析，结果表明：

(1) 随着内外径比的增大，液体晃动的一阶频率随之减小，一阶频率在内外径比较小时，其减小的速率较小，随着内外径比的增大，速率随之增大。

(2) 液体的阻尼比系数随着内外径比的增大而增大，随着内外径比的增大，其增大速率也在增大。

(3) 选择较小内外径比的环形水箱，可以在保证 TLD 减振性能的前提下，增加液体的晃动阻尼。

参考文献

[1] Vandiver J K, Mitome S. Effect of liquid storage tanks on the dynamic response of offshore platforms [J]. Applied Ocean Research. 1979, 1(2): 67-74.

[2] 张敏政，丁世文，郭迅. 利用水箱减振的结构控制研究[J]. 地震工程与工程振动, 1993(01): 40-48.

[3] 王立时，李遇春，张皓. 二维晃动自然频率与阻尼比系数的试验识别[J]. 振动与冲击, 2016, 35(08): 173-176.

[4] Kamila K, Eva K. A study on sloshing frequencies of liquid-tank system[J]. Key Engineering Materials, 2014, 634: 22-25.

[5] Sun L M, Fujino Y, Chaiseri P, et al. The properties of tuned liquid dampers using a TMD analogy [J]. Earthquake Engineering & Structural Dynamics, 1995, 24(7): 967-976.

[6] Kheili A G K, Aghakouchak A A. Feasibility of reducing dynamic response of a fixed offshore platform using tuned liquid dampers[J]. Ship Technology Research - Schiffstechnik, 2020, 67(3): 165-174.

[7] 董胜，李锋，郝小丽. 规则波作用下圆形调谐液体阻尼器的试验研究[J]. 海洋工程, 2003(02): 52-57.

考虑焊缝影响的球形气囊在内压荷载作用下的非线性响应分析

夏雨凡[1]，陈建稳[1]，马俊杰[1]

（1. 南京理工大学理学院 江苏南京 210094）

摘　要：为了研究不同水平内部荷载作用下气囊膜结构的力学响应特征，对典型气囊织物膜材进行了3个方向的单轴试验与特定应力状态下的双轴剪切试验，获得了材料的力学参数；建立了考虑焊缝的球形气囊数值模型，对不同内部气压作用下的结构非线性响应进行了研究。结果表明：由于焊缝处的材料增厚使得膜材得到了增强，对应部位的膜面应力被极大降低；焊缝产生的等效约束作用会使焊缝附近的未增厚膜面出现局部的较高应力，并产生对称分布的剪应力；焊缝附近膜面的应力存在明显的"峰-谷"现象，会对结构的整体安全造成潜在危害。

关键词：织物类建筑膜材；内部气压荷载；焊缝影响；应力分布

1　引言

织物膜材由于具有优良的热学、物理和化学稳定性能而受到众多领域的关注[1-3]。其中，双轴经编织物（NCF）膜材作为最重要的建筑膜材料之一被广泛应用于气囊结构中[4-6]。在气囊结构中，NCF膜材为系统提供结构强度，并作为外部和内部空气之间的主要屏障。因此，NCF膜材的力学性能对气囊的设计和分析至关重要。由于织物膜材的复杂微观结构和具有方向性的编织结构，其力学性能具有明显的非线性和各向异性，这就导致结构本身也会产生复杂的非线性行为。

目前国内外针对织物膜材的各项力学性能进行了广泛的研究，包括膜材的单双轴拉伸、剪切和撕裂等[7-10]。需要指出的是，现有大部分研究主要关注膜材在特定情况下的力学性能，缺少对膜结构整体力学响应的关注。同时，由于结构外形以及膜材料原始尺寸的影响，通常需要对膜材进行裁剪与焊接以形成最终结构外形。由于膜材的焊接处厚度通常为正常膜材厚度的2倍或3倍[11]，这就导致结构表面应力的不均匀分布，对结构的力学响应造成影响。由于柔性结构的准确验证存在较高的难度，因此目前针对气囊结构的焊缝影响

基金项目：国家自然科学基金项目（51608270）；江苏省基础研究计划（自然科学基金）资助项目（BK20191290）；中央高校基本科研业务费专项资金资助（30920021143）；中国博士后科学基金资助项目（2017T100371，2016M601816）

以及力学非线性响应的分析较为少见[12]。

本文针对典型气囊织物膜材进行三个方向的单轴拉伸与特定应力条件的双轴剪切试验以获得其基本力学性能;之后建立考虑焊缝的球形气囊数值模型,针对球形气囊在不同内部气压作用下的力学非线性响应进行分析。

2 单轴拉伸与双轴剪切试验

本研究采用的典型气囊织物膜材是一种典型的双轴经编非卷曲织物(NCF)膜材,其材料规格见表 1。单轴拉伸试验采用矩形试件(图 1(a)),试件的总长度和有效长度分别为 600 mm 和 200 mm,有效区域长、宽均为 50 mm。双轴剪切试验采用十字形试件(图 1(b)),试件的拉伸臂长度为 160 mm。在每个拉伸臂上设置 3 条长度为 160 mm 的切缝以保证材料受力均匀。在拉伸臂的连接处放置一个半径为 15 mm 的圆形倒角,以避免应力集中和损坏。单轴拉伸试验拉伸速率为 50 mm/min,针对经纬向与偏轴 45°方向进行拉伸试验,双轴剪切试验张拉应力水平为 6.25 kN/m,剪应力水平为 3.00 kN/m。其试验结果如图 2 所示。

表 1 材料性能参数

膜材	参数
纱线基布类型(面密度)	Polyester ($254\ g/m^2$)
面密度	$949\ g/m^2$ ($+70/-35\ g/m^2$)
厚度	737 μm±51 μm
幅宽	1.422 4 m
舌型撕裂强度	378 N
梯形撕裂强度	3 115 N
拉伸强度	4 580 N

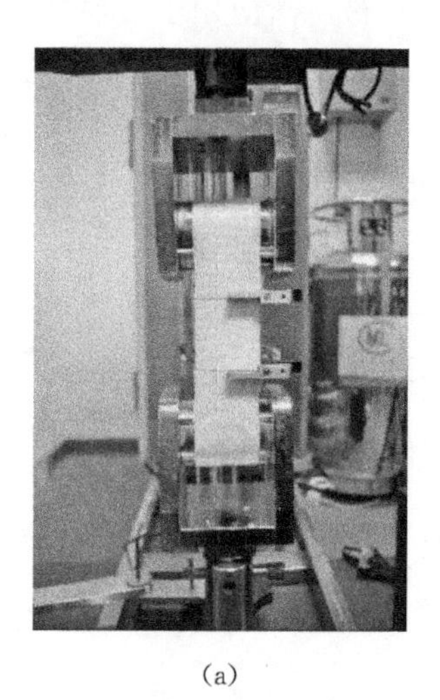

(a)

(b)

图 1 单轴拉伸(a)与双轴剪切试验(b)图像

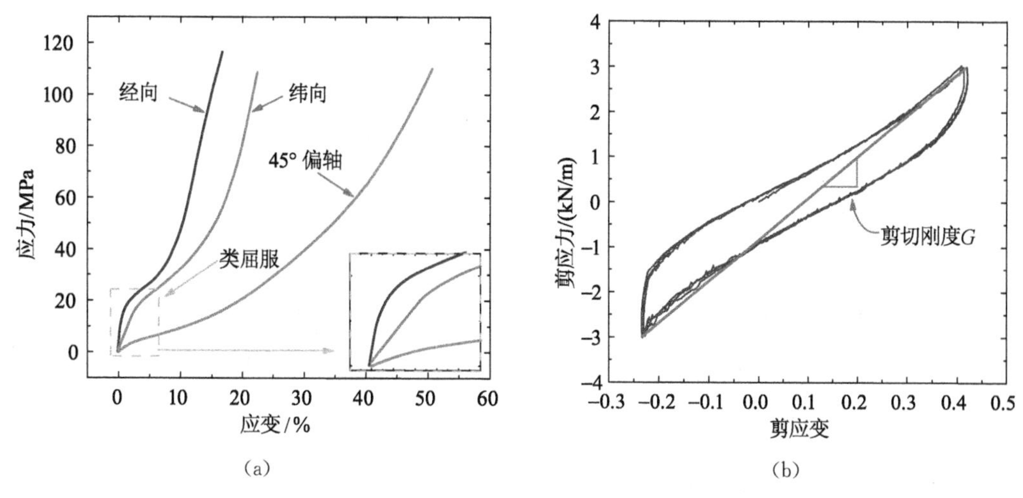

图 2　单轴拉伸(a)与双轴剪切试验(b)结果

3　材料参数与模型设置

从图 2(a)可以看出，NCF 膜材在不同方向均表现出一定的非线性，且各向异性特征明显。三个方向的应力-应变曲线在应变初期表现出弹性，而随着应变的增加，材料应力的增长趋势放缓，此时膜材逐渐进入塑性阶段。由于这种行为类似低碳钢屈服，可称之为“类屈服”现象。在无明显屈服点的情况下，可使用分段线性拟合法来确定材料在不同方向的类屈服点，初始阶段拟合直线的斜率可作为材料在弹性阶段的弹性模量，其结果见表 2。

表 2　膜材力学参数

力学参数	经向	纬向	45°偏轴
类屈服应力/MPa	17.88	18.33	5.03
类屈服应变/%	1.31	2.86	3.44
弹性模型/MPa	1 384.17	633.04	146.15

图 2(b)为膜材在 3 次循环剪切荷载作用下的剪切滞回曲线，使用直线连接每个循环曲线的正最大剪应力与负最大剪应力，其斜率即为该循环下膜材的剪切刚度。本文将三个循环的平均剪切刚度作为膜材的剪切刚度常数，为 12.04 MPa。

材料领域的学者针对各向异性材料提出了多种屈服准则来表征材料的力学行为，其中 Hill 屈服准则因具有形式简单和参数确定方便等优点而被广泛应用。考虑到目前针对织物“类屈服”行为的研究和对应屈服准则较为缺乏，本文使用 Hill 屈服准则来近似模拟膜材在“屈服”后的力学行为，其表达式为：

$$f(\sigma_{ij})=F(\sigma_{yy}-\sigma_{zz})^2+G(\sigma_{zz}-\sigma_{xx})^2+H(\sigma_{xx}-\sigma_{yy})^2+2I\sigma_{yz}^2+2E\sigma_{zx}^2+2N\sigma_{xy}^2-\bar{\sigma}^2=0 \quad (1)$$

式中，x,y,z 为正交各向异性主轴，σ_{ij} 为应力张量分量，$\bar{\sigma}$ 为等效应力，F,G,H,I,E,N 为表征材料各向异性的参数。在 ABAQUS 软件中可以通过 Potential 函数中的各向异性屈服

应力比 R_{ij} 调用 Hill 屈服准则。其定义如下：

$$R_{11}=\sigma_{11}/\sigma_0, R_{22}=\sigma_{22}/\sigma_0, R_{33}=\sigma_{33}/\sigma_0, \quad (2)$$
$$R_{12}=\sigma_{12}/\tau_0, R_{13}=\sigma_{13}/\tau_0, R23=\sigma_{23}/\tau_0$$

其中

$$\tau_0=\sigma_0/\sqrt{3} \quad (3)$$

式中，σ_0 为材料塑性定义时定义的参考屈服应力，σ_{ij} 为材料各向屈服强度值。

根据试验，球形气囊数值模型分为 12 个裁剪片，其半径为 1 m，焊缝宽度为 2 cm。实验中在球体的两个极点设置额外的增强膜防止裁剪片在极点发生破坏，见图 3。

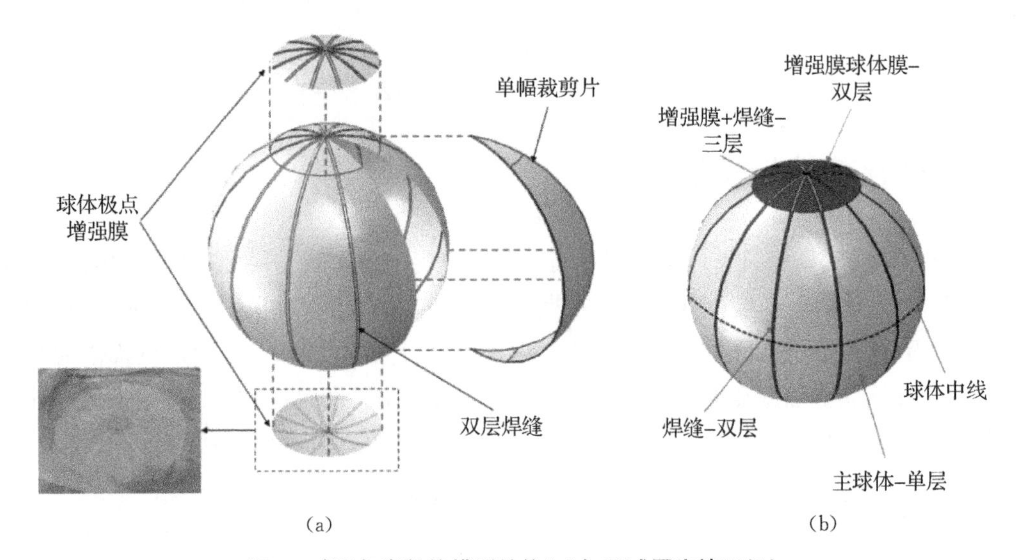

图 3　球形气囊数值模型结构(a)与区域厚度情况(b)

4　结果与讨论

根据实际应用情况，本文设置 200、300、400、500、600、700 和 800 Pa 等七种内压水平[13]。气囊在内压作用下的典型应力云图见图 4。可以发现在不考虑焊缝连接质量与强度的情况下，焊缝连接处由于厚度的增加，等效应力得到显著的降低，高应力区域均出现在单层膜的气囊主体区域(图 4(a))。这种现象表明膜材在连接处的增厚明显增加了该区域的强度，这种现象在剪应力云图中也有体现。从图 4(b)可以看出，结构的剪应力以球体极点为中心沿着焊缝两边以对称的形式向四周辐射。这是由于焊缝造成的约束作用使焊缝两边的膜面产生了相反方向的剪切变形而导致的。这种约束作用的强度逐渐向球体两极增加，导致膜面剪应力也从球体的中线向两极增加。与等效应力的情况类似，在球体极点附近的剪应力由于增强膜的存在而被显著降低。鉴于剪应力是导致膜面发生褶皱的重要因素之一，增强膜对剪应力的降低作用表明局部的膜面强化在减少褶皱发生和增强结构安全性方面具有重要作用。

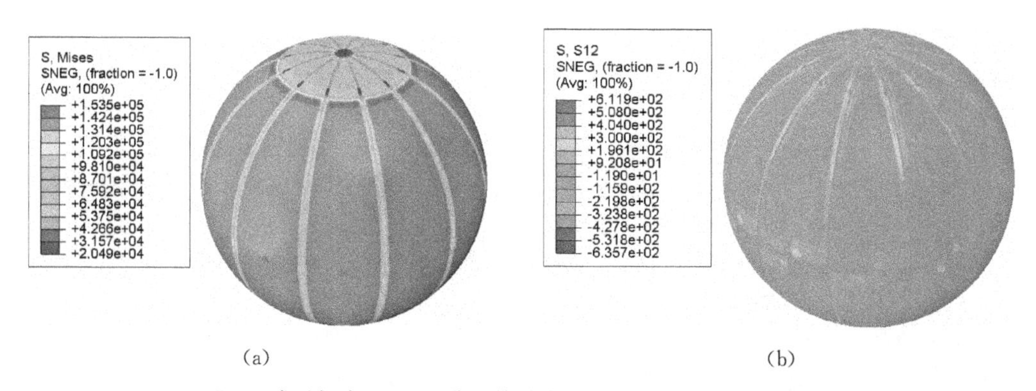

图 4　球形气囊(200Pa)典型等效应力云图(a)与剪应力云图(b)

从图 4(a)中可以明显看出球形气囊结构的焊接效应:球体单层膜在靠近极点增强膜边缘的区域出现较高的应力,这种现象与焊缝周边的高应力现象一致,均是由于被增厚膜面对未增厚膜面形成额外的约束导致的。为了更清楚地分析这个现象,提取球体赤道中线处的一条焊缝附近的节点应力,节点选取情况见图 5(a)。图 5(b)中的曲线可以清楚地观察到应力的“峰-谷”现象,其中。“谷”对应焊缝上的节点,“峰”对应焊缝两边的球体单层膜节点。随着内部荷载的增加,球体应力的“峰-谷”现象愈加明显,其应力差值从 7 244.06 Pa 增加到 289 760.51 Pa,应力峰值与应力谷值的平均比值达到 2.19。这种在短距离内膜面的应力产生极大跨度的现象极易造成膜面在焊缝处发生破坏,危害结构的整体安全。图 5(b)中还可以观察到节点 1 和 37 的局部高应力现象,这可能是由于这两个节点位于球体裁剪片受力均匀的中心位置,膜材处于均匀的全向拉伸状态,因而能够产生更充分的变形,导致应力较大。

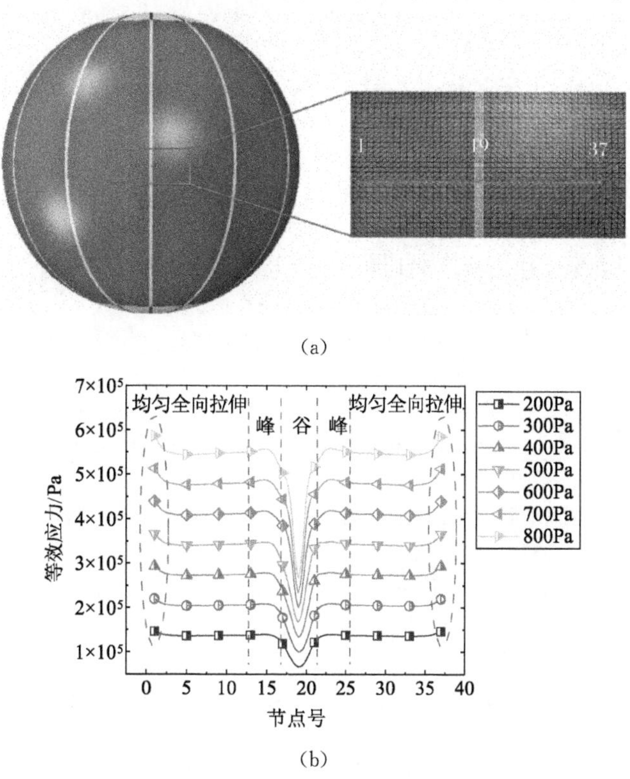

图 5　跨焊缝节点(a)与节点应力(b)

5 结论

为了分析气承式膜结构在内部气压荷载作用下的力学响应，在膜材单轴拉伸与双轴剪切试验的基础上建立了考虑焊缝影响的球形气囊数值模型，分析获得了结构在不同内压荷载作用下的应力分布与膜面应力变化情况，得到的结论如下：

(1) 焊缝处膜材的搭接使得结构局部膜面得到了增强，大大降低了对应膜面的应力，但焊缝产生的等效约束作用会造成焊缝周围区域膜面的应力局部增加。

(2) 焊缝的约束作用使得焊缝周边膜材发生相反方向的剪切变形，导致焊缝附近出现对称分布的剪应力；增强膜会大大降低膜面剪应力，防止褶皱的发生。

(3) 焊缝周围区域的膜面节点应力表现出显著的“峰-谷”现象，其应力差值随着内部荷载的增加而快速增加，对结构安全造成潜在危害。

参考文献

[1] Kong H, Mouritz A P, Paton R. Tensile extension properties and deformation mechanisms of multiaxial non-crimp fabrics[J]. Composite Structures, 2004, 66(1): 249-259.

[2] Luo Y X, Hu H. Mechanical properties of PVC coated bi-axial warp knitted fabric with and without initial cracks under multi-axial tensile loads[J]. Composite Structures, 2009, 89(4): 536-542.

[3] Jin L M, Hu H, Sun B Z, et al. A simplified microstructure model of bi-axial warp-knitted composite for ballistic impact simulation[J]. Composites Part B: Engineering, 2010, 41(5): 337-353.

[4] Zhao L, Huang Z P, Xiong S W, et al. Polyphenylene sulfide composite laminate from flexible nonwovens and carbon fiber fabrics prepared by thermal lamination and thermal treatment[J]. Polymer Bulletin, 2019, 76 (11): 5633-5648.

[5] Ibrahim M, Habib H, Jabrah R. Preparation of kevlar-49 fabric/E-glass fabric/epoxy composite materials and characterization of their mechanical properties[J]. Journal of Composite Materials, 2020, 30 (3): 133-141.

[6] Misnon M I, Islam M M, Epaarachchi J A, et al. Analyses of woven hemp fabric characteristics forcomposite reinforcement[J], Materials & Design(1980—2015), 2015, 66: 82-92.

[7] 张营营，黄源，徐俊豪，等. 不同拉伸速率下平织 PVC 膜材偏轴拉伸性能[J]. 建筑材料学报，2016，19(3):606-612.

[8] Zhang Y Y, Zhang Q L, Zhou C Z, et al. Mechanical properties of PTFE coated fabrics[J]. Journal of Reinforced Plastics and Composites,2010,29(24):3624-3630.

[9] Wang P, Sun B Z, Gu B H. Comparisons of trapezoid tearing behaviors of uncoated and coated woven fabrics from experimental and finite element analysis[J]. International Journal of Damage Mechanics, 2013,22(4):464-489.

[10] 王思明，谭惠丰，罗锡林，等. Nylon-230T/TPU 织物蒙皮撕裂性能的数值模拟和试验研究[J]. 复合材料学报，2018,35(7):1869-1877

[11] Qiu Z Y, Chen W J, Gao C J, et al. Initial configuration and nonlinear mechanical analysis of stratospheric nonrigid airship envelope [J]. Journal of Aerospace Engineering, 2019, 32 (2):04018155.

[12] 李意，陈务军，高成军. 考虑裁切效应飞艇囊体模型充气数值模拟与试验[J]. 上海交通大学学报，2020, 54(3): 277-284.

[13] 李循锐，周焕林，王超. 气承式充气膜结构初始形态下索膜接触分析[J]. 空间结构，2014, 20(3): 48-55,74.

基于 ABAQUS 的平纹织物风致碎片刺破响应研究

罗　峰[1]，陈建稳[1]，吴善祥[1]

(1. 南京理工大学理学院 江苏南京 210094)

摘　要：刺入破坏是织物常见的一类失效形式，其中风致碎片刺破是不可忽视的一种。本文基于有限元软件 ABAQUS，采用片状刺具模拟风致碎片来研究平纹织物的细观刺破过程，最后分析了刺具尺寸对刺破响应的影响规律。结果表明，织物纱线伸直过程中有明显的锥形变化特征，破坏断口平整，且破坏影响区域较小；接触纱线断裂主要由刺具接触面角部逐渐向端面中部区域扩展延伸，这种断裂延伸现象随着刺具尺寸的增加而表现得越加明显；刺具的峰值刺破力与刺具尺寸间呈现倒“V”形变化特征。

关键词：风致碎片；刺破响应；平纹织物；ABAQUS

1　引言

织物膜材因其结构紧密、组织灵活多样以及机械性能强等特点，在国防及民用领域中有广泛的应用[1-3]。在实际工程应用中，刺入破坏是一类常见的织物失效形式，例如弹丸穿刺，膜建筑膜面尖锐物偶然刺破、风致碎片刺破等[4]，掌握柔性织物膜材刺破力学性能及破坏机理对于提高织物膜材抗刺破能力、减小偶然刺破的概率、膜材安全性损伤评估具有重要意义。

迄今为止，国内外专家已对织物的刺破性能进行了一定的研究[5-7]，但这些研究主要通过实验来理解材料的宏观力学性能，而对材料细观刺破机理的探究较少。织物具有复杂的细观结构，试验方法的不成熟及局限性使得该方法很难满足对材料细观层面机理的研究，有限元理论的引入对于织物细观刺破性能研究具有重要意义。

本文运用有限元软件模拟分析的方法，对柔性编织材料的刺破过程进行仿真，探究了平纹织物在风致碎片作用下的膜材低速刺入破坏响应，实现了从细观层面对刺入过程中机织物的应力应变分布、变形特征及刺破性能的探究。

2　有限元模型的建立和相关设定

本文采用平纹编织的 Kevlar@49 织物膜材，Kevlar@49 织物是由 600 尼尔 Kevlar

基金项目：国家自然科学基金项目(51608270)；江苏省基础研究计划(自然科学基金)资助项目(BK20191290)

KM2 纱线以每米 1339 支编织而成。织物的面密度为 180 g/m^2，厚度约为 0.23 mm。

2.1 织物模型假定及构建

编织纱线束间相互交叠、挤压在织物实际成型过程中常有体现。此外，由于纱线束张力的作用，纱线束的截面形状、空间相对位置关系会发生变化，在有限元模型建立的过程中，采用了简化模型，模型满足以下假定：

(1) 纱线为最小结构单元，忽略纤维组成，且为均质材料。

(2) 经、纬纱线束的截面形状为椭圆形，椭圆截面的几何尺寸如表 1 所示。

(3) 纱线横截面形状沿着其路径方向保持不变，忽略纱线束截面的扭转变形。

(4) 经、纬纱线束在厚度方向上分别处于同一水平面，忽略交叠、挤压引起的厚度变化。

基于织物模型假定，纱线几何参数如表 1 所示。为有效模拟真实受力状态下织物的风致碎片破坏，在 ABAQUS 中建立织物的双向限制模型(图 1)，模型尺寸为 120 mm×120 mm。

表 1　纱线尺寸参数表

	椭圆截面		正弦路径		编织密度
	长半轴/mm	短半轴/mm	周期/ms	幅值/mm	根数/cm
经向纱线	0.655	0.085	2.997	0.122	7.2
纬向纱线	0.585	0.089	2.982	0.096	7.2

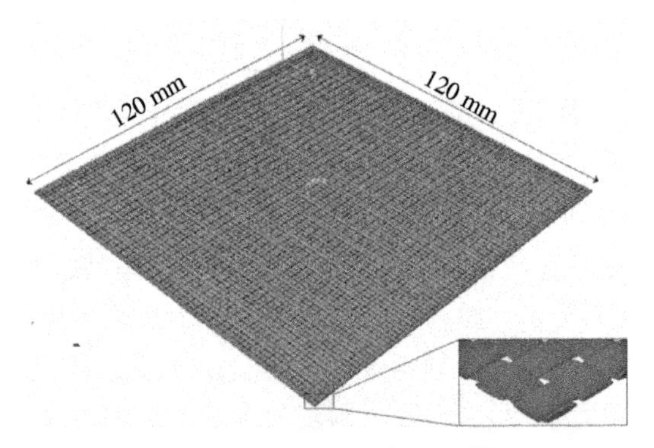

图 1　织物双向限制有限元模型

2.2 织物材料性能参数

根据朱德举[8]研究所得多试样动态(速率为 1、2、3 和 4 m/s)拉伸测试结果(图 3(a))提取纱线本构曲线。取拉伸速率为 1 m/s 的测试结果，线性段设置为弹性变形段，对线性段进行拟合获得纱线弹性参数，如图 3(b)所示，将峰值应力点后曲线作为材料塑性变形段，基于损伤力学演化的失效准则，将材料的极限应变值作为最大主应变，当应变达到临界值时材料发生断裂破坏，选择 Damage evolution 建立材料的损伤演化准则[9]，最后建立纱线有限元模型，进行拉伸速率为 1 m/s 的拉伸拟合，拟合结果表明该纱线本构具有良好的适用性。

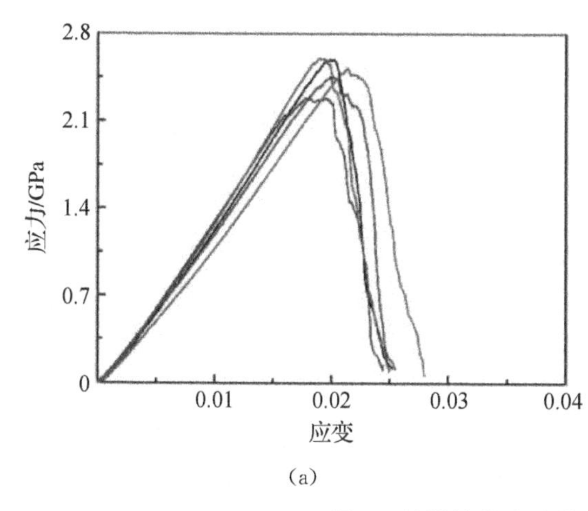

(a)

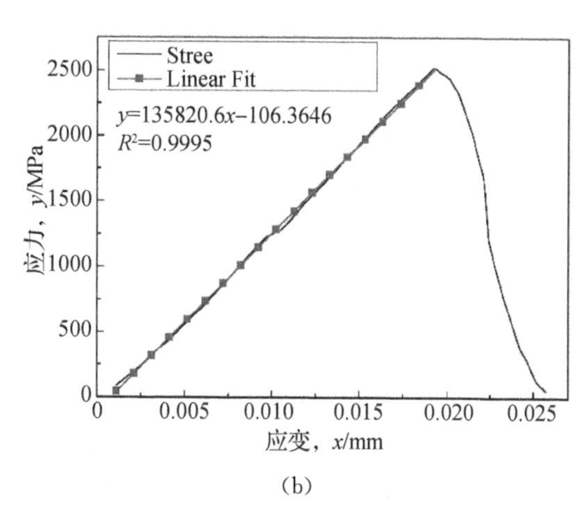

(b)

图 3　纱线拉伸实验结果(a)和纱线本构提取(b)

考虑到平纹编织结构中纱线接触面的多样性及复杂性，接触方式采用通用接触，接触类型全部采用非线性的切向摩擦接触，纱线间摩擦系数为 0.12。纱线材料参数见表 2。

表 2　Kevlar@49 织物纱线材料参数

弹性模量(GPa)	极限应力(MPa)	摩擦系数	极限应变	泊松比
135.82	2 522.31	0.12	0.025	0.15

2.3　刺具模型及参数

为了探究平纹织物风致碎片刺破的刺破响应，本节设置片状刺具以模拟风致碎片，进而研究织物在双向边界限制下低速刺破响应的研究。片状刺具主要针对低速风致碎片作用下的膜材刺入破坏研究，采用厚度为 0.5 mm 的矩形钢片，边长 L 为研究变量，分别为 1 cm、2 cm、3 cm，刺具模型见图 3。

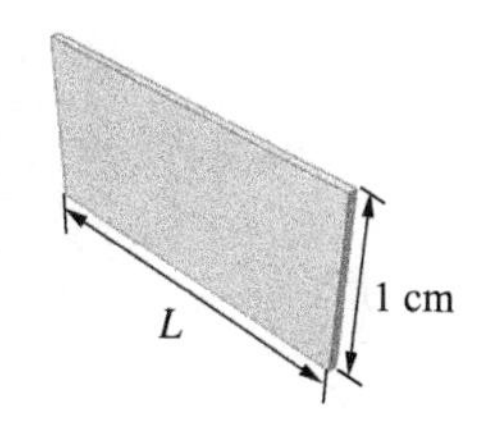

图 3　片状刺具形状及尺寸

在刺破过程中，相对于织物模型的变形，刺具变形很小，分析过程中可忽略不计；刺具的物理属性采用钢材的本构参数，密度为 7.82 g/cm^3，弹性模量及泊松比分别为 210 GPa 和 0.28。

2.4　计算相关设定

考虑到织物膜材穿刺过程有限元模拟涉及瞬态与众多的非线性接触环境，因此，在 ABAQUS 中采用 Explicit(显示动力学)求解器。有限元模型网格划分采用各异零件(part)依次划分的方法来划分网格，采用 C3D8R 六面体单元进行离散。为了获得良好的仿真计算精度以及合适的计算量，双向限制模型网格单元尺寸为 0.26 mm，刺具网格尺寸依据刺破环境需求设置，刺具速度采用 30 m/s 以模拟风致碎片速率，片状刺具网格尺寸为 0.8 mm。织物四周端部采用固定约束。

3 结果与分析

3.1 破坏形态分析

各变量下片状刺具穿刺过程中织物模型破坏特征相似，因而这里以刺具尺寸为 10 mm 时织物的刺破形态为例展开分析，通过仿真计算获得了穿刺过程中织物膜材的变形分布，见图 4。由图可知，片状刺具穿刺过程包括主要纱线伸直、接触区域纱线断裂、穿出等过程。织物膜材刺入过程中，与钢片长边垂直的接触纱线首先受力作用逐渐伸直，由于经纬向交叉编织方式使得刺破区域周边纱线也伴有伸展变形，织物表现出明显的锥形变化特征；随着刺入加深，钢片接触的主要受力纱线不断伸长并逐渐达到极限应变值而发生断裂破坏，直至主要受力纱线全部断裂，钢片穿出织物层。

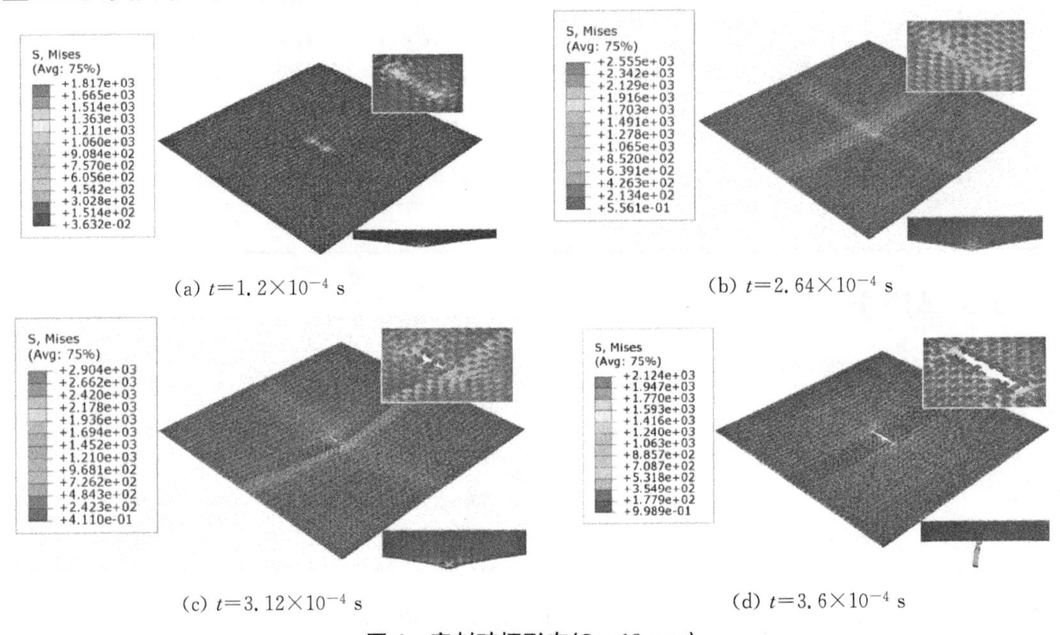

(a) $t=1.2\times10^{-4}$ s　(b) $t=2.64\times10^{-4}$ s

(c) $t=3.12\times10^{-4}$ s　(d) $t=3.6\times10^{-4}$ s

图 4　穿刺破坏形态(L=10 mm)

钢片穿刺后织物破坏断口平整，织物破坏区域较小。钢片接触纱线断裂过程中主要延伸方向为由钢片接触面角部逐渐向端面中部区域扩展，角部接触纱线应力集中效应明显，断裂首先发生，接着相邻纱线出现应力集中现象逐渐断裂直至端面中部接触纱线断裂，这种断裂延伸现象随着片状刺具尺寸的增加越来越明显，见图 5。

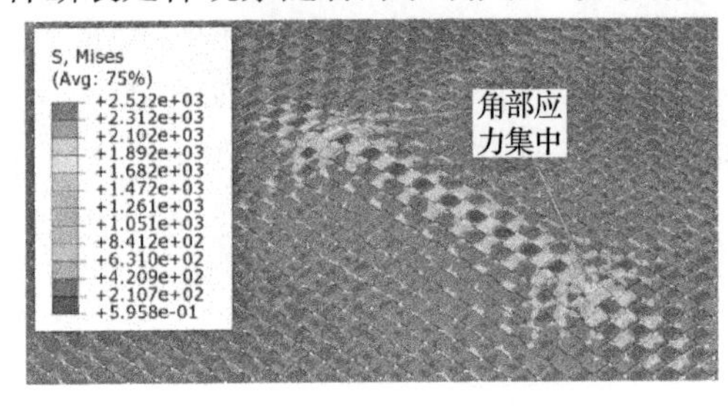

(a) $t=3.55\times10^{-4}$ s

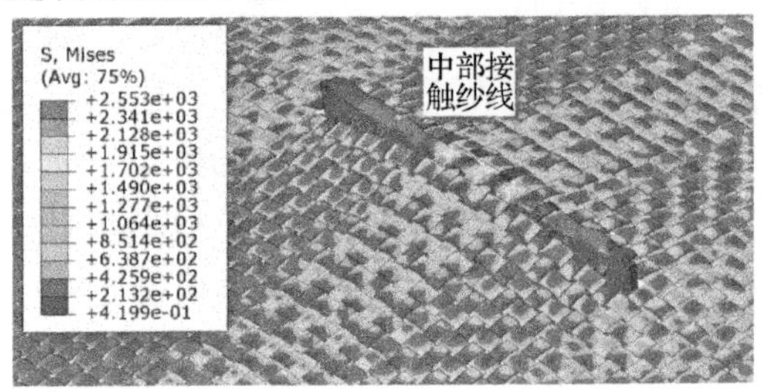

(b) $t=4.94\times10^{-4}$ s

图 5　断裂延伸方向(L=30 mm)

3.2 刺具尺寸对织物刺破响应的影响

对于片状刺具底端荷载及位移等关键数据进行采集，获得了各尺寸刺具穿刺过程中荷载随位移的变化关系，见图 6。由图可知，各刺具尺寸下穿刺力随着刺破位移的增加整体呈现下降的趋势，但随着刺具尺寸的不同，曲线变化特征存在差异，钢片尺寸为 20 mm 和 30 mm 时曲线变化特征相似，穿刺力随位移增加降幅平稳，而 10 mm 时曲线随着位移增加出现集中增幅区域；这种曲线衍变趋势的差异主要归因于主要受力纱线断裂延伸现象的明显程度，刺具尺寸为 20 mm 和 30 mm 时织物中纱线断裂延伸现象明显，穿刺力随着纱线的逐一断裂降幅平稳，10 mm 断裂延伸现象不明显，纱线承载的同步程度较高，当角部接触纱线因应力集中断裂后中部纱线共同承担刺入荷载，穿刺力出现明显的增幅区，随着中部纱线的近似同步断裂，荷载值迅速降至最小值。

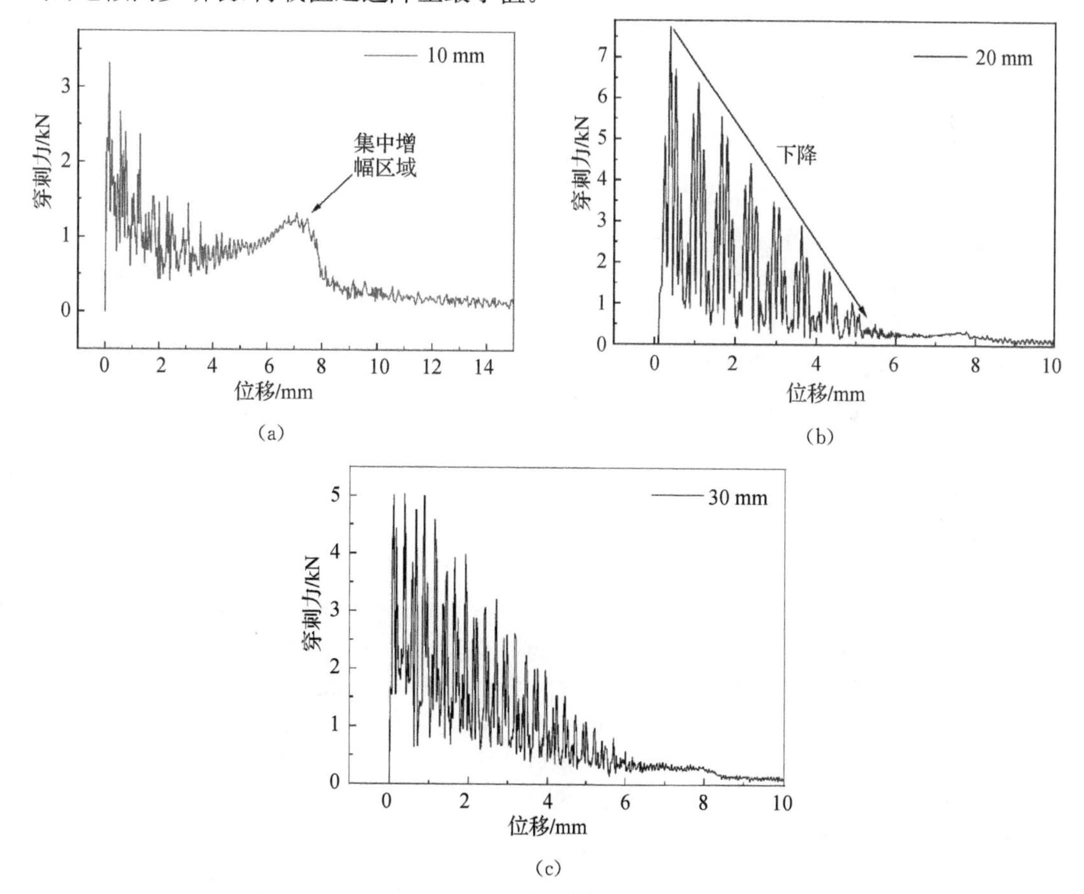

图 6　刺具尺寸为 10 mm(a)、20 mm(b)和 30 mm(c)时入刺荷载-位移曲线

织物刺破性能主要通过峰值刺破力体现，峰值刺破力指膜材刺入过程中所需荷载的最大值。通过提取最大穿刺力，获得了各尺寸下峰值刺破力随刺具尺寸的变化关系，见图 7。由图可知，峰值刺破力与刺具尺寸间呈现类似倒“V”形变化特征，随刺具尺寸的增加峰值刺破力先增大后降低，这种变化趋势是主要受力纱线的数量与断裂延伸现象的明显程度耦合作用的结果。当刺具尺寸为 10mm 至 20 mm 时，主要受力纱线数量增加并起到控制作用，因此峰值刺破力增大；当刺具尺寸为 20 mm 至 30mm 时，织物断裂延伸现象明显，纱线逐一断裂程度加强，峰值刺破力降低。

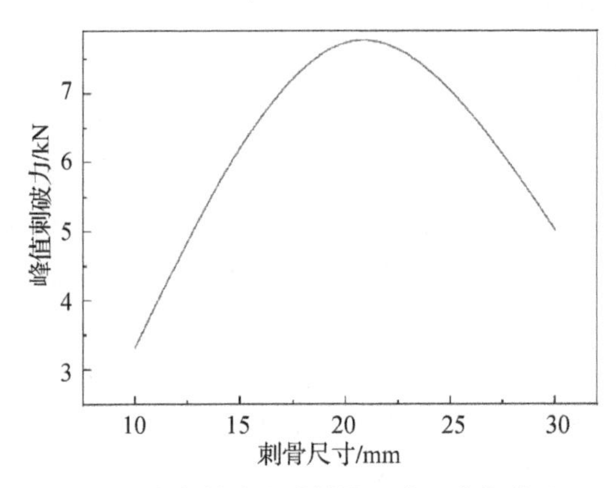

图 7　峰值刺破力随刺具尺寸 L 变化关系

4　结论

片状刺具穿刺过程包括主要纱线伸直、接触区域纱线断裂、穿出等过程。纱线伸直过程中有明显的锥形变化特征，织物破坏断口平整，织物破坏区域较小；接触纱线断裂过程中主要延伸方向为由钢片接触面角部逐渐向端面中部区域扩展，这种断裂延伸现象随着片状刺具尺寸的增加越来越明显；主要受力纱线断裂延伸现象的明显程度差异，使得 10mm 穿刺荷载位移曲线较 20 mm 及 30 mm 时出现集中增幅区域；主要受力纱线的数量及断裂延伸现象的明显程度两种因素的耦合作用使得峰值刺破力与刺具尺寸间呈现倒“V”形变化特征。

参考文献

[1] 裴鹏英，胡雨，胡慧娜，等. 柔性防弹防刺服开发关键技术[J]. 纺织导报，2017(S1)：62-65.

[2] 顾正铭. 平流层飞艇蒙皮材料的研究[J]. 航天返回与遥感，2007，28(1)：62-66.

[3] 邢京京，钱晓明. 织物的防刺机制及刀具形状对防刺性能的影响[J]. 纺织学报，2017，38(08)：55-61.

[4] Mayo J B, Wetzel E D, Hosur M V, et al. Stab and puncture characterization of thermoplastic-impregnated aramid fabrics[J]. International Journal of Impact Engineering，2009，36(9)：1095-1105.

[5] Koerner R M, Hsuan Y G, Koerner G R, et al. Ten year creep puncture study of HDPE geomembranes protected by needle-punched nonwoven geotextiles [J]. Geotextiles and Geomembranes，2010，28(6)：. 503-513.

[6] 袁彬兰，戈强胜，李红英. 织物顶破强力与刺破强力测试方法分析[J]. 中国纤检，2017(05)：89-91.

[7] 张政，刘晓艳，于伟东. 涂层防刺织物的制备及其防刺机制[J]. 纺织学报，2018，39(03)：108-113.

[8] 朱德举，欧云福. 标距和应变率对 Kevlar 49 单束拉伸力学性能的影响[J]. 复合材料学报，2016，33(02)：225-233.

[9] 王思明，谭惠丰，罗锡林，等. Nylon—230T/TPU 织物蒙皮撕裂性能的数值模拟和试验研究[J]. 复合材料学报，2018，35(07)：1869-1877.

风致裂纹对织物类建筑膜材双轴撕裂破坏影响的数值研究

张若男[1]，陈建稳[1]，张　阳[1]，马俊杰[1]

(1. 南京理工大学理学院 江苏南京 210094)

摘　要：为了研究风致裂纹对膜材撕裂力学行为及强度规律的影响，针对典型经编织物膜材，建立有限元数值模型，从细观层面分析了拉剪应力共存状态对膜材撕裂破坏特征的影响，深入挖掘了增强膜对织物膜材撕裂破坏行为及强度规律的影响机制。结果表明：剪应力引入与否及其应力水平显著影响织物膜材的应力分布及应力集中程度，拉伸与剪切应力存在相互干扰的耦合关联性，而剪应力对膜材裂纹延展及撕裂破坏演变的影响并不明显；两类典型增强膜结合不同应力状态可明显干扰膜材的撕裂破坏模式，且增强膜补强效果因应力比高低存在稍许差异。所得结论可为织物膜材局部裂纹止裂及膜结构的安全性评估提供参考。

关键词：风致裂纹；经编织物；撕裂；数值模型

1　引言

膜材的撕裂破坏是膜结构撕裂破坏的主要原因[1]。主要由于施工安装不当，膜面老化、褶皱常使膜材产生初始缺陷。风致残片，如玻璃、灯具、装饰物等，将膜材割破或砸破，也将使膜材产生损伤。这些缺陷和损伤在强风作用下极易扩展，导致张紧的膜面发生撕裂破坏。对于建筑膜结构材料，无论是梯形撕裂还是双舌撕裂法都与膜结构的实际工况及破坏形态有较大的差别。由于建筑织物膜材常用于中、大型膜结构工程，因此膜材的撕裂过程更类似于中心撕裂的情况。

国内外研究人员已针对膜材撕裂性能的宏观试验开展了大量研究[2-4]，尚缺乏对织物膜材在实际双向受力状态下的细观数值研究[5-7]。Bai 等[8]通过对某飞艇蒙皮材料初始损伤条件下撕裂性能进行研究，并根据强度因子手册推导出临界应力估算方法。孟军辉等[9]针对平流层飞艇蒙皮材料对其撕裂破坏的影响，分析了层压织物双轴撕裂扩展的四种方法以及对应的经验公式，并指出了泰勒公式对于蒙皮材料撕裂性能的研究较为适用。Zhang 等[10]对含初始切缝的 PVC 涂层织物，研究了切缝形状、切缝尺寸、试样尺寸及加载速率对中心撕裂行为的影响，提出了带有初始切缝的 PVC 涂层织物的撕裂分析模型，以预测带有

基金项目：国家自然科学基金项目(51608270)；江苏省基础研究计划(自然科学基金)资助项目(BK20191290)；中央高校基本科研业务费专项资金资助(30920021143)；中国博士后科学基金资助项目(2017T100371，2016M601816)

不同切缝试样的撕裂强度。He 等[11]进行了中心切缝撕裂(CCT)试验,得到了可以作为材料常数的断裂参数来估计材料的抗撕裂性能,并基于经典线弹性断裂力学(LEFM)理论来计算断裂参数。Sun 等[12]基于中心切缝试验,研究了随初始切缝长度的增加,撕裂残余强度的变化规律,并分析了常用撕裂残余强度模型。

总体而言,已有研究大多侧重于建筑织物膜材的宏观试验,尚缺乏织物膜材双轴撕裂破坏的细观数值模拟研究。本文针对典型经编织物膜材,建立双轴撕裂的有限元数值模型,进行了拉剪耦合应力对膜材撕裂破坏特征的研究,深入挖掘了增强膜对织物膜材撕裂破坏行为及强度规律的影响机制。所提分析模型及研究结论,可为建筑织物膜材的强度设计、裂纹止裂分析及结构安全性评估提供参考。

2 数值模型

2.1 模型假设与参数设置

经编织物类复合膜材纱线与基体间作用机理复杂,鉴于数值分析效率,模型采用如下假设:

(1) 纱线与基体界面间紧密接触,粘结良好,无相对滑移;

(2) 忽略复合材料中气泡、孔隙等初始缺陷;

(3) 膜材中纱线的力学参数采用单轴拉伸试验获得的数据,其经纬向纱线应力-应变关系曲线如图 1 所示,其泊松比 $\nu=0.23$;

(4) 基体主要由聚偏氟乙烯树脂构成,其弹性模量 $E_0=2\ 141.1$ MPa,抗拉强度 $f_s=36$ MPa,泊松比 $\nu=0.35$;

(5) 断裂准则采用最大正应力准则,当施加应力达到某一临界值时材料发生断裂,经纬纱线破坏强度:$\sigma_{ult-w}=580.8$ MPa、$\sigma_{ult-f}=510.9$ MPa,选择 Damage evolution 设置材料模拟的损伤演化。

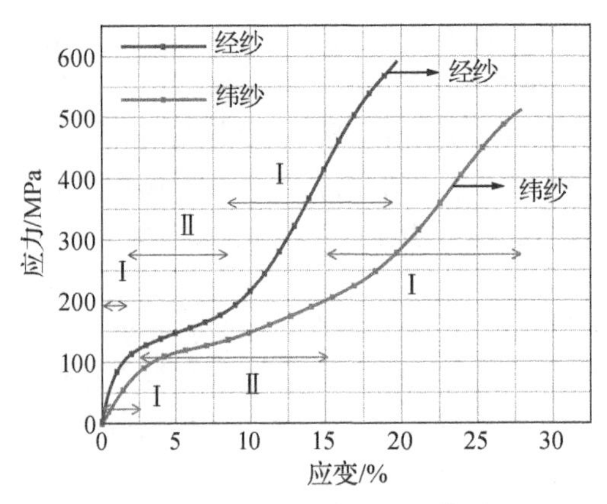

图 1 纱线应力-应变关系模型

2.2 数值模型建立与分析工况

模型尺寸 160 mm×160 mm,厚度 $t=0.73$ mm,在膜材中心处设置长度为 20 mm、宽度为1 mm 的切缝,整体数值模型如图 2 所示。纱线及基体采用 C3D8R 六面体单元网格划分，C3D8R 六面体单元可有效避免网格的过度扭曲问题；裂口不规则区域进行精细分区，模型单元总数 55 615，节点总数 189 354；其中，纱线单元数 52 661，节点数 183 210，基体单元数 2 954，节点数 6 144 个。

通过对拉伸方向膜材施加面应力来施加载荷，载荷随加载时间线性增加。经纬纱线间采用 Tie 约束，建立圈纱的约束作用，纱线与基体间采用 Embedded 约束，模拟纱线与基体间的耦合效果。沿膜材经纬向分别施加不同的应力比来模拟膜材受力状态。

为实现拉剪耦合复杂应力下的撕裂破坏分析，模型将引入应力比及剪切应力。其中，双向应力比(0∶1、1∶0、1∶1、1∶2、2∶1、1∶3、3∶1)分别线性施加于模型端面；剪切应力则采用 Galliot 和 Luchsinger 应力施加理论[13]，其原理及剪切应力引入案例(τ=0～6 kN/m，σ=20 kN/m)见图 3，基于所设置应力时间边界，推导并演算所得剪切应力公式见式(1)。

$$\tau=\frac{3}{8}\Delta\sigma_R \tag{1}$$

式中，τ 和 $\Delta\sigma_R$ 分别为剪应力和拉伸应力梯度差。模型切缝长度 20 mm，切缝倾角 0°，剪切应力范围为 0～1 kN/m、0～3 kN/m 和 0～9 kN/m，拉伸应力水平为 10 kN/m、20 kN/m 和30 kN/m，具体工况如表 1。

表 1　数值模型剪切应力工况参数

编号	拉应力水平 σ/(kN·m^{-1})	剪应力范围 τ/(kN·m^{-1})
No. J1	10	0～1
No. J2	10	0～3
No. J3	10	0～9
No. J4	20	0～1
No. J5	20	0～3
No. J6	20	0～9
No. J7	30	0～1
No. J8	30	0～3
No. J9	30	0～9

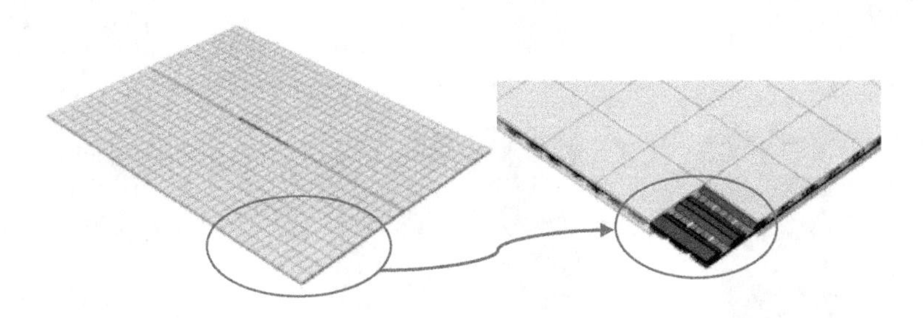

图 2　双轴撕裂整体数值模型

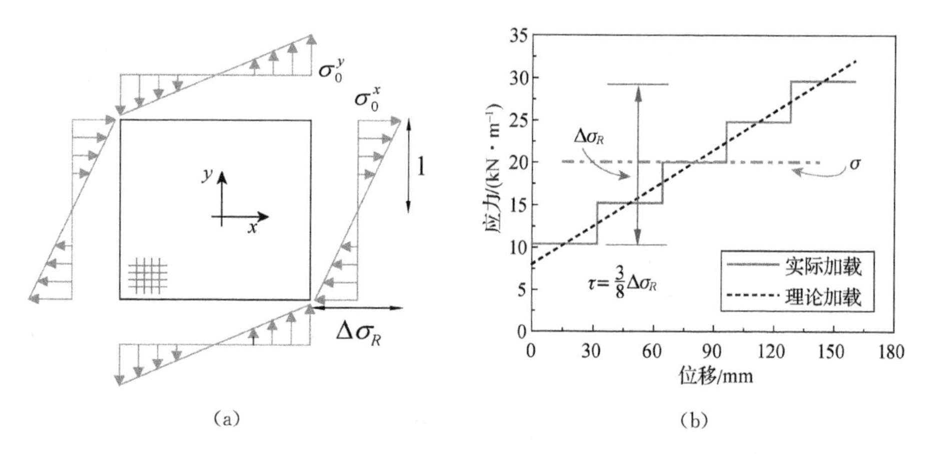

图 3　剪切梯度理论(a)及剪应力状态案例(b)

3　结果与分析

3.1　拉剪耦合应力对膜材撕裂性能的影响

剪应力的引入及剪应力水平的差异均可直接影响织物膜材的应力分布、切缝区域应力集中水平(图 4)。分析结果表明拉伸与剪切应力对于膜材撕裂破坏存在相互干扰的耦合关联性。

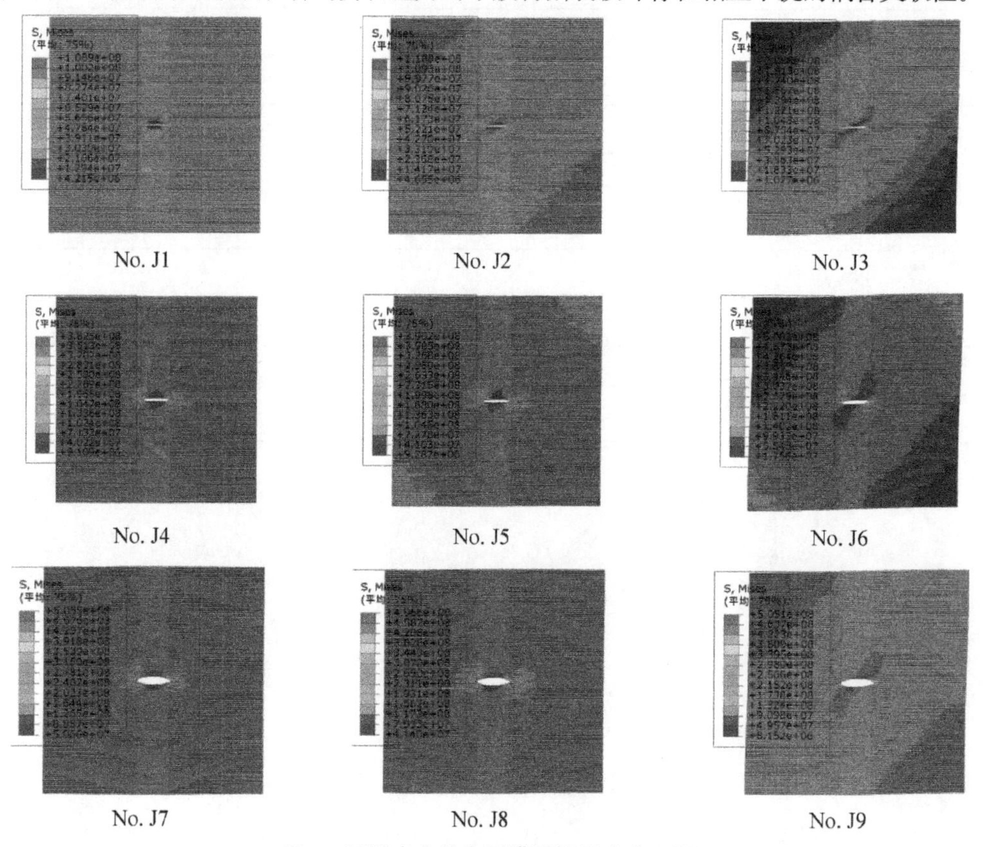

图 4　不同应力状态下膜材撕裂应力云图

如图 4 所示，不同拉应力水平下，随着剪应力范围的增大，膜材内应力分布产生极大变化。加载过程中，9 种撕裂破坏模型均未产生明显的撕裂现象，但仍存在些许差异：拉应力水平为 10 kN/m 和 20 kN/m 的膜材在不同剪应力范围内均未出现明显撕裂现象；拉应力水平为 30 kN/m 的膜材，拉伸阶段未产生撕裂现象(图 5(a))，随着剪应力的出现，在 0～3 kN/m剪应力范围内膜材中经向纱线开始在撕裂三角区发生断裂(图 5(b))，当剪应力范围达到 0～9 kN/m 时，膜材内经向纱线断裂数量未出现明显增加(图 5(c))。可见，拉剪应力对膜材的撕裂破坏均可直接产生影响，以拉应力作用为主，二者存在耦合效应。高拉应力水平下，低剪应力范围会引起纱线的断裂。而低拉应力水平下，即使剪应力水平较高，出现纱线断裂的概率也很低。因此，剪应力的存在对膜材裂纹延展及撕裂破坏演变的影响并不明显。恒定拉应力下，纱线断裂数量及裂缝扩展并不随剪应力增加而明显增加。实际膜面中拉剪应力共存，鉴于上述拉剪耦合影响规律，膜结构裁剪、施工及服役过程中，宜避免处于高应力水平下膜面区域有较大剪应力出现。

(a)τ=0

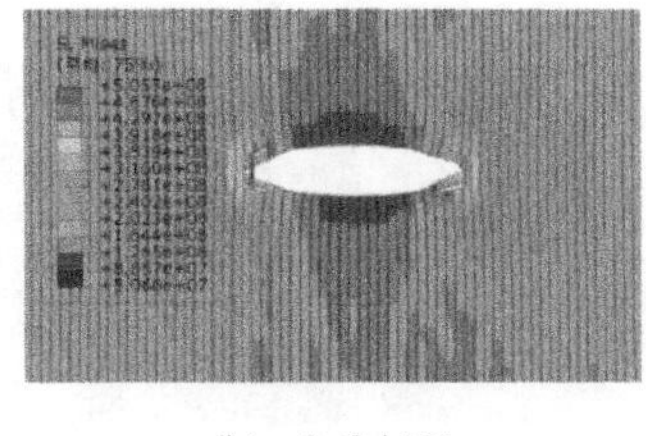

(b)τ=0~3 kN/m

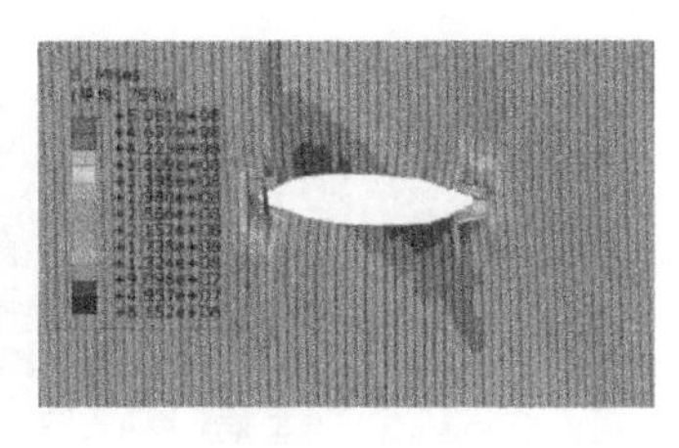

(c)τ=0~9 kN/m

图 5　不同剪应力下膜材切缝尖端处纱线断裂情况(σ=30 kN/m)

3.2　增强膜修复分析

选取两类典型(菱形和椭圆)增强修复膜，探讨增强膜对膜材撕裂强度修复的效果。切缝长度 20 mm、切缝倾角 0°、菱形对角线长度为 40 mm 和 10 mm，椭圆形长短轴分别为 40 mm和 10 mm，以保证增强膜完全覆盖切缝。典型增强膜材的撕裂破坏图像，如图 6 所示。

从破坏位置看(图 6)，应力比为 1∶0、1∶1、2∶1 和 3∶1 时，纱线首先在膜材切缝处发生断裂且纱线断裂位置与切缝位置相同；应力比为 0∶1、1∶2 和 1∶3 时，膜材切缝处未发生破坏，而沿膜材切缝两侧且垂直于切缝方向纱线发生断裂，表明增强膜与应力状态均对破坏形态及位置有影响，其中增强膜在低应力比(0∶1、1∶2、1∶3)时可明显干扰膜材的撕裂破坏模式。

从强度结果看(图 7)，高应力比(1∶0、1∶1、2∶1 和 3∶1)时，增强膜膜材撕裂强度提升明显，随着应力比逐渐降低，增强膜对膜材补强效果略有弱化，以经向椭圆增强膜为例，与未补强结果相比，3∶1、2∶1、1∶1、1∶2、1∶3 应力比状态下撕裂强度分别提高：44.07%、50.3%、29.8%、14.7%、10.8%；此外，椭圆形增强膜因利于应力传递且减小应力集中，对膜材的补强效果优于菱形增强膜，具体以 1∶1 为例，经向撕裂强度分别提高30.8%和 21.6%。

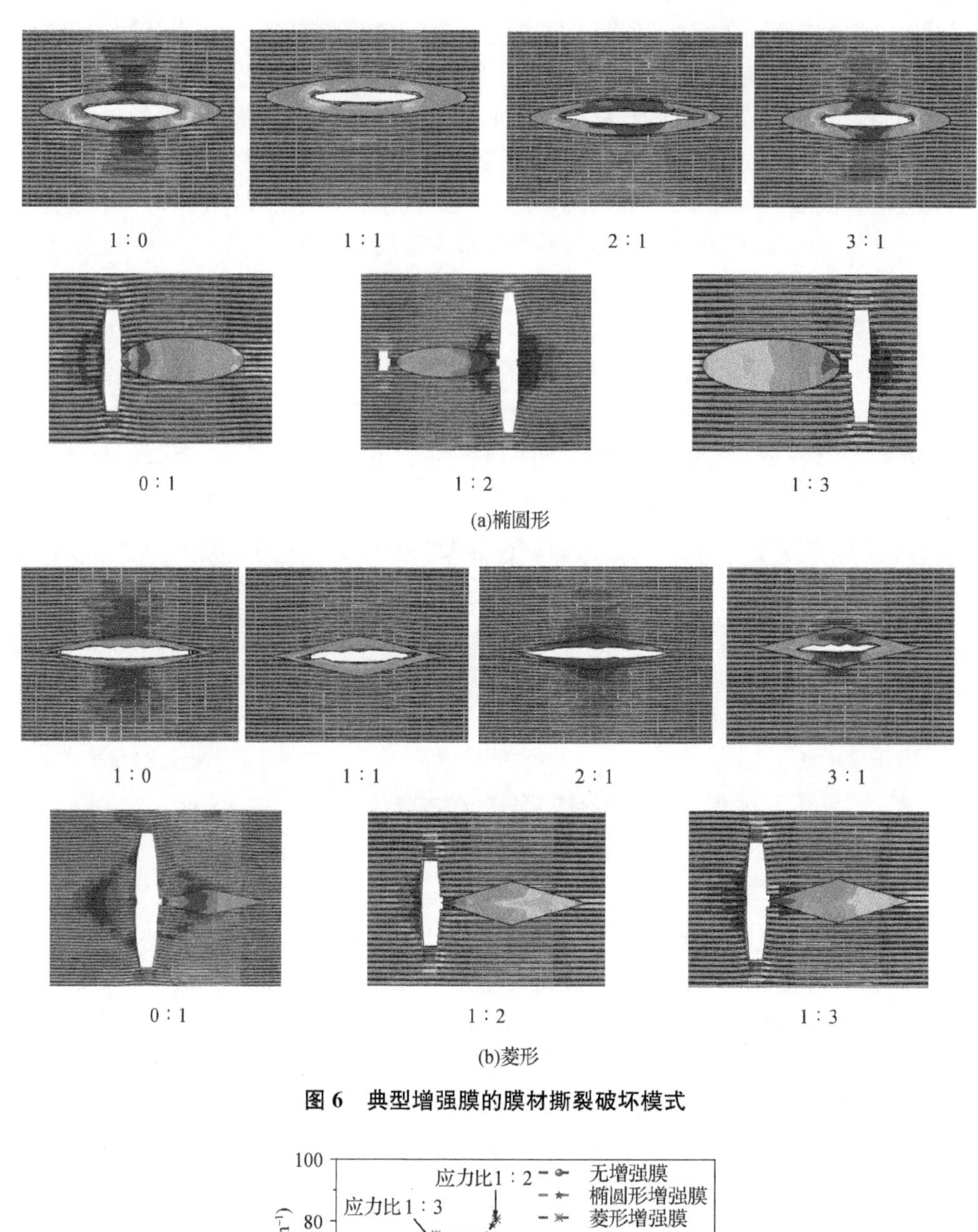

图 6　典型增强膜的膜材撕裂破坏模式

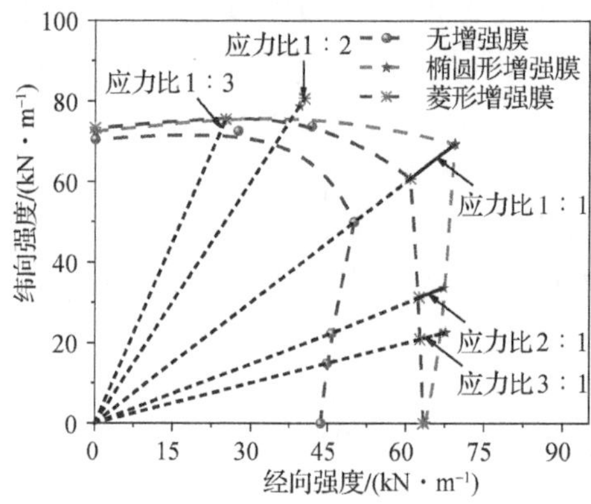

图 7　膜材撕裂经纬向强度应力空间分布及补强效果

4 结论

(1) 剪应力引入与否及其应力水平显著影响织物膜材的应力分布及应力集中程度；拉伸与剪切应力存在相互干扰的耦合关联性，其中以拉应力效应为主、剪切效应为辅。剪应力对膜材裂纹延展及撕裂破坏演变的影响并不明显，拉应力恒定时，纱线断裂数量及裂缝扩展并不随剪应力增加而显著增加。因此，实际膜结构裁剪、施工及服役过程中，宜避免处于高应力水平下膜面区域有较大剪应力出现。

(2) 两类典型增强膜结合不同应力比状态对破坏形态及裂口位置产生影响，并可明显干扰膜材的撕裂破坏模式。在高应力比时，增强膜膜材撕裂强度提升明显，随着应力比降低，增强膜补强效果略有弱化。和菱形增强膜相比，椭圆形增强膜因利于应力传递且减小应力集中，对膜材的补强效果优于前者。

所建分析模型及研究结论，可为织物膜材的强度设计、裂纹止裂分析及结构安全性评估提供参考。

参考文献

[1] 李阳. 建筑膜材料和膜结构的力学性能研究与应用[D]. 上海：同济大学，2007：1-139.

[2] 王凤欣，陈永霖，武国军，等. 新型飞艇蒙皮材料 GQ-6 双轴撕裂性能分析[J]. 空间结构，2017，23(4)：65-70.

[3] Shi T B, Chen W J, Gao C J, et al. Biaxial constitutive relationship and strength criterion of composite fabric for airship structures[J]. Composite Structures, 2019, 214(28): 379-389.

[4] Zhao X R, Liu G, Gong M, et al. Effect of tackification on in-plane shear behaviours of biaxial woven fabrics in bias extension test: experiments and finite element modeling[J]. Composites Science and Technology, 2018, 159(16): 33-41.

[5] Dib W, Bles G, Blaise A, et al. Modelling of cyclic visco-elasto-plastic behaviour of coated woven fabrics under biaxial loading and finite strain[J]. International Journal of Solids and Structures, 2018, 154(2): 147-167.

[6] 乙福伟，陈永霖，王凤欣，等. 飞艇蒙皮材料撕裂试验和数值模拟[J]. 合肥工业大学学报(自然科学版)，2020，43(1)：31-38.

[7] Yu F, Chen S, Viisainen J V, et al. A macroscale finite element approach for simulating the bending behaviour of biaxial fabrics[J]. Composites Science and Technology, 2020, 191(28): 108078.

[8] Bai J B, Xiong J J, Cheng X, et al. Tear resistance of orthogonal Kevlar-PWF-reinforced TPU film[J]. Chinese Journal of Aeronautics, 2011, 24(1): 113-118.

[9] 孟军辉，曹帅，吕明云. 平流层飞艇蒙皮材料撕裂性能分析方法[J]. 宇航学报，2015，36(2)：230-235.

[10] Zhang Y Y, Xu J H, Zhou Y, et al. Central tearing behaviors of PVC coated fabrics with initial notch[J]. Composite Structures, 2019, 208: 618-633.

[11] He R J, Su X Y, Wu Y. Central crack tearing test and fracture parameter determination of PTFE coated fabric[J]. Construction and Building Materials, 2019, 208: 472-481.

[12] Sun X Y, He R J, Wu Y. A novel tearing residual strength model for architectural coated fabrics with central crack[J]. Construction and Building Materials, 2020, 263: 120-133.

[13] Galliot C, Luchsinger R H. The shear ramp: a new test method for the investigation of coated fabric shear behaviour-part I: theory[J]. Composites Part A: Applied Science and Manufacturing, 2010, 41(12): 1743-1749.

织物类膜材梯形及中心撕裂破坏规律对比分析

张 阳[1]，陈建稳[1]，张燚聪[1]

(1. 南京理工大学理学院 江苏南京 210094)

摘 要：为深入探究梯形与中心撕裂破坏机制及关联性规律，针对典型双轴经编织物膜材进行系列切缝长度及偏轴角度下的梯形与中心撕裂试验研究，对梯形与中心撕裂特征进行详细分析，并结合相关数值模型，对梯形与中心撕裂破坏机制作深入探讨。研究表明，梯形撕裂时褶皱膜面随撕裂推进逐渐减少，而中心撕裂膜面褶皱与左右边界颈缩程度不断加深。梯形与中心撕裂抗力曲线特征段形似，受承载纱线数量影响在起始段、强化段与平台段均有不同程度差异。所得结论及研究方法可为经编织物膜材的强度设计裂纹止裂分析及膜结构的安全性评估提供有益参考。

关键词：双轴经编织物；梯形撕裂；中心撕裂；撕裂机理

1 引言

大跨充气膜结构由于其施工方便、节能环保、经济效益高等优点在现代社会获得大力发展，也因此成为中外学者研究的热点[1-7]。经编织物膜材得益于独特编织结构，在强度、变形稳定、气密封性能等方面具有优势[8-9]，成为大跨充气膜结构主体材料的重要类型。然而气承膜面因其轻柔特征，往往会由于风致碎片、偶然刺破、焊缝拼接、初始缺陷等因素在膜面形成裂缝，使得膜材在过大的风、雪荷载或气压差下于裂缝周边产生应力集中而导致撕裂，进而撕裂扩展可导致膜结构发生整体破坏。因此开展织物类蒙皮的撕裂性能研究对于现代充气膜结构的安全性设计与评估至关重要。

目前国内外学者对薄膜材料撕裂试验及理论研究主要以中心撕裂[2-3,10-11]、梯形撕裂[6-7,12-13]与舌形撕裂试验[14]等形式为主，对不同撕裂形式下的撕裂性能、破坏机理、撕裂强度等进行不懈研究。其中，中心撕裂在展现膜材撕裂行为方面具有优势[10]，梯形撕裂的撕裂模式单纯、试验结果稳定[15]，这两种撕裂形式也因此成为研究薄膜材料撕裂行为的热点。但这两种撕裂形式之间的关联性规律研究相对缺乏[12,15]，两者撕裂强度指标转化等关键因素尚未见文献发表，给膜结构优化设计带来不便。本文针对典型双轴经编织物膜材进行系列切缝长度与偏轴角度下的梯形与中心撕裂试验，结合试验结果与数值模型分析了两者撕裂行为的机理特征。所得结论及研究方法可为经编织物膜材强度设计及膜结构安全性评估提供有益参考。

基金项目：国家自然科学基金项目(51608270)；江苏省基础研究计划(自然科学基金)资助项目(BK20191290)；中央高校基本科研业务费专项资金资助(30920021143)；中国博士后科学基金资助项目(2017T100371，2016M601816)

2 撕裂试验

2.1 试验材料

选用典型双轴经编织物类膜材料，该膜材主要由基布、面层及各功能层复合而成。经纬向纱线平直铺设无交织，二者辅以编织纱捆绑。其典型结构与电镜截面扫描图见图 1(a)、(b)。

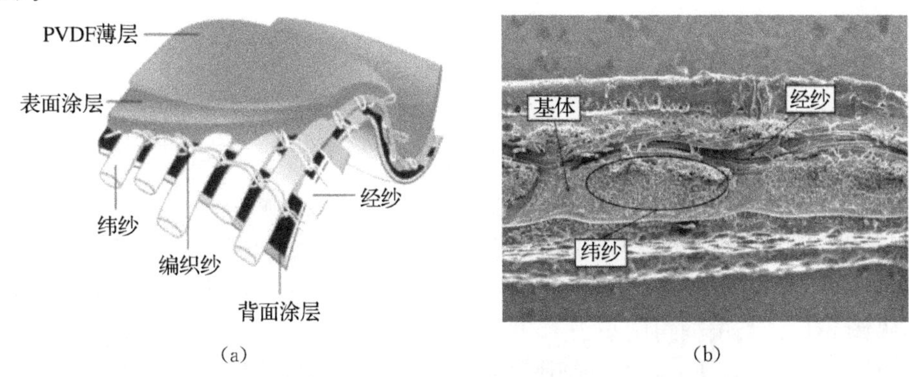

(a) (b)

图 1 双轴经编膜材典型结构(a)电镜截面扫描图(b)

2.2 梯形撕裂试验

试验采用如图 2(a)所示的标准试件。试件是长、宽分别为 150 mm 和 75 mm 的长条型试样，在试样上标记等腰梯形，梯形两腰为夹持线，在等腰梯形上底边中央处与垂直方向设预切缝。当材料偏轴角度为 0°时，设置 4 类切缝长度：5 mm、15 mm、25 mm 和 35 mm；当切缝长度为 15 mm 时，设置 6 类偏轴角度：0°、15°、30°、60°、75°和 90°。

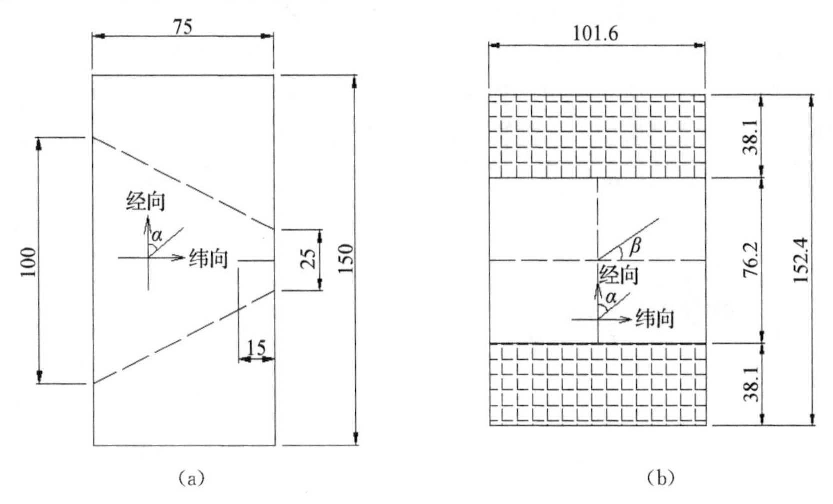

(a) (b)

图 2 梯形撕裂试样(a)与中心撕裂试样(b)

2.3 中心撕裂试验

试验采用如图 2(b)所示的标准试样。试件的长为 152.4 mm，宽为 101.6 mm，试件长宽的有效尺寸分别为 76.2 mm 和 101.6 mm，切缝位于试件中心。当裂缝倾角为 0°，设置 7 类偏轴角度：0°、15°、30°、45°、60°、75°和 90°，并设置两种切口长度 30 mm 和 20 mm。每组类型均做两个试件。

2.4 试验设备及加载制度

梯形与中心撕裂试验均采用双柱落地式电子万能试验机 UTM4000，试件采用 10 mm/min 的加载速率常速拉伸直至破坏，并用尼康 D3400 高像素照相机对撕裂破坏区域进行摄像，得到清晰的撕裂扩展特征及开口变化规律。试验室温度为(15±2)℃，相对湿度为(65±4.0)%。

3 撕裂试验结果

3.1 梯形撕裂结果

所得破坏形态见图 3，在轴梯形撕裂破坏均沿着切缝方向撕裂扩展，切口断面较为整齐，主要以纱线断裂破坏为主，且受圈纱固定与涂层粘结作用，主要承力纱线滑移现象较少，如图 3(a)所示。而对于梯形偏轴撕裂破坏，切缝并未沿着初始方向扩展，其扩展方向与具体偏轴角度有关，见图 3(b)。当偏轴角度小于 45°时，扩展方向与经纱方向垂直；当偏轴角度大于 45°时，扩展方向与纬纱方向垂直。在偏轴撕裂末期，试件出现纱线拔出破坏现象。

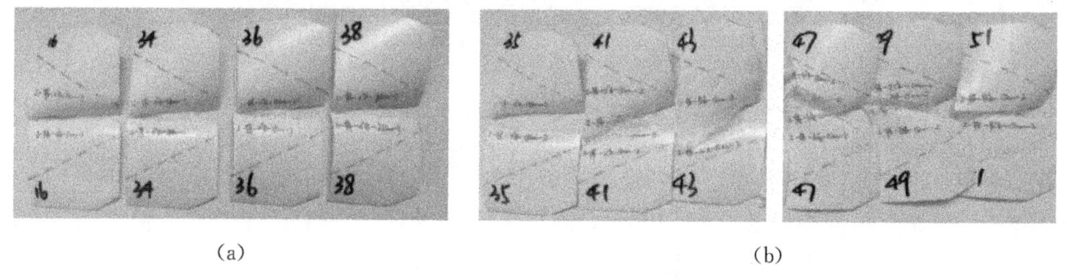

(a) (b)

图 3 不同切缝长度(a)与不同偏角下(b)的梯形撕裂破坏形态

梯形撕裂曲线有典型的上升、起伏波动及下降的特征，其中偏轴 0°不同切缝长度下的撕裂强度与切缝 15 mm 时不同偏角的撕裂曲线分别如图 4(a)、(b)所示。可见，对于在轴梯形撕裂，撕裂强度随切缝长度增加非减反增，撕裂位移随切缝增长而减少；对于梯形偏轴撕裂，其撕裂强度与撕裂位移随切缝长度增加均有先增加后减少的趋势。

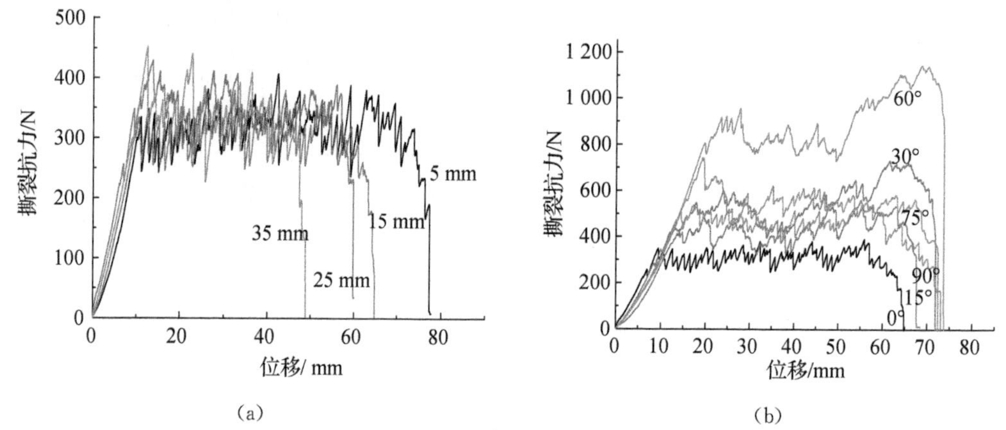

(a) (b)

图 4 偏轴 0°时不同切缝长度(a)与切缝 15 mm 时不同偏轴角度(b)的荷载-位移曲线

3.2 中心撕裂结果

由图 5 可知,中心撕裂时,切缝扩展方向与梯形撕裂有相似之处,对于在轴中心撕裂,切缝将沿着水平方向扩展;而对于偏轴中心撕裂,切缝扩展方向同样与具体偏轴角度有关。由图 6 可知,当偏轴角度小于 45°时,扩展方向与经纱方向垂直;当偏轴角度大于 45°时,扩展方向与纬纱方向垂直。偏轴撕裂末期出现纱线抽出破坏现象。

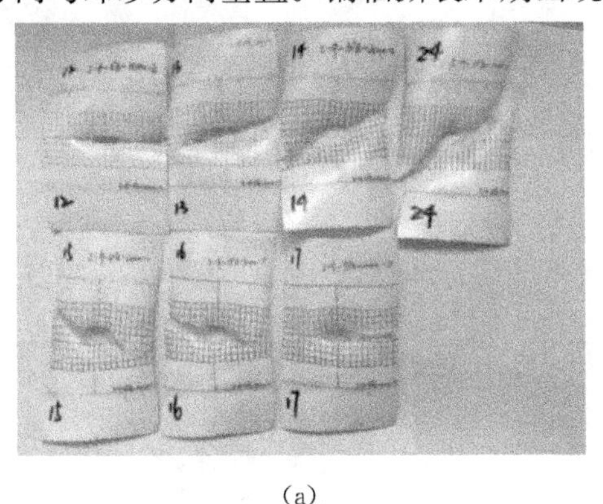

(a)

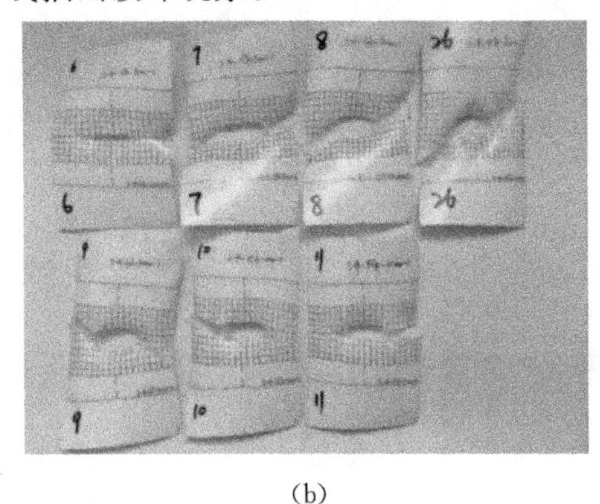

(b)

图 5 不同切缝长度(a)20 mm、(b)30mm 时的不同偏角中心撕裂破坏形态

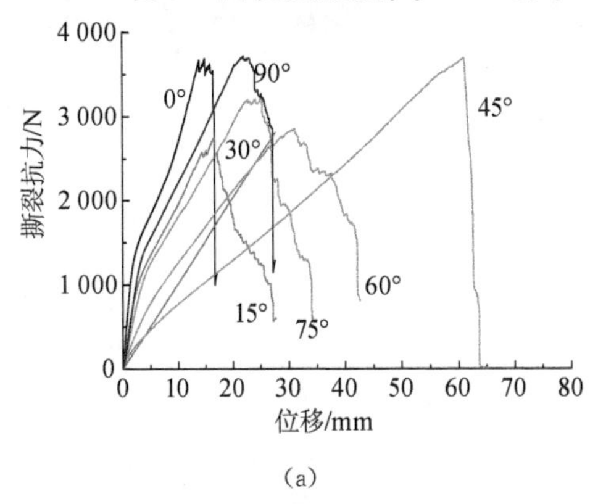

(a)

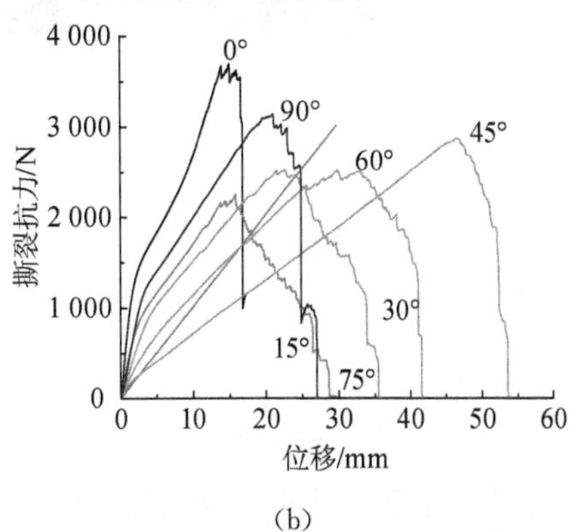

(b)

图 6 不同切缝长度(a)20 mm、(b)30mm 时的不同偏角荷载-位移曲线

4 撕裂规律研究

4.1 撕裂特征研究

梯形与中心撕裂均为单轴向匀速拉伸至试件彻底破坏,试件的尺寸、切缝位置与初始工况等因素导致了两者在具体撕裂特征上有着较大差异。提取典型偏轴 0°与 30°时的梯形与中心撕裂图像分别如图 7、图 8 所示。对于在轴撕裂(0°),梯形与中心撕裂试件的膜面在撕裂过程中按照受力程度的不同,均可划分为两类区域:A 区与 B 区。A 区为切缝邻域内的应力集中区域,对梯形撕裂而言,该区域膜面受拉紧绷,纱线集中受力,如图 7(a)所示,与后续 B 区分隔明显;对于中心撕裂,A 区的集中受力特征可通过膜面所画线的弯曲体现,范围相比梯形撕裂小,与后续 B 区在变形程度上无显著差别。梯形在轴撕裂的 B 区褶皱明显，该区域纱线以面外弯扭变形为主；中心在轴撕裂 B 区域的拉伸变形较为均匀[10]，该区纱线以面内变形为主。

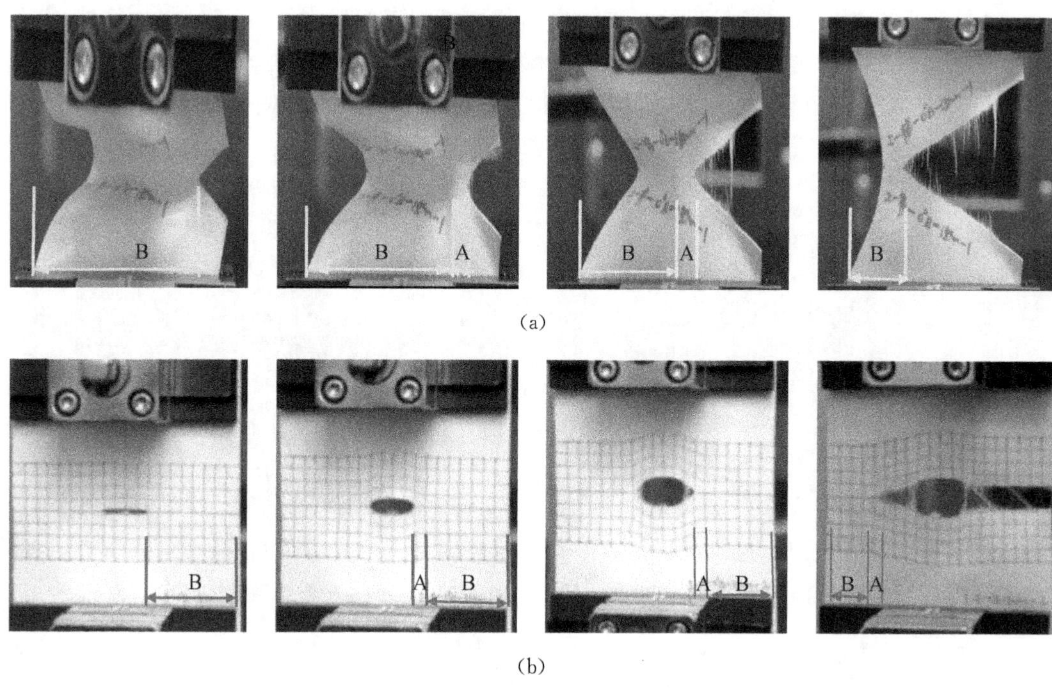

(a)

(b)

图 7　偏轴 0°梯形撕裂(a)与中心撕裂(b)

4.2　撕裂机理研究

为进一步清晰地显示梯形与中心撕裂破坏进程及撕裂机理，分别建立梯形与中心撕裂数值模型，模型整体尺寸与试件一致，经纬向纱线本构均采用单轴拉伸曲线结果[16]，采用最大主应力破坏准则。细观结构建模依次建立内部编织纱线与外部包裹基体，经纬纱线正交布局、无交叉缠绕。经纬向纱线接触面采用 Tie 约束，以实现编织纱的绑定约束功能；纱线 Embedded 嵌入基体，二者力学效应耦合充分。

1）在轴梯形撕裂机理

经编织物膜材梯形撕裂破坏特征主要以基布层的撕裂形态体现，在轴各切缝长度的梯形撕裂的破坏特征具有类似性，此处将针对偏轴 0°切缝 15 mm 条件下进行阐述。在轴梯形撕裂依据破坏进展可基本分为如下几个典型历程：拱形褶皱与应力增长段、应力集中翼型区形成段、纱线断裂与翼型区推进段、撕裂尾段（见图 8）。

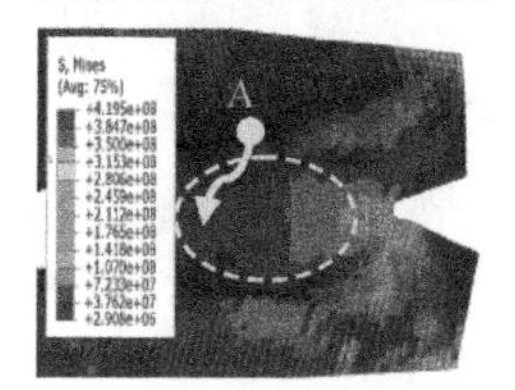

(a) 拱形褶皱与应力增长

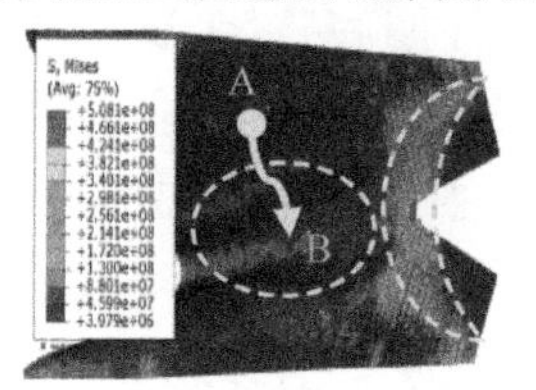

(b) 应力集中翼型区形成

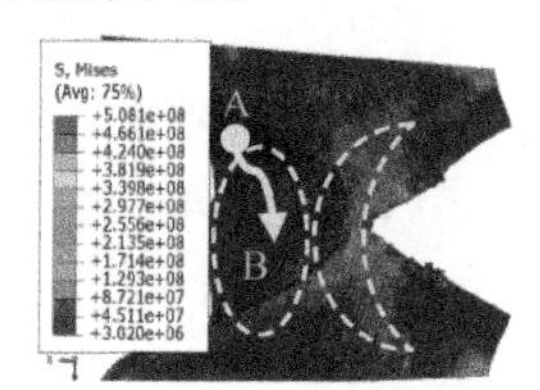

(c) 纱线断裂与翼型区推进

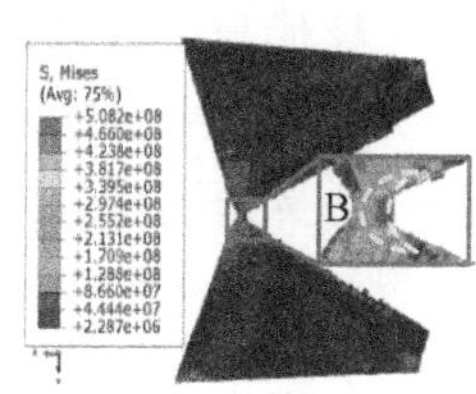

(d) 撕裂尾段

图 8　蒙皮材料在轴梯形撕裂应力云图

(1) 拱形褶皱与应力增长

数值模型在各边界施加合理设置后，首先形成与试验类似的中间拱起的褶皱结构，见图 3(a)。拱形褶皱区域松弛(图 8 A 区)，其余膜面处于张紧状态。随着位移增加，非拱形褶皱区域的纱线被逐渐拉长，在切缝前端周边区域的纱线应力逐渐增长，相应云图见图 8(a)。

(2) 应力集中翼型区形成

位移继续增加，切缝尖端处纱线应力增加明显，而相反方向的纱线应力降低梯度明显，形成典型的应力集中区域。该区域的纱线范围在同一工况下基本稳定，对于研究对象，承载主纱根数约为 5～7 根。受纱线粘结摩擦因素以及圈纱绑定效果影响，应力集中区其余经纬纱承担部分应力，其范围呈“翼型”分布，如图 8(b)所示。翼型区以外主纱(A 区)均处于扭曲状态，且由于纱线本身抗压刚度几乎为零，该部分纱线对整体撕裂抗力贡献极低。

(3) 纱线断裂与翼型区推进

纱线和各功能膜层被继续拉伸，纱线力学性能逐渐起控制作用，应力随变形增加较快。翼型应力集中区域的变化主要体现在横向的移动与竖向的扩展，当主纱应力达到极限强度时，将出现纱线断裂现象(见图 8(c))，此时抗力对应临界(首次)撕裂峰值；自翼型区的主纱发生断裂后，翼型区将逐步推进，褶皱起拱区的长度开始减小；翼型区主纱陆续断裂失效，膜材总承载强度在保持高水平的同时起伏不定，在起伏变化的过程中，依次出现多个峰值(见图 4)。此阶段主纱在变形过程中积蓄较高应变能，并急剧释放，之后新的主纱又快速积聚高应变能，如此反复便形成梯形撕裂锯齿状“屈服段”。

(4) 撕裂尾段

撕裂尾段包括快速下降段和残余强度段，翼型区域的依次断裂，断裂过程不断重复，直至裂缝贯穿整个膜面。经历快速衰退期，扭曲状态下的主纱数量所剩无几，翼型集中区的主纱起主要承载作用，和图 8(d)的最后一个应力集中区的出现基本相当，该阶段渐变区主纱的断裂失效，并最终失去整体承载能力。

2) *在轴中心撕裂机理*

在轴中心撕裂以切缝偏轴 0°切缝 20 mm 来阐述，依据破坏进展可分为如下几个典型历程：均匀受拉与应力增长、应力集中椭圆区形成、纱线断裂与椭圆区推进、撕裂尾段(见图 9)。

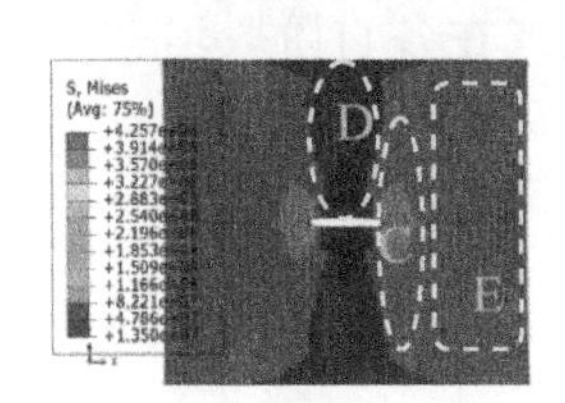

(a) 均匀受拉与应力增长

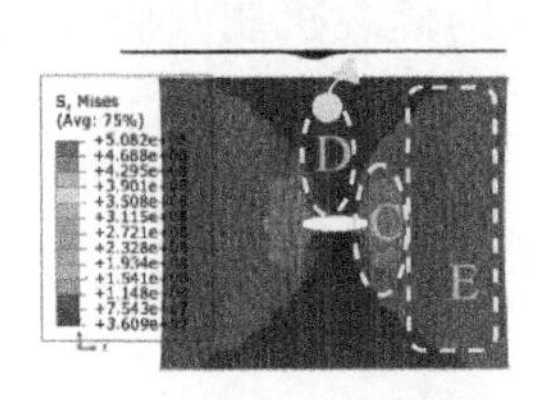

(b) 应力集中椭圆区形成

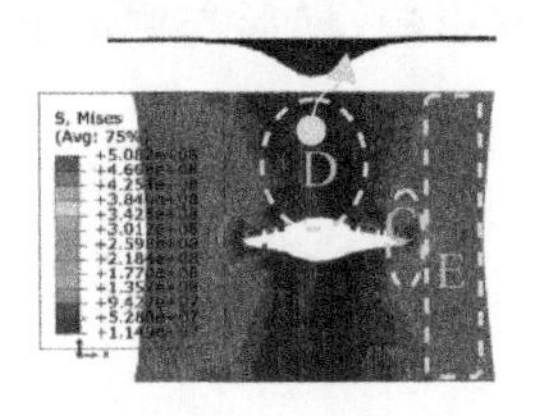

(c) 纱线断裂与椭圆区推进

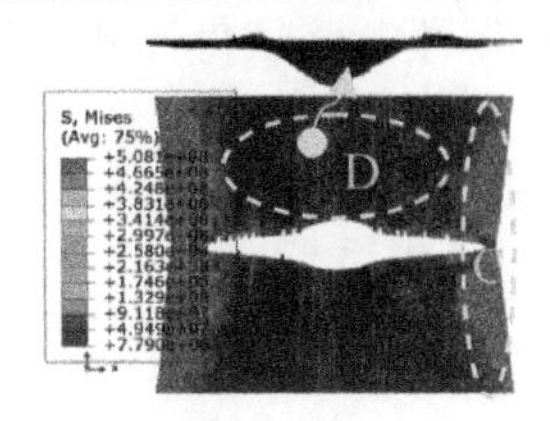

(d) 撕裂尾段

图 9 膜材在轴中心撕裂应力云图

(1) 均匀受拉与应力增长

膜材初始受拉，被切断纱线区域为低应力区(D 区)，切缝邻域应力集中不明显(C 区)远离切缝区域纱线应力分布均匀(E 区)，总体上处于均匀受拉的阶段(见图 9(a))。

(2) 应力集中椭圆区形成

位移继续增加，切缝邻域内纱线应力增加明显，逐渐形成呈椭圆形分布的应力集中区域(C 区)；低应力区域(D 区)受周边受力纱线挤压作用，逐渐拱起；远离切缝区域(E 区)应力分布仍相对均匀，整体应力水平有所抬高(见图 9(b))。

(3) 纱线断裂与椭圆区推进

位移进一步增加，当椭圆应力集中区域首根纱线达到极限强度时，将出现纱线断裂现象，此时抗力对应临界撕裂峰值。自此，椭圆应力集中区逐步推进，低应力区(D 区)范围增大，面外褶皱现象加剧；均匀区(E 区)纱线应力层级进一步提高(见图 9(c))。

(4) 撕裂尾段

此阶段应力均匀区范围所剩无几，低应力区褶皱范围继续加深。应力集中椭圆区内纱线依次断裂，不断重复撕裂过程，直到膜面彻底断裂(见图 9(d))。

从梯形与中心撕裂数值模型来看，两者的特征段划分十分相似，在前两个特征段，梯形与中心撕裂均主要与纱线及基体的协同变形有关。受试件尺寸、形状影响，梯形撕裂主要以切缝邻域内的基体及数根纱线变形为主，而中心撕裂在整个受拉方向上的纱线均能协同受拉，试件可得到充分的拉伸，使得应力集中区形成段所占其整体比重远大于梯形撕裂；在纱线断裂阶段，梯形此阶段所占比重较大，主要原因在于其初始状态下远离切缝的大量纱线处于褶皱状态，几乎不承担撕裂抗力，使得撕裂进程的推进主要集中在裂纹前段的数根纱线上，不断重复吸能-放能的过程。而中心撕裂在应力集中形成段中受拉方向纱线均积累了大量的应变能，使得撕裂进程推进十分迅速。

5 结论

本文基于试验与数值分析，深入探究了双轴经编织物膜材的梯形与中心撕裂破坏机理及关联性规律，主要结论如下：

(1) 经编织物膜材梯形撕裂褶皱膜面随撕裂推进逐渐减少，而中心撕裂膜面褶皱与左右边界颈缩程度不断加深。偏轴角度影响梯形撕裂膜面褶皱分布及中心撕裂的颈缩程度。

(2) 梯形与中心撕裂依据破坏进展均可划分为四个典型历程。对于梯形撕裂：拱形褶皱与应力增长段、应力集中翼型区形成段、纱线断裂与翼型区推进段及撕裂尾段。对于中心撕裂：均匀受拉与应力增长段、应力集中椭圆区形成段、纱线断裂与椭圆区推进段与撕裂尾段。受试件尺寸、形状影响，梯形与中心撕裂的撕裂机制及破坏模式在各自阶段均有不同程度的差异。

参考文献

[1] Eltahan E. Structural parameters affecting tear strength of the fabrics tents[J]. Alexandria Engineering Journal, 2018,57(1):97-105.

[2] H R J, Sun X Y, Wu Y. Central crack tearing test and fracture parameter determination of PTFE coated fabric[J]: Construction and Building Materials, 2019(30): 472-481.

[3] 陈建稳，陈务军，侯红青，等. 织物类蒙皮材料中心切缝撕裂破坏强度分析[J]. 复合材料学报, 2016, 33(3): 666-674.

[4] 陈政，赵海涛，陈吉安. 充气式索膜结构的找形分析[J]. 哈尔滨工业大学学报,2020,52(12): 84-90.

[5] 张影，袁行飞，徐晓红. 强降雨作用下具有初始凹陷的充气膜结构袋状效应研究[J]. 空间结构, 2018, 24(4): 49-55.

[6] 包晗，张旭波，吴明儿. PVC涂层聚酯纤维膜材撕裂性能试验研究[J]. 建筑材料学报，2020，23(3)：631-641.
[7] 张营营，赵玉帅，徐俊豪，等. PVC涂层织物撕裂破坏机理分析与强度预测模型[J]. 建筑结构学报，2018，39(S2)：336-343.
[8] 矫卫红，陈南梁. 经编双轴向织物用作涂层基布的性能优势[J]. 东华大学学报(自然科学版)，2004(6)：91-95.
[9] 谈亚飞. 经编复合材料的市场现状与发展趋势[J]. 针织工业，2010，253(2)：17-20.
[10] 陈建稳，陈务军，周涵，等. 飞艇用层压织物类膜材中心撕裂破坏机理模型[J]. 东华大学学报(自然科学版)，2016，42(3)：323-331.
[11] 刘龙斌，吕明云，肖厚地. 含初始裂纹的平流层飞艇用蒙皮薄膜撕裂行为[J]. 复合材料学报，2015，32(2)：508-514.
[12] 葛振余，吴丽莉，俞建勇，等. 聚氨酯涂层织物撕裂强力的研究[J]. 东华大学学报(自然科学版)，2004(4)：66-71.
[13] 储才元，陈峰. 机织物的撕裂破坏机理和测试方法的分析[J]. 纺织学报，1992，13(5)：4-8.
[14] Liu L B, Lv M Y, Xiao H D. Tear strength characteristics of laminated envelope composites based on single edge notched film experiment[J]. Engineering Fracture Mechanics, 2014, 127: 21-30.
[15] 易洪雷，丁辛，陈守辉. 建筑膜材料撕裂强度的测试方法及撕破机理研究[J]. 东华大学学报(自然科学版)，2006(4)：119-124.
[16] Chen J W, Zhou H, Zhao B, et al. A new theoretical equation to estimate poisson's ratio for coated biaxial warp knitted fabrics under bias tensile loading[J]. Fibers and Polymers, 2018, 19(12): 2631-2641.
[17] Sun X Y, He R J, Wu Y. A novel tearing residual strength model for architectural coated fabrics with central crack[J]. Construction and Building Materials, 2020, 263: 120-133.

强风作用下大跨度航站楼连续风揭与倒塌全过程数值模拟

秦 岩[1]，江沂键[1]，柯世堂[1*]，吴鸿鑫[2]

(1. 南京航空航天大学 土木与机场工程系 江苏 南京 211106；
2. 南京航空航天大学 空气动力学系 江苏 南京 210016)

摘 要： 国内外已发生多起大跨航站楼屋面连续风揭破坏的事件，但有关该类大跨屋盖结构抗连续风揭的研究相对较少。鉴于此，本文提出了计算流体力学(CFD)—显式动力分析(LS-DYNA)算法技术，对超限强风下大跨度航站楼屋盖的连续风揭与倒塌全过程进行数值模拟；以厦门翔安国际机场为研究对象，建立了其三维有限元模型并考虑了连接件和屋面板的材料非线性；通过CFD数值模拟获得航站楼三维平均风压；通过显式动力时程分析方法，进行拟动力分析，数值模拟了大跨度航站楼屋盖强风致连续风揭与倒塌全过程；研究了强风下航站楼屋面结构应力分布规律与航站楼连续风揭过程中的形态，提炼了航站楼易发生风揭破坏的薄弱位置。研究表明，航站楼屋盖结构在强风作用下易破坏点位于变高差屋面屋脊处以及悬空挑檐区域，薄弱位置发生风揭破坏后将使整体结构内力重排，由于牵连作用最终导致大面积屋面板发生风揭破坏。

关键词： 大跨航站楼；连续风揭；超限强风；显式动力分析；连续倒塌

1 引言

航站楼是机场建设中最容易受到风灾破坏的建筑物，特别是航站楼的屋盖结构体系，在国内外已经发生过多起航站楼屋面风揭破坏事故[1-2]。由于航站楼的金属屋面柔性大、跨度大、基频低、重量轻，故该种结构对于风荷载极为敏感[3]。一般航站楼结构低矮，所处的近地区域剪切速度变化大、湍流度高，并且其体型复杂，在其表面会产生较复杂的流固耦合作用[4]和钝体绕流，可能在表面产生瞬间的过大风荷载，且会出现具有非平稳和非高斯特性[5]的脉动风压，从而造成航站楼屋盖的连续风揭。连续风揭是指在强风的作用下，结构发生局部破坏，从而发生连锁反应，进而导致整体结构或是局部结构的连续性破坏。

现有的关于大跨金属屋面的大多研究所关注的重点为局部屋面风荷载承载能力[6]，整体的风压特性[7]及风振响应[8-9]等方面。相关的研究成果都对大跨度航站楼屋盖抗风揭有较好的指导和借鉴意义，但都忽略了由于屋面局部破坏所导致的整体连续破坏的后续现象。然而，屋面整体破坏事件时有发生，目前的研究难以揭示这类大跨度低矮航站楼屋盖的风揭破坏过程及其机理。

基金项目： 国家自然科学基金(U1733129)，大学生创新基金(202010287072Z)

鉴于此，本文以厦门翔安国际机场为例，通过CFD数值模拟技术以及LS-DYNA显式动力分析，对强风作用下大跨度航站楼屋盖连续风揭的全过程进行数值模拟研究，对航站楼屋盖结构的应力分布变化规律以及风揭破坏主要位置进行对比研究，对此类的低矮大跨屋盖结构强风致破坏作用机理进行总结归纳，为我国大跨度航站楼屋盖结构抗强风设计提供参考和借鉴。

2 工程概况

本文以厦门翔安国际机场航站楼为工程背景，该航站楼的屋面结构较为复杂。该楼的平面尺寸约为390 m×360 m。通过钢立柱连接了屋盖结构体系和下部结构，以达到协同受力的效果。根据工程实际的尺寸建立航站楼三维实体模型，并在计算模型中考虑了诸如变高差局部屋盖结构以及变坡度大悬空屋檐等构造细节，如图1所示。

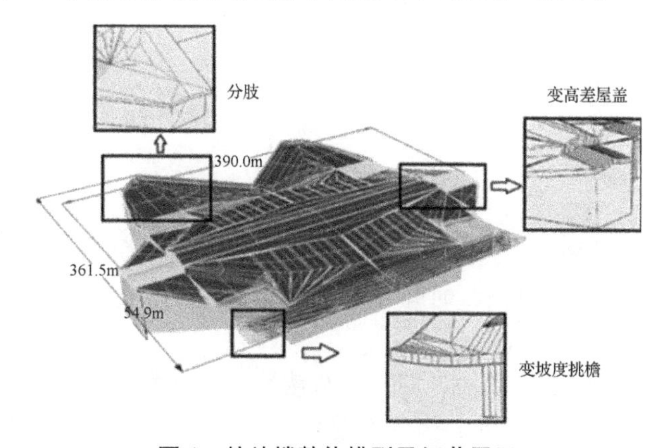

图1 航站楼整体模型及细节展示

3 数值模拟与有效性验证

3.1 CFD数值模拟

计算域尺寸为：顺风向 $x=3\ 200$ m、横风向 $y=2\ 000$ m、竖向高度 $z=300$ m，模型的最大堵塞率小于规范要求5%。计算采用了离散形式的混合网格划分，航站楼附近的加密区域采用非结构化四面体网格，外围区域采用高质量六面体结构网格。模型总网格数为1 580个，网格最小正交质量为0.62(不小于0.2)，歪斜率为0.73(不大于0.9)。航站楼所在地为A类地貌，使用用户自定义函数(UDF)定义该脉动风场速度入口。模型计算域与网格划分如图2所示。

(a) 整体网格　　(b) 局部加密

图2 计算域及加密网格划分示意图

计算域所在地为A类地貌，根据相关规范[10]及实测数据模拟大气边界层条件，使用用户自定义函数(UDF)定义各项参数，生成相应脉动风场。对航站楼前方10 m处区域的湍流度、平均风速等进行了模拟计算，图3为湍流度和平均风速的模拟结果与理论值的对比曲线，可见UDF定义的速度入口使平均场达到稳定，并且与理论值吻合良好，满足风场模拟要求。

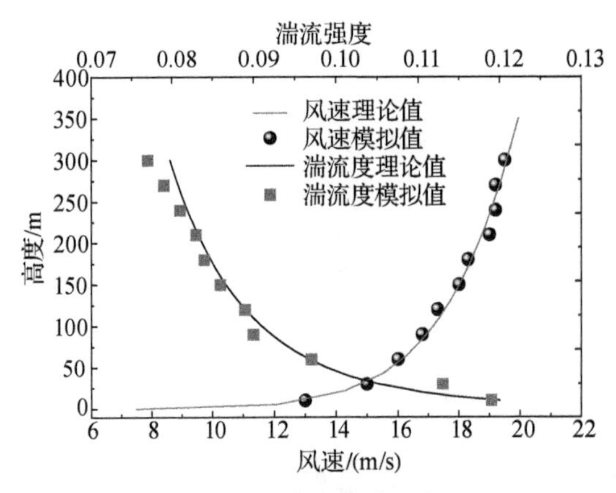

图3 速度及湍流强度

数值计算采用3D单精度、分离式求解器，空气流场选用不可压缩流场。求解采用基于大涡模拟(LES)的SIMPLEC格式，时间步长设为0.1 s，控制方程的收敛容差为1×10^{-6}，对流项求解格式为二阶迎风格式。

图4给出了良态风作用下0°风向角的航站楼屋盖表面风压分布图。图中正值代表风压力，负值代表风吸力。由图分析可知屋檐受风吸力作用较为明显，迎风屋面边缘及变高差局部屋盖最高处风吸力较大。背风面及屋面内凹处风压绝对值较小，并且由于气流的再附着导致局部区域再次出现了正风压。

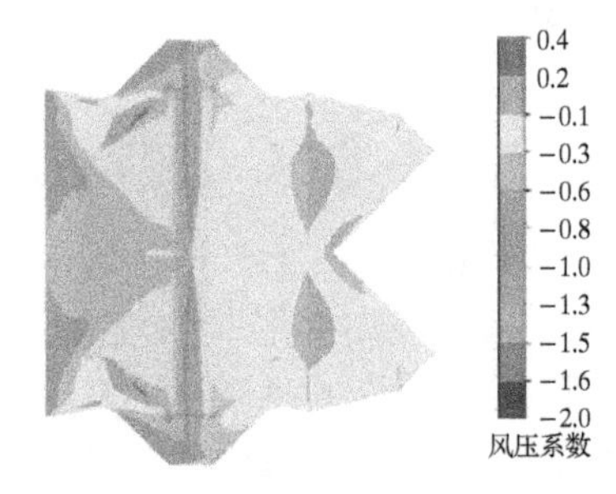

图4 良态风作用下0°风向角的航站楼屋盖表面风压分布图

3.2 LS-DYNA显式动力分析

建立的航站楼三维有限元模型中，分为主体结构建模和大跨屋盖建模两个部分。主体框架部分均采用梁单元BEAM161进行模拟。并且上下屋檐和主要柱体分别采用两种不同的截面。图5给出的是该航站楼主体框架航站楼模型示意图。屋盖结构部分采用壳单元SHELL163进行模拟，并且主体框架与屋面板之间的连接件也采用梁单元BEAM161进行简化模拟。为了达到位移协调的目的，连接件梁单元与屋面板壳单元进行刚域耦合。图6

给出航站楼大跨屋盖结构有限元模型示意图。

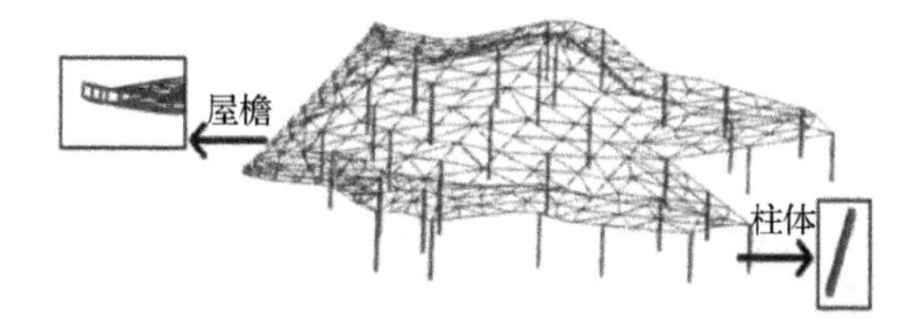

图 5　航站楼主体框架有限元模型示意图

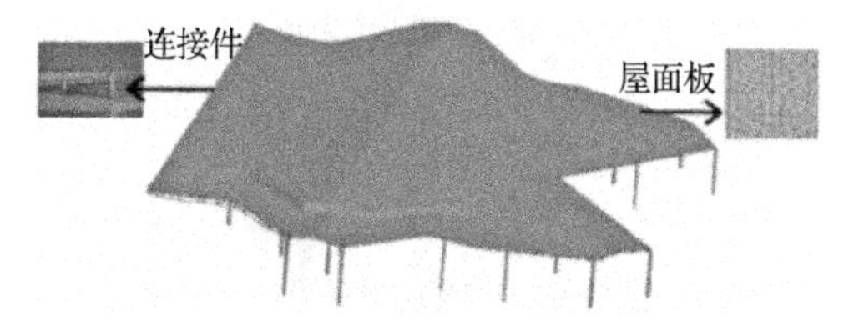

图 6　航站楼大跨屋盖有限元模型示意图

考虑到屋面与主体的连接件以及屋面本身在强风下的破坏，通过单元失效准则来模拟强风下构件的破坏。所以，本文采用塑性随动模型(PLAW)，该材料模型的失效机制可模拟连接件以及屋面的破坏失效，从而达到航站楼连续风揭时的仿真效果，以便于研究航站楼强风作用下连续风揭的机理。表 1 给出 PLAW 材料模型的各参数。

表 1　材料模型参数列表

	弹性模量 E/GPa	屈服应力 σ_y/MPa	剪切模量 G/MPa	硬化参数 β	应变率参数 C	应变率参数 P	失效应变 ε_f
屋盖	70	220	60	0	40	5	0.1
连接件	206	60	150	0	40	5	0.2

在强台风作用下，大跨度航站楼的结构破坏形式与屈曲模态下材料破坏相类似，所以可以将风荷载视为拟静力荷载。以平均风压在 50 s 内线性递增形成时程分析获得的数据作为风荷载，将其以点荷载的形式加载到屋面相对应的加载点上。通过此方法，可以有效降低加载过程中产生的动力效应并达到防止与冲击荷载类似的效应出现的效果。

3.3　动力特性分析

基于 Block Lanczos 法求解该航站楼主体框架的动力特性，图 7 给出了航站楼主体框架的前 100 阶频率分布图。由图可得，该航站楼主体结构的基频为 0.528 Hz，前 10 阶频率都小于 0.8 Hz，前 100 阶频率随振型阶数大体上为线性增长，并且都小于 5 Hz，该结构具有较强的柔性。

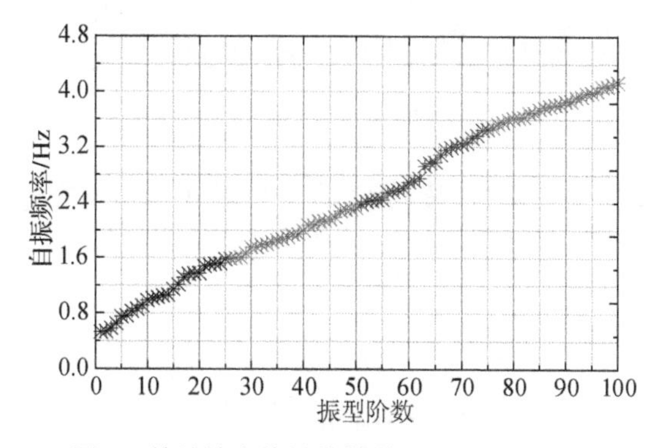

图 7　航站楼主体结构的前 100 阶固有频率

4 风揭全过程形态分析

通过增量动力分析(IDA)方法，对航站楼结构有限元模型进行分线性分析，起始的基本风速设为 10 m/s，并以 5 m/s 的风速步长进行逐级加载，以航站楼的最大位移急剧增大作为大跨度航站楼中的构件进入屈服状态以致风揭的判断依据。图 8 给出航站楼屋面最大位移随风速变化的关系。由图得到该大跨度航站楼在自重荷载与风荷载共同作用下，临界风速为 40 m/s。

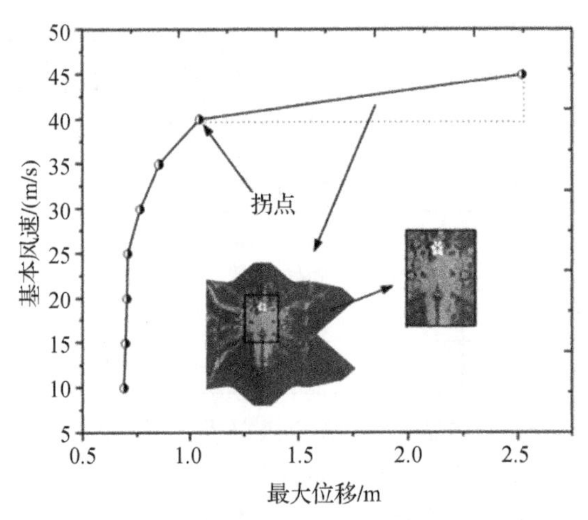

图 8 航站楼屋面最大位移随风速变化示意图

图 9 给出的是航站楼在临界基本风速作用下的数值模拟风揭形态示意图。由图可知，临界风压下，首先是变高差屋盖区域屋脊处的连接件破坏，连接件断裂处的屋面板对整体屋面板产生拉扯变形，但由于变高差区域只有小部分区域为高风压，破坏的屋面板面积较小且集中在变高差区域，其他区域受破坏处屋面板牵引而变形，并且在悬空挑檐区域的连接件发生破坏，屋面板被揭开，由于壳体的牵连作用，其周围的屋面板也发生破坏，从挑檐处向内揭起，发生连续风揭，大面积的屋面板破坏。

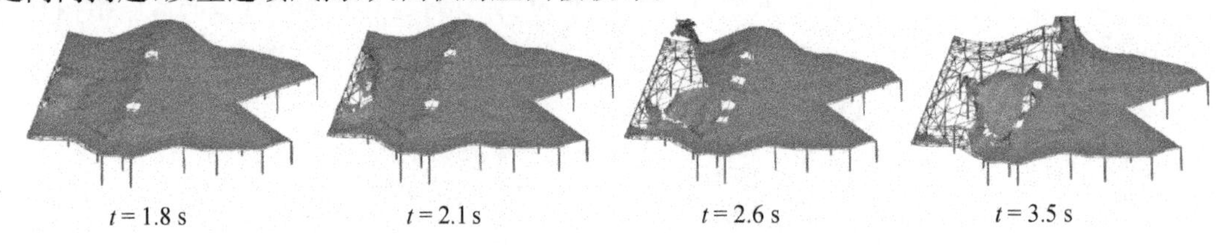

图 9 临界基本风速下航站楼数值模拟风揭形态示意图

5 结论

(1) 本文的数值模拟方法可有效模拟出强风作用下航站楼屋盖连续风揭理论形态。

(2) 大跨度航站楼屋盖在强风作用下会使屋脊及挑檐处的连接件先进入塑性阶段，而后破坏；连接件的破坏导致整体结构发生内力重排，由于屋面板的牵连作用，大面积的屋面板被风揭破坏。

(3) 变高差屋盖区域屋脊处以及悬空挑檐区域为大跨度航站楼屋盖的薄弱区域,在进行结构设计时需要对以上区域采取必要的构造措施,以防止强风致外掀破坏。

参考文献

[1] 龙文志. 提高金属屋面抗风力技术探讨(上):从首都机场 T3 航站楼金属屋面三次被风掀谈起[J]. 中国建筑防水, 2013(11):1-6.

[2] 许秋华, 万恬, 刘凯. 直立锁缝金属屋面加强抗风揭能力的优化设计[J]. 工程力学, 2020, 37(7):17-26, 167.

[3] 陈伏彬, 李秋胜, 卢春玲, 等. 复杂大跨结构屋盖风荷载特性的试验与计算研究[J]. 空气动力学学报, 2012, 30(5):619-627.

[4] 孙晓颖. 薄膜结构风振响应中的流固耦合效应研究[D]. 哈尔滨:哈尔滨工业大学, 2007.

[5] 李玉学, 白硕, 杨庆山, 等. 大跨度封闭式柱面屋盖脉动风荷载非高斯分布试验研究[J]. 建筑结构学报, 2019, 40(7):62-69.

[6] 宣颖, 谢壮宁. 大跨度金属屋面风荷载特性和抗风承载力研究进展[J]. 建筑结构学报, 2019, 40(3):41-49.

[7] 朱容宽, 柯世堂. 考虑中尺度台风影响的大跨度航站楼屋盖风压特性研究[J]. 振动与冲击, 2019, 38(23):230-238, 252.

[8] 陆锋, 楼文娟, 孙炳楠. 大跨度平屋面的风振响应及风振系数[J]. 工程力学, 2002, 19(2):54-59.

[9] 李正良, 薛冀桥, 刘堃, 等. 基于风洞试验的大跨航站楼屋盖风振响应分析[J]. 科学技术与工程, 2017, 17(25):120-126.

[10] 中华人民共和国住房和城乡建设部. 建筑结构荷载规范:GB 50009—2012[M]. 北京:中国建筑工业出版社, 2012.

木-混凝土梁柱组合节点的受力性能研究

杨会峰[1]，唐立秋[1]，陈　洋[1,2]，张有发[1,3]，陶昊天[1]，刘伟庆[1]，胡俊斌[1]

（1. 南京工业大学 土木工程学院，江苏南京 211816；
2. 中国建筑第八工程局有限公司上海分公司 上海 200433；
3. 融创中国控股有限公司 北京 100007）

摘　要：为探索木-混凝土组合梁在框架结构中运用的可行性，本文借鉴钢结构顶底翼缘角钢连接，提出了角钢混合连接木-混凝土梁柱组合节点形式，并就其受力性能展开了试验与理论研究。试验共设计了 3 个节点试件，即木梁-木柱节点、木-混凝土组合梁与木柱组合节点和木-混凝土组合梁与钢柱组合节点。低周反复试验结果表明：提出的角钢混合连接木-混凝土梁柱组合节点具有良好的受力性能，顶底角钢作为最薄弱组件对节点受力性能起关键作用；木-混凝土梁柱组合节点的极限承载力分别提高了 18.2%和 14.3%，而初始转动刚度分别提高了 36.6%和 27.7%。通过引入"组件法"对节点的受力性能进行了理论分析，并将理论与试验结果进行了对比，结果表明组件法对于预测木-混凝土梁柱组合节点的受力性能具有一定的准确性。

关键词：木-混凝土组合梁；梁柱组合节点；低周反复加载试验；组件法；受力性能

1　引言

近年来，随着世界范围内对可持续建筑的需求以及现代木结构相关技术的快速发展，多高层木结构不断涌现，木结构建筑的高度不断攀升[1]。目前世界上已建成的最高木结构建筑为挪威的 Mjøstårnet，共 18 层，高度为 85.4 m。在国内，《多高层木结构建筑技术标准》（GB/T 51226—2017）中已将木结构建筑的最大层数和高度限值分别放宽至 18 层和 56 m。

随着木结构建筑层高的增加，结构整体对构件力学性能的要求也有所提升。然而，传统的木构件多是为中低层建筑服务，难以满足多高层木结构的需求。其中较典型的如木结构楼盖，传统的木结构楼盖在振动、变形、隔声与防火等方面问题突出，相关研究表明其已滞后于多高层木结构体系的发展[2-3]。鉴于此，大量学者开始致力于新型木结构楼盖的研究，如正交胶合木（CLT）楼盖与木-混凝土组合楼盖。

木-混凝土组合楼盖相较传统木结构楼盖具有抗弯刚度大、隔声性能优、振动及变形小、承载能力高、防火性能好等优点，将其应用于多高层木结构中具有很好的前景。20 世纪

基金项目：国家自然科学基金项目（51878344、51578284）。本文已在《建筑结构学报》正式发表，此处仅供会议交流使用。

80年代,德国等欧洲国家首次将其运用于房屋改造当中。此后,欧洲和北美的一些发达国家针对此类结构体系的研究持续至今,自2010年起,国内学者也开始研究木-混凝土组合结构,也取得了不俗的成果。国内外对于木-混凝土组合结构的研究主要集中于两个方面:(1)木与混凝土之间的界面连接性能研究,主要针对榫槽剪力件[4-8]、机械剪力件[5-10]及胶接剪力件[11-12]三大类剪力连接件开展试验,研究发现榫槽型和榫-钉混合型剪力件的受力性能更优;(2)木-混凝土组合梁受力性能研究,国内外学者针对不同抗剪连接形式、不同组合程度以及不同结构材料的组合梁进行了大量的静力试验,并分析了其各自的承载力、抗弯刚度及挠度等受力性能,同时基于欧规中推荐的"γ法"等与试验结果进行了验证分析[13-25]。

综上,通过大批学者的努力,木-混凝土组合楼盖的发展已取得一定的成果。然而,就该种楼盖运用于结构体系中的效果还未被证实,国内外的相关研究也仅处于起步阶段。为探索木-混凝土组合楼盖在框架结构中运用的可行性,本文借鉴钢结构翼缘角钢连接方法,提出了混合角钢连接木-混凝土组合梁柱节点形式,并对此类组合节点的受力性能开展了初步的试验研究与理论分析,以期为相关工程应用提供一定的参考。

2 试验概况

2.1 试件设计

共设计了三个足尺十字形节点试件,包括木梁-木柱节点(试件BCJ-1)、木-混凝土组合梁与木柱组合节点(试件BCJ-2)和木-混凝土组合梁与钢柱组合节点(试件BCJ-3)。试件设计时,取侧向荷载作用下相邻梁柱反弯点之间的十字形中柱节点,上下柱的反弯点之比为1∶1,在框架结构中梁高一般取作梁跨的1/10~1/18,梁宽取为梁高的1/2~1/3。各试件的尺寸及构造如图1和图2所示。

木梁-木柱节点试件BCJ-1的整体构造和梁-柱节点局部构造如图1所示。其中,为减小木柱承压变形的影响,节点域的木柱段采用加劲H型钢柱进行了替换。木柱与H型钢间通过植筋技术连接,植筋螺杆直径为16 mm,长度为270 mm;木梁与H型钢之间则通过

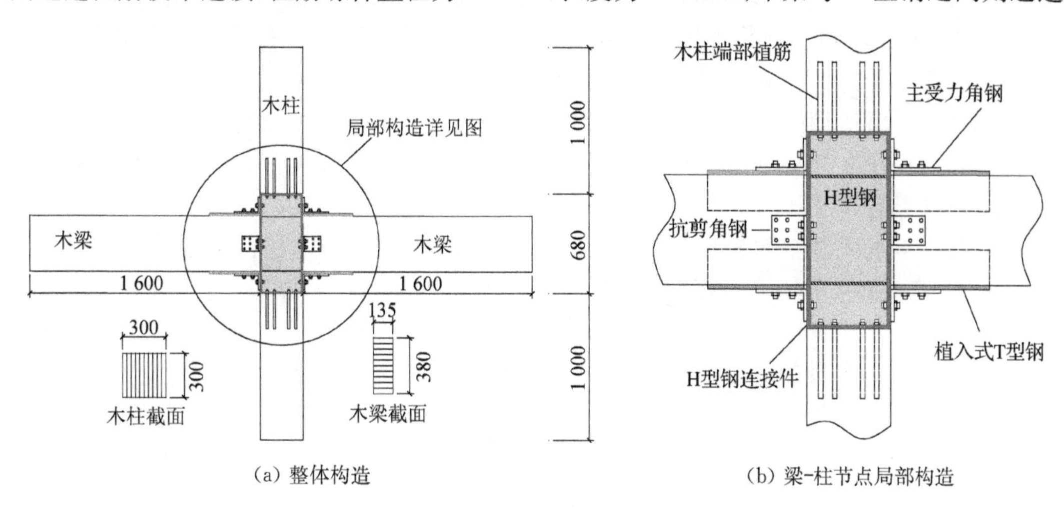

(a) 整体构造　　(b) 梁-柱节点局部构造

图1 木梁-木柱节点试件构造

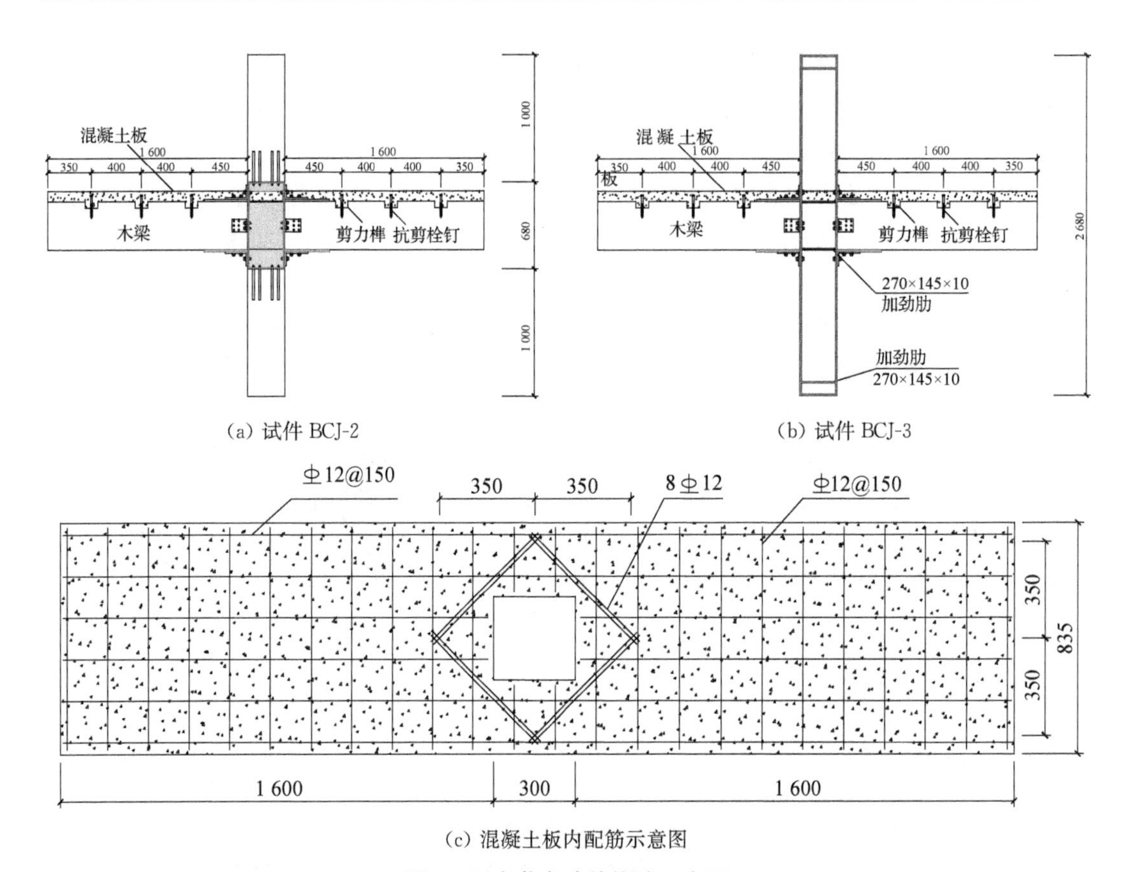

(a) 试件 BCJ-2　(b) 试件 BCJ-3

(c) 混凝土板内配筋示意图

图 2　组合节点试件构造示意图

顶底角钢连接，角钢通过螺栓直接与 H 型钢连接，并通过植入式 T 型钢板锚于木梁端部。此外，为增加节点连接抗剪性能，木梁端部还设置了抗剪角钢，并分别采用六角头木螺钉和螺栓与梁端和柱相连。

试件 BCJ-2 相较试件 BCJ-1 的区别在于木梁上组合了混凝土楼板；而试件 BCJ-3 相较试件 BCJ-2 的区别在于将木柱完全替换成了 H 型钢柱。木-混凝土组合梁中，木梁与混凝土板采用剪力榫与抗剪栓钉的混合连接件。木梁顶部剪力榫宽度与木梁宽相同，长度为 100 mm，深度为 50 mm，每根木梁开榫数量为 3 个，间距为 400 mm，抗剪栓钉为表面镀锌六角头木螺钉，直径为 16 mm，长为 180 mm(图 2a、2b)。混凝土板的厚度为 80 mm，板宽为 835 mm，板内分布筋距板顶 25 mm，双向配置钢筋均为 f12@150，柱宽范围以外的钢筋均贯通，混凝土板在柱身处的孔洞周围还专门采用了加强分布筋，以防混凝土板在试验过程中产生过早的局部破坏(图 2c)。

各试件中，木梁截面均为 135 mm ×380 mm，长 1600 mm，木柱截面均为 300 mm × 300 mm，高 1 000 mm，加劲 H 型钢的截面规格为 H300×300×10×15，主受力角钢的规格为热轧型钢 L180×110×12，抗剪角钢的规格为热轧型钢 L125×80×10，植入式 T 型钢的规格为 T139×135×8×15。此外，为提高植入式 T 型钢的粘结锚固能力，T 型钢腹板设置了 36 个直径为 12 mm 的均匀分布的圆孔，且植入钢板后严格控制养护环境及时间。

2.2 材料性能

本文胶合木构件由花旗松板材制成，依据《木结构试验方法标准》(GB/T 50329—2012)[26]和《结构用集成材》(GB/T 26899—2011)[27]测得本批次木材含水率为 14.8%，密度为 0.53 g/cm³，其基本力学性能参数如表 1 所示，其中各组材性试验皆设计了 30 个试件，表中数据为试验平均值。植筋胶性能参数由制造商提供，如表 2 所示。

表 1 胶合木力学性能参数

力学指标	数值/MPa
顺纹弹性模量	13 020
顺纹抗压强度	46.3
顺纹抗拉强度	52.2
顺纹抗剪强度	9.5

表 2 胶黏剂力学性能参数

力学指标	数值/MPa
劈裂抗拉强度	9.2
抗弯强度	65
抗压强度	70
抗剪强度	17.4

H 型钢柱及连接件、植入式 T 型钢、主受力角钢及抗剪角钢采用的钢材强度等级均为 Q345B，测得钢材的屈服强度为 342.3 MPa，抗拉强度为 513.7 MPa；植筋螺杆和抗剪栓钉的强度等级分别为 8.8 级和 4.8 级。混凝土强度等级为 C30，依据《混凝土物理力学性能试验方法标准》(GB/T 50081—2019)[28]测得的立方体试块抗压强度平均值为 34.6 MPa，板内分布钢筋的强度等级为 HRB335，其屈服强度标准值为 335 MPa。

2.2 试验装置与加载制度

试验装置与测点布置如图 3 所示。试验中采用 MTS 作动器在柱顶对各试件进行水平循环加载，加载中心至节点中心距离为 1 325 mm，加载过程由位移控制。柱底安装在铰接连接的柱靴内，组合梁梁端通过销轴(图 3 中画圈处)和梁底支撑与试验台座进行铰接连接。图 3 中的数字代表位移计编号，其中编号为 1、2 的位移计布置在柱侧，主要用于量测木柱

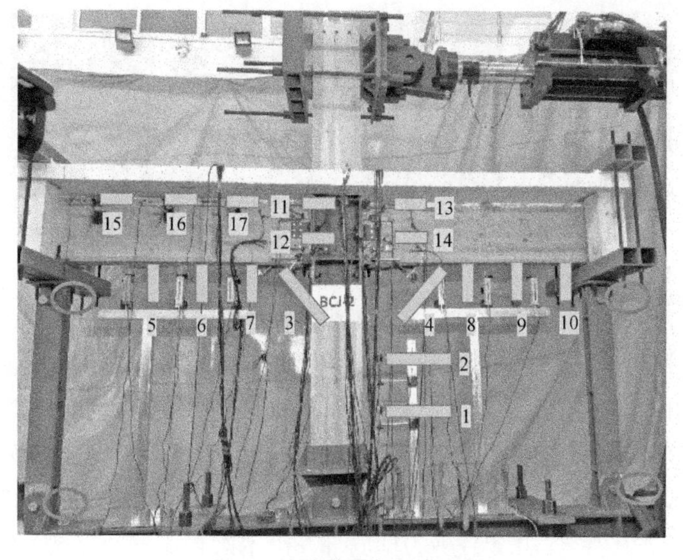

图 3 试验装置与测点布置

水平位移；编号为 3、4 的拉线位移计布置于柱侧与梁底，用于量测梁柱相对位移；编号为 5—10 的位移计布置于梁底，用于量测梁柱相对转角；编号为 11—14 的位移计布置于梁端部，同样用于量测梁端相对转角；编号为 15—17 的位移计布置在剪力榫部位处，用于量测木梁与混凝土板之间的相对滑移。

参照文献[29]，低周反复加载试验的加载速率设置为 60 mm/min。各加载级的控制位移由层间位移角换算而来，其对应的循环次数如表 3 所示，逐级加载直至试件破坏。

表 3 循环荷载加载制度

加载步	1	2	3	4	5	6	7	8	9	10	11
位移角/rad	0.007 5	0.01	0.015	0.02	0.03	0.04	0.06	0.08	0.1	0.12	0.14
幅值/mm	9.95	13.25	19.88	26.50	39.75	53	79.5	106	132.5	159	185.5
循环次数	6	6	6	4	2	2	2	2	2	2	2

3 试验现象及结果分析

3.1 试验现象

各试件典型破坏模式如图 4 所示。在加载初期，各试件均无明显变形，随着位移及相应荷载的增大，在第 3 加载级时，组合节点试件 BCJ-2 与试件 BCJ-3 柱边混凝土逐渐出现裂缝并往两侧不断发展；继续加载至第 6 加载级后，采用木柱的试件 BCJ-1 和试件 BCJ-2 受力角钢变形明显(图 4(a))，角钢逐渐屈服，同时梁柱节点处 H 型钢与木柱连接端板受拉变形加大(图 4(b))；加载至第 10 级后，植钢板边木材逐渐受剪破坏，最终 T 型植钢板及其周围木材被剪出，试件破坏，试验终止。

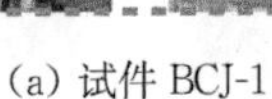
(a) 试件 BCJ-1

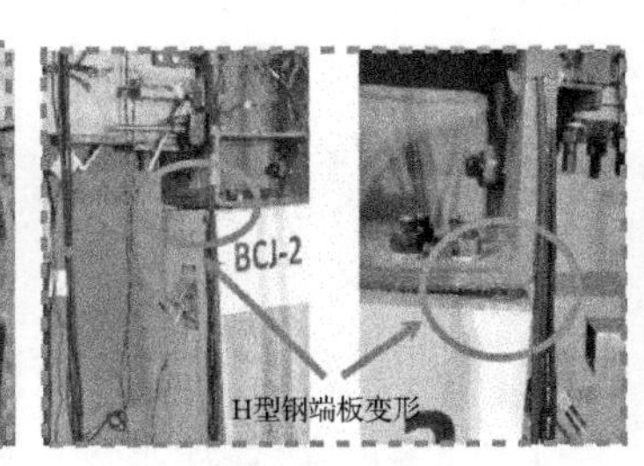

(b) 试件 BCJ-2

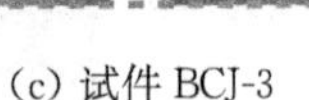
(c) 试件 BCJ-3

图 4 试件的破坏形态

对于采用钢柱的节点试件 BCJ-3，其相对于采用木柱的节点试件的刚度显著提高，荷载随着加载级的变化而快速增长，第 4 加载级时，受力角钢即由于屈服而出现较大变形(图 4(c))，第 6 加载级后植钢板边木材逐渐受剪破坏，最终植钢板于第 7 加载级时被剪出，试验终止。加载后半段，由于荷载增加而导致木梁与混凝土界面处的剪力增加，最终在剪力榫部位均产生一定的挤压变形，并导致剪力榫底部在沿木梁长度方向出现剪切裂缝。

3.2 试验结果及其分析

梁端左右两侧相对转角 θ_L 和 θ_R 由位移计 11～14(图 3)所测数据按下式计算得到：

$$\theta_L = \arctan((\delta_{11} - \delta_{12})/\Delta) \tag{1}$$

$$\theta_R = \arctan((\delta_{13} - \delta_{14})/\Delta) \tag{2}$$

式中：δ_{11}、δ_{12}、δ_{13} 和 δ_{14} 分别为位移计 11～14 的读数，Δ 为同侧两位移计之间的竖向间距。

各试件主要试验结果见表 4。试件左右两侧梁端在正弯矩和负弯矩作用下的弯矩-转角骨架曲线如图 5 所示。

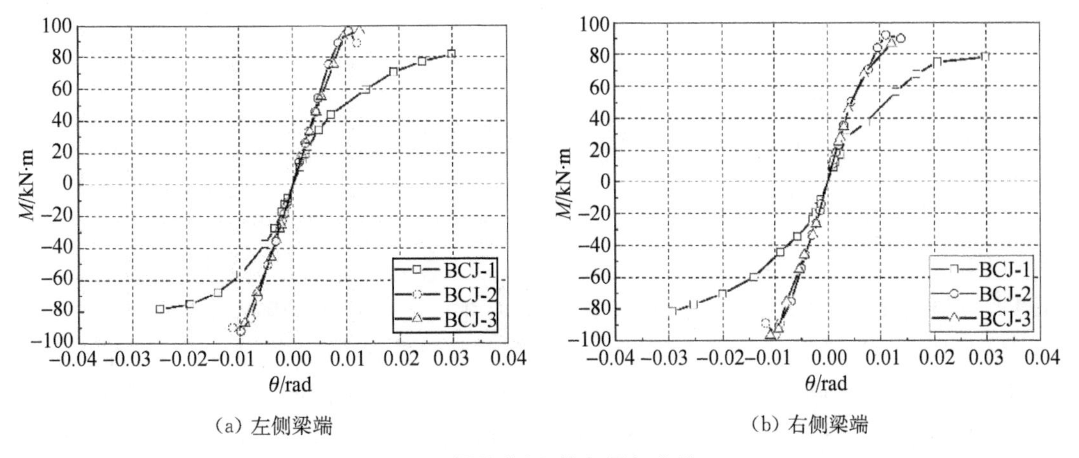

(a) 左侧梁端　　(b) 右侧梁端

图 5　梁端弯矩-转角骨架曲线

表 4　主要试验结果

试件编号	左侧梁端						右侧梁端					
	M^+_{max}/(kNm)	M^-_{max}/(kNm)	θ^+_{max}/(10^{-3}rad)	θ^-_{max}/(10^{-3}rad)	S^+_j/(kNm/rad)	S^-_j/(kNm/rad)	M^+_{max}/(kNm)	M^-_{max}/(kNm)	θ^+_{max}/(10^{-3}rad)	θ^-_{max}/(10^{-3}rad)	S^+_j/(kNm/rad)	S^-_j/(kNm/rad)
BCJ-1	81.7	78.3	29.8	24.9	8 088.2	8 631.1	78.3	81.7	29.9	29.4	7 930.8	8 321.7
BCJ-2	96.4	92.1	10.5	9.9	11 089.4	10 996.4	92.1	96.4	11.2	9.9	11 350.3	10 862.2
BCJ-3	96.7	86.9	12.7	9.1	10 239.5	11 168.3	86.9	96.7	12.2	10.9	11 060.9	10 262.3

注：M^+_{max}、θ^+_{max} 和 S^+_j 分别为正弯矩下的极限承载弯矩、极限承载弯矩对应的转角和初始转动刚度，M^-_{max}、θ^-_{max} 和 S^-_j 分别为负弯矩下的极限承载力、极限承载力对应的转角和初始转动刚度。

由图 5 和表 4 可知：

(1) 木梁-木柱节点试件 BCJ-1 梁端的极限弯矩可达 80 kN·m 左右；两侧梁端在正弯矩和负弯矩作用下的初始转动刚度均值分别为 8 009.5 kN·m/rad 和 8 476.4 kN·m/rad；梁端最大相对转角可达 0.03 rad。骨架曲线在加载初期呈线性上升趋势，在后期随着受力角钢的显著变形，转动刚度逐渐降低，整个曲线具有明显的弹塑性特征。

(2) 木-混凝土组合梁与木柱组合节点试件 BCJ-2 梁端的极限弯矩达 96.4 kN·m，两侧梁端在正弯矩和负弯矩作用下的初始转动刚度均值分别为 11 219.9 kN·m/rad 和 10 929.3 kN·m/rad。相对于试件 BCJ-1，试件 BCJ-2 在正弯矩下承载力和初始转动刚度分别提高 18.0%和 40.1%，在负弯矩下承载力及初始转动刚度也分别有 17.6%和 28.9%的提升。

(3) 木-混凝土组合梁与钢柱组合节点试件 BCJ-3 梁端的极限弯矩达 96.7 kN·m,两侧梁端在正弯矩和负弯矩作用下的初始转动刚度均值分别为 10 650.2 kN·m/rad 和 10 715.3 kN·m/rad。相较木梁-木柱节点,正弯矩下的承载力和初始转动刚度分别提高了 18.4%和 33.0%,而负弯矩下承载力及初始转动刚度也分别有 11.0%和 26.4%的提升。

(4) 木-混凝土梁柱组合节点的梁端最大相对转角可达 0.01 rad;而由于组合节点试件 BCJ-2 和试件 BCJ-3 在梁端的构造相同,其受力性能较为接近。

4 组合节点的刚度与承载力分析

参考英国标准 BS EN 1993-1-8[30] 中有关组件法规定,以及 Jaspart[31] 和 Yang 等[32] 关于组件法的相关研究,采用组件法理论,对木-混凝土梁柱组合节点的承载力和节点域初始转动刚度进行分析。总体分析思路为:(1) 确定整个组合节点中的有效基本组件;(2) 将各有效组件按照串联或并联方式装配于力学计算模型中;(3) 求解节点初始转动刚度和受弯承载力。

4.1 建立计算模型

以组合节点试件 BCJ-2 为例对其初始转动刚度及受弯承载力进行分析,试件 BCJ-3 的计算方法与试件 BCJ-2 相同,而试件 BCJ-1 在计算中应省去混凝土板内相应组件。

根据 BS EN 1993-1-8[30] 及 BS EN 1994-1-1[33] 的组件划分依据并以单侧梁为例进行分析,组件定义如表 5 所示,计算模型如图 6(a)、(b)和图 7(a)、(b)所示。建立计算模型时做如下基本假定:(1) 木梁和混凝土楼板在受弯时符合平截面假定;(2) 不考虑混凝土板的抗拉及钢筋的抗压作用。

表 5 组件的定义

组件	定义	组件	定义
受弯角钢	ab	受剪 H 型钢腹板节间	cws
受剪螺栓	bs	受拉 H 型钢腹板	cwt
受拉螺栓	bt	受剪植钢板	gss
受压混凝土	cc	受拉钢筋	sr
受弯 H 型钢翼缘	cfb	受剪榫-钉连接件	ss
受压 H 型钢腹板	cwc		

节点受弯矩作用时,组件模型可以简化为四行等效弹簧,各行有效刚度系数 k_r 可按下式计算:

$$k_r = \frac{1}{\left(\sum_i \frac{1}{k_{i,r}}\right)} \tag{3}$$

式中:$k_{i,r}$ 为第 r 行的第 i 个组件的刚度系数。

结合图 6(b),在负弯矩作用下,通过静力平衡及变形协调条件即可求得转动中心的位置,从而能够确定每行弹簧组件的受力方向、等效刚度系数及等效力臂(图 6(c)),其计算方法如下：

$$h_{\mathrm{R}}=\left(\sum_{r=n+1}^{4}k_{r,\mathrm{c}}h_{r}+\sum_{r=1}^{n}k_{r,\mathrm{t}}h_{r}\right)\Big/\left(\sum_{r=n+1}^{4}k_{r,\mathrm{c}}+\sum_{r=1}^{n}k_{r,\mathrm{t}}\right) \tag{4}$$

$$l_{\mathrm{eq,c}}=\sum_{r=n+1}^{4}k_{r,\mathrm{c}}(h_{\mathrm{R}}-h_{r})^{2}\Big/\sum_{r=n+1}^{4}k_{r,\mathrm{c}}(h_{\mathrm{R}}-h_{r}) \tag{5}$$

$$l_{\mathrm{eq,t}}=\sum_{r=1}^{n}k_{r,\mathrm{t}}(h_{r}-h_{\mathrm{R}})^{2}\Big/\sum_{r=1}^{n}k_{r,\mathrm{t}}(h_{r}-h_{\mathrm{R}}) \tag{6}$$

$$k_{\mathrm{eq,c}}=\sum_{r=n+1}^{4}k_{r,\mathrm{c}}(h_{\mathrm{R}}-h_{r})\Big/l_{\mathrm{eq,c}} \tag{7}$$

$$k_{\mathrm{eq,t}}=\sum_{r=1}^{n}k_{r,\mathrm{t}}(h_{r}-h_{\mathrm{R}})\Big/l_{\mathrm{eq,t}} \tag{8}$$

式中：h_{R}和h_r分别为转动中心和第r行弹簧中心至底行弹簧的距离；$k_{r,\mathrm{t}}$和$k_{r,\mathrm{c}}$分别为受拉行和受压行弹簧的刚度系数；$k_{\mathrm{eq,t}}$和$k_{\mathrm{eq,c}}$分别为等效受拉和受压的刚度系数；$l_{\mathrm{eq,t}}$和$l_{\mathrm{eq,c}}$分别为等效受拉和受压的力臂，n为假定转动中心位于第n和$n+1$行间。

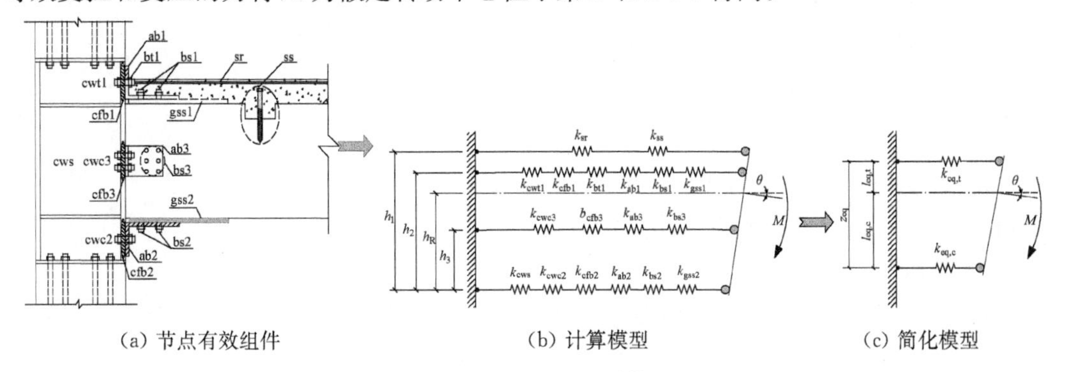

(a) 节点有效组件　　(b) 计算模型　　(c) 简化模型

图 6　负弯矩下组件法计算模型

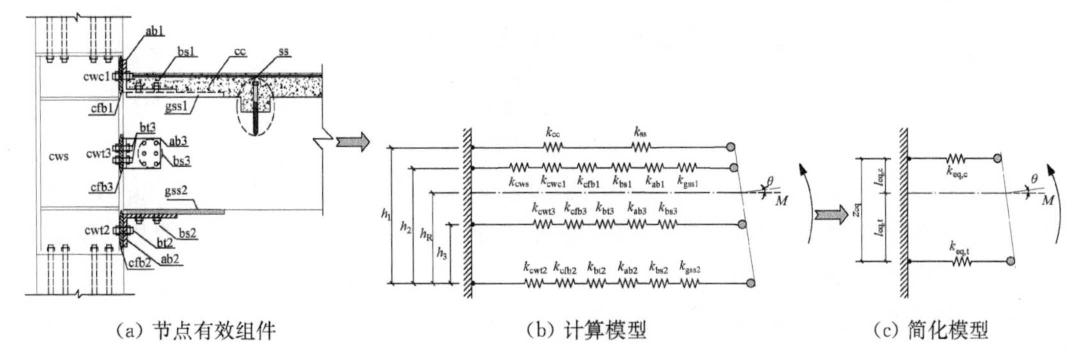

(a) 节点有效组件　　(b) 计算模型　　(c) 简化模型

图 7　正弯矩下组件法计算模型

同样地，结合图 7，在正弯矩作用下时，组合节点转动中心位置、等效刚度系数及等效力臂(图 7(c))计算方法与上述类似，分别可由下式计算：

$$h_{\mathrm{R}}=\left(\sum_{r=1}^{n}k_{r,\mathrm{c}}h_{r}+\sum_{r=n+1}^{4}k_{r,\mathrm{t}}h_{r}\right)\Big/\left(\sum_{r=1}^{n}k_{r,\mathrm{c}}+\sum_{r=n+1}^{4}k_{r,\mathrm{t}}\right) \tag{9}$$

$$l_{\mathrm{eq,t}}=\sum_{r=n+1}^{4}k_{r,\mathrm{t}}(h_{\mathrm{R}}-h_{r})^{2}\Big/\sum_{r=n+1}^{4}k_{r,\mathrm{t}}(h_{\mathrm{R}}-h_{r}) \tag{10}$$

$$l_{\mathrm{eq,c}}=\sum_{r=1}^{n}k_{r,\mathrm{c}}(h_{r}-h_{\mathrm{R}})^{2}\Big/\sum_{r=1}^{n}k_{r,\mathrm{c}}(h_{r}-h_{\mathrm{R}}) \tag{11}$$

$$k_{\mathrm{eq,t}}=\sum_{r=n+1}^{4}k_{r,\mathrm{t}}(h_{\mathrm{R}}-h_{r})\Big/l_{\mathrm{eq,t}} \tag{12}$$

$$k_{\mathrm{eq,c}}=\sum_{r=1}^{n}k_{r,\mathrm{c}}(h_{r}-h_{\mathrm{R}})\Big/l_{\mathrm{eq,c}} \tag{13}$$

通过上述理论推导可知，本试验中的组合节点试件在正/负弯矩作用下的转动中心均位于木梁顶面与抗剪角钢之间(第二行与第三行组件之间)，简化后的计算模型如图 6(c)和图 7(c)所示。

4.2 初始转动刚度计算

确定各组件的刚度系数后，即可根据式(3)计算每行弹簧的有效刚度系数，之后依据式(4)～(13)就可以确定组合节点的等效刚度系数和等效力臂，最后由式(14)即可得节点域的初始转动刚度。

$$S_{\mathrm{j,ini}}=\frac{Z_{\mathrm{eq}}^{2}}{1/k_{\mathrm{eq,c}}+1/k_{\mathrm{eq,t}}} \tag{14}$$

式中：Z_{eq}为节点模型的等效力臂，$Z_{\mathrm{eq}}=l_{\mathrm{eq,c}}+l_{\mathrm{eq,t}}$。

试件 BCJ-2 组件的刚度系数计算方法如下：

(1) 受压 H 型钢腹板

根据 BS EN 1993-1-8[30]中的规定，使用横向加劲肋增强的受压柱腹板的刚度系数可认为是无穷大。

(2) 受拉 H 型钢腹板

受拉 H 型钢柱腹板的刚度系数 k_{cwt}可由下式计算而得[30]：

$$k_{\mathrm{cwt}}=\frac{0.7E_{\mathrm{wc}}b_{\mathrm{eff,t,wc}}t_{\mathrm{wc}}}{d_{\mathrm{c}}} \tag{15}$$

式中：E_{wc}为柱腹板弹性模量；$b_{\mathrm{eff,t,wc}}$为 H 型钢腹板的有效受拉宽度，按 BS EN 1993-1-8[30]规定应取代表柱翼缘的等效 T 型钢的有效长度；t_{wc}和 d_{c} 分别为 H 型钢腹板的厚度和计算高度。

(3) 受弯 H 型钢翼缘

H 型钢翼缘其受弯刚度系数 k_{cfb}为[30]：

$$k_{\mathrm{cfb}}=\frac{0.9E_{\mathrm{cf}}l_{\mathrm{eff}}t_{\mathrm{cf}}^{3}}{m^{3}} \tag{16}$$

式中：E_{cf}为 H 型钢翼缘弹性模量；l_{eff}为 H 型钢翼缘有效长度，可取值为 $l_{\mathrm{eff}}=\min(2\pi m,\ \pi m+2e_{1})$，$m$ 为翼缘螺栓中心至焊缝边的距离，e_{1}为端部螺栓中心至相邻横向加劲肋的距离；t_{cf}为翼缘厚度。

(4) 受剪 H 型钢腹板节间

根据 BS EN 1993-1-8[30]中的规定，使用横向加劲肋增强的 H 型钢柱腹板节间的刚度系数同样可看作无穷大。

(5) 受弯角钢

受弯角钢其计算模型可简化为等效 T 型钢翼缘，因此其受弯刚度系数[30]为：

$$k_{ab}=\frac{0.9E_{ab}l_{eff}t_{ab}^3}{m^3} \tag{17}$$

式中：E_{ab}为角钢弹性模量；l_{eff}为角钢有效长度，可取值为 $l_{eff}=0.5b_a$，b_a 为角钢的宽度；m 为翼缘螺栓中心至焊缝边的距离；t_{ab}为角钢翼缘厚度。

(6) 受拉螺栓

单行受拉螺栓其刚度系数可按下式[30]计算：

$$k_{bt}=1.6E_{bt}A_s/L_b \tag{18}$$

式中：E_{bt}为螺栓弹性模量；A_s为螺栓截面面积；L_b为螺栓伸长长度，其取值等于握裹长度(被连构件和垫圈的总长度)加上螺帽和螺母高度之和的一半。

(7) 受剪螺栓及螺钉

对于受剪螺栓，BS EN 1993-1-8[30]中规定，采用扳手预紧的螺栓其受剪刚度系数可取作无穷大，而对于非预紧受剪螺栓，其刚度系数可按式(19)计算。

$$k_{bs}=\frac{16n_bE_{ub}d^2f_{ub}}{E_sd_{M16}} \tag{19}$$

式中：n_b为受剪螺栓行数；E_{ub}及 E_s分别为受剪螺栓及被连钢构件的弹性模量；d 及 d_{M16}分别为受剪螺栓及 M16 螺栓的公称直径；f_{ub}为螺栓的极限抗拉强度。

对于受剪螺钉，BS EN 1995-1-1[34]中对于木-钢销栓连接的销栓剪切刚度系数的计算式为：

$$k_{ser}=2\rho_m^{1.5}d/23 \tag{20}$$

式中：ρ_m为木材的密度，d 为抗剪栓钉的直径。

(8) 受压混凝土

正弯矩下则须考虑混凝土板对节点核心区初始转动刚度的贡献，而混凝土板的刚度系数可根据 BS EN 1993-1-8[30]，按下式计算：

$$k_{cc}=(E_c^2\sqrt{b_{eff}l_{eff}})/(1.275E_s) \tag{21}$$

式中：E_c为混凝土弹性模量；b_{eff}和 l_{eff}分别为等效 T 型钢翼缘的有效宽度及有效长度，可根据 BS EN 1993-1-8[30]中相关规定确定；E_s为钢柱弹性模量。

(9) 受拉钢筋

十字形组合节点内钢筋受拉刚度系数为[33]：

$$k_{sr}=\frac{E_{sr}A_{sr}}{h/2} \tag{22}$$

式中：E_{sr}、A_{sr}及 h 分别为受拉钢筋的弹性模量，有效板宽范围内钢筋总面积及柱截面高度。

(10) 受剪植钢板

根据已有研究[35]，植入木梁内的T型植钢板的刚度系数可认为是无穷大。

(11) 受剪榫-钉连接件

本研究中考虑剪力榫及栓钉对连接件刚度的贡献，因此连接件的刚度系数可由下式确定：

$$k_{ss}=k_{ser}+k_{n} \tag{23}$$

$$\frac{1}{k_{n}}=\frac{1}{k_{w}}+\frac{1}{k_{c}}=\frac{1}{G_{w}d}+\frac{1}{G_{c}d} \tag{24}$$

式中：k_{ser}、k_{n}、k_{w} 及 k_{c} 分别为受剪栓钉、受剪榫槽、榫内承压木材及承压混凝土的刚度系数；d 为剪力榫的宽度；G_{c} 为混凝土剪切模量，混凝土剪切模量按 GB 50010[36]规定选取，取为 30 GPa；G_{w} 为胶合木顺纹剪切模量，根据 Bodig 等[37]研究中给定的木材顺纹剪切模量与弹性模量间的比例关系近似求得，此处取为 930 MPa。

4.3 受弯承载力计算

负弯矩和正弯矩作用下组合节点的承载力计算模型分别如图8和图9所示。以每行弹簧中承载力最低的组件作为整行薄弱点，并以其承载力作为此行承载力，则对受压侧最外行弹簧取矩即可得组合节点的受弯承载力，其计算方法如下：

$$M_{j,Rd}=\sum_{r}F_{r,Rd}h_{rc} \tag{25}$$

式中：$F_{r,Rd}$为第 r 行弹簧的有效承载力，即第 r 行弹簧中最薄弱组件的承载力；h_{rc}为第 r 行弹簧至受压侧最外行弹簧的距离。

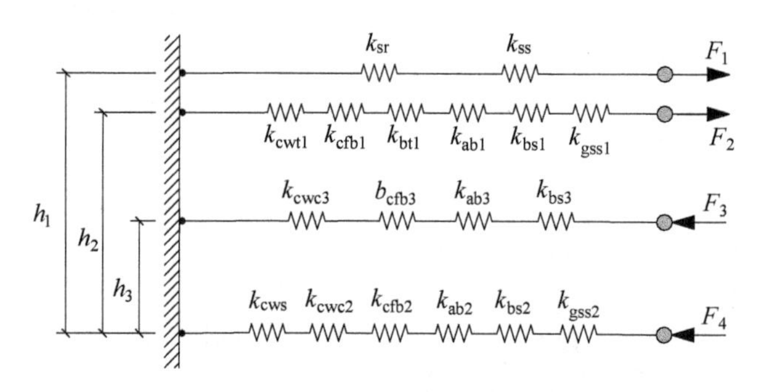

图8 负弯矩下节点承载力计算模型

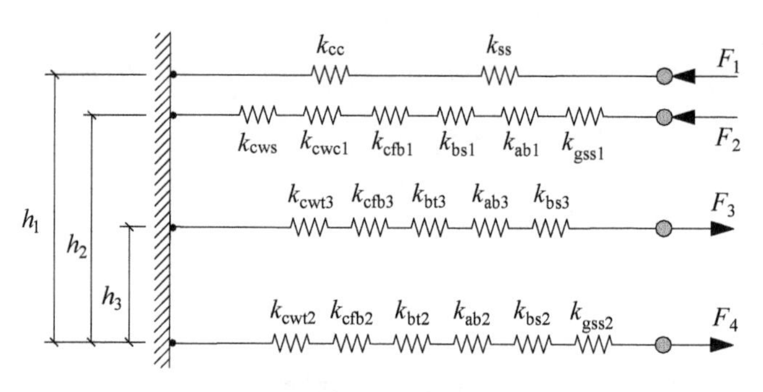

图9 正弯矩下节点承载力计算模型

各有效组件的承载力可分别按以下方法计算：

（1）受压 H 型钢腹板

横向受压 H 型钢腹板承载力应按下式计算[30]：

$$F_{\mathrm{cwc}}=\frac{\omega k_{\mathrm{wc}} b_{\mathrm{eff,c,wc}} t_{\mathrm{wc}} f_{\mathrm{y,wc}}}{\gamma_{\mathrm{M0}}} \text{ 且 } F_{\mathrm{cwc}} \leqslant \frac{\omega k_{\mathrm{wc}} \rho b_{\mathrm{eff,c,wc}} t_{\mathrm{wc}} f_{\mathrm{y,wc}}}{\gamma_{\mathrm{M1}}} \tag{26}$$

$$b_{\mathrm{eff,c,wc}}=2t_{\mathrm{a}}+0.6r_{\mathrm{a}}+5(t_{\mathrm{cf}}+\sqrt{2}a_{\mathrm{c}})$$

式中：ω 为考虑腹板节内剪切作用的折减系数，$b_{\mathrm{eff,c,wc}}$ 为腹板的有效受压宽度，k_{wc} 为考虑轴力和弯矩的折减系数，t_{wc} 为柱腹板厚度，$f_{\mathrm{y,wc}}$ 为柱腹板屈服强度，γ_{M0} 和 γ_{M1} 分别为适用于横截面承载力和构件不稳定性承载力的结构钢分项系数，取为 1[38]，ρ 为板屈曲的折减系数，t_{a} 为与 H 型钢相连的受弯角钢的厚度，r_{a} 为受弯角钢圆角半径，t_{cf} 为 H 型钢翼缘厚度，a_{c} 为焊缝厚度。

（2）受拉 H 型钢腹板

水平向受拉 H 型钢腹板承载力由公式(27)确定[30]：

$$F_{\mathrm{cwt}}=\frac{\omega b_{\mathrm{eff,t,wc}} t_{\mathrm{wc}} f_{\mathrm{y,wc}}}{\gamma_{\mathrm{M0}}} \tag{27}$$

式中：$b_{\mathrm{eff,t,wc}}$ 为腹板的有效受拉宽度。

（3）受弯 H 型钢翼缘

根据 BS EN 1993-1-8[30] 可简化成等效 T 型钢翼缘来确定其承载力。对于翼缘完全屈服的破坏模式其承载力可由下式计算[30]：

$$F_{\mathrm{cfb}}=\frac{4\times 0.25 l_{\mathrm{eff,1}} t_{\mathrm{cf}}^{2} f_{\mathrm{y,cf}}}{\gamma_{\mathrm{M0}} m} \tag{28}$$

式中：$l_{\mathrm{eff,1}}$ 为翼缘有效长度，可由 BS EN 1993-1-8[30] 确定，t_{cf} 及 $f_{\mathrm{y,cf}}$ 分别为翼缘厚度及屈服强度。

（4）受剪 H 型钢腹板节间

未加劲 H 型钢腹板节间的塑性抗剪承载力 $V_{\mathrm{wp,Rd}}$ 可由下式得到[30]：

$$V_{\mathrm{wp,Rd}}=\frac{0.9 f_{\mathrm{y,wc}} A_{\mathrm{vc}}}{\sqrt{3}\gamma_{\mathrm{M0}}} \tag{29}$$

而采用横向加劲肋增强的腹板节间其抗剪承载力可增加 $V_{\mathrm{wp,add,Rd}}$：

$$V_{\mathrm{wp,add,Rd}}=\frac{4M_{\mathrm{pl,cf,Rd}}}{d_{\mathrm{s}}} \text{ 但 } V_{\mathrm{wp,add,Rd}} \leqslant \frac{2M_{\mathrm{pl,cf,Rd}}+2M_{\mathrm{pl,sl,Rd}}}{d_{\mathrm{s}}} \tag{30}$$

故受剪 H 型钢腹板节间抗剪承载力 F_{cwc} 为：

$$F_{\mathrm{cwc}}=V_{\mathrm{wp,Rd}}+V_{\mathrm{wp,add,Rd}} \tag{31}$$

式中：A_{vc} 在此处为 H 型钢剪切面积，可由 EN 1993-1-1[38] 相关规定得，d_{s} 为加劲肋中心线间的距离，$M_{\mathrm{pl,cf,Rd}}$ 和 $M_{\mathrm{pl,sl,Rd}}$ 分别型钢翼缘和加劲肋的设计抗弯承载力。

（5）受弯角钢

简化为等效 T 型钢翼缘的受弯角钢其承载力为[30]：

$$F_{ab}=\frac{4\times 0.25 l_{eff} t_{ab}^{2} f_{y}}{\gamma_{M0} m} \tag{32}$$

式中：f_y为角钢所用钢材的屈服强度。

(6) 受拉螺栓

受拉螺栓其抗拉承载力可按下式计算[30]：

$$F_{bt}=\frac{n k_2 f_{ub} A_s}{\gamma_{M2}} \tag{33}$$

式中：n 为受拉螺栓数目，k_2为折减系数，可取作 0.9，A_s为螺栓横截面面积，γ_{M2}为横截面断裂承载力结构钢分项系数[38]，可取为 1.25。

(7) 受剪螺栓

由于搭接长度均未超过 15d，因此无须考虑长节点的折减系数。而受剪螺栓的抗剪承载力为[30]：

$$F_{bs}=n\times\min\{F_{v,Rd},F_{c,Rd}\}=n\times\min\left\{\frac{\alpha_v f_{ub} A_s}{\gamma_{M2}},\frac{k_1 \alpha_b f_u d t}{\gamma_{M2}}\right\} \tag{34}$$

式中：n 为受剪螺栓数目，α_v为考虑剪切面与螺纹关系的折减系数，对于剪切面穿过螺纹部分的 8.8 级螺栓可取作 0.6，k_1及 α_b为抗剪承压计算时的折减系数，可依据 BS EN 1993-1-8[30]中相关规定确定，f_u为被连钢构件的屈服强度，d 和 t 分别为承压面宽度和厚度。

(8) 混凝土

混凝土的局部受压承载力可按下式计算[30]：

$$F_{cc}=h_{eff} l_{eff} f_c \tag{35}$$

式中：h_{eff}及 l_{eff}分别为由 BS EN 1993-1-8[30]确定的混凝土有效厚度和长度，f_c为混凝土立方体抗压强度。

(9) 受拉钢筋

组合节点内钢筋的抗拉承载力为[36]：

$$F_{sr}=A_{sr} f_{y,sr} \tag{36}$$

式中：F_{sr}为钢筋抗拉承载力，A_{sr}为混凝土楼板有效宽度范围内纵向钢筋的总面积，$f_{y,sr}$为钢筋的屈服强度。

(10) 受剪植钢板

根据已有研究[35]，植入木梁内的 T 型植钢板的承载力主要受钢板植入长度、长厚比和孔间距等参数的影响，通过调整上述参数，可以控制其最终破坏模式。基于此，将 T 型钢腹板设置为如图 4 所示的开孔形式，目标是控制其破坏为植入的腹板屈服，因此受剪植钢板的承载力即为植入腹板的屈服承载力。

需要说明的是，本文中 T 型植钢板的受剪腹板还受到偏心引起的扭矩的影响，因此存在一定偏差，但这并不影响节点的承载力计算，因为最终破坏是由主受力角钢的屈服破坏引起的。

(11) 受剪榫-钉连接件

根据 Yeoh 等[6]的研究，受剪榫-钉连接件可分为 4 种破坏模式：混凝土受剪破坏、混凝土承压破坏、木材受剪破坏和木材承压破坏。受剪榫-钉连接件的承载力可取为上述几种破坏模式下承载力的最小值。结合我国标准 GB 50010[36] 和 BS EN 1995-1-1[34] 中相关规定，下面分别给出 4 种情形下的承载力。

混凝土受剪破坏承载力为：

$$F_{conc,shear}=\alpha\beta_c f'_c bl+n_{ef}(\pi d l_{ef})^{0.8}f_{\alpha x} \tag{37}$$

式中：α 为受剪面尺寸系数，此处取为 0.25；β_c为混凝土强度影响系数，此处可取作 1.0；f'_c为混凝土抗压强度；b 和 l 分别为榫槽受剪面宽度和长度；n_{ef}为每个榫-钉连接所含栓钉的个数；d 为栓钉螺纹部分的外径；l_{ef}为栓钉钻入木梁内的深度减去栓钉直径；$f_{\alpha x}$为栓钉抗拔强度，根据 BS EN 1995-1-1[34]，其值为：$f_{\alpha x}=3.6\times10^{-3}\rho^{1.5}$，其中的 ρ 为木材的密度。

混凝土承压破坏承载力为：

$$F_{conc,crush}=f'_c A_c \tag{38}$$

式中：A_c为混凝土的有效受压面积。

木材受剪破坏承载力为：

$$F_{w,shear}=f_s Lb \tag{39}$$

式中：f_s为木材顺纹抗剪强度；L 为相邻榫槽间距或梁端榫槽与梁端之间的距离。

木材承压破坏承载力为：

$$F_{w,crush}=f_c bh_n \tag{40}$$

式中：f_c 为木材顺纹抗压强度；h_n 为榫槽深度。

综上，可得受剪榫-钉连接件的承载力为：

$$F_{ss}=\min\{F_{conc,shear},F_{conc,crush},F_{w,shear},F_{w,crush}\} \tag{41}$$

4.4 理论结果分析

根据上文各有效组件刚度、承载力计算方法，可得表 6 计算结果。

表 6 各组件计算刚度及承载力

组件	刚度/(kN/mm)	承载力/kN	组件	刚度/(kN/mm)	承载力/kN
ab1	580.4	99.6	cfb3	429.2	487.7
ab2	580.4	99.6	cwc1	∞	302.6
ab3	1741.2	156.8	cwc2	∞	302.6
bs1	∞	236.4	cwc3	∞	302.4
bs2	∞	236.4	cws	∞	453.6
bs3	127.3	124.6	cwt1	920.6	315.4
bt1	2 137.5	261.5	cwt2	920.6	315.4
bt2	2 137.5	261.5	cwt3	3 427.1	377.6

续表

组件	刚度/(kN/mm)	承载力/kN	组件	刚度/(kN/mm)	承载力/kN
bt3	2 984.6	354.7	gss1	115.3	215.0
cc	530.9	830.4	gss2	115.3	215.0
cfb1	5 947.8	487.7	sr	602.7	151.4
cfb2	5 947.8	487.7	ss	133.5	142.0

基于表 6 中各组件刚度与承载力计算结果，按照式(14)与式(25)可计算得出组合节点的初始转动刚度与屈服承载力，将其与试验结果进行对比，如表 7、表 8 所示。

表 7　初始转动刚度理论值与试验值比较

弯矩方向	试件编号	试验值/(kN・m・rad^{-1})	理论值/(kN・m・rad^{-1})	相对误差
负弯矩	BCJ-1	8 476.4	7 863.5	−7.23%
	BCJ-2	10 929.3	12 326.5	12.78%
	BCJ-3	10 715.3	12 326.5	15.04%
正弯矩	BCJ-1	8 009.5	7 863.5	−1.82%
	BCJ-2	11 219.9	11 555.9	2.99%
	BCJ-3	10 650.2	11 555.9	8.50%

需要指出的是，由于组合节点试件 BCJ-2 节点核心区 H 型钢构造与组合节点试件 BCJ-3 相同，因此其理论值相同，且因节点核心区内均为钢柱段，因此很好地避免了核心区内木柱横纹受压变形对其初始转动刚度的影响，从而使得节点核心区的初始转动刚度较高。由于各组件承载力计算过程中取用的均为材料的屈服强度，因此取屈服承载力的试验值与之对比。屈服承载力的试验值可参考欧洲规范 EN 12512[39] 中推荐的方法由骨架曲线而得。

表 8　屈服承载力理论值与试验值比较

弯矩方向	试件	试验值/(kN・m)	理论值/(kN・m)	相对误差
负弯矩	BCJ-1	62.6	68.3	9.11%
	BCJ-2	68.5	78.4	14.45%
	BCJ-3	70.8	78.4	10.73%
正弯矩	BCJ-1	60.9	68.3	12.15%
	BCJ-2	63.4	70.7	11.51%
	BCJ-3	69.3	70.7	2.02%

由表 7 和表 8 可知，节点域核心区初始转动刚度及节点屈服承载力理论值与试验值的相对误差基本在 15%以内，因此利用组件法分析预测此种形式的节点核心域内的初始转动刚度与屈服承载力是简单有效的，且具有较高的精度。

5 结论

（1）提出的顶底角钢连接形式，在木-混凝土梁柱组合节点中具有很好的受力性能，通过优化设计，可以实现受力角钢先于其他组件屈服，实现了组合节点力学性能的可设计性和可控性。

（2）由于混凝土板受压及板内配筋受拉的贡献，与木梁-木柱节点相比，木-混凝土梁柱组合节点的承载力和初始转动刚度均有明显提高，组合节点的极限承载力和初始转动刚度分别可提高 18.2%和 36.6%。

（3）针对组合节点屈服承载力和初始转动刚度等受力性能，组件法分析结果与试验结果吻合良好，误差基本处于 15%以内。

本工作中直接采用低周反复加载试验数据与理论分析数据进行对比，未考虑低周反复加载时导致的包辛格效应以及组合梁刚度退化等因素对组合节点受力性能的影响，在后续工作中可通过开展系统的试验研究和有限元模拟等工作，来进一步解决此类问题。

参考文献

[1] 刘伟庆，杨会峰. 现代木结构研究进展[J]. 建筑结构学报，2019，40(2):16-43.

[2] Grantham R，Fragiacomo M. Potential upgrade of timber frame buildings in the UK using timber-concrete composites[C]//Proceedings of 8th World Conference on Timber Engineering. Lahti，Finland，2004:1000-1006.

[3] Lukaszewska E，Fragiacomo M J H. Laboratory tests and numerical analyses of prefabricated timber-concrete composite floors[J]. Journal of Structural Engineering，2010，136(1)：46-55.

[4] Gutkowski R M，Brown K，Shigidi A，et al. Investigation of notched composite wood-concrete connections[J]. Journal of Structural Engineering，2004，130(10)：1553-1561.

[5] Deam B L，Fragiacomo M，Buchanan A H. Connections for composite concrete slab and LVL flooring systems[J]. Materials and Structures，2008，41(3)：495-507.

[6] Yeoh D，Fragiacomo M，De Franceschi M，et al. Experimental tests of notched and plate connectors for LVL-concrete composite beams[J]. Journal of Structural Engineering，2011，137(2)：261-269.

[7] Xie L，He G J，Wang X A，et al. Shear capacity of stud-groove connector in glulam-concrete composite structure[J]. BioResources，2017，12(3)：4690-4706.

[8] Shaw B，Xiao Y，Zhang W L，et al. Mechanical behavior of connections for glubam-concrete composite beams[J]. Construction and Building Materials，2017，143：158-168.

[9] Jiang Y C，Hong W，Hu X M，et al. Early-age performance of lag screw shear connections for glulam-lightweight concrete composite beams[J]. Construction and Building Materials，2017，151(1)：36-42.

[10] 单波，王震宇，肖岩，等. 胶合竹-混凝土组合梁销栓连接性能试验研究[J]. 湖南大学学报(自然科学版)，2018，45(01)：97-105.

[11] Otero-chans D，Estévez-Cimadevila J，Suárez-Riestra F，et al. Experimental analysis of glued-in steel plates used as shear connectors in Timber-Concrete-Composites[J]. Engineering Structures，2018，170：1-10.

[12] Zhu W X, Yang H F, Liu W, et al. Experimental investigation on innovative connectors for timber-concrete composite systems[J]. Construction and Building Materials, 2019, 207:345-356.

[13] Yeon D, Fragiacomo M, Deam B. Experimental behaviour of LVL-concrete composite floor beams at strength limit state[J]. Engineering Structures, 2011, 33(9): 2697-2707.

[14] Khorsandnia N, Valipour H R, Crews K. Experimental and analytical investigation of short-term behaviour of LVL-concrete composite connections and beams [J]. Construction and Building Materials, 2012, 37: 229-238.

[15] 胡夏闽，李巧，彭虹毅，等. 木-混凝土组合梁静力试验研究[J]. 建筑结构学报，2013，34(S1)：371-376.

[16] Crocetti R, Sartori T, Tomasi R. Innovative timber-concrete composite structures with prefabricated FRC slabs[J]. Journal of Structural Engineering, 2015, 141(9): 04014224.

[17] Khorsandia N, Valipour H, Schänzlin J, et al. Experimental investigations of deconstructable timber-concrete composite beams[J]. Journal of Structural Engineering, 2016, 142(12): 04016130.

[18] 贺国京，冷骏，杨传建，等. 木-混凝土组合梁变形计算的修正折减刚度法[J]. 建筑结构，2017，47(17)：24-28.

[19] 张冰，曹阳，黄涛，等. 足尺胶合木-轻骨料混凝土组合梁受弯性能试验研究[J]. 建筑结构学报，2017，38(S1)：297-301.

[20] Boccadoro L, Zweidler S, Steiger R, et al. Bending tests on timber-concrete composite members made of beech laminated veneer lumber with notched connection[J]. Engineering Structures, 2017, 132: 14-28.

[21] Sebastian W M, Piazza M, Harvey T, et al. Forward and reverse shear transfer in beech LVL-concrete composites with singly inclined coach screw connectors[J]. Engineering Structures, 2018, 175: 231-244.

[22] Hong W, Jiang Y C, Li B, et al. Nonlinear parameter identification of timber-concrete composite beams using long-gauge fiber optic sensors[J]. Construction and Building Materials, 2018, 164:217-227.

[23] Zhang Y K, Raftery G M, Quenneville P. Experimental and analytical investigations of a timber-concrete composite beam using a hardwood interface layer[J]. Journal of Structural Engineering, 2019, 145(7): 04019052.

[24] Yuan S, He G J, Yi J. Analysis of mechanical properties and a design method of reinforced timber-concrete composite beams[J]. Mechanics of Composite Materials, 2019, 55: 687-698.

[25] Shi B K, Zhu W X, Yang H F, et al. Experimental and theoretical investigation of prefabricated timber-concrete composite beams with and without prestress [J]. Engineering Structures, 2019: 109901.

[26] 木结构试验方法标准：GB/T 50329—2012[S]. 北京：中国建筑工业出版社，2012.

[27] 结构用集成材：GB/T 26899—2011[S]. 北京：中国标准出版社，2011.

[28] 混凝土物理力学性能试验方法标准：GB/T 50081—2019[S]. 北京：中国建筑工业出版社，2019.

[29] Clark P W. Protocol for fabrication, inspection, testing and documentation of beam-column connection tests and other experimental specimens[M]. California: SAC Joint Venture, 1997:15.

[30] Design of steel structures: part 1. 8: design of joints: BS EN 1993-1-8[S]. London: British Standards Institution, 2005.

[31] Jaspart J P. General report: session on connections[J]. Journal of Constructional Steel Research, 2000, 55 (1/2/3):69-89.

[32] Yang H F, Liu W Q, Ren X. A component method for moment-resistant glulam beam-column

connections with glued-in steel rods[J]. Engineering Structures, 2016, 115:42-54.

[33] Design of composite steel and concrete structures: part 1. 1: general rules and rules for buildings: BS EN 1994-1-1[S]. London: British Standards Institution, 2004.

[34] Design of timber structures: part 1. 1: general - common rules and rules for buildings: BS EN 1995-1-1 [S]. London: British Standards Institution, 2004.

[35] 毛旻,杨会峰,刘伟庆. 胶合木粘钢顺纹拉拔承载力试验研究[J]. 南京工业大学学报(自然科学版), 2018, 40(1):114-120.

[36] 混凝土结构设计规范: GB 50010—2010[S]. 2015 版. 北京: 中国建筑工业出版社, 2015.

[37] Bodig J, Jayne B A. Mechanics of wood and wood composites [M]. Florida: Krieger Publishing, 1982.

[38] Design of steel structures: part 1. 1: general rules and rules for buildings: BS EN 1993-1-1[S]. London: British Standards Institution, 2005.

[39] Timber structures-Test methods-Cyclic testing of joints made with mechanical fasteners: EN 12512 [S]. London: British Standards Institution, 2001.

基于遗传算法优化 BP 神经网络方法的结构损伤识别

魏　琦[1]，刘福寿[1]，王立彬[1]

（1. 南京林业大学土木工程学院 210037 南京）

摘　要：结构损伤识别可以视为振动研究领域的反问题，人工神经网络为反问题的研究开辟了新的路径。本文提出一种基于遗传算法优化 BP 神经网络的结构损伤分步识别方法，以频率变化比作为损伤指标；先识别结构局部损伤位置，进而识别结构损伤程度；根据结构在完整及损伤状态下的模态特性作为训练样本建立 BP 神经网络模型，并通过遗传算法进行优化。根据结构动力学理论，推导出固有频率变化比对结构损伤影响的公式，建立结构模态信息与损伤参数之间的关系，并采用简支梁模型作为算例进行验证。结果表明：遗传算法可以较好地优化 BP 神经网络，优化后的神经网络具有较好的鲁棒性和泛化能力，但是优化后的识别精度还取决于损伤样本的数量。

关键词：损伤识别；固有频率变化比；遗传算法；神经网络

1　引言

近年来结构健康监测在土木工程领域得到了迅猛的发展，为结构维修加固及剩余寿命评估提供了可靠的依据。结构损伤识别主要分成四个步骤：首先确定损伤的存在；其次确定结构局部损伤的位置；再次确定结构的损伤程度；最后依据损伤程度确定结构的剩余寿命。任何结构都可以看作是由质量、刚度、阻尼组成的力学系统，结构损伤必然会影响结构的动态特性，使结构参数受到不同程度的影响，一般表现为结构刚度降低、阻尼增大[1]。对结构进行损伤识别应首先确定损伤指标，通过对损伤指标的观察和比较，识别出结构的损伤。常用的损伤指标有：频率、振型[2]、频响函数[3]、应变模态[4]等。

基于神经网络的损伤识别方法是结构损伤识别领域一个重要的研究方向。随着研究的深入，神经网络强大的性能逐渐显现出来，神经网络可以效仿人类大脑解决复杂的问题，具有很强的非线性映射能力，在信号处理和模式识别方面具有广泛的应用，具有很强的容错性。通过选取结构损伤敏感特征参数，对神经网络进行训练，可以获得较好的神经网络模型，达到识别结构损伤的目的。Mehrjoo 等[5]提出一种基于 BP 神经网络方法的桁架结构节点损伤的识别，将固有频率和振型作为神经网络的输入参数，对简单桁架和实际桁架进行了数值算例分析。BP 神经网络的权值是沿局部改善的方向进行调整，容易造成网络陷入局部极小值，造成训练失败，遗传算法（GA）对神经网络进行优化时，它的搜索始终遍及整个解空间，因此容易获得全局最优解。张晓东[6]利用遗传算法对简支梁单处损伤进行识别，将频率相对变化率的平方作为损伤识别的目标函数，对目标函数进行优化，获得全局最优解，识别裂缝的位置及深度。程海根等[7]利用遗传算法优化 BP 神经网络的权值和阈值，识别单根梁在不同荷载作用下结构跨中的挠度值。Chang 等[8]提出一种基于神经网络方法的结构损伤识别，采用刚度降低模拟结构损伤，将结构的固有频率与振型作为网络的输入，相应的损伤程度作为输出构建神经网络模型，将该方法应用于七层建筑，结果表明可以有效地检测出结构的损伤。

本文首先使用固有频率变化比确定结构的损伤位置，其次采用单元刚度下降对结构进行损伤模拟建立损伤样本库，将固有频率变化比作为神经网络的输入参数，相应的损伤程度作为输出，训练神经网络；在 BP 神经网络识别损伤的基础上，使用遗传算法对 BP 神经网络的权值和阈值进行优化，并通过算例验证了该方法的适用性。

2 结构损伤识别理论

对于未损伤结构，由结构动力学理论得自由振动的运动微分方程为

$$\boldsymbol{M}\ddot{\boldsymbol{x}}(t)+\boldsymbol{C}\dot{\boldsymbol{x}}(t)+\boldsymbol{K}\boldsymbol{x}(t)=\boldsymbol{0} \tag{1}$$

其中，$\boldsymbol{M}$、$\boldsymbol{C}$ 和 $\boldsymbol{K}$ 分别是系统的质量矩阵、阻尼矩阵和刚度矩阵，$\boldsymbol{x}(t)$ 为系统的位移向量。

对于无阻尼体系的结构运动方程，可将上式改写为

$$\boldsymbol{M}\ddot{\boldsymbol{x}}(t)+\boldsymbol{K}\boldsymbol{x}(t)=\boldsymbol{0} \tag{2}$$

上述方程解的形式可表示为

$$\boldsymbol{x}=\boldsymbol{\varphi}\sin(\omega t+\varphi) \tag{3}$$

其中，ω 为频率，$\boldsymbol{\varphi}$ 为位移振型向量。将式(3)代入式(2)可得

$$(\boldsymbol{K}-\omega^2\boldsymbol{M})\boldsymbol{\varphi}=\boldsymbol{0} \tag{4}$$

由式(4)可以求出结构的固有频率 ω_i 和振型 $\varphi_i(i=1,2,\cdots,N)$。

令 $\lambda=\omega^2$，并且假设刚度矩阵 $\boldsymbol{K}$ 和质量矩阵 $\boldsymbol{M}$ 出现微小变化量 $\Delta\boldsymbol{K}$ 和 $\Delta\boldsymbol{M}$，则相应的 λ 和 $\boldsymbol{\varphi}$ 也会产生微小的改变，令此改变为 $\Delta\lambda$ 和 $\Delta\varphi$，则式(4)可改写为

$$[(\boldsymbol{K}+\Delta\boldsymbol{K})-(\lambda+\Delta\lambda)(\boldsymbol{M}+\Delta\boldsymbol{M})](\boldsymbol{\varphi}+\Delta\boldsymbol{\varphi})=\boldsymbol{0} \tag{5}$$

式中 $\Delta\boldsymbol{K}$、$\Delta\boldsymbol{M}$、$\Delta\boldsymbol{\varphi}$ 分别表示整体刚度矩阵、整体质量矩阵和振型的改变量。

一旦结构受损，结构的刚度降低，但对结构质量影响较小($\Delta\boldsymbol{M}=\boldsymbol{0}$)，并且结构受损产生的整体变形也较小($\Delta\boldsymbol{\varphi}=0$)，忽略高阶小量，可以得到

$$\Delta\lambda=\frac{\boldsymbol{\varphi}^{\mathrm{T}}\Delta\boldsymbol{K}\boldsymbol{\varphi}}{\boldsymbol{\varphi}^{\mathrm{T}}\boldsymbol{M}\boldsymbol{\varphi}} \tag{6}$$

假设结构中第 n 个单元发生损伤，引入损伤因子 α_n，该损伤引起的第 n 个单元的刚度矩阵变化量为

$$\Delta \boldsymbol{K}_n = \alpha_n \boldsymbol{K}_n \tag{7}$$

其中，$\boldsymbol{K}_n$ 是第 n 个单元的单元刚度矩阵。则结构上所有损伤引起的结构总体刚度矩阵变化 $\Delta \boldsymbol{K}$ 可由 $\Delta \boldsymbol{K}_n$ 组装得到。结构损伤引起的

$$\Delta\lambda = (\omega + \Delta\omega)^2 - \omega^2 = 2\omega\Delta\omega \tag{8}$$

定义第 i 阶频率变化量与第 j 阶频率变化量之比（简称“频率变化比”）

$$RCF_{ij} = \frac{\Delta\omega_i}{\Delta\omega_j} = \frac{\Delta\lambda_i/\omega_i}{\Delta\lambda_j/\omega_j} \tag{9}$$

将式(7)代入式(10)可得

$$RCF_{ij} = \frac{\left(\dfrac{\boldsymbol{\varphi}_i^{\mathrm{T}} \Delta \boldsymbol{K} \boldsymbol{\varphi}_i}{\boldsymbol{\varphi}_i^{\mathrm{T}} \boldsymbol{M} \boldsymbol{\varphi}_i}\right) \Big/ \omega_i}{\left(\dfrac{\boldsymbol{\varphi}_j^{\mathrm{T}} \Delta \boldsymbol{K} \boldsymbol{\varphi}_j}{\boldsymbol{\varphi}_j^{\mathrm{T}} \boldsymbol{M} \boldsymbol{\varphi}_j}\right) \Big/ \omega_j} \tag{10}$$

从上式可以看出频率变化比与结构损伤引起的刚度矩阵变换量之间的关系，这是利用频率变化比方法进行损伤识别和定位的基本原理。

3 数值验证

考虑采用小箱梁箱形截面钢筋混凝土简支梁进行数值模拟验证，简支梁长度为 30 m，材料弹性模量 $E=3.6\times10^{10}$ N/m^2，密度 $\rho=2\ 500$ kg/m^3，泊松比 $\mu=0.2$。

采用 Ansys 有限元软件对钢筋混凝土简支梁桥进行建模，模型建立采用 Beam188 单元进行，全桥共划分 15 个单元，桥梁单元划分如图 1 所示；

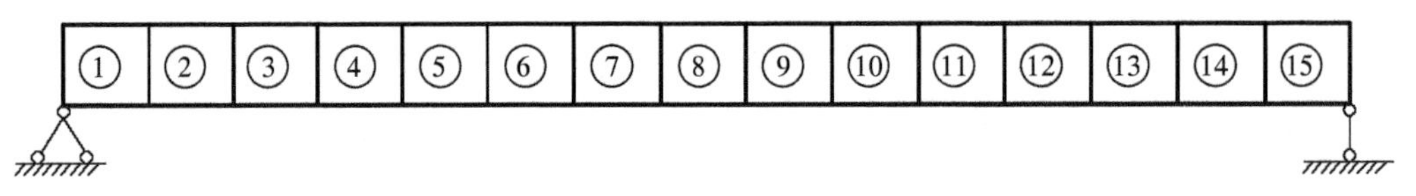

图 1　桥梁单元序号

(1) 确定结构损伤位置

通过降低主梁某些单元的弹性模量来模拟结构损伤，令损伤因子为 0.7。对桥梁进行模态分析，获得结构在健康状态及损伤状态下的固有频率。选取损伤单元：2 单元、7 单元、10 单元、12 单元，单元选取位置考虑桥梁支座附近、桥梁跨中位置处。

表 1　简支梁模型健康状态和局部单元发生损伤时的前 5 阶频率　(单位：Hz)

损伤位置	第一阶频率	第二阶频率	第三阶频率	第四阶频率	第五阶频率
完好状态	3.538	3.780	13.771	14.616	15.454
2 单元	3.478	3.713	13.024	13.491	13.817
7 单元	3.111	3.325	13.396	14.113	14.244
10 单元	3.155	3.371	12.906	13.695	14.765
12 单元	3.310	3.536	12.278	13.051	15.145

根据表1得到的结构固有频率计算出结构的频率变化比随局部损伤单元的参照图，如图2所示。

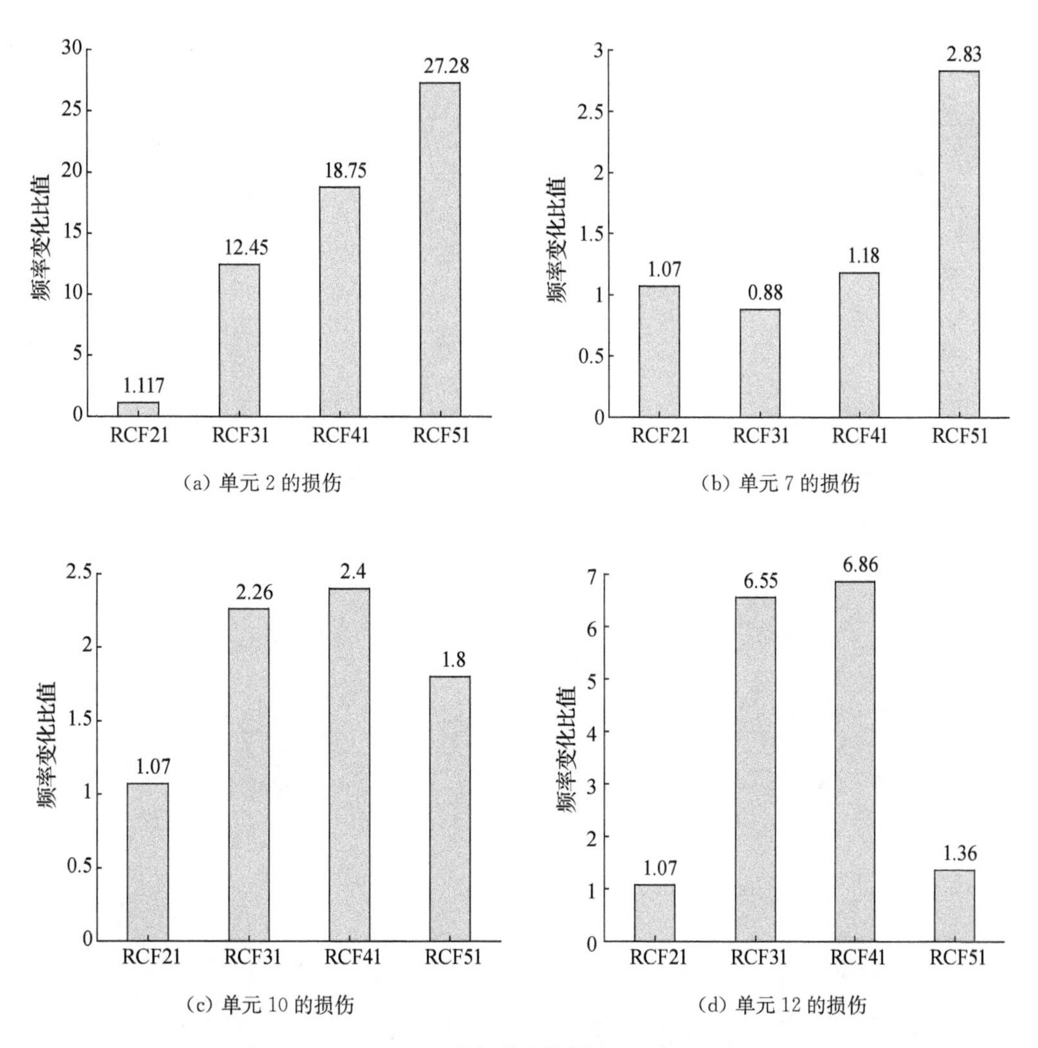

(a) 单元2的损伤

(b) 单元7的损伤

(c) 单元10的损伤

(d) 单元12的损伤

图2　局部单元损伤参照图

图2展示了局部单元损伤后频率变化比的情况，可将参照图进行推广，计算每个单元在不同损伤程度时的频率变化比，并绘制相应的参照图；当结构发生损伤后，通过测试我们可以得到桥梁模型损伤后的前几阶频率值，计算得出损伤模型的两阶频率变化比，绘出其柱状图，对照参照图，找出与之相对应的参照图即可对损伤位置进行判定。

(2) 损伤程度确定

遗传算法是在结构损伤识别领域中应用最早的一类智能算法，其基本原理是效仿生物界中的“物竞天择、适者生存”的演化法则。遗传算法具有强大的全局搜索能力，具有更快的收敛速度和较高的运算效率，将其应用到损伤识别领域，可以提高识别结果的准确性[9]。对于损伤程度的确定，采用多位置、多损伤程度；选取损伤单元：2单元、5单元、7单元、9单元、12单元；损伤程度选取为：30%、50%、70%、90%。将损伤样本划分成训练集、测试集、验证集；将局部单元损伤时的频率变化比作为BP神经网络的输入、相应的损伤程度作为神经网络的输出,最后使用遗传算法优化 BP 神经网络的权值和阈值。损伤预测效果如图 3 所示,图 3(a)为仅使用 BP 神经网络对损伤程度进行预测输出,图 3(b)为遗传算法优化神经网络的权值与阈值之后,获得神经网络全局最佳的权值与阈值之后对损伤进行预测的效果。

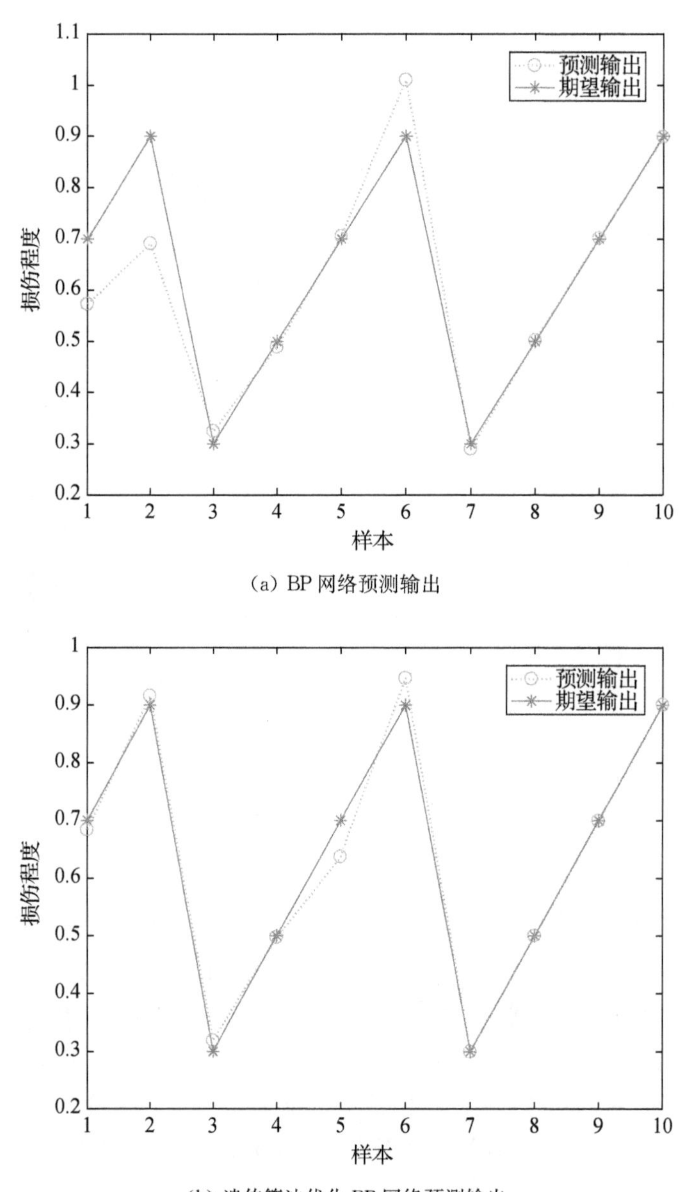

(a) BP 网络预测输出

(b) 遗传算法优化 BP 网络预测输出

图 3 神经网络预测结果

由图 3 分析可知:将 BP 神经网络预测结果与遗传算法优化 BP 神经网络结果进行对比分析,相比于 BP 神经网络预测输出,经过遗传算法优化的 BP 神经网络,对结构损伤程度识别效果得到很大程度的提升,但是由于损伤样本数量的原因,造成某些样本识别结果不准确。

4 结论

本文提出一种基于遗传算法优化 BP 神经网络的结构损伤分步识别方法，以频率变化比作为损伤指标，先识别结构局部损伤位置，进而识别结构损伤程度。通过钢筋混凝土简支梁数值模拟说明，遗传算法优化 BP 神经网络权值和阈值的适用性及有效性，提高了 BP 神经网络识别的准确性，得出如下结论：

(1) 由于 BP 神经网络在迭代训练过程中，神经网络的权值和阈值不断更新，造成训练不稳定，遗传算法可以寻找神经网络最优的权值和阈值，代入训练增加了网络训练的稳定性。

(2) 将固有频率变化比作为损伤指标的神经网络方法可以识别出梁结构中损伤出现的位置和损伤程度，但是神经网络识别结果的优劣取决于样本的数量，因此在条件允许的情况下应尽可能地增加训练样本的个数。

参考文献

[1] 管德清，施立成. 基于曲率模态小波分析的单塔斜拉桥损伤识别[J]. 建筑科学与工程学报，2010，27(01):21-24，42

[2] Mininni M，Gabriele S，Lopes H，et al. Damage identification in beams using speckle shearography and an optimal spatial sampling[J]. Mechanical Systems and Signal Processing，2016，79：47-64

[3] Esfandiari A，Nabiyan M S，Rofooei F R. Structural damage detection using principal component analysis of frequency response function data[J]. Structural Control and Health Monitoring，2020，27(7)：e2550

[4] Shi Q H，Hu K J，Wang L，et al. Uncertain identification method of structural damage for beam-like structures based on strain modes with noises[J]. Applied Mathematics and Computation，2021，390：125682

[5] Mehrjoo M，Khaji N，Moharrami H，et al. Damage detection of truss bridge joints using Artificial Neural Networks[J]. Expert Systems with Applications，2008，35(3)：1122-1131

[6] 张晓东. 一种基于频率变化和遗传算法的梁式结构损伤识别方法[J]. 重庆交通大学学报(自然科学版)，2014，33(4)：7-11

[7] 程海根，盛双福，张显昆. 基于遗传算法和 BP 神经网络的结构损伤识别[J]. 四川理工学院学报(自然科学版)，2009，22(5)：82-85，92

[8] Chang C M，Lin T K，Chang C W. Chia-Ming. Applications of neural network models for structural health monitoring based on derived modal properties[J]. Measurement，2018，129：457-470

[9] 孙诗裕，俞阿龙，赵磊，等. 遗传算法与数据融合在桥梁结构损伤识别中的应用[J]. 公路，2016，61(4)：60-65

非对称性对连体超高层结构竖向变形与抗风性能的影响研究

袁智杰[1,2]，孙广俊[1,2*]，伍小平[3]，孔　磊[4]

(1. 南京工业大学 土木工程学院 江苏南京 211816；
2. 南京工业大学 工程力学研究所 江苏南京 211816；
3. 上海建工集团股份有限公司 上海 200080；
4. 江苏筑森建筑设计有限公司 江苏南京 210012)

摘　要：非对称多塔连体超高层结构体系复杂，建设周期长，非对称性对整体结构的竖向变形及抗风性能影响显著，需进行研究。以某非对称三塔连体超高层结构为研究对象，分别建立了该结构的精化有限元模型和简化有限元模型，并验证了其正确性。基于精细化有限元模型和简化有限元模型，研究了非对称连体超高层结构施工阶段的竖向变形。通过对简化模型的调整，建立了单塔超高层结构和对称三塔连体超高层结构的简化模型，讨论了连体作用、非对称性对整体结构竖向变形及其抗风性能的影响。结果表明，连体超高层结构最大竖向变形发生在连廊处，且在此处会出现突变。非对称性不仅会增加塔楼自身的竖向变形，还会导致竣工时在连廊处产生较大的标高差。相较于单塔超高层结构，连体结构在风荷载下的最大侧向位移要明显减小，塔楼结构的非对称性布局在特定风荷载工况下可减小连廊与塔楼连接处的内力。

关键词：非对称性；连体超高层结构；竖向变形；抗风性能；有限元分析

1　引言

非对称连体超高层建筑结构体系复杂、规模大、建设周期长、抗风性能要求高。施工过程是结构体系动态变化的过程，其材料属性、边界条件、荷载、结构刚度等均会随着时间发生改变[1-2]，且施工方法、顺序的不同都会导致结构的受力体系发生变化。与单塔超高层结构和对称双塔连体超高层结构相比，在分析非对称多塔连体超高层结构时需要考虑非对称性的影响，因此有必要针对非对称连体超高层结构进行施工阶段变形与抗风性能的研究。

目前，有关单塔超高层结构的相关研究已经成熟[3-7]，但有关非对称连体结构的相关研究很少。Ma 等[8]分析了一对称双塔连体超高层结构的竖向变形。汪大绥等[9]研究了 CCTV 新台址。滕振超等[10]通过有限元研究了一对称双塔连体结构的抗风性能。但是，关

基金项目：国家自然科学基金项目(51878347,51478222)，2020 江苏省科研创新计划项目(KYCX20_1083)

于非对称三塔连体超高层结构竖向变形和抗风性能的影响还没有相关的研究。本文以一非对称三塔连体超高层结构为研究对象，建立了精细化有限元模型和简化有限元模型，并验证了两种模型的正确性。通过数值模拟的方式对塔楼结构施工阶段的竖向变形和竣工时三塔之间连廊处的标高差进行了研究。通过对简化模型进行调整，建立了一单塔超高层结构简化模型和一对称三塔连体超高层结构简化模型，讨论了连体作用和非对称性对结构竖向变形和抗风性能的影响。

2　工程背景

本工程为非对称三塔连体超高层结构，三栋超高层塔楼以“品”字布置，并在三塔上部设置空中连廊，将三栋超高层塔楼整合成一个整体。具体划分为如下几个部分：

(1) 塔楼：T1 塔楼共 76 层(高 368.05 m)，T2 塔楼共 67 层(高 328.05 m)及 T3 塔楼共 60 层(高 300.05 m)；

(2) 连廊：连接三个塔楼的空中连廊位于整体建筑的 43～49 层，高度范围为191.6 m～232.1 m。

建筑整体结构如图 1 所示，平面布置如图 2 所示。该工程各部分的结构体系如表 1 所示。

图 1　建筑整体结构

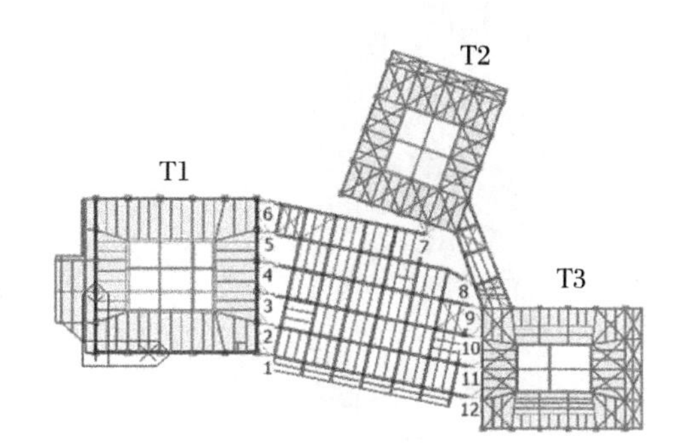

图 2　平面布置

表 1　塔楼结构形式

范围	结构形式
基础	桩基(钻孔灌注桩)＋筏板基础
塔楼及连接体	钢框架-核心筒＋连接体桁架体系
商业裙房	框架-剪力墙结构
地下室	框架结构

3　有限元建模

3.1　精细化有限元模型

基于有限元软件建立结构的精细化有限元模型。考虑软件施工过程仿真的计算效率及结构实际施工情况，模型底部采用固接，对结构中部分钢梁及伸臂桁架采用先铰接后固接的安装方式，其余边界根据施工阶段依次激活。模型中的钢结构部分，如桁架构件，由于其受力形式与梁单元相同，选用梁单元进行模拟；对于核心筒和楼板，考虑到计算效率的问题，分别采用墙单元及板单元进行模拟；型钢混凝土组合结构采用等效截面法进行建模，其中混凝土及构件材料属性依据实际工程情况定义。

混凝土时变模型采用 CEB—FIP(1990)，共有 C30、C35、C40、C50、C60、C70 六种不同的强度等级。依据实际施工方案，预设核心筒领先外框架 6 层施工，共划分 28 个施工阶段，分别定义为 CS1～CS28。建立的精细化有限元数值模型如图 3 所示。

3.2 简化有限元模型

为了研究非对称性、连体作用对塔楼结构竖向变形和抗风性能的影响，考虑到计算的效率及对结构力学本质的反映，建立该结构的简化分析模型。由于超高层结构高宽比较大，依据轴向刚度等效原则，将塔楼结构视为悬臂梁单元杆件，建立简化有限元模型，如图 4 所示。

图 3 精细化有限元模型

图 4 简化有限元模型

3.3 模型验证

对两种模型的数值模拟结果进行对比，如表 2 所示。发现两种模型中各塔楼最大竖向变形的计算结果接近，采用等效简化模型可有效模拟塔楼结构的力学本质，可依据该简化模型进一步分析非对称性、连体作用对塔楼结构竖向变形和抗风性能的影响。

表 2 两种模型下各塔楼结构最大竖向变形

塔楼	简化模型/mm	精细化模型/mm	误差/%
T1	61.96	62.59	1.0
T2	50.38	51.31	1.8
T3	50.11	50.72	1.2

4 非对称性对结构竖向变形的影响

4.1 施工阶段竖向变形研究

基于简化有限元模型，对各塔楼施工阶段的竖向变形进行分析。为了精确考虑连体作用的影响，分别研究了三个施工阶段，即连体前、连体中、连体后。

(1) 连体前

连廊施工前，三塔结构互相独立，不耦合，均可视为独立的单塔超高层结构。如图 5 所示，研究了连体前三塔施工阶段的竖向变形，可以看出变形趋势在两端较小，而在中部较大，这与文献[7]的结论是一致的。由于三塔结构相似，因此它们的变形值基本相同。

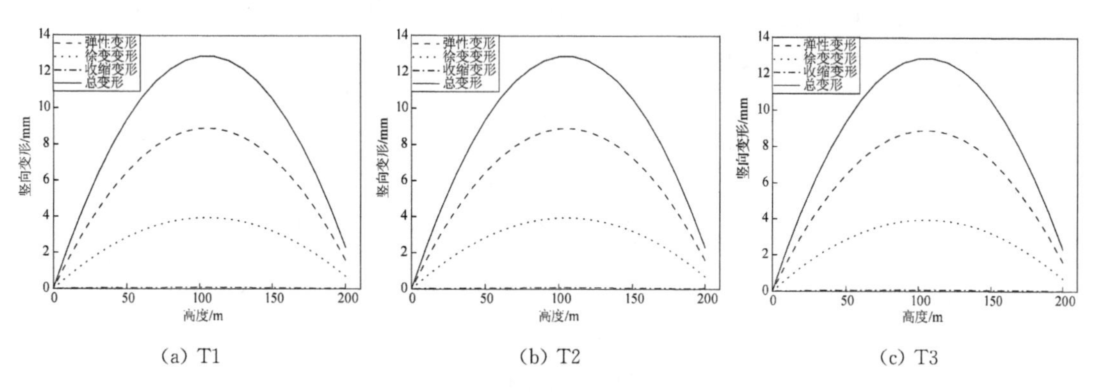

(a) T1　　(b) T2　　(c) T3

图 5　连体前各塔楼变形

(2) 连体中

对连廊施工中的各塔楼竖向变形进行有限元分析，如图 6 所示。可以看出，在连廊施工过程中，由于连廊对塔楼产生的附加应力，因此此处的塔楼结构竖向变形将发生明显的突变。收缩和徐变仍然是竖向变形的主要因素之一。

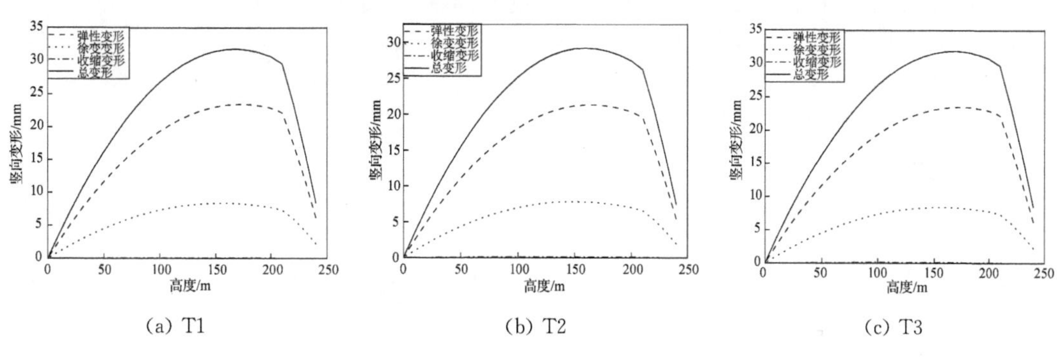

(a) T1　　(b) T2　　(c) T3

图 6　连体中各塔楼变形

(3) 连体后

如图 7 所示，对三塔楼在连体后的竖向变形进行了研究。可以看出，塔楼结构的竖向变形主要是由弹性变形引起的，收缩和徐变变形占总变形的 32%～35%，且在连廊处可看见明显的突变。其中，由于 T1 塔最高，弹性变形最大，因此其总变形也最大。

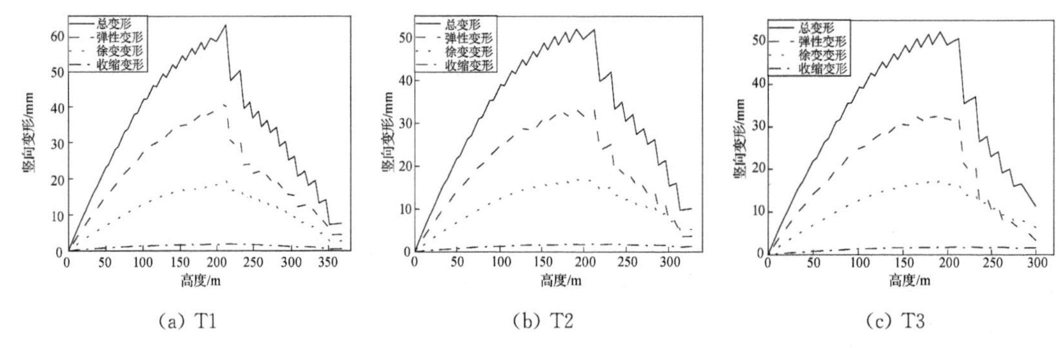

图 7　连体后各塔楼变形

4.2　非对称性影响的研究

通过对简化有限元模型的调整，建立了研究对象的对称简化模型。其中，对称模型各塔楼材料、高度完全相同，平面按等边三角形布置，如图 8 所示。

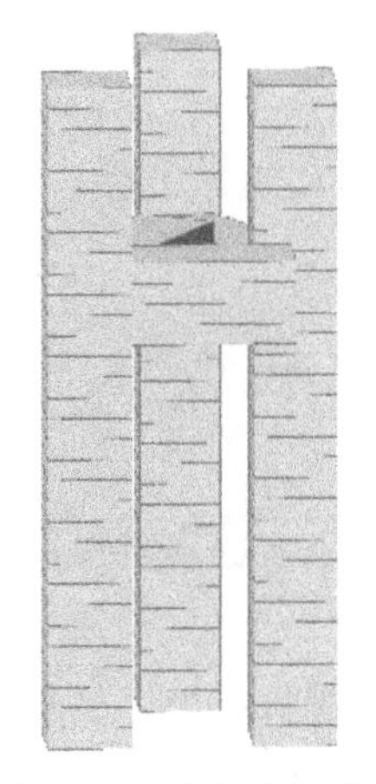

图 8　对称简化模型

进行有限元分析，得到了各塔楼施工阶段的竖向变形，如图 9 所示。

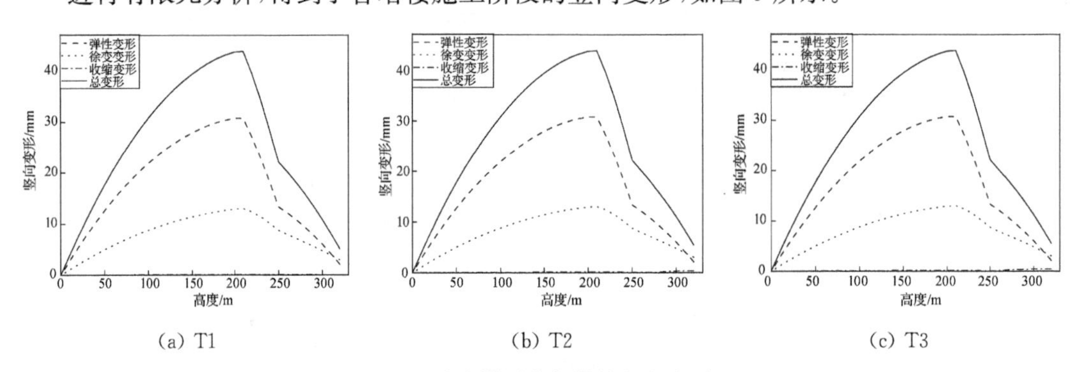

图 9　对称模型中各塔楼竖向变形

可见，该对称模型中竖向变形规律与非对称模型保持一致，但各塔楼结构的竖向变形均小于非对称模型的竖向变形，最大变形值的对比如表 3 所示。

表 3　最大竖向变形值对比

塔楼	非对称模型/mm	对称模型/mm	差异/%
T1	61.96	43.85	29.23
T2	50.38	43.88	12.90
T3	50.11	43.85	12.49

由于对称模型中的 T1 塔楼与原非对称模型高度相差最大，故其竖向变形的差异也最大，且可以看出，对称模型下各塔楼最大竖向变形值十分近似，且均发生在连廊处。

分别查看精细化有限元模型和对称简化有限元模型在竣工时各塔楼在连廊处的标高差，如图 10 所示。可见，非对称性对连体超高层结构的影响很大。当采用对称结构，不仅可以减小各塔楼的竖向变形，也有利于施工期间各塔楼在连廊处标高差的控制。

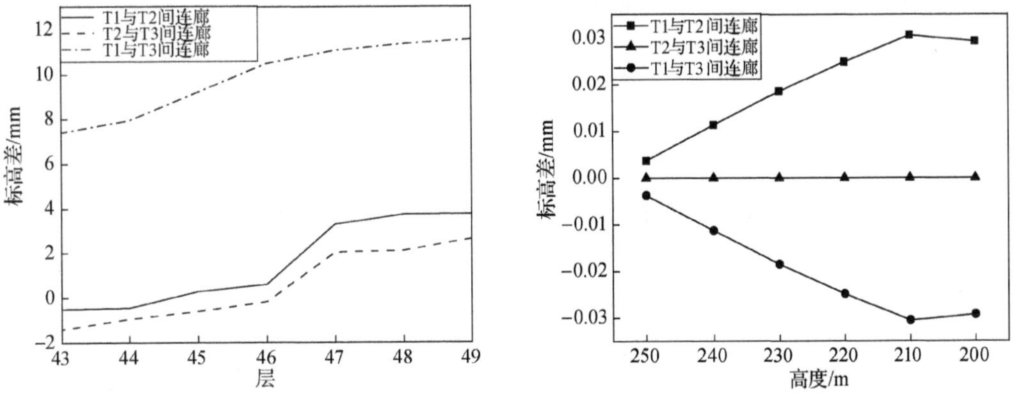

(a) 非对称模型

(b) 对称模型

图 10　各塔楼在连廊位置处的标高差

5　非对称性对结构抗风性能的影响

为了考察连体作用和非对称性对多塔连体超高层结构抗风性能的影响，针对图 4 建立的多塔连体简化有限元模型，提取其中一栋塔楼作为单塔超高层结构的简化有限元模型，分别对单塔简化模型、对称简化模型和非对称简化模型施加风荷载，进行有限元分析。按照该建筑所属地区，取基本风压为 0.5 kN/m^2。

对三种结构进行风荷载下侧向位移的有限元模拟，得到如图 11 的分析结果。

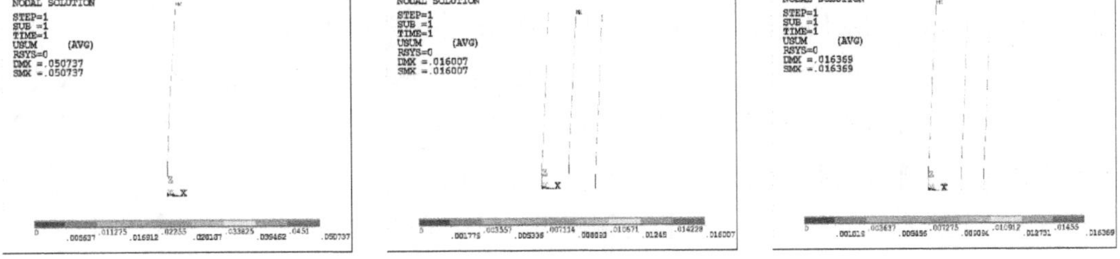

(a) 单塔模型

(b) 对称模型

(c) 非对称模型

图 11　风荷载下各结构侧向位移云图

其中，单塔模型的最大侧向位移为 50.7 mm，对称模型为 16 mm，而非对称模型为 16.4 mm，均发生在塔楼顶部。可以看出，由于连体的耦合作用，使得多塔连体结构形成一个整体，提高了侧向刚度，减小了风荷载作用下的侧向位移，由于采用简化模型和特定的风荷载工况，此处的非对称性对于整体结构侧向位移的影响不大。

对三种结构进行风荷载下结构内力的有限元模拟，得到如图 12 的分析结果。

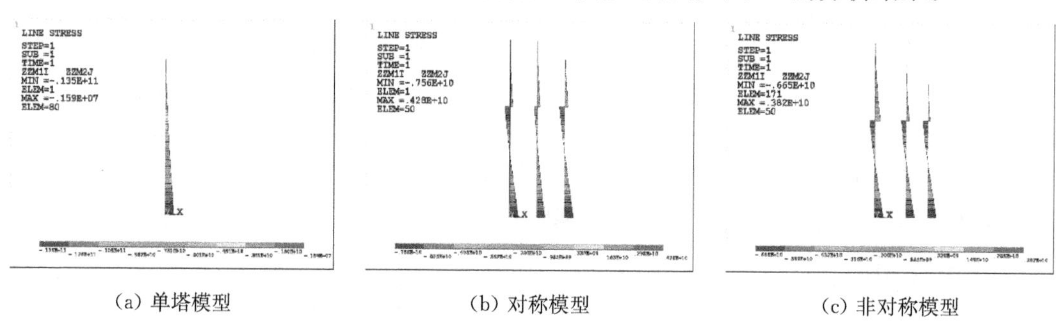

(a) 单塔模型　　(b) 对称模型　　(c) 非对称模型

图 12　风荷载下各结构内力云图

其中，单塔结构最大弯矩发生在模型底部，而连体结构由于连体的作用，连廊处的弯矩产生方向突变。对称模型和非对称模型中连廊处的弯矩，如表 4 所示。

表 4　风荷载作用下连廊处弯矩　　(单位：10^{10} N·m)

塔楼	对称模型	非对称模型
T1	0.427 52	0.381 72
T2	0.239 74	0.346 3
T3	0.427 52	0.379 5

可见，对于简化模型的分析，在特定的风荷载工况下，对称布局可减小某一栋塔楼在连廊连接处的弯矩，但并不能减小整体结构的风荷载弯矩。多塔连体超高层结构的合理非对称布局需要考虑不同的风荷载工况组合。

6　结论

本文以一非对称三塔连体超高层结构为研究对象，基于有限元建模与分析，研究了非对称性对该类结构的竖向变形和抗风性能的影响，得到了如下结论；

(1) 多塔连体超高层结构的最大竖向变形发生在连廊处，且该处的变形趋势会发生明显突变。由于连体的耦合作用，非对称性布局不仅会增大各塔楼自身的变形，还会使得竣工时塔楼结构在连廊处产生较大的标高差，引起附加应力。

(2) 由于连体耦合作用，连体结构的侧向刚度强于单塔超高层结构，风荷载作用下最大侧向位移明显减小。非对称性对于连体结构侧向位移和关键部位内力影响不大，多塔连体超高层结构的合理非对称布局需要考虑不同的风荷载工况组合。

参考文献

[1] 曹志远. 土木工程分析的施工力学与时变力学基础[J]. 土木工程学报，2001，34(3)：41-46.

[2] 王光远. 论时变结构力学[J]. 土木工程学报，2000，33(6)：105-108.

[3] He Z, Lu Y, Liu F N, et al. An estimate on in-construction differential settlement of super high-rise frame core-tube buildings[J]. The Structural Design of Tall and Special Buildings, 2020, 29(9): e1737.

[4] Tang Y J, Zhao X H. Deformation of compensated piled raft foundations with deep embedment in super-tall buildings of Shanghai[J]. The Structural Design of Tall and Special Buildings, 2015, 24(7):521-536.

[5] Wang H Y, Zha X X, Feng W. Effect of concrete age and creep on the behavior of concrete-filled steel tube columns[J]. Advances in Materials Science & Engineering, 2016, 2016: 1-10.

[6] 王晓蓓，高振锋，伍小平，等. 上海中心大厦结构长期竖向变形分析[J]. 建筑结构学报，2015，36(6)：108-116.

[7] 王化杰，范峰，支旭东，等. 超高层结构施工竖向变形规律及预变形控制研究[J]. 工程力学，2013，30(2)：298-305，312.

[8] Ma L, Bai Y B, Zhang J. Vertical deformation analysis of a high-rise building with high-position connections[J]. The Structural Design of Tall and Special Buildings, 2020, 29(15): e1787.

[9] 汪大绥，姜文伟，包联进，等. CCTV新台址主楼施工模拟分析及应用研究[J]. 建筑结构学报，2008，29(3)：104-110.

[10] 滕振超，何金洲. 双塔连体结构风荷载作用下的反应分析[J]. 科学技术与工程，2011，11(08)：1844-1846，1850.

内置约束拉杆横肋波纹钢-钢管混凝土组合柱轴压力学性能研究

渠　政[1]，王城泉[1]，邹　昀[1]

（1. 江南大学环境与土木工程学院 江苏无锡 214000）

摘　要：为探究约束拉杆对横肋波纹钢-钢管混凝土组合柱轴压力学性能的影响，采用有限元软件 ABAQUS 数值仿真模拟和轴压试验分析了内置横向拉杆的横肋波纹钢-钢管混凝土组合柱的轴压性能，通过对比分析内置横向拉杆的数量和间距等参数对横肋波纹钢-钢管混凝土组合柱的荷载-纵向应变曲线、延性、屈服荷载以及核心混凝土约束效应的影响规律。研究表明，内置横向拉杆能够增强对核心混凝土的约束效应，提高横肋波纹钢-钢管混凝土组合柱的轴压承载力和延性。本文研究成果为横肋波纹钢-钢管混凝土组合柱的工程应用提供了理论依据。

关键词：约束拉杆；横肋波纹钢-钢管混凝土组合柱；轴压试验；有限元；约束效应

1　引言

钢管混凝土结构由于其较高的承载力和良好的延性，已被广泛应用到工业厂房、高层建筑、桥梁等工程结构中[1]。方钢管混凝土结构具有制作、施工方便，节点型式灵活，易满足建筑要求，截面相对展开，惯性矩大，稳定性好，适合做压弯构件等优势[2]。然而研究表明，方钢管混凝土柱中钢管对核心混凝土的约束作用主要集中在角部，周边约束较弱，容易发生局部屈曲，钢材的材料强度不能得到充分发挥，导致柱的承载力和延性下降[3]。

为了提高方钢管混凝土柱中核心混凝土的套箍效应，国内外学者进行了大量的研究，提出了多种构造形式。Zuo 等[4]提出带约束拉杆钢管混凝土，沿钢管壁一定纵向间隔的横截面上设置具有约束钢板外凸变形作用的水平约束拉杆，能够避免或延缓钢管壁的局部屈曲，改善钢管对核心混凝土的约束作用，从而提高钢管混凝土柱的承载能力和延性；黄宏等[5]研究了方钢管的宽厚比和加劲肋的高厚比变化对带肋方钢管混凝土柱力学性能的影响；Petru 等[6]研究了加劲肋的设置对钢管混凝土构件抗轴压、抗弯的影响作用；何振强等研究了约束拉杆直径和间距、钢管厚度、钢材强度的变化对带约束拉杆方钢管混凝土短柱的力学性能影响。郑新志等[7]对穿孔肋拉杆约束方钢管混凝土短柱轴压力学性能进行了

基金项目：江苏省自然科学基金资助项目(BK20180623)，2018 年科技厅社会发展面上项目(BE2018625)

试验和有限元分析,穿孔肋拉杆的设置能增强对核心混凝土的约束作用,提高极限轴压承载力和延性,缓解钢管管壁的屈曲。

基于此,图 1 为本文针对前期研究提出的横肋波纹钢-钢管混凝土组合柱[8-9],通过在其横肋波纹钢主腔内设置对向约束拉杆以增强对核心混凝土的约束作用。通过开展轴心受压试验和有限元数值仿真模拟,从各破坏模态、荷载-纵向应变曲线、承载力提高系数、延性等指标出发,探讨内置约束拉杆横肋波纹钢-钢管混凝土组合柱在轴压作用下的受力特性,为其在工程中的应用提供依据与参考。

2 构件介绍

横肋波纹钢-钢管混凝土组合柱(CFHCSST)是由四角方钢管和横肋波纹钢板焊接形成的多腔体并浇筑混凝土而成的新型钢管混凝土柱[10],如图 1 所示。

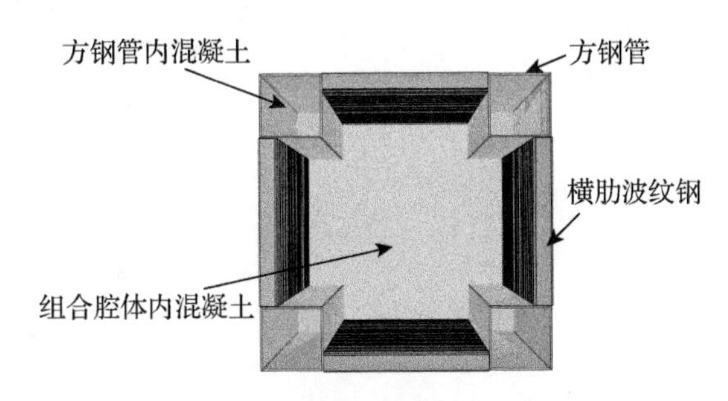

图 1　横肋波纹钢-钢管混凝土组合柱

前期研究发现,横肋波纹钢和方钢管所组成的腔体内混凝土的所占面积较大,其内部约束力分布与方钢管混凝土柱类似,呈现约束作用主要集中在角部。为进一步提高核心混凝土所受到的约束效应,同时提高核心混凝土与四角方钢管的协同工作性能,提出了一种内置约束拉杆的横肋波纹钢-钢管混凝土组合柱,其构造如图 2 所示。

图 2　内置约束拉杆横肋波纹钢-钢管混凝土组合柱

本文试验柱柱高为 700 mm,截面宽为 230 mm,柱的长宽比为 3,方钢管截面尺寸为 50 mm×50 mm×2 mm,横肋波纹板波形和短柱试件尺寸如图 3 所示(单位:mm)。

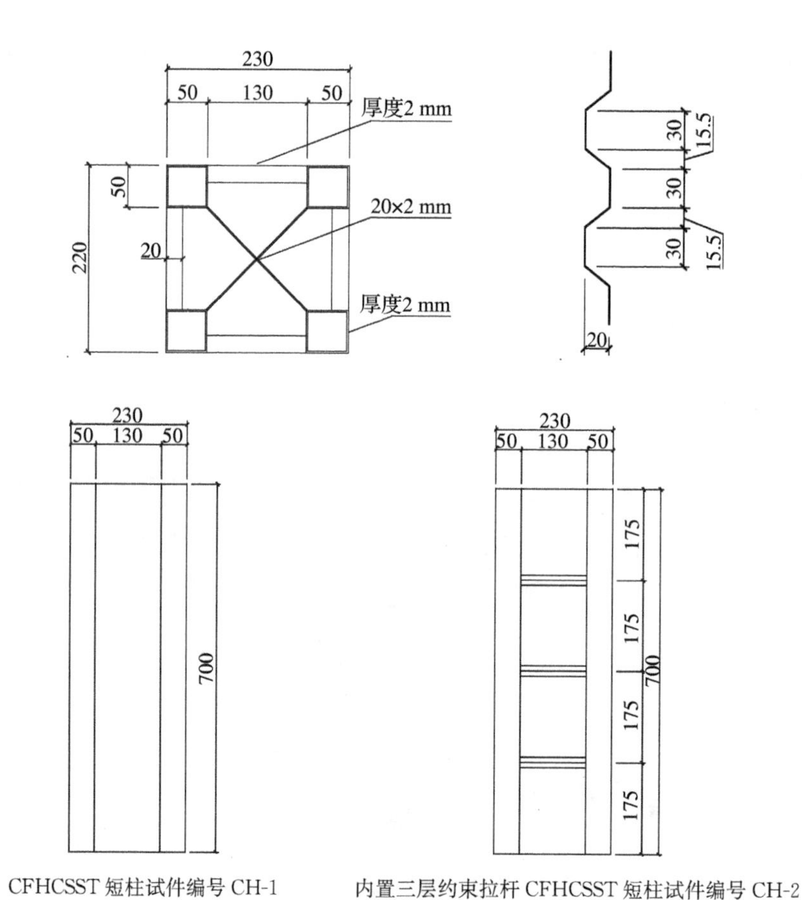

CFHCSST 短柱试件编号 CH-1　　内置三层约束拉杆 CFHCSST 短柱试件编号 CH-2

图 3　试验柱构造图

3　轴压承载力试验概况

试验在江南大学结构试验室 800 t 压力试验机上进行，加载装置如图 4 所示。

图 4　试验加载装置

试验采用分级加载，弹性范围内采用荷载控制加载，每级荷载预计为峰值荷载的1/10，每级荷载持续 2 min 左右，当构件进入弹塑性阶段时改用位移加载，每级加载 2 mm，接近峰值荷载时采用慢速位移控制连续加载方式，直至试验构件发生严重局部屈曲或出现撕裂时，则认为构件破坏停止加载。在柱端的对顶角布置两个位移计，来测定柱的纵向位移，同时在柱中截面布置纵向及横向应变片，以测量波纹钢板波峰及钢管的纵向和横向应变值。

4 有限元数值仿真建模

采用 ABAQUS 建立试验有限元模型，如图 5 所示。混凝土、方钢管、约束拉杆以及端部加载板选用八节点线性减缩积分六面体实体单元(C3D8R)模拟，波纹钢板采用壳单元 S4R 模拟，并考虑壳厚度方向 9 个 Simpson 积分点[11]；网络划分采用 Structured 网格划分技术，网格最小尺寸为 0.005 m，其他位置网格尺寸为 0.01 m。由于有限元模型中方钢管形状较为规则，因而本文采用扫掠网格进行划分。在对钢管网格划分单元数时，需要确保钢管与缀条接触面处的节点重合，然后再将这些重合节点合并，从而可以保证方钢管和拉杆在这些节点处(即焊接处)变形协调。以三层约束拉杆的 CFHCCST 柱模型为例，有限元模型共 252 220 个节点，182 349 个实体单元，17 784 个壳单元。

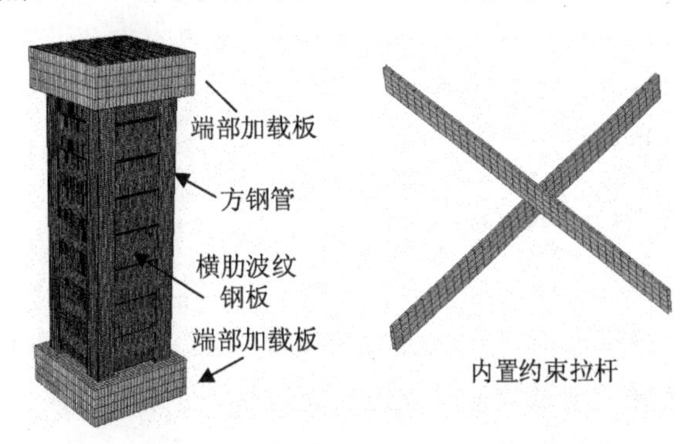

图 5　内置约束拉杆的 CFHCCST 短柱有限元模型

钢材本构采用理想弹塑性模型来模拟，弹模与屈服强度均采用实测值，泊松比取为 0.3。混凝土采用塑性损伤模型来模拟。混凝土本构采用《混凝土结构设计规范》(GB 50010—2010)[12]推荐的模型，其中混凝土轴心抗压强度采用圆柱体抗压强度 f_c；混凝土弹性模量$E_c=4\ 730\sqrt{f_c}$[13]，混凝土的峰值压应变参考文献[14]推荐的换算关系计算；混凝土抗拉强度$f_t=0.26f_{cu}^{2/3}$[15]，泊松比取为 0.2。

波纹钢、钢管和混凝土界面法线方向设置硬接触，切线方向设置摩擦接触关系，摩擦系数取为 0.6[16]；钢管、加载板与波纹钢板之间采用壳-实体耦合“shell-to-solid-coupling”；柱与上下端部加载板间采用面与面的绑定约束(Tie)。之后，对其施加边界条件，即将柱底端所有节点进行约束，并对柱顶端所有节点的水平自由度进行约束，在上端板上方设置参考点并与端板表面进行耦合，在参考点上施加位移荷载。

5 结果分析

5.1 荷载-纵向应变曲线

如图 6 所示为内置约束拉杆的 CFHCCST 试验柱的荷载-纵向应变曲线。由图可见,各试件曲线大致可分为三个阶段,即弹性阶段、弹塑性阶段和承载力下降阶段。弹性阶段曲线起初趋于一条直线,此时 CH-1 和 CH-2 试件均处于弹性工作状态,荷载-纵向应变曲线在此阶段斜率基本相同,说明约束拉杆对 CFHCCST 柱的初始刚度影响不大;第二阶段为弹塑性工作状态,曲线增长逐渐平缓;弹塑性阶段 CH-2 曲线斜率大于 CH-1,说明增加约束拉杆能够提高此阶段柱的刚度;达到极限承载力后,曲线进入下降阶段。此时,CH-1 柱的极限承载力为 2 500 kN,CH-2 柱的极限承载力为 2 80 4 kN,相比于 CH-1 柱提高了 12. 16%,说明增加内置约束拉杆能够提高 CFHCCST 柱的极限承载力。

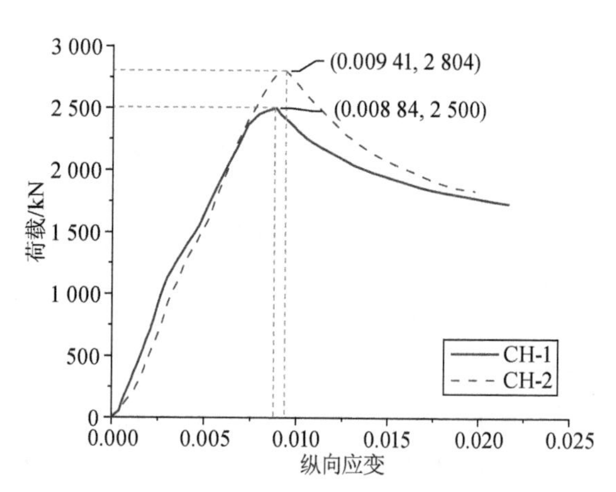

图 6 不同荷载作用下各控制截面挠度

5.2 有限元数值计算结果对比验证

为了验证上述有限元建模的准确性,选取试验结果与有限元计算结果进行对比,如图 7 所示,对比可知,有限元分析结果与试验结果获得的荷载-纵向应变曲线基本趋于一致,有限元得到的曲线弹性刚度大于试验结果,这是由于有限元分析过程中未考虑试件加工初始缺陷,残余应力等因素的影响,但误差在可接受范围内。

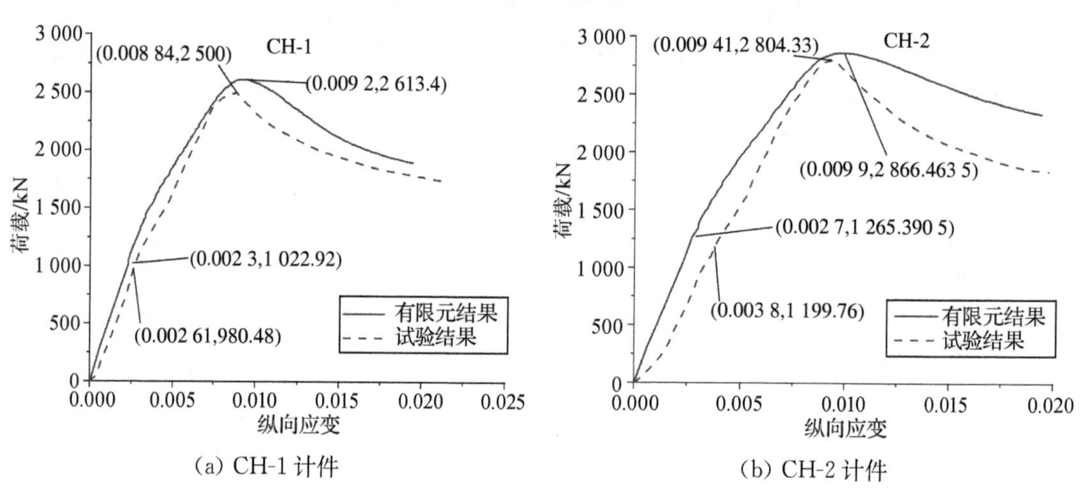

图 7 试验与有限元结果对比曲线

对于CH-1柱，极限承载力试验值和有限元值分别为2 500 kN和2 613.4 kN，差值百分率为4.5%；CH-2柱试件极限承载力试验值和有限元值分别为2 804.33 kN和2 866.46 kN，差值百分率为2.2%。由此可见有限元模型的各项力学指标计算值与试验值误差率均保持在5%以内，表明本文建模方法其模拟结果能够准确反映内置约束拉杆CFHCCST柱的实际受力和变形。因此，本文采用的有限元分析方法具有一定的准确性，可为后续分析研究提供基础。

5.3 有限元参数分析

为了探究约束拉杆间距和数量对柱轴压力学性能影响，在前文有限元数值仿真模型的基础上增加了约束拉杆为2层和4层的横肋波纹钢-钢管混凝土组合柱，其荷载-纵向应变计算结果曲线如图8所示。由图可知四组试件荷载-纵向应变曲线弹性阶段斜率基本相同，说明拉杆纵向间距对CFHCCST柱初始刚度影响不大；在弹塑性阶段四组试件曲线开始逐渐发生分离，其中设置4层约束拉杆的CFHCCST柱刚度和承载力最大；在极限荷载阶段时，设置4层约束拉杆的CFHCCST柱极限承载力最大为2 688.46，达到极限承载力时对应的纵向应变也最大为0.009 9；此外，随着约束拉杆设置数量的增加，曲线下降段趋势更加平缓，这说明约束拉杆在试件进入塑性变形阶段时可延缓试件塑性变形。

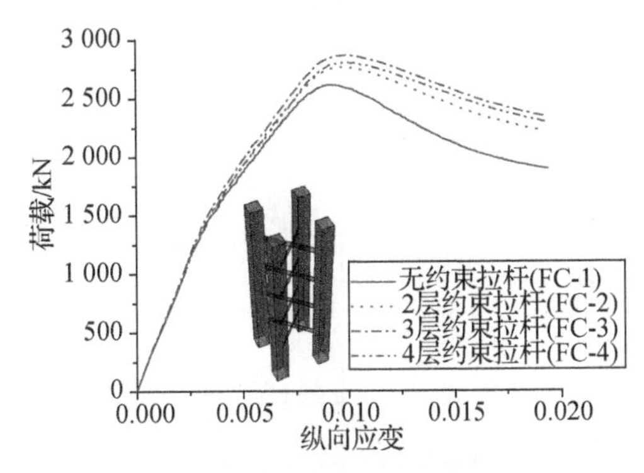

图8 有限元结果对比曲线

为了进一步分析内置约束拉杆对CFHCCST柱极限承载力、延性和屈服强度的影响规律，将有限元模型结果进行统计分析并列于表1中。其中，延性系数μ定义为：

$$\mu=\varepsilon_u/\varepsilon_y \tag{1}$$

式中，ε_u为柱承载力下降至85%极限荷载时对应位移，为屈服荷载对应位移，通过几何作图法、等能量法和R. Park法三种方法确定[17]。同时，为评价钢管、波纹钢板以及混凝土三者之间的组合作用，本文引用承载力提高系数(I_s)[18]，并将结果列于表1，其表达式如下：

$$I_s=N_u/(f_c A_{cc}+f_{ys}A_s) \tag{2}$$

式(2)中N_u为试件轴压承载力，A_{cc}分别为波纹钢板内混凝土净截面积；A_s钢管截面积；f_c、f_{ys}分别为混凝土圆柱体抗压强度、方钢管屈服强度。

由表1可知，与FC-1相比，FC-2轴压极限承载力提高了5.8%，延性提高了13.4%；FC-3轴压极限承载力提高了9.7%，延性提高了17.5%；FC-4轴压极限承载力提高了

7.2%，延性提高了18.6%。而四组试件的承载力提高系数分别为1.15，1.22，1.26和1.27。这说明内置约束拉杆提高核心混凝土的约束效应，从而提高了柱的承载力和延性，增强了CFHCCST短柱的力学性能；其次，约束拉杆的数量存在最佳值，超过后随着约束拉杆数量的增大，CFHCCST短柱承载力、延性和约束效应的提升幅度将减小。

表1　有限元结果表

试件编号		FC-1	FC-2	FC-3	FC-4
峰值荷载 f_p/kN		2 613.4	2 765.4	2 866.5	2 802.4
对应位移 ε_p/mm		0.009 2	0.009 8	0.009 9	0.009 8
极限荷载 0.85f_p/kN		2 221.4	2 350.6	2 436.5	2 382.0
对应位移 ε_u/mm		0.013 7	0.016 4	0.017 2	0.017 3
几何作图法	f_y/kN	2 343.7	2 492.9	2 595.3	2 525.1
	ε_y/mm	0.007 1	0.007 5	0.007 6	0.007 6
	μ_1	1.93	2.18	2.27	2.29
等能量法	f_y/kN	2 316.3	2 503.2	2 541.4	2 475.9
	ε_y/mm	0.006 9	0.007 3	0.007 4	0.007 4
	μ_2	1.99	2.25	2.34	2.35
R. Park 法	f_y/kN	2 376.8	2 503.2	2 619.4	2 543.3
	ε_y/mm	0.007 2	0.007 5	0.007 7	0.007 7
	μ_3	1.90	2.17	2.24	2.25
平均值	f_y/kN	2 345.5	2 481.6	2 585.3	2 514.6
	ε_y/mm	0.007 1	0.007 4	0.007 5	0.007 5
	μ	1.94	2.20	2.28	2.30
承载力提高系数 I_s		1.15	1.22	1.26	1.27

6　结论

本文通过对内置约束拉杆横肋波纹钢-钢管混凝土组合柱进行轴压试验和有限元数值仿真研究，从破坏过程系统地揭示了约束拉杆对柱力学性能的影响规律，得到以下结论：

（1）通过内置约束拉杆的构造措施能提高核心混凝土的约束效应，从而提高了柱的承载力和延性，可用于实际工程结构中。

（2）约束拉杆的数量存在最佳值，超过后随着约束拉杆数量的增多，CFHCCST短柱承载力、延性和约束效应的提升幅度将减小。

（3）本文所提出的有限元建模方法可较为准确模拟内置约束拉杆横肋波纹钢-钢管混凝土组合柱的变形和承载力。

参考文献

[1] 韩林海. 钢管混凝土结构:理论与实践[M]. 北京:科学出版社，2007.

[2] 杨秀荣，姜谙男. 带约束拉杆L形方钢管混凝土组合柱轴压性能[J]. 沈阳工业大学学报，2019，41(5):594-600.

[3] Cai J，He Z Q. Axial load behavior of square CFT stub column with binding bars[J]. Journal of Constructional Steel Research，2006，62(5):472-483.

[4] Zuo Z L，Liu D X，Cai J，et al. Experiment on T-shaped CFT stub columns with binding bars subjected to axial compression[J]. Advanced Materials Research，2013，838/839/840/841:439-443.

[5] 黄宏，张安哥，李毅，等. 带肋方钢管混凝土轴压短柱试验研究及有限元分析[J]. 建筑结构学报，2011，32(2):75-82.

[6] Petrus C，Abdul Hamid H，Ibrahim A，et al. Experimental behaviour of concrete filled thin walled steel tubes with tab stiffeners[J]. Journal of Constructional Steel Research，2010，66(7):915-922.

[7] 郑新志，郭好振，孙玉涛. 穿孔肋拉杆约束方形钢管混凝土短柱轴压性能数值模拟[J]. 河南理工大学学报(自然科学版)，2021，40(3):149-155.

[8] 邹昀，高传超，王城泉，等. 高轴压比下波纹侧板-方钢管混凝土柱抗震性能试验研究[J]. 地震工程与工程振动，2020(4):35-41.

[9] 康金鑫，邹昀，王城泉，等. 波纹侧板-方钢管混凝土柱轴压性能研究[J]. 建筑结构学报，2020，v. 41(7):146-153.

[10] Wang C Q，Yun Z，Kang J X，et al. Behavior of an innovative square composite column made of four steel tubes at the corners and corrugated steel batten plates on all sides[J]. Advances in Civil Engineering，2019，2019(5):1-14.

[11] 张建周，郭旺，安泽宇. 型钢- PBL 加劲型方不锈钢管混凝土轴压短柱非线性分析[J]. 建筑结构，2017，47(S2):249-254.

[12] 中华人民共和国住房和城乡建设部. 混凝土结构设计规范:GB 50010—2010[S]. 北京:中国建筑工业出版社，2010.

[13] Building code requirements for structural concrete and commentary: ACI 318-14[S]. Farmington Hills: American Concrete Institute，2014.

[14] De Nicolo B，Pani L，Pozzo E. Strain of concrete at peak compressive stress for a wide range of compressive strengths[J]. Mater Struct，1994，27(4): 206-210.

[15] 王宣鼎. 钢管约束型钢混凝土短柱轴压及偏压力学性能研究[D]. 哈尔滨:哈尔滨工业大学，2013.

[16] Tao Z，Wang Z B，Yu Q. Finite element modelling of concrete-filled steel stub columns under axial compression[J]. Journal of Constructional Steel Research，2013，89:121-131.

[17] 徐兵，吴发红，徐桂中，等. 直肋和开孔肋对方钢管混凝土短柱轴压性能影响研究[J]. 建筑结构，2020，50(13):71-75.

[18] 陈梦成，刘京剑，黄宏. 方钢管再生混凝土轴压短柱研究[J]. 广西大学学报(自然科学版)，2014(4):693-700.

[19] 甘丹，周政，周绪红，等. 带斜拉肋方钢管混凝土短柱轴压性能有限元分析[J]. 建筑结构学报，2017，38(S1):210-217.